USB 接口完全解决方案系列三

8051 单片机 USB 接口 Visual Basic 程序设计

许永和　编著

北京航空航天大学出版社

内容简介

本书介绍 USB 1.1 与 2.0 规范的差异，以及相关新增的 USB 规范和协议。以 Visual Basic 语言来编写设计 USB 接口的外围设备程序，提供简易的程序范例，让读者能够快速地学习，包含了基本的输入/输出实验，如 LED、指拨开关、LCD、LCG、七段显示器、步进电机以及 A/D 与 D/A 转换器等范例练习。本书利用 Cypress EZ-USB FX 芯片组系列，让读者很容易地切入 USB 外围设备设计。本书配光盘 1 张，内含范例程序以及相关资料。

本书可作为工科院校的单片机与接口设计等相关课程的参考用书，也可作为一般计算机专业工程技术人员的参考用书。

图书在版编目(CIP)数据

8051 单片机 USB 接口 Visual Basic 程序设计/许永和编著．—北京：北京航空航天大学出版社，2007.10
 ISBN 978-7-81077-479-6

Ⅰ．8…　Ⅱ．许…　Ⅲ．①单片微型计算机—接口—程序设计②BASIC 语言—程序设计　Ⅳ．TP368.147　TP312

中国版本图书馆 CIP 数据核字(2007)第 098571 号

本书繁体字版由长高科技股份有限公司授权出版，版权归长高科技股份有限公司所有。本书中文简体字版授权北京航空航天大学出版社出版，专有出版权归北京航空航天大学出版社所有，未经本书原出版者和本书出版者书面许可，任何单位和个人不得以任何形式或手段进行商业性质的复制或传播本书的部分或全部内容。

北京市版权局著作权合同登记号　图字：01-2004-1148 号

8051 单片机 USB 接口 Visual Basic 程序设计
许永和　编著
责任编辑　胡晓柏
*
北京航空航天大学出版社出版发行
北京市海淀区学院路 37 号(100083)　发行部电话：010-82317024　传真：010-82328026
http://www.buaapress.com.cn　E-mail：bhpress@263.net
涿州市新华印刷有限公司印装　各地书店经销
*
开本：787 mm×960 mm　1/16　印张：31.5　字数：706 千字
2007 年 10 月第 1 版　2007 年 10 月第 1 次印刷　印数：5 000 册
ISBN 978-7-81077-479-6　定价：49.00 元(含光盘 1 张)

自 序

　　在 USB 已逐渐成为 PC 必需的接口之一时，各种 PC 的电子消费产品也逐渐配置这种标准的接口。而 USB 接口已从 USB1.0、1.1、2.0 发展到目前的 USB OTG(On-The-Go) 等规范，以其规范更新之快速，足可见其重要性与实用性。虽说 USB 接口具备了即插即用与热插拔的特性，相当容易使用与安装；但由于牵涉的技术层面甚广，相对的学习瓶颈也甚高。这对于一般的工程师和学生来说，是极不容易跨入的设计与学习的领域。因此，如何将 USB I/O 接口的相关设计变得易学易用，是本书编写与推出的主要目标之一。

　　由于在学习 USB I/O 接口的过程中，首先都会学习一种 USB 专用芯片或接口芯片。但各个厂商所推出的 USB 芯片类型众多，功能也截然不同，因此谨慎地选择一种适合初学者所使用的 USB 芯片，将有助于学习 USB I/O 外围设备的设计，亦可达到事半功倍的效果。而综观各个厂商所设计的 USB 芯片以及其所提供的整体资源，以 Cypress 半导体公司所推出的 EZ-USB FX 全速系列为最佳的选择。这是由于该系列的芯片具备重新设备列举的特性，只要初学者具备有 Visual Basic 程序设计的基础，就会很容易地切入与学习。再者，对于复杂与繁琐的 USB 通信，提供了 Step-by-Step 的程序范例，大幅度地降低了编写 PC 主机应用程序代码的困难。这让读者能快速地通过 API 函数来设计 USB 接口的应用程序。

　　为了配合初学者能快速地学习 USB 的设计，台湾长高科技股份有限公司设计了一系列的仿真器与实验教具来加以配合。其中，包含了基本的输

8051 单片机 USB 接口 Visual Basic 程序设计

入/输出实验,如 LED、指拨开关、LCD、LCG、七段显示器、步进电机以及 A/D 与 D/A 转换器等范例练习。除了适用于一般工程技术院校的单片机或接口设计实验等相关课程外,也可供一般计算机专业工程技术人员参考。

本书承蒙台湾昆山科技大学杨明兴教授、昆山科技大学工学院院长卫祖赏博士的鼓励与指导,电子系黄俊岳主任的支持,Cypress 半导体台湾分公司谢明忠经理的鼎力协助,以及台湾长高科技股份有限公司叶辅㷛经理的技术支持,才得以顺利完成。此外,昆山科技大学电子系智能仪器系统实验室的 USB 研发团队(建德、俊斌、来忆与焕佑)的技术整合,若干实验才得以测试完成。

由于 USB 所涵盖的范围甚广,本书虽力求实用性、完整性和准确性,但笔者才疏学浅,谬误难免,尚求先进学者、专家不吝指正赐教。

许永和　于台南

本 书 导 读

为了能让用户快速地进入 Visual Basic USB 接口程序设计领域，在本书章节的规划与安排上，特定分为 4 个阶段，如下所列：

(1) USB 基本概念：第 1～8 章。
(2) USB 接口设计的应用程序基本概念：第 9～12 章。
(3) USB 接口设计的硬件介绍：第 13～15 章。
(4) USB 接口设计的 Visual Basic 程序范例：第 16～23 章。

由于设计一个 USB I/O 外围设备，所涵盖的领域很广，因此本书从 USB 的基本概念到完整的范例实验都一一详细地加以介绍。

USB 基本概念

第 1 章为 USB 的基本结构与特性。包括 USB 的基本架构以及相关的概念。其中，包含 USB 的发展历程、特性与优点、版本差异、总线拓扑结构以及 USB 的管线概念与端点。此外，也介绍 USB 2.0 的特性与概念。

第 2 章为 USB 的信号状态与编码方式。其中，包含 USB 差动信号以及 NRZI 的编码程序。此外，还说明了低速/全速与高速各种总线状态。

第 3 章为 USB 的通信协议。包括 USB 的封包格式、字段形态、数据交易以及 4 种传输类型。其中，还说明了起始分割交易与完成分割交易的概念，以及错误检查的机制(数据紧密连接与 CRC)。

第 4 章为 USB 的传输类型。包括控制传输、中断传输、等时传输与批量传输。此外，也介绍了非常重要的 USB 设备要求以及其字段格式。

第 5 章为设备列举。包括设备列举的基本概念以及沟通的详细步骤。另外,本书以 CATC 总线分析软件,并配合 USB 设备要求来介绍设备列举的执行步骤。

第 6 章为 USB 芯片介绍。包括 USB 芯片的基本架构,其中涵盖了 USB 收发器以及串行接口引擎(SIE)。此外,还介绍了 USB 芯片组的类型以及如何切入与选择一颗 USB 芯片。最后,还总揽地介绍了一般常见的 USB 芯片。

第 7 章为设备与驱动程序。包括 Windows 操作系统下的阶层式的驱动程序,以及各个 Windows 版本所修订的驱动程序。此外,也介绍了 USB 驱动程序的基本结构。

第 8 章为 HID 群组。包括 HID 群组的基本特性及其传输速度。其中,包含了 HID 报告描述符与群组描述符的结构及其设计方式。另外,再以 Descriptor Toll 与 USB Compliance Tool 通用程序来加以设计与测试。最后,说明了 HID 群组的要求并介绍 HID 的 API 函数,以及如何在 Windows 下编写应用程序。

USB 接口设计的应用程序基本概念

第 9 章为 Visual Basic 6.0 基本介绍。包括 Visual Basic 的操作环境以及各种相关资源。其中包含了开发环境的介绍、变量类型、基本语法以及工具箱的使用与基本概念。

第 10 章为用 Visual Basic 编写 USB 应用程序介绍,以作为稍后几个相关章节内容的基础概念。其中,包含了 HID API 函数、DLL 的资源以及在调用 API 函数时所需注意的一些概念与设置。

第 11 章为各种 HID API 函数。

第 12 章为实现 USB 应用程序的编写步骤。本章将根据所需要调用的各种 API 函数依序地加以实现,让读者能一步一步了解各种 API 函数的意义。最后,将所有 API 函数放到一个 Visual Basic 模块文件中,并以一个 DLL 动态链接来整合所需的 API 函数,以供用户稍后的实验范例来链接使用。

USB 接口设计的硬件介绍

第 13 章为 EZ-USB FX 系列芯片的基本介绍。包括 EZ-USB

2100 系列和 FX 系列的基本概念,如硬件特性、USB 核心以及 USB 基本概念与此芯片的整合。此外,也说明了重新设备列举的意义和端点的特性。

第 14 章为开发 USB 外围设备所需的工具组,并分为硬件工具组和软件工具组来介绍。

第 15 章为 EZ-USB FX 系列芯片的设备列举与重新设备列举。包括设备列举与重新设备列举的程序以及 USB 核心与 8051 切换操作的方式。此外,还说明了预设的设备以及如何执行固件程序的下载和上传。而根据 EEPROM 的内含值,也决定了 EZ-USB 的操作方式。最后,说明各种预设设备的描述符的字段值。

USB 接口设计的 Visual Basic 程序范例

第 16 章为 LED 输出实验的 Visual Basic 程序设计范例。保罗如何烧录固件程序代码以及修改 INF 安装信息文件来产生自定义的 USB 外围设备。此外,也利用 Visual Basic 应用程序来执行 Windows 操作系统下的 API 程序设计与调用链接。

第 17 章为为七段显示器与 8×8 双色 LED 输出实验的 Visual Basic 程序设计范例。

第 18 章为文字型 LCD 与绘图型 LCG 输出实验的 Visual Basic 程序设计范例。

第 19 章为步进电机输出实验的 Visual Basic 程序设计范例。

第 20 章为 I^2C 接口输入/输出实验的 Visual Basic 程序设计范例。

第 21 章为 ADC 与 DAC 输入/输出实验的 Visual Basic 程序设计范例。

第 22 章为 RS-232 输入/输出实验的 Visual Basic 程序设计范例。

第 23 章为 USB 接口的完整应用程序设计。

通过本书导读,读者可以根据自己的需求,来选择 USB I/O 外围设备设计的最佳切入途径。虽然本书是根据 EZ-USB FX 系列所编写的,但读者如果选择不同形式的 USB 芯片来开发,也可以参考第 2 与第 4 阶段。

目 录

第 1 章　USB 的基本结构与特性

1.1　USB 的基本概念 …………………… 1
1.2　USB 的开发历程 …………………… 3
　1.2.1　USB 1.1 ……………………… 3
　1.2.2　USB 2.0 ……………………… 3
　1.2.3　USB 1.1 与 2.0 规范的比较 …… 5
　1.2.4　USB 与 IEEE 1394 的比较 …… 7
1.3　USB 的总线结构 …………………… 8
1.4　USB 基本架构与总线架构 ………… 11
1.5　USB 数据流的模式与管线的概念 … 15
　1.5.1　端　点 ……………………… 16
　1.5.2　管　线 ……………………… 17
1.6　USB 硬件规范 ……………………… 18
　1.6.1　USB 的硬件特性 …………… 18
　1.6.2　USB 接口的电气特性 ……… 20
　1.6.3　USB 2.0 规范的变动 ……… 22
　1.6.4　USB 的电源管理 …………… 23
1.7　USB 速度的基本概念 ……………… 24
1.8　结　论 ……………………………… 25
1.9　问题与讨论 ………………………… 26

第 2 章　USB 信号状态与编码方式

2.1　差动信号 …………………………… 27
2.2　USB 的编码方式 …………………… 28
2.3　USB 总线状态 ……………………… 30
　2.3.1　低速与全速的总线状态 …… 30
　2.3.2　高速的总线状态 …………… 32
2.4　问题与讨论 ………………………… 36

第 3 章　USB 通信协议

3.1　USB 通信的基本概念 ……………… 37
3.2　USB 通信协议——传输 …………… 39
　3.2.1　传输类型 …………………… 40
　3.2.2　信号管线与数据流管线 …… 42
3.3　USB 通信协议——数据交易 ……… 43
3.4　USB 封包中的数据域类型 ………… 45
3.5　封包格式 …………………………… 48
3.6　分割数据交易 ……………………… 55
3.7　错误检查 …………………………… 58
　3.7.1　循环冗余检验位 …………… 59
　3.7.2　数据紧密连接位 …………… 60
3.8　带宽的提高 ………………………… 62
3.9　问题与讨论 ………………………… 65

第 4 章　USB 的传输类型

4.1　USB 的传输类型简介 ……………… 66
4.2　控制传输 …………………………… 69
4.3　批量传输 …………………………… 74
　4.3.1　批量传输的数据交易格式 … 74

4.3.2 数据容量与传输速度	……	76
4.4 中断传输	……	77
4.4.1 中断传输的数据交易格式	……	78
4.4.2 数据容量与传输速度	……	79
4.5 等时传输	……	80
4.5.1 等时传输的数据交易格式	……	80
4.5.2 数据容量与传输速度	……	82
4.6 USB 标准要求	……	83
4.6.1 标准设备要求	……	87
4.6.2 标准接口要求	……	88
4.6.3 标准端点要求	……	89
4.7 问题与讨论	……	91

第 5 章 设备列举

5.1 登录编辑器	……	92
5.2 USB 描述符	……	97
5.2.1 设备描述符	……	104
5.2.2 配置描述符	……	106
5.2.3 接口描述符	……	108
5.2.4 端点描述符	……	110
5.2.5 字符串描述符	……	111
5.2.6 群组与报告描述符	……	112
5.2.7 兼容 USB 2.0 规范的描述符	……	113
5.3 USB 设备群组	……	120
5.4 设备列举的步骤	……	121
5.5 设备列举步骤的实现——使用 CATC 分析工具	……	124
5.6 结论	……	135
5.7 问题与讨论	……	136

第 6 章 USB 芯片介绍

6.1 USB 芯片简介	……	137
6.2 USB 接口芯片	……	140
6.2.1 NXP 接口芯片	……	140
6.2.2 National Semiconductor 接口芯片	……	142
6.3 内含 USB 单元的微处理器	……	145
6.3.1 Freescale	……	145
6.3.2 Microchip	……	146
6.3.3 SIEMENS	……	147
6.3.4 Cypress	……	148
6.4 USB 芯片总览介绍	……	150
6.5 USB 芯片的选择与评估	……	152
6.6 问题与讨论	……	153

第 7 章 设备与驱动程序

7.1 层式的驱动程序	……	154
7.2 主机的驱动程序	……	156
7.3 驱动程序的选择	……	160
7.4 USB 外围设备的开发与设计	……	161
7.5 结论	……	162
7.6 问题与讨论	……	162

第 8 章 HID 群组

8.1 HID 简介	……	163
8.2 HID 群组的特性与限制	……	164
8.3 HID 基本要求	……	165
8.3.1 端点	……	166
8.3.2 控制管线（端点）	……	166
8.3.3 中断传输	……	167
8.4 固件要求	……	167
8.5 识别 HID 设备	……	168
8.5.1 描述符的内容	……	169
8.5.2 启动接口	……	172
8.5.3 版本修订的相容性	……	173
8.5.4 HID 群组描述符	……	173
8.6 报告描述符	……	175
8.7 HID 群组要求	……	179
8.8 问题与讨论	……	186

第 9 章 Visual Basic 6.0 简介

9.1 踏出 Visual Basic 的第一步	……	188
9.2 集成开发环境的介绍	……	189
9.3 变量类型	……	192

9.4 基本语法 …………………… 194	——CreateFile()函数 …… 236
9.5 工具箱 ………………………… 198	11.2.6 取得厂商与产品 ID
9.6 编写第一个 Visual Basic 应用程序 … 204	——HidD_GetAttributes()函数 ……
9.6.1 第一个 Visual Basic 应用程序 … 204	…………………………… 237
9.6.2 存储所建的程序文件 ………… 207	11.3 检查 HID 设备功能 ……………… 239
9.6.3 进阶程序的设计 ……………… 209	11.3.1 取得包含设备能力的缓冲区指针——
	HidD_GetPrepasedData()函数 … 239
第 10 章 用 Visual Basic 编写 USB 应用程序	11.3.2 取得设备的能力
10.1 主机通信的基本概念 …………… 214	——HidP_GetCaps()函数 …… 240
10.2 主机如何发现设备 ……………… 215	11.3.3 取得数值的能力
10.3 相关文件 ………………………… 217	——HidP_GetValueCaps()函数 …
10.4 HID 函数 ………………………… 218	…………………………… 241
10.5 API 函数与 Visual Basic 的基本概念 …	11.4 读取与写入数据 ………………… 243
…………………………………… 220	11.4.1 传送输出报告给设备
10.6 声 明 …………………………… 221	——WriteFile()函数 ………… 244
10.6.1 ByRef 与 ByVal 传递的格式 … 223	11.4.2 从设备读取输入报告
10.6.2 传递空值 ……………………… 224	——ReadFile()函数 ………… 246
10.6.3 函数与子程序 ………………… 225	11.4.3 传送特性报告给设备
10.6.4 提供 DLL 名称 ……………… 226	——HidD_SetFeature()函数 … 249
10.6.5 字符串格式 …………………… 226	11.4.4 从设备读取特性报告给
10.6.6 结 构 ………………………… 227	——Get_Feature()函数 …… 249
10.6.7 如何调用函数 ………………… 227	11.5 关闭通信——CloseHandle()函数 … 250
第 11 章 API 函数的基本介绍	**第 12 章 Visual Basic USB 接口程序设计**
11.1 Windows 与 HID 设备通信的 API 函数	12.1 HID API 函数的引用 …………… 252
………………………………… 229	12.2 打开 HID 设备的通信步骤 ……… 262
11.2 寻找所有的 HID 设备 …………… 230	12.3 Visual Basic 窗体程序的设计 …… 263
11.2.1 取得 HID 群组的 GUID——	12.3.1 取得 HID 群组的 GUID
HidD_GetHidGuid()函数 …… 230	——HidD_GetHidGuid()函数 … 267
11.2.2 取得所有 HID 信息的结构数组	12.3.2 取得所有 HID 信息的结构数组——
——SetupDiGetClassDevs()函数 …	SetupDiGetClassDevs()函数 … 269
…………………………… 231	12.3.3 识别每一个 HID 接口——Setup-
11.2.3 识别每一个 HID 接口——Setup-	DiEnumDeviceInterfaces()函数 … 270
DiEnumDeviceInterfaces()函数 … 232	12.3.4 取得设备的路径——SetupDiGet-Device
11.2.4 取得设备的路径——SetupDiGet	Interface-Detail()函数 ……… 272
-DeviceInterfaceDetail()函数 … 234	12.3.5 取得设备的标示代号
11.2.5 取得设备的标示代号	——CreateFile()函数 ……… 274

8051 单片机 USB 接口 Visual Basic 程序设计

12.3.6 取得厂商与产品 ID——HidD_ GetAttributes()函数 …… 275		硬件需求 …… 307
12.3.7 取得包含设备能力的缓冲区指针 ——HidD_GetPreparsedData()函数 …… 277		14.3 USB 通用实验器系统介绍 …… 307
		14.4 USB 简易 I/O 实验板系统 …… 311
		14.5 DMA – USB 2131 控制单板 …… 313
12.3.8 取得设备的能力 ——HidP_GetCaps()函数 …… 278		14.5.1 DMA – USB 2131 控制单板外围整体环境介绍 …… 313
12.3.9 取得数值的能力——HidP_ GetValueCaps()函数 …… 280		14.5.2 DMA – USB 2131 控制单板硬件功能介绍 …… 315
		14.6 EZ – USB FX 驱动程序安装 …… 317
12.3.10 传送输出报告给设备 ——WriteFile()函数 …… 281		14.7 控制平台应用环境基本操作 …… 319
		14.8 EZ – USB 控制平台总览 …… 321
12.3.11 从设备读取输入报告 ——ReadFile()函数 …… 283		14.8.1 主界面 …… 322
		14.8.2 热插拔新的 USB 设备 …… 323
12.4 完整的应用程序 …… 285		14.8.3 各种工具栏的使用 …… 324
		14.8.4 故障排除 …… 327
第 13 章 EZ – USB FX 简介		14.8.5 控制平台的进阶操作 …… 328
13.1 USB 特性概述 …… 288		14.9 DMA – USB FX 开发系统测试软件及工具 …… 328
13.2 EZ – USB FX 硬件框图 …… 289		
13.3 USB 核心 …… 291		**第 15 章 EZ – USB FX 设备列举与重新设备列举**
13.4 EZ – USB FX 单片机 …… 292		
13.5 EZ – USB FX 端点 …… 293		15.1 设备列举与重新设备列举概述 …… 331
13.5.1 EZ – USB FX 批量端点 …… 293		15.2 预设的 USB 设备 …… 336
13.5.2 EZ – USB FX 控制端点 0 …… 294		15.3 USB 核心对于 EP0 设备请求的响应 …… 339
13.5.3 EZ – USB FX 中断端点 …… 294		15.4 固件下载 …… 341
13.5.4 EZ – USB FX 等时端点 …… 294		15.5 设备列举模式 …… 342
13.6 硬件规范与引脚 …… 295		15.6 不存在 EEPROM …… 343
		15.7 存在 EEPROM,第一个字节是 0xB0(0xB4, FX 系列) …… 344
第 14 章 USB 开发工具组的使用与操作		15.8 存在 EEPROM,第一个字节是 0xB2(0xB6, FX 系列) …… 345
14.1 工具组的介绍 …… 296		15.9 重新设备列举 …… 348
14.2 DMA – USB FX 开发系统 …… 297		15.10 控制平台的制造商要求测试 …… 349
14.2.1 DMA – USB FX 开发系统及外围整体环境介绍 …… 301		
14.2.2 DMA – USB FX 开发系统与 PC 连接软件介绍 …… 301		**第 16 章 LED 显示器输出实验**
		16.1 硬件设计与基本概念 …… 354
14.2.3 DMA – USB FX 硬件功能介绍 …… 302		16.2 固件程序代码的下载程序 …… 355
14.2.4 DMA – USB FX 开发系统配件及		

16.3 固件程序代码的 EEPROM 烧录
程序 …………………………… 359
 16.3.1 B6(或 B2)格式文件 …… 359
 16.3.2 EEPROM 数据的回复 …… 361
 16.3.3 第一个字节为 B4(或 B0) … 363
16.4 Visual Basic 程序设计 ………… 365
16.5 INF 文件的编写设计 …………… 367
16.7 结　论 …………………………… 369
16.8 问题与讨论 ……………………… 369

第17章　USB 输出实验范例一

17.1 七段显示器 ……………………… 370
 17.1.1 硬件设计与基本概念 …… 370
 17.1.2 固件程序代码的 EEPROM 烧录
程序 ……………………… 372
 17.1.3 INF 安装信息文件的编写 … 373
 17.1.4 Visual Basic 应用程序设计 … 375
17.2 8×8 点矩阵 ……………………… 378
 17.2.1 硬件设计与基本概念 …… 378
 17.2.2 固件程序代码的 EEPROM 烧录
程序 ……………………… 380
 17.2.3 INF 安装信息文件的编写 … 382
 17.2.4 Visual Basic 应用程序设计 … 383
17.3 问题与讨论 ……………………… 384

第18章　USB 输出实验范例二

18.1 液晶显示器(LCD)输出实验范例 … 385
 18.1.1 硬件设计与基本概念 …… 385
 18.1.2 固件程序代码的 EEPROM 烧录
程序 ……………………… 389
 18.1.3 INF 安装信息文件的编写 … 389
 18.1.4 Visual Basic 应用程序设计 … 390
18.2 绘图型 LCD 显示器输出实验
范例 ……………………………… 393
 18.2.1 硬件设计与基本概念 …… 393
 18.2.2 固件程序代码的 EEPROM 烧录
程序 ……………………… 395

18.2.3 INF 安装信息文件的编写 … 395
18.2.4 Visual Basic 应用程序设计 … 398
18.3 问题与讨论 ……………………… 399

第19章　步进电机输出实验

19.1 硬件设计与基本概念 …………… 400
 19.1.1 1 相激磁 ………………… 401
 19.1.2 2 相激磁 ………………… 402
 19.1.3 1-2 相激磁 ……………… 402
 19.1.4 PMM8713 介绍 …………… 403
19.2 固件程序代码的 EEPROM 烧录
程序 ……………………………… 407
19.3 INF 安装信息文件的编写 ……… 407
19.4 Visual Basic 程序代码设计 …… 409
19.5 问题与讨论 ……………………… 411

第20章　I²C 接口输入/输出实验

20.1 硬件设计与基本概念 …………… 412
20.2 固件程序代码的 EEPROM 烧录
程序 ……………………………… 416
20.3 INF 安装信息文件的编写 ……… 416
20.4 Visual Basic 程序代码设计 …… 417
20.5 问题与讨论 ……………………… 420

第21章　USB A/D 与 D/A 转换器实验

21.1 A/D 转换器 ……………………… 421
 21.1.1 硬件设计与基本概念 …… 421
 21.1.2 固件程序代码的 EEPROM 烧录
程序 ……………………… 427
 21.1.3 INF 安装信息文件的编写 … 427
 21.1.4 Visual Basic 程序代码设计 … 428
21.2 D/A 转换器 ……………………… 429
 21.2.1 硬件设计与基本概念 …… 429
 21.2.2 固件程序代码的 EEPROM 烧录
程序 ……………………… 433
 21.2.3 INF 安装信息文件的编写 … 433
 21.2.4 Visual Basic 程序代码设计 … 436

21.3　问题与讨论 ………………………… 436

第 22 章　USB 与 RS-232 串行通信

22.1　通信概念 …………………………… 437
22.2　传输设备 …………………………… 438
22.3　RS-232-C 接口 …………………… 440
22.4　RS-232-C 常用的接线方式 ……… 441
22.5　RS-232-C 数据格式 ……………… 441
22.6　UART 与 RS-232-C 的信号准位
　　　转换 ………………………………… 444
22.7　硬件设计 …………………………… 445
22.8　固件程序代码的 EEPROM 烧录
　　　程序 ………………………………… 445
22.9　INF 安装信息文件的编写 ………… 446
22.10　Visual Basic 程序代码设计 ……… 448
22.11　RS-232 串行接口的程序设计 …… 449
　　22.11.1　通信工具组件的引用 ……… 449
　　22.11.2　通信应用程序的编写 ……… 450
　　22.11.3　通信测试 …………………… 454
22.12　USB 转换 RS-232 串行通信 …… 456
22.13　问题与讨论 ………………………… 462

第 23 章　Visual Basic 集成应用程序设计

23.1　NI Measurement Studio ………… 463
23.2　Measurement Studio for Visual Basic
　　　的引用 ……………………………… 466
23.3　整合应用程序的编写 ……………… 466
23.4　应用程序的执行 …………………… 475
23.5　问题与讨论 ………………………… 476

附　录

附录 A　EZ-USB 2100 系列 …………… 477
附录 B　EZ-USB W2K.INF 安装信息文件的
　　　　内容 ……………………………… 484

第 1 章

USB 的基本结构与特性

随着 USB 规范不断更新，要设计一个 USB 设备，除了必须了解 USB 接口的一些标准与规范外，还须随时更新相关标准的变化与差异。这样，用户在设计与开发时，才有所考虑与依据。本章，除了介绍一些 USB 规范基本的架构外，还包含了 USB 2.0 版本新增的特性，以及 USB 1.x 与 USB 2.0 版本的差异之处。通过对这些基本规范的了解，可以让用户在进入 USB I/O 外围设备的设计前，完成所有的前置准备工作。

1.1 USB 的基本概念

若从 USB 的字面意思来看，其英文全称是 Universal Serial Bus，而直接翻译成中文是"通用串行总线"。这是由包括了 Compaq、Digital Equipment Corp.（现在属于 Compaq）、IBM、Intel、Microsoft、NEC 以及 Northern Telecom 共 7 家主要的计算机与电子科技大厂所研发与设计出来的。

USB 是一种标准的连接接口，在把外面的设备与计算机连接时，允许不必重新配置与设计系统，也不必打开机壳和另外调整接口卡的指拨开关。在 USB 连接上计算机时，计算机会自动识别这些外围设备，并且配置适当的驱动程序，用户无须再另外重新设置。通过 USB 接口，实现了即插即用与热插拔的特性，用户即可迅速方便地连接 PC 主机的各种外围设备。

USB 的另一特点是在连接 PC 主机时，对所有 USB 接口设备，提供了一种"全球通

8051 单片机 USB 接口 Visual Basic 程序设计

用"的标准连接器(A型与B型)。这些连接器将取代所有的各种传统外围端口,如串行端口、并行端口以及游戏接口等。此外,USB接口还可以允许将多达127个接口设备同时串接到PC一个外部的USB接口上。这样,就不必像传统现有的串行端口或并行端口那样,一个端口仅能接一个接口设备。USB接口不仅降低了PC主机的成本,也能大大地简化与"清空"PC主机后侧的各种连接缆线复杂混乱的现状。

相对的,对于接口设备的制造商而言,也能降低成本;因为他们不再需要为每一种接口设备分别设计与生产各种型号的产品。因此,USB接口除了可作为标准接口设备的应用之外,还逐渐成为各种新型设备(包括数据采集、测量设备等产品)的通用标准连接接口,颇有"一统江湖"的趋势。当然,USB接口并非是万能的,目前所面临的问题,主要是在影像带宽的分配以及各种设备的兼容性上。但随着新的USB 2.0版的推出,已大幅地提升宽带,并且解决了带宽不足的问题。

下面列出USB的诸多特性与优点。

(1) USB接口统一了各种接口设备的连接头,如通信接口、打印机接口、显示器输出和音效输入/输出设备、存储设备等,都采用相同的USB接口规范。USB接口就像是"万用接头",只要将插头插入,一切就可迎刃而解。

(2) 即插即用(plug-and-play),并能自动检测与配置系统的资源。再者,无需系统资源的需求,即USB设备不需要另外设置IRQ中断、I/O地址以及DMA等的系统资源。

(3) 具有"热插拔"(hot attach & detach)的特性。在操作系统已开机的执行状态中,随时可以插入或拔离USB设备,而不须再另外关闭电源。

(4) USB接口规范1.1中的12 Mbps的传送速度可满足大部分的使用需求。当然,快速的2.0规范,提供更佳的传输率。

(5) USB最多可以连接127个接口设备。因为USB接口使用7位的寻址字段,所以2的7次方等于128。若扣掉USB主机预设给第一次接上的接口设备使用,还剩127个地址可以使用。因此一台计算机最多可以连接127个USB设备。

(6) 单一专用的接头型号。所有USB外围设备的接头型号应完全统一(A型与B型),并且可以使用USB集线器来增加扩充的连接端口的数目。

简而言之,USB整体功能就是简化外部接口设备与主机之间的连线,并利用一条传输缆线来串接各类型的接口设备(如打印机的并行端口、调制解调器的串行端口),解决了现今主机后面一大堆缆线乱绕的困境。它最大的好处是可以在不需要重新开机的情况之下安装硬件。而USB在设计上可以让高达127个接口设备在总线上同时运行,并且拥有比传统的RS-232串行与并行接口快许多的数据传输速度。

1.2 USB 的开发历程

USB 在 1995 年被提出,并由 Compaq、Digital Equipment Corp.（现在属于 Compaq）、IBM、Intel、Microsoft、NEC 和 Northern Telecom 共 7 个计算机与通信工业领先的公司所组成的联盟所定义和加以推广。同一年,该联盟建立了实施者论坛(以下简称 USB-IF)来加速 USB 标准的高质量兼容设备的开发。

在 1996 年,USB-IF 公布了 USB 规范 1.0,这是第一个为所有的 USB 产品提出设计请求的标准。1998 年,在进一步对以前版本的标准进行阐述和扩充的基础上,发布了 USB 标准的 1.1 规范。而此时联盟仅剩 4 个核心的成员公司,它们是 Compaq、Intel、Microsoft 和 NEC 公司。由于 USB 的方向已偏离了通信的相关领域,使得 IBM 和 Northern Telecom 退出了该联盟。这样,也造成了目前应用于电话的 USB 设备的开发仍然稍嫌缓慢一些。

第 3 个版本的 USB 2.0 是发布于 1999 年。此时,Hewlett Packard、Philips 和 Lucent 3 个公司加入了 USB-IF 联盟,使得联盟的核心成员数重新又恢复为 7 个,如表 1.1 所列。之后,随着 USB 的普及与推广,USB 的成员一直持续不断地增加,如今已是非常庞大的推广组织了。

表 1.1 USB-IF 联盟

USB 1.x	USB 2.0
Compaq	Compaq
Intel	Intel
Microsoft	Microsoft
NEC	NEC
IBM	Lucent
DEC	HP
Northern Telecom	Philips

1.2.1 USB 1.1

当前,USB 1.1 的接口设备采用两种不同的速度:12 Mbps(全速)和 1.5 Mbps(低速),其中,低速主要是应用于人机接口(HID)上。这是一个用于连接鼠标、键盘、摇杆等设备的 USB 的群组。尽管当前的 USB 1.1 的最大带宽速度为 12 Mbps,但是主机端应用程序与其他的接口设备仍占据了部分的带宽。

1.2.2 USB 2.0

虽然 USB 号称具有热插拔、即插即用、最多同时连接 127 个设备等功能,但是其中还是有若干缺点。例如,热插拔多次后往往会造成系统不正常、死机以及连接过多的设备就会导致传输速度变慢等问题(USB 的传输带宽是由设备共享的)。因此,如何改进这些缺点便成为 USB-IF 推广组织所要努力的目标。

在 USB 接口设备不断地被广泛应用后,许多的设备,如视频会议的 CCD、移动硬盘、光盘刻录机、扫描仪、卡片阅读机便成为 USB 接口非常流行的应用。市场上许多早期应用的 USB 产品是视频会议专用的 CCD,而 USB 的即插即用的特点使得这些 CCD 易于安装与使用。然而,若要在 PC 的屏幕上获得高分辨率的图像,则需要 CCD 输出大量的影像数据。像上述的产品都需要作连续大量数据传输,也即是需要非常高速的传输。若同时将此类设备连接到 PC 机上,的确使 USB 技术面临考验。但 USB 2.0 的高传输速度却能够有效地解决目前建置于 V1.0 及 V1.1 版上设备的传输瓶颈。

USB 2.0 的传输速度最高可以达到 480 Mbps,也即是 480 Mbits/s(换算后等于 60 Mbytes/s),若要传送 1 GB 的数据,在换算后也仅需在 1 min 之内就可以传输完毕。这不但是目前 USB 1.1 版的 40 倍,而且也高过于目前另一种传输接口 IEEE 1394 的 400 Mbps。

另外,USB 2.0 不但与 USB 1.1 一样,具有向下兼容的特性,同样最高可以连接 127 个设备。更重要的是,在连接端口扩充的同时,各种采用 USB 2.0 的设备仍可以维持 480 Mbps 的最高传输速度。另外,USB 2.0 也同样支持即插即用功能。在 USB 2.0 规范制定出来之后,目前 USB 接口 CD-ROM 光驱读取速度所造成的限制,也都可以迎刃而解。当然,目前已普遍采用 USB 接口的打印机、扫描仪等计算机外围设备,未来也将可以有更快的传输速度。

USB 2.0 利用传输时序的缩短(微帧)以及相关的传输技术,将整个传输速度从原本 12 Mbps 提高到 480 Mbps,整整提高了 40 倍。在兼容性方面,USB 2.0 采用往下兼容的做法,未来 USB 2.0 仍可向下支持目前各种以 USB 1.1 为传输接口的各种外围产品,也就是旧有的 USB 1.x 版传输线、USB HUB 依旧可以使用;不过,若是要达到 480 Mbps 的速度,还是需要使用 USB 2.0 规范的 USB HUB。当然,各个外围设备也要重新嵌入新的单片机以及驱动程序才可以达到这个功能。也就是说,若需要使用高速传输设备,就接上 USB 2.0 版的 USB HUB;而只要低速传输需求的外围设备(如鼠标、键盘等),则接上原有的 USB HUB,便可达到高低速设备共存的目的。对于按旧有的 USB 1.1 规范设计产品的传输速度最高仍仅能维持 12 Mbps。

USB 2.0 对许多消费性电子应用,如视频会议 CCD、扫描仪、打印机以及外部存储设备(硬盘以及光驱)来说拥有相当大的吸引力。

在 USB 2.0 问市之后,Intel 公司开发并免费开放一套高速控制器标准规范技术:增强型主机控制器接口规范(Enhanced Host Controller Interface,简称 EHCI)。在 EHCI 规范中,主机控制器能以 480 MHz 速度来传送数据,所以在主机控制器与全速或低速外围设备之间,就必须搭配旧型的控制器或高速集线器才能发挥整体的效能,其配置如图 1.1 所示。而搭配嵌入式集线器的优点是所需搭配使用的组件数量较少。但相对的,其缺点是必须占用其中的一个连接端口线路,且联机线路的连接数量也会受到传播延迟的限制。因此,与其搭配使用的软件需能自动识别主机控制器中高速连接端口的搭配数量。此外,高速连接端口的连接总数必须再增加一个以符合原先要求的效能表现。

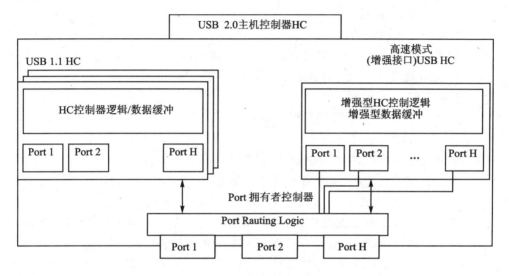

图 1.1　主机控制器连接图

而不管 OS 的版本是什么,所有的外围端口的功能都正常。这也使得 USB 1.1 OS 的工作方式,正如 USB 1.1 外围端口是一样的。因此,USB 1.1 主机控制器已经有点过于老旧,且将会被整合的 USB 2.0 集线器所取代。

1.2.3　USB 1.1 与 2.0 规范的比较

用户稍前已对 USB 1.1 有相当的了解,可是随着新的 USB 2.0 规范的修订,或许会感到更新速度太快。因此,以下特别针对 USB 1.1 与 2.0 规范与特性,做条列式的比较与分析,让用户先有若干的概念与了解,然后在稍后的章节中再做深入的介绍。首先,若以 1.x 规范为基础,USB 2.0 多了:

- 一个较高执行成效的接口。
- 运用所存在的 USB 1.1 连接器与全速的缆线。
- 设置微帧的规范,其为 USB 1.x 帧的 1/8 倍。
- USB 2.0 集线器能以设备-by-设备为基础,协调出连接的速度,并且建立出适当的连接方式。
- 位于下端接口 USB 2.0 集线器能够支持任何速度的设备连接上来。

因此，USB 2.0 是以 USB 1.1 规范作为基础，并加以延伸，其中包含了：
- 具备 USB 1.1 的所有功能。
- 高速信号模式。
- 检测高速能力的协议。
- 切入/脱离高速的协议。
- 检测设备脱离的机制。
- 严谨地符合低/全速规范，但仅针对高速兼容的外围接口。
- USB 规范 7.2 节（"电源消耗"部分）其规范是不变的。

此外，USB 2.0 也新增了：
- 针对高速信号（HS）提供低阶电器规范。
  — 较高的传输速度（480 Mb/s），需要新的发送器/接收器。
- 针对向下兼容，集线器作了若干修订。
  — 限制了低速/全速设备在高速设备上，对带宽产生影响。
  — 全速/低速设备占用了相等的高速带宽的传输速度。
    例如，6 Mb/s 视频会议的 CCD 在全速总线上，消耗 50%（6/12）的带宽，但仅在高速总线上，消耗不到 2%（6/480）的带宽。

USB 2.0 相对 USB 1.1 规范，在其内部具有可操作性，即：
- 兼容于所有的 USB 1.1 设备、集线器与缆线。而这些都可与新的 2.0 主机控制器兼容。
- USB 2.0 设备与集线器可在 USB 1.1 主机控制器上工作（但并非在 480 Mb/s）。
- 高速的信号支持与 USB 1.1 兼容的缆线与连接器。

相反地，若要与 USB 2.0 高速设备兼容，则：
- 需要支持全速信号。
- 需要支持至少以全速来作设备列举的动作。
- 需要符合严谨的全速电器的规范。
- 决不能支持低速模式。

也即是说，与高速设备兼容的制造商将会支持全速操作模式。但是，在 USB 2.0 集线器与主机控制器：
- 对于往下端连接的外围接口，需要支持低速、全速和高速模式。
- 对于往上端的外围接口需要支持全速和高速模式。
- 需要严格地支持低速和全速的电器特性。

如表 1.2 所列，显示了 USB 1.1 与 2.0 规范之间相互操作的对应表。其中，若要真正地取得 USB 2.0 高速的特性，必须采用高速的 USB 主机控制器、高速的设备以及高速的集线器。也即是，全部都是高速的规范才可以。

表 1.2　USB1.x 与 2.0 规范中,主机控制器、设备与集线器的对应表

分类	USB 1.1 主机控制器			USB 2.0 主机控制器		
	No Hub	USB 1.1 Hub	USB 2.0 Hub	No Hub	USB 1.1 Hub	USB 2.0 Hub
Low-Speed Device	1.5 Mbps	1.5 Mbps	1.5 Mbps	1.5 Mbps	1.5 Mbps	1.5 Mbps
Full-Speed Device	12 Mbps	12 Mbps	12 Mbps	12 Mbps	12 Mbps	12 Mbps
High-Speed Capable Device	12 Mbps	12 Mbps	12 Mbps	12 Mbps	12 Mbps	12 Mbps

最后,要提及的是,在高速的规范协议中增加了:
- 高速"Ping"流程控制。
- 分割数据交易。
- 增加了规范第 8 章的部分。

上述的两项也即是在 USB 2.0 规范中所必须加以讨论的,因此,将在稍后的章节中特别地说明这些内容。

1.2.4　USB 与 IEEE 1394 的比较

IEEE 1394 与 USB 同为串行(serial)传输接口端口,其中,1394b 的格式可支持 400 Mbps 数据传输速率,比 USB 1.1 规范快了 33 倍,而且最多可连接至 63 个设备。目前在市面上,除了数字视频器开始使用外,计算机外围设备也陆续采用,如目前较常见的移动硬盘等。而有一些产品,甚至整合 USB 与 1394 接口成为 comb 的设备,这样其使用更为方便了。

随着 USB 2.0 产品的推出,是否意味着目前已渐成熟的 IEEE1394 会被淘汰掉呢? 基本上,USB 与 IEEE 1394 是使用在不同的应用领域。虽然 USB 2.0 的速度已经追上目前 IEEE 1394 的传输速度,不过,新一代 IEEE 1394 的规范已经制定出来,传输速度最高将可达到 800 Mbps。因此,未来 IEEE 1394 将适用于数字影像编辑(DV)等需要高速传输接口的消费性电子产品上;而 USB 2.0 的接口则可望成为未来计算机外围产品的主要传输接口。当然,USB 的产品大部分还是以鼠标、键盘以及摇杆等低速的人工接口设备为主的。

表 1.3 为 IEEE 1394 与 USB 的比较。

表 1.3 IEEE 1394 与 USB 比较表

接口名称	IEEE 1394	USB 1.1/2.0
连接的节点数	63	127
支持等时传输	支持	支持
传输的数据速度/Mbps	100～400	12/480
节点之间的最大距离/m	4.5	5
总线间的仲裁功能	所有节点的控制器 IC 点对点	只有主机控制器 IC 点对 PC 主机
每一封包所送出的数据/字节	512	256
缆线所含的芯线数	2 对信号线＋2 条电源线	1 对信号线＋2 条电源线
采用的编码方式	DS LINK	NRZI

对于目前常用来执行数据传输的各种接口类型，这里做个综合的比较。在表 1.4 中，可以发现 USB 接口的传输速度在各种接口的竞争中，已逐渐脱颖而出。

表 1.4 各种接口比较表

接口名称	传输速度
串行接口	115 Kbps
标准并行接口，Standard Parallel Port（SPP）	920 Kbps
USB 1.1	12 Mbps
ECP/EPP 并行接口	24 Mbps
IDE	26.4～133.6 Mbps
IEEE 1394	100～400 Mbps
USB 2.0	480 Mbps

1.3 USB 的总线结构

USB 的总线结构是采用阶梯式星形（tiered star）的拓扑（topology）结构，如图 1.3 和图 1.4 所示。每一个星形的中心是集线器，而每一个设备可以通过集线器上的接口来加以连接。从图中可以看到 USB 的设备包含了两种类型：USB 集线器与 USB 设备。位于最顶端的就是 Host（主机端）。从 Host 的联机往下连接至 Hub（集线器），再由集线器按阶梯式以一层或一阶的方式往下扩展出去，连接在下一层的设备或另一个集线器上。事实上，集线器也可视为一种设备。而其中最大层数为 6 层（包括计算机内部的根集线器）。每一个星形的外接点的数目可加以变化，一般集线器具有 2、4 或 7 个接口。

USB 的基本结构与特性 **1**

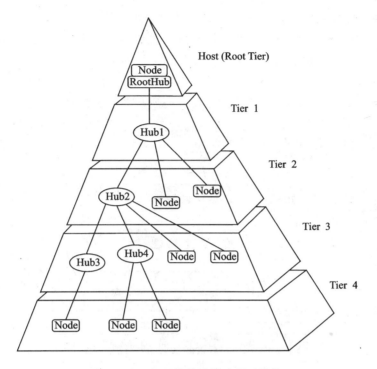

图 1.2　USB 总线的阶梯式星形结构

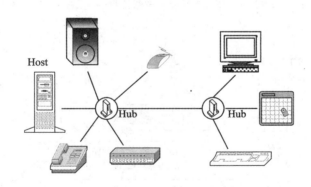

图 1.3　USB 总线的拓扑结构

在此的主机端通常是指 PC 主机。当然,主机端因具有根集线器,因此也含有集线器的功能。而集线器是在 USB 规范中特别定义出来的外围设备,除了扩增系统的连接点外,还负责中继(repeat)上端/下端的信号以及控制各个下端端口的电源管理。至于另一个设备,即是用户常见的外围设备。但在 USB 规范书中,称这种设备为"功能"(functions),意味着此系统提供了某些"能力",例如具有键盘或鼠标等功能。当然不同的外围设备可以具有不同的功能。但基于使用上的习惯,用户在本书中都以设备称之。

通过这种阶梯式星形的连接方式,最多可同时连接到 127 个设备。

此外,当 USB 2.0 与 1.1 的设备与集线器在一起使用时,如何才能呈现出最佳的 USB 2.0 高速带宽的特性?如图 1.5 所示,当 USB 2.0 与 1.1 规范的设备混合使用时,整个总线上交杂着高速/全速的设备与集线器。而如图 1.6 所示,惟有在 USB 2.0 集线器与 USB 2.0 设备的连接下,才具备高速总线带宽的特性。

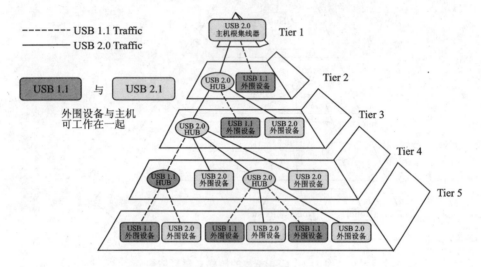

图 1.4　USB 1.1、USB 2.0 设备与集线器一起工作的拓扑结构

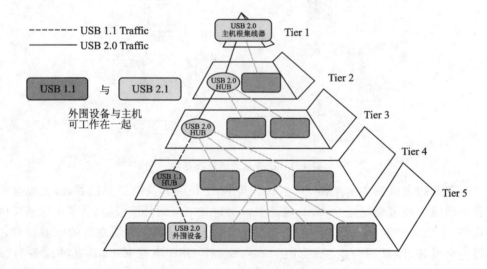

图 1.5　具备 USB 2.0 高速总线特性连接示意图

但用户可以试想一下,当 PC 主机开机前,已有一些外围设备连接上 USB 总线,那么 PC 是如何对所有连接至主机端的外围设备加以区分并寻址呢?

首先,PC 一接上电源时,所有连接上 USB 的设备与集线器都会预设为地址 0。此时,所有的下端端口的连接器都处于禁用且为失效的状态。然后,PC 主机就会向整个 USB 总线查询。若发现第 1 个设备,比方说是鼠标,就将地址 1 分配给鼠标。然后再往下寻找第 2 个地址,且目前仍为 0 的设备或集线器。若发现是集线器,就将地址 2 分配给此集线器,并激活其所扩充的第 1 个下端端口的连接器。而后再沿此连接器一直往下寻找第 3 个地址,且仍为 0 的设备或集线器。这样重复地寻找与分配地址,直到所有的外围设备都赋予了新的地址,或已达到 127 个外围设备的极限为止。

这种过程类似于将各个设备分别加以列举的程序,称之为设备列举。当然,主机在配置新地址的同时,PC 主机还要为每个新设备或集线器加载其所使用的驱动程序。

若在此时一个新的设备被接上,PC 主机就会预设此设备为地址 0,且 PC 就会确认并加载其相对应的驱动程序,并分配一个尚未使用到的新地址给它。而一旦某个设备突然被拔离后,PC 可经过 D+ 或 D- 差动信号线的电压变化来检测此设备被移除掉,然后就将其地址收回,并列入可使用的地址数值中。

1.4 USB 基本架构与总线架构

如图 1.6 所示,一般 USB 系统的基本架构可以分为 3 个主要的部分:
- USB 主机控制器/根集线器;
- USB 集线器;
- USB 设备。

1. USB 主机控制器/根集线器

所有在 USB 系统上沟通都是在软件控制下由 PC 主机激活的。主机硬件包括 USB 主机控制器(USB host controller)与 USB 根集线器(USB root hub)两种。

如图 1.7 所示,在用户计算机上的系统属性的"设备管理器"中所显示的"通用串行总线控制器"内,包含了下列所示的两组项目:
- Standard Universal PCI to USB Host Controller——USB 主机控制器;
- USB Root Hub——USB 根集线器。

当然,大部分的计算机仅有一组而已。若在操作系统中,未涵盖类似的设备信息画面,则代表此主机并未支持 USB 接口。用户可能就必须另外购置 USB 接口的扩充卡来加以使用。而笔记本电脑则须使用 PCMCIA 接口的扩充卡。相同的方式,若用户须要将原先 USB 1.1 主机控制器的规范升级为 USB 2.0,也同样须购置 USB 2.0 的扩充卡。

8051 单片机 USB 接口 Visual Basic 程序设计

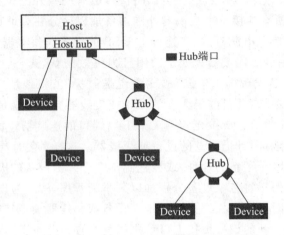

图 1.6 USB 基本架构图

图 1.7 设备管理器下的 USB 所包含的项目

如图 1.8 所示，为 Windows 2000 下的"设备管理器"，在"通用串行总线控制器"所包含的 USB 2.0 主机控制器的项目。

USB 的基本结构与特性

图 1.8 "设备管理器"下的"通用串行总线控制器"所包含的项目(USB 2.0)

而其相关的功能说明如下所列：

- USB 主机控制器——负责激活 USB 系统上的处理动作，简而言之，就是整个 USB 系统的大脑。目前依 USB 开发的进度，有"OHC—Open Host Controller 开放式主机控制器"与"UHC—Universal Host Controller 通用式主机控制器"两种。这两种主机控制器的功能完全是一样的，只是内部的运作方法稍有不同而已。在 Microsoft 的 Windows 系统上，这两种主机控制器都被支持，用户只须知道有这两种控制器就行了。在新的 USB 2.0 规范下，则应用上述所提及的增强型主机控制器(Enhanced Host Controller Interface, EHCI)。
- USB 根集线器——提供 USB 连接端口(俗称 USB Port)给 USB 设备或 USB 集线器来使用。一部计算机可以同时连接 127 个 USB 设备，当然不可能由主机控制器去搜寻某个设备的地址，所以 USB 系统运用类似计算机存储数据的概念，有"根目录"、"子目录"、"次子目录"等分层方式；而主机控制器只要对根集线器下命令，然后再由根集线器传到正确的设备地址即可。

2. USB 集线器

若仅靠 USB 根集线器则不可能同时连接上 127 个 USB 外围设备，所以除了根集线器外，USB 系统还支持额外的集线器。这些集线器的功用主要是提供另外的 USB 连接端口给用户串接设备，有点像网络的 HUB 集线器一样；而整个 USB 连接设备方式，有点像金字塔型的架构。每一个连接器上，呈现了一个 USB 接口。

  对于 1.x 规范集线器来说，重复地接收在 PC 主机与设备两端的 USB 数据流，整合处理了电源管理，以及负责对各种状态与控制信息的响应。再者，也避免让全速的数据传输至低速的设备上。但是对于 2.0 规范集线器来说，做的事情就要比 1.x 规范的更多，更复杂了。当然，2.0 规范集线器支持了高速的特性。此外，不仅只是重复地接收数据外，还必须负责切换低速、全速和高速的传输速率，以及执行其他的功能以确保总线的时间是充分有效地被运用分享。如图 1.9 所示，是 USB 2.0 集线器的示意图，其中，通过路由逻辑来连接设备至适当的路径上。此外，传输翻译器（Transaction Translator，简称 TT）掌握了低速/全速的数据交易，且用来激活数据交易分割的程序。其中，包含了两种分割数据交易的动作：起始分割与完成分割。对前者而言，主机会告诉集线器来起始全速/低速的数据交易；而后者则是主机询问集线器前面的全速/低速数据交易的结果。

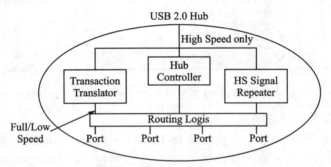

图 1.9 USB 2.0 集线器的架构

3. USB 设备

  USB 设备，顾名思义，就是指各种类型的 USB 外围设备。依照目前 USB 产品的规范，可以将 USB 设备分为以下三种类型。

- 全速设备（full-speed device）：如 CCD、移动硬盘等设备。这些 USB 设备的传输速率最高为 12 Mbps。
- 低速设备（low-speed device）：如键盘、鼠标等设备。这些 USB 设备的传输速率最高为 1.5 Mbps。除了速度低于全/高速设备之外，低速设备在某些 USB 的支持上也受限制，例如：当主机控制器在执行高速处理动作时，低速设备是没有反应的，此点可以避免高速的信号被送到低速的集线器上。
- 高速设备（high-speed device）：USB 2.0 所提出的新规范，也应用在如 CCD、移动硬盘等设备上。这些 USB 设备的传输速率最高为 480 Mbps。

  在这里，有些重要的观念要理清。通常所谓设备的定义是具备一种功能或集线器，但在此有些例外的情形存在,就是复合式(composite)设备,它同时包含了集线器以及一个或更多的功能。基本上,主机即可视为这种复合式设备,因其集线器与其功能是具有个别实体设备的。由于每一个设备在该总线上拥有其独立的地址,因此对这种复合式设备,它的每一个集线器与功能都有独立的地址。

另一个重要的设备是多元式(compound)设备。它是多功能的设备,具备了多重、独立的接口,且仅具备一个独立的地址,但是,这种设备却可以根据不同的接口而拥有主机上不同的设备驱动程序。以下,做个简单的比较。

1. 复合式设备(composite device)

多组接口,每一个接口相互独立,且都具备不同的驱动程序;但仅具备一个 USB 地址。例如,具备 CCD 与照相机功能的 USB 复合式设备。

2. 多元式设备(compound device)

分别功能的集合,每一个具备不同的 USB 地址,且连接至内部的集线器。例如,将键盘与轨迹球整合在一个产品的包装下。

稍后,将会在第 4 章与第 5 章,针对复合式设备再做更深入的叙述。

1.5　USB 数据流的模式与管线的概念

在 USB 规范标准中也定义了两种外围设备:① 单机设备,如鼠标等;② 复合性设备,如数码照相机和音频处理器共享一个 USB 通信端口等。每个接口设备都具有"端点(endpoint)"地址,它是由令牌封包内的 4 位字段(ENDP)所构成的。而主机与端点的通信,是经过"虚拟管线(virtual pipe)"所完成的。而一旦虚拟管线建立好之后,每个端点就会传回"描述(descriptor)"此设备的相关信息(即描述符)给主机。这种"描述"信息内含了:群组特性、传输类别、最大封包大小与带宽等关于此外围设备的重要信息。目前 USB 的数据传输类别有 4 种类型:控制、中断(interrupt)、批量(bulk)与等时(isochronous)。稍后的章节中,将会对传输类型与描述符做更深入的说明。

USB 对于与设备之间的通信提供了特殊的协议。虽然 USB 系统的总线是呈阶梯式星形的结构(如图 1.2 所示),但实际 USB 主机与设备的连接方式却是如图 1.10 所示的一对一形式,用户称之为 USB 设备的逻辑连接;而数据流的模式则是以这些逻辑连接

图 1.10　USB 设备的逻辑连接

为基本的架构。

对于 USB 的通信,用户可以将其视为一种虚拟管线的概念,如图 1.11 所示。在整个 USB 的通信中包含了一个大的虚拟管线(12 Mbps)以及高达 127 个小的虚拟管线,而每一个小的虚拟管线可比拟为 USB 的设备。这是由于在 USB 令牌封包中都含有 7 个用来寻址的位(位于令牌封包的地址数据域 ADDR),因此最多可寻址到 128 个设备。但是由于地址 0 是预设地址,且用来指定给所有刚连上的设备,这也就是为什么 USB 总线上最多能连接到 127 个设备的原因。

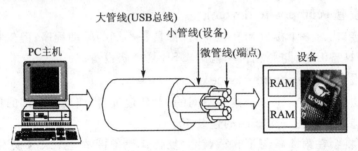

图 1.11　虚拟管线的概念

每一个连接到设备的小虚拟管线又可再细分为许多的微虚拟管线。这些微虚拟管线可比拟为端点(endpoint)。由于在令牌封包中,包含了 4 个位的端点地址(位于端点数据域,ENDP)以及一个位于端点描述符中的输入/输出方向(IN/OUT)位,所以在一个单独的小虚拟管线内最多可再分割成 16 组微虚拟管线(端点),也就是可对 16 个输入/输出的端点(共 32 个端点)寻址,并可将 USB 的令牌封包中定义为 IN(设备至主机)或 OUT(主机至设备)两类型令牌封包。如果设备收到了一个 IN 令牌封包,它将会传送数据给主机;反之如果收到了一个 OUT 令牌封包,则它将会从主机接收到数据。当然,如图 1.11 所示的架构是一种"虚拟"的,用户需要有一点想像的空间。

这种端点(或微虚拟管线)的概念非常重要,对于全速或高速的设备而言,更是这样。以下,将对端点与管线的概念做进一步的描述。

1.5.1　端　点

由上可知,所有的传输是进入端点或从端点传回的。简而言之,这种端点即是用来存储多个字节的缓冲区。基本上,每一个设备实际上就是一个 USB 专用微处理器或 RISC 芯片。而相对地,这个端点就是其所内含的多组内存、RAM 或 FIFO。当然,也可看成多个内存区块所组成的各个不同的缓冲区。但不论是 PC 主机传送数据或命令给设备，或从设备取得数据，都会先放置于个别所属的不同的缓冲区中，也即是不同的端点上。

例如，目前广泛应用于鼠标制造上的 Cypress 低速的 USB 专用芯片 CY7C63XXX 系列中，端点 0 所占用的 FIFO 为 0x70～0x77 RAM 地址，端点 1 则占用 0x78～0x7F RAM 地址。而在个别传输的过程中，都会先将数据或命令放置于端点 1（中断传输）或端点 0（控制传输）上，然后再加以传输出去。关于这一部分的内容，可参阅《USB 外围设备的设计与应用——使用 CY7C63 系列》（台湾全华科技图书股份有限公司出版）。因此，端点可以视为数据流中最基本，同时也是最重要的硬件通信单元。

而在规范中，将这种端点下了一个定义：设备中可独立寻址的部分，其是介于主机与设备之间的通信流程中，作为信息的来源处或传出处。也即是建议将这种端点仅以单一方向来携带或传输数据。只不过，其中仅有控制端点是例外的。对于每一个端点所需的独立地址中，包含了端点的数目与方向。这个数值的范围是 0～15 之间。而方向则是以主机为主的，IN 代表设备至主机的方向，OUT 则是主机传输至设备。若是使用控制传输的控制端点，则必须以双方向来传输数据或送出命令。因此，控制端点实际上是包含了一对 IN 与 OUT 端点，并分享同一个端点数值。每一个设备必须具备配置为端点 0 的控制端点，也即是预设端点。这在每一个 USB 单片机中，都包含此控制端点即端点 0。

其他的传输形态仅以单一方向来传输数据。而单一端点数值能够同时支持 IN 与 OUT 端点地址。所以说，除了端点 0 外，全速的设备能够支持高达 30 个额外的端点（1～15端点数，IN/OUT 方向）。但对低速的设备来说，是受限于仅能具有整合方向的 2 个额外的端点。例如，端点 1—OUT 与端点 1—IN，或端点 1—IN 与端点 2—IN。

此外，端点的数值可以在设置封包的端点字段中设置，而 IN/OUT 方向则是在端点描述符中加以设置。再者，每一个端点的使用通常都须配合一种特定的传输类型。

1.5.2 管　线

除了端点的概念外，连接其中的虚拟管线，也是相当的重要。在一个传输发生之前，主机与设备之间必须建立出一条虚拟管线出来。这个管线并非是实体的，它仅是设备的端点与主机的控制软件之间的连接。而在系统打开电源或设备接上去之后，为了要求设备的相关配置信息，主机就会在很短的时间内建立出这个虚拟管线。相对的，若设备从总线中拔离开来，这个不再需要的虚拟管线就会被主机重新移开。

但是，若在其他的时刻下，主机要通过设备来要求另一个配置或接口，就可以另外要求新的管线或移开不需要的管线。但其中，每一个设备所需具备使用端点 0 的预设控制管线是不能被移除的。

1.6 USB 硬件规范

接下来用户看看 USB 的规范,从 Universal Serial Bus 的直译文字,用户可以了解到 USB 接口的数据传输方式是采用串行的方式,其类似于 RS-232 串行传输的方式。当然,采取串行的方式,最主要的是可以降低使用的信号线数目,并可让信号传递较远的距离。所以 USB 的连接线内部仅有 4 条线,其中 2 条是+5 V(VBus)接地线(GND),另外 2 条则是差动的数据线(D+与 D-),长度最长可以达到 5 m(对全速设备而言)。

1.6.1 USB 的硬件特性

当用户一拿到 USB 缆线时,可以观察到 USB 的实体结构。以下,针对 USB 规范中所制定的各种 USB 的实体接口来加以介绍。

根据图 1.3 所示的层梯式星形的拓扑结构,可以看到主机端与集线器或设备必须依序由上→下或由下→上的连接方向。而为了避免连接错误,因此在 USB 规范中定义了两种不同大小形状的 USB 连接头,即 A 与 B 型连接头。其相关的尺寸与引脚编号如图 1.12 所示。

- A 型连接头:用来连接下端端口的设备,且为长方扁平的形状,所以在 PC 主机机壳后的根集线器以及在集线器中往下扩充的连接端口就是 A 型连接头。
- B 型连接头:用来连接上端端口的设备或集线器,且为正方形。

至于如何辨识连接头的正反面呢?如图 1.12 所示,在每一个连接头都可以找到通用串行总线标记的图案。而这一面即为连接头的正面。

在新的 USB 2.0 规范中增加设置了 Mini-B 接头,如图 1.13 所示。这个 Mini-B 连接器是原本 B 型连接器的一半大小。这种 Mini-B 连接器应用在需要缩小面积的消费性电子产品上,如数码照相机。不管用户使用的是一般 B 型连接器或 Mini-B 连接器,连接至计算机的另一端都需要 A 型连接器。A 型连接器连接至计算机主机端(往上端,Upstream),而 B 型连接器则连接至设备端(往下端,Downstream)。因此,具备扩充 USB 外围接口的集线器,也就同时具备了 A 型连接器与 B 型连接器。

所有的连接器中包含了 4 条 USB 缆线的电线的线规以及颜色如表 1.5 所列。但其中,对于 Mini-B 连接器则增加了 ID 引脚。若支持 USB On-The-Go(OTG)规范,则使用这个 ID,用来辨识设备预设的模式(主机或设备)。因为,新的 OTG 规范已经修改 USB 规范延伸至点对点的方式来连接。新的 USB OTG 规范将使得 USB 设备不再局

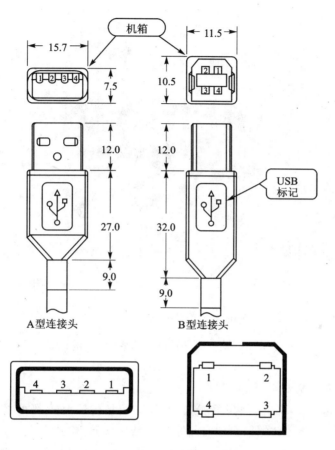

图 1.12　A 与 B 型连接头的图标

限于主机为整个 USB 总线上的惟一"主"设备。通过这种规范的延伸,所有的 USB 设备具备了主/从切换的特性。

表 1.5　USB 缆线/连接器的信号与颜色

标准 A/B 引脚	Mini-B 引脚	连接器	缆线颜色	缆线型号
1	1	Vcc(+5 V)	红	20～28 AWG
2	2	Data−（D−）	白	28 AWG
3	3	Data+（D+）	绿	28 AWG
4	5	Ground	黑	20～28 AWG
—	4	ID	无	没连接

每个连接头内拥有 4 个引脚:其中 2 个用来传递差动数据,另 2 个则是供给 USB

图1.13 Mini-B 的连接器(引用自 Mainsuper 公司)

设备电源。其中,一对电源线采用 20~28 AWG(America Wire Gauge,美国线规)的导线。

但对于传递差动数据的线规,就需多加注意。USB 的数据传输速率分为全速(12 Mbps)与低速(1.5 Mbps)两种规范。虽然这两种传输格式都可以使用 28 AWG 的导线,但是全速的差动数据信号线必须采用绞线对的形式,而且还须加上屏蔽的处理才可以。屏蔽的作用是防止高速传输时所产生的 EMI 电磁干扰。但对于低速的差动数据信号线就无须使用绞线对或加上屏蔽处理。这样设计也是为了减少成本并符合经济效益。

虽然在 USB 的规范中,明确地规定了全速设备缆线的最长范围为 5 m,低速设备则为 3 m。但在实际的考虑上,就不得不考虑传输延迟的问题,即随着传输延迟的增加,缆线的最大长度也会随之递减。例如,对于全速设备而言,如果传输延迟高达 9 ns/m,缆线长度仅有 3.3 m;反之,若在稍微理想状况下,其传输延迟为 6.5 ns/m,缆线长度就可延伸至为 4.6 m。

1.6.2 USB 接口的电气特性

详细的 USB 电器特性的相关内容是在 USB 规范第 7 章所设置的。而在此,仅列出用户所需注意的一些特性。如图 1.14 所示,呈现了在全速设备与 PC 主机之间电气特性的连接。除了 V_{CC}（+5 V）与接地线外，需要特别注意的是 D+ 与 D− 的差动数据信号线。首先，在连接至 USB 收发器之前必须先串接 29~44 Ω 的电阻。而后根据不同的 USB 设备的传输速度（全速或低速），改变在设备端的提升电阻 $1.5\times(1\pm5\%)$ kΩ 的位置。这个提升电阻，也可视为设备端电阻。对于全速设备（12 Mbps），就将提升电阻接至 D+ 信号线与电源之间的位置。如果是低速设备（1.5 Mbps），就将提升电阻接到 D− 信号线与电源之间的位置，如图 1.15 所示。这个电压源的范围为 3.0~3.6 V。但对于 USB 2.0 的高速传输，这个提升电阻被省略，改以自动切换的方式。最后，D+ 与 D− 两条信号线在 PC 主机的根集线器或集线器端同时接上 15 kΩ 的下拉电阻并连至接地端。用户也可视这些下拉电阻为集线器端电阻。

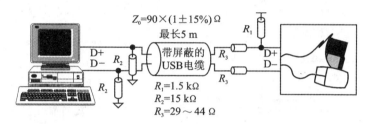

图 1.14 全速设备与 PC 主机之间电气特性的连接图

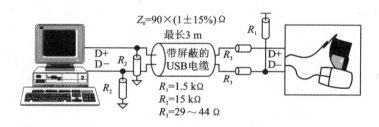

图 1.15 低速设备与 PC 主机之间电气特性的连接图

整个 PC 主机与设备之间的电气特性是如何操作的呢？首先，在设备未连接至 PC 主机的根集线器或集线器的连接端口时，D+ 与 D− 两条信号线因为下拉电阻的关系，几乎都视为接地，但是若有一个设备刚连接上时，由于提升电阻（1.5 kΩ）与下拉电阻（15 kΩ）形成了一个分压器；因此其中有一条数据信号线（D+ 或 D−）的电位将被提升至电压 V_{dc} 的 90% 左右。此时，当集线器检测到其中的一条数据信号线趋近 3 V_{CC}，而另外一条仍维持接地状态时就可确定有一设备已连接上。PC 主机会不断地每隔一般时间来查询根集线器，检查 D+ 与 D− 的电位变化，以了解设备的连接状态。

1.6.3　USB 2.0 规范的变动

在主机与新型的高速控制器之间的连接被重新加以定义，以支持高达 480 MHz 的传输效能表现。图 1.16 显示了旧型（全速/低速）与全新的高速接口连接方式。其中，新的标准下采用 90 Ω 的差分阻抗（differential characteristic impedance）以搭配差分电流模式信号（differential current mode signaling），并且采用相同的 NZRI 编码机制。但是，对于 SYNC 信号、EOP 信号以及闲置状态等，也略做了修改（在下一章中将再做详尽的介绍），只不过也必须同时搭配其他相关规范，以便严格控制游离电容（stray capacitance）、点对点抖动（peak to peak jitter）与上升/下降时间等因素。这样，才能使得信号的传输速度能够更加快速。

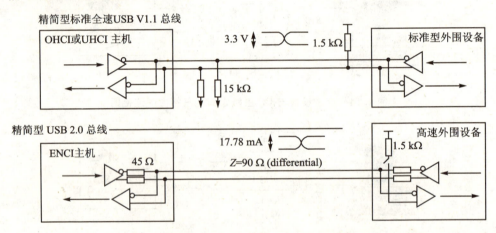

图 1.16　标准型 USB V1.1 与 2.0 规范总线连接过程

高速外围设备与主机控制器进行连接时，系统会将它视为一组配置有提升电阻的标准型全速设备。在总线进行重置时，外围设备会根据信号交换协议，将传输电流传回主机以指示主机。这个外围设备为 USB 2.0 接口规范并具备高速传输能力。在完成信号交换协议之后，外围设备将会把提升电阻打开（detach），所有的组件会开始进行高速传输通信。关于这一部分，在第 2 章中会再做进一步地叙述。当 USB 2.0 规范的外围设备与旧型主机相连接时，这种模式便具备向下兼容能力。也就是当信号交换协议失败时，外围设备会自动开始仿真并转为全速设备模式运行。此时，用户会感觉到运行效能降低，但实际上仍能顺利地进行所指派的工作。由于 USB 2.0 是采用了现有的信号机制，若是在联机环境中未安装终端电阻，系统就会通过双倍的电压检测出 USB 设备的移除。

1.6.4 USB 的电源管理

这一部分规范,在新的 USB 2.0 规范中没有作太大的变更。基本上,在中止模式下,消耗电流为 500 μA;在配置模式下,为 500 mA;而在未配置模式下,为 100 mA。由于 USB 的优点之一即是由总线供电给设备,因此设备可以通过总线来取得电源,而无须外部额外的电源插座或缆线。然而,许多人在直接选择这个便利的特性时,却没有考虑到一些根本的限制条件。USB 设备在其配置描述符中,以 2 mA 为单位来设置其电源消耗量。即使设备已失去了部分外部电源的消耗,也不能大于在设备列举时所设置的电源消耗数值,来增加其电源的消耗量。

基本上,不论是集线器或设备都可区分为自我供电或总线供电两种类型。总线供电又可再区分为低功率与高功率两种。此外,根据 USB 规范,所有的集线器或设备都必须支持中止(suspend)模式,而且中止模式下的消耗电流不能超过 500 μA。这是非常重要的特性。根据供电方式的不同,USB 设备可分为下列几个类型。

1. **总线供电集线器**

   所有的电源均由上端连接端口来供应,但至多只能从上端端口消耗 500 mA。对于一个有 4 个连接端口的集线器来说,每个下端端口最多只能消耗 100 mA,因此 4 个连接端口共消耗 400 mA。而集线器本身的控制器与其外围电路可再消耗 100 mA,因此整个集线器共可消耗 500 mA。

2. **自我供电集线器**

   集线器本身拥有自己的电源供应器,可以提供给本身的控制器以及所有的下端端口来使用。对于每个下端端口,可以供给至少 500 mA 的电流,而此时集线器最多可从上端端口消耗 100 mA。

3. **低功率总线供电设备**

   所有的电源均来自 USB 上端端口,每个下端端口在任一时刻最多能消耗一个单位的负载。在 USB 规范中,定义一个单位的负载是 100 mA。低功率总线供电设备必须设计工作在低至 4.40 V 的 VBUS 电源电压下,以及高达至 5.25 V 的最高电压下。这是在上端端口所连接的设备中,所检测到的。

4. **高功率总线供电设备**

   所有的电源均来自 USB 上端端口,在激活每个下端端口时,最多消耗 100 mA,但在配置后最多可消耗 500 mA。高功率总线供电设备必须能被检测以及以最小的 4.40 V 来设备列举。当此设备以一个完整单位负载来操作时,最低的 VBUS 设置为 4.75 V,最高的电压为 5.25 V。这些检测是从上端端口的设备所检测到的。

5. 自我供电设备

设备最多可从 USB 上端端口消耗 1 单位负载(100 mA)，而其余的电源再从外部的来源来驱动。当外部的电源失去时，其必须以替代方案来通过总线提供不超过 1 单位的负载电流。由于自我供电设备在电源消耗的规范上，没有较多该注意的事项，使其较容易用来加以设计。而这个 1 单位负载的总线供电，可允许设备在没有主要/第 2 个电源的供应时，能够被检测以及来执行设备列举的步骤。

在此，需注意的是，无论是总线供电或自我供电下，没有任何的 USB 设备能够驱动在其上端接口所直接连接的 VBUS。如果 VBUS 被移开，那么此设备将会延长至 10 s 的时间，可以从 D+/D− 所连接的提升电阻中，移开电源以作为速度辨识之用。

而集线器或设备的各种供电的类型以及最大的消耗电流定义于稍后所要介绍的配置描述符之中的 bmAttributes 字段。此字段配置了这个设备的电源属性。其中，bit7 为总线供电；bit6 为自我供电；bit5 具有远程唤醒的功能；而 bit[4：0] 则加以保留。

1.7 USB 速度的基本概念

由于在不同版本的 USB 规范中提供了低速、全速与高速共 3 种传输速率。在此，用户就必须知道哪些架构下，来应用或分享其传输的带宽。在设计 USB 外围设备时，更需注意到这些传输的特性。

通常一个 USB 单片机可能支持低速、全速或全速与高速，所有的集线器支持低速与全速设备。但如果这个集线器嵌入了一个多元式(compound)设备，就仅能支持低速的功能而已(如具备集线器的 USB 键盘)。这样，这个集线器将会以全速的方式与 PC 通信，但却以低速的方式与其嵌入的设备来通信。对于低速或全速的外围设备来说，能够连接至任何的 USB 集线器。

对于高速的外围设备则有点像是双速度设备，因此也可以连接至任何集线器上。但是 USB 1.x 规范的主机或集线器几乎都不支持高速的规范，这是由于 USB 1.x 规范在制定时，高速的设备还未设计出，也就是并不兼容。为了使得高速设备并不与 USB 1.x 规范的主机与集线器混淆，所以所有的高速设备必须要能够在全速下负责对标准设备列举的要求来加以响应。这样，即可使得任何主机能够去辨识出任何设备。

对于高速设备而言，除了负责标准的要求外，并无须具备在全速下的功能。但是因为 USB 1.x 规范的主机与集线器目前还不会被淘汰掉；再者，支持全速的功能并不难去制作，因此大多数高速设备也能与全速设备兼容。有了这些低速、全速与高速的概念后，紧接着，将针对 USB 的速度来做进一步的探讨。

对于主机与外围设备之间的实际数据，其传输率小于总线的速度。这也是由于这两边所传输的位中,除了一般真正的数据传输外,大都是用在辨识、同步以及错误检查上。再者,数据的传输率有时还需根据传输的类型以及此刻总线上的忙碌情况而定。而对于时间敏锐的数据来说,USB 支持了具备保证传输率与保证最大的时间上限的传输类型——等时传输。等时传输可保证带宽,主机可以根据所设置的时间间隔,来要求特定的字节数目传输至外围设备或从外围设备来读取数据。在全速的传输下,能够在一个 1 ms 帧中移动高达 1 023 字节的数据。但对高速的设备而言,可以在 125 μs 的微帧中,移动高达 2 072 字节的数据。相对的,等时传输并不具备错误检查的功能。此外,中断传输具有错误检查以及最大保证带宽的功能,但也意味着,并不具备保证精准的传输率。也即是相互之间传输的时间间隔将不会比设置的时间量还要快。

在低速的中断传输中,所能要求的最大时间间隔是从 10~255 ms,在全速时则为 1~255 ms。另外,在高速时,则时间间隔范围为 125 μs~4 096 s。

此外,因为整个总线被许多设备分享掉,因此也就无法对外围设备给予最大的迟滞上限或保证特定的传输率。如果,此时总线太忙以致无法允许所要求的传输率或最大的迟滞上限,主机就会拒绝去实现或完成配置用来让主机的软件企图去传输的过程。

在全速下,另一个用来做快速传输的传输类型是批量传输。理论上,在全速时,可以高达 1.216 MB/s,而在高速时,可以高达 53.248 MB/s。然而相对的,主机的驱动程序也会限制单一的批量传输变成较慢的传输率。综合来说,具有最佳的保证带宽的传输类型是高速的中断和等时传输(24.576 MB/s)。

但是,一般在设计 USB 外围设备时,有时不需那么快的传输率,或说相对的,这种技术的层次也相当的困难。因此,可以退而求其次,使用较低的传输类型或传输率。虽然,低速的总线速度是 1.5 Mbps,仅能在 10 ms 中传输 8 字节,或换算成每秒 800 个字节(等于 6 400 bps)。但是这种低速的传输率无论在电路制作还是在程序的编写上都特别的容易,也具有若干优点。

1.8 结 论

综观来看,USB 是一个传输率可达 12 Mbps 的串行接口,并由不同类型的 PC 外围设备一起共享了这个总线上的带宽,而且可以高达 127 个外围设备同时对应于单一的 PC 主机。USB 主机是整个总线上的主控者,掌握所有的控制权,负责对各个外围设备发出各种设置命令与配置。而各个外围设备仅能被动地接收命令,再相对地加以回复。

USB 是以各种封包为主的通信协议,并以令牌封包为起始,而主机将会于总线上发布此令牌封包,此时一定会有一个符合其地址的设备,并根据这个封包作出相对应的

动作。此外,12 Mbps 的总线带宽是被分割成 1 ms 的帧,所有位于此总线的设备就会以时间分隔的多任务传输(TDM)来共享它。以实体的观点来看,USB 仅含有 4 条线:2 条是电源线(Vcc 与 GND),2 条以差动方式产生的信号线(D+与 D−)。若符合 OTG 规范,就再加上一个用来识别主/从设备的 ID 引脚。

1.9 问题与讨论

1. 试简述 USB 的特性与优点。
2. USB 的基本架构包含哪几个部分?
3. 试简述 USB 数据流与管线的概念。
4. 如何于 D+与 D−引线上设置 USB 低速与全速的传输模式?
5. 如何设计 USB 的电源管理工作?
6. USB 2.0 与 1.x 规范相比,其修订与改变有哪些?试简述之。
7. 若在 USB 总线上连接不同规范的 USB 设备,则各个规范的 USB 主机控制器、集线器与设备所产生的传输速度是多少?如何才能真正发挥 USB 高速的传输速度?
8. 请用户试着用各个网站的搜索引擎,找出与 USB 相关的网站,并从中找到相关的 USB 参考文献,加以整理并写出一篇报告。

第 2 章

USB 信号状态与编码方式

有了前一章，相关的 USB 基本概念与规范的介绍后，用户就需要了解 USB 接口信号状态以及编码与译码的方式。而这对用户在设计 USB 外围设备时，特别有帮助，尤其是稍后 USB 信号所要执行的各种传输类型与协议通信。以下，介绍 USB 的编码方式以及低速/全速与高速相关各种信号的状态。

2.1 差动信号

为了了解 USB 信号的实际动作，可以使用示波器来观看 USB 的数据线。在 3 种标准速度（高速、全速与低速）下，将可看到一组差动信号。这 2 根数据线（D+与D−）在同一时刻被激活，而且还以反相的方式出来。USB 数据线是以点对点的方式连接，且其信号为单双工的方式，因此，也意味着在同一时刻，仅有联机的一端信号被驱动。

此外，USB 数据线中并不包括 CLOCK 信号线，也因此，这两端的通信节点是以异步的方式来加以通信连接的。而每一对数据线的基本速度，是在设备列举的过程中，被加以协调出来的。再者，虽然是单双工，也没有 CLOCK 信号，但是，在数据传输前所送出的 SYNC 同步列信号，将会使得接收端能够转换成一般的总线时钟信号，以用来解出传送端的传输速度。这对于设备来说，当一收到从总线上的信号时就会通过采样这个信号，以使得传输的动作能够以较佳的方式被检测到。如图 2.1 所示，为差动信号线的图示。其中，D+与 D−差动信号线，是互为反相的。主机可以通过稍后所介绍的收发器与串行接口引擎（SIE），即可将 D+和 D−信号送到设备或 USB 单片机中。

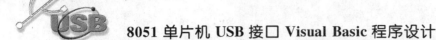

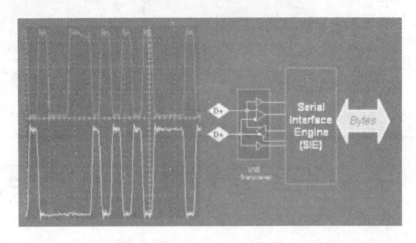

图 2.1　USB 收发器用来接收与传送 D＋与 D－差动数据信号图

2.2　USB 的编码方式

　　当 PC 主机对设备发出控制信号时，所有连接的设备都通过根集线器收到同样的信号，但是经过对比所配置的设备地址后，只能有一个设备作出相对应的动作，这跟网络的架构有点类似。因此对一个设备而言，不仅要无误地接收主机端所送来的数据，又要正确地发出响应的信号。因此，在 D＋与 D－的差动数据线上就必须采用一种特别的编号方式再加以传送出去，以解决在 USB 缆线所产生信号延迟以及误差等问题。

　　在此，USB 采用了 NRZI(Non Return to Zero Invert，不归零就反向)的编码方式，无须同步的时钟信号也能产生同步的数据存取。NRZI 的编码规则是，当数据位为"1"时不转换，为"0"时再作转换。如图 2.2 所示，显示了 NRZI 编码的范例。位传输的顺序以 LSB(最低位)为优先。

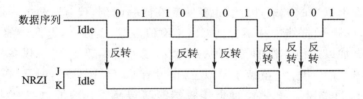

图 2.2　NRZI 编码的范例说明

　　NRZI 编码的数字再生回路的数字逻辑电路如图 2.3 所示。其相对应的编号变化如图 2.4 所示。这样，接收与传输器两端的机制中，就无须先送出分离的时钟信号，或

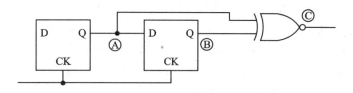

图 2.3 USB 的 NRZI 再生回路的数字逻辑电路图

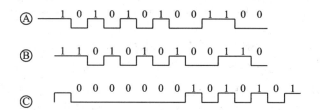

图 2.4 相对 A、B、C 位置 NRZI 再生回路的信号关联图

者在每一个字节中添加起始或结束位(如 RS-232)。如果用户使用示波器来观察这种 USB 数据,将会发现它不像其他的接口,可以以逻辑准位来读取这些传送或接收的位。

这样的编码方式会遇到一个很严重的问题:若重复相同的"1"信号一直进入时,就会造成数据长时间无法转换,逐渐地累积而导致"塞车"的状况,使得读取的时序就会发生严重的错误。因此,在 NRZI 编码之间,还需执行所谓的位填塞(bits-tuffing)的工作。如图 2.5(a)所示,若原始的串行数据中含有连续 6 个"1"位,就须执行位填塞的工作。此工作如图 2.5(b)所示,就在其后填塞一个"0"位。但相对地在 NRZI 编码的过程中,对这连续的 6 个"1"执行如图 2.2 所示的转换过程,如图 2.5(c)所示。

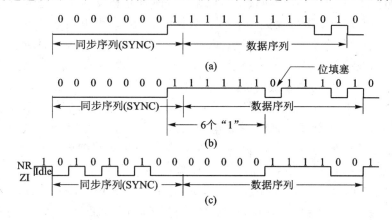

图 2.5 NRZI 译码的过程

因此在发送端进行数据传输之前，须先执行位填塞和 NRZI 编码的工作。相对的，在接收端进行数据接收之前，就必须先执行 NRZI 译码，然后再做位反填塞（unbit-stuffing）的工作。这一部分的电路会通过 USB 芯片中的 SIE（串行接口引擎）来实现。本书将在第 6 章的 USB 芯片的章节中，再做更详细的介绍。

2.3　USB 总线状态

在第 1 章说明了 USB 电器特性的基本概念，以及稍前所介绍的编码方式后，即可构建出各种 USB 总线状态的定义。在这些规范中，根据总线的信号电压或电压所标示的状况来定义出许多的总线状态。通过所定义的状态，即可了解整个 USB 接口动作的特性以及相关的协议。而根据 USB 规范的不同，也定义了不同的总线状态。其中，区分了 USB 1.x（低速与全速）与 USB 2.0（高速）两种。以下，分别加以叙述。

2.3.1　低速与全速的总线状态

关于低速与全速的总线状态，需要特别加以注意与了解。根据图 1.14 和 1.15 所示，在低速与全速的设备上，差动"1"是以 15 kΩ 的电阻拉至接地端，将 D+ 拉升至超过 2.8 V，而 D− 则是通过 1.5 kΩ 电阻拉至 3.6 V，将 D− 降低到 0.3 V；差动"0"，则是刚好相反。若以同样的提升电阻与下拉电阻的连接，则 D− 高于 2.8 V，而 D+ 低于 0.3 V。如表 2.1 所列，USB 规范书中将信号的传递状态分为 J 状态与 K 状态。但需注意的是这两种状态的定义在全速设备与低速设备刚好是相反的。这是由于 R_1 提升电阻在全速设备与低速设备刚好放置于不同的 D+ 与 D− 差动数据线上。也就是说，对于 J 状态而言，全速设备处于差动 1 的状态，低速设备则处于差动 0 的状态；对于 K 状态而言，全速设备处于差动 0 的状态，而低速设备则处于差动 1 的状态。所谓的差动 1，是指 D+ 是逻辑高电位，而 D− 是逻辑低电位；差动 0 则是刚好相反。

其中，IDLE 闲置状态，是说明此时没有驱动器被激活。在全速引线上，D+ 是正电压的，反之，在低速引线上，D− 是正电压的。而当设备插上后，集线器可以通过检查在闲置总线上的电压，立即决定这个设备是低速或全速的。因此，回复状态，则是当设备在中止状态时，以 K 状态来表示脱离了原先的状态。

此外，单端 0（Single-Ended Zero, SE0）与单端 1（Single-Ended One, SE1）也是另一个 USB 总线的重要特性。其中，单端 0 是意味着，D+ 与 D− 同时都是逻辑低电位。总线可以通过单端 0 来切入 EOP（End-of-Packet）、脱离以及重置状态。单端 1 则是单端 0 的另一个互补特性。也即是，D+ 与 D− 同时都是逻辑低电位，则无效的总线状态，应

表 2.1 USB D＋与 D－电位变化的定义

信号状态	信号定义
差动 1	(D+)－(D－)＞200 mV
差动 0	(D+)－(D－)＜200 mV
J	全速设备:1;低速设备:0
K	全速设备:0;低速设备:1
IDLE 闲置状态	全速设备:D＋＞VIHZ(min),D－＜VIH(min) 低速设备:D－＞VIHZ(min),D＋＜VIH(min)
SOP	IDLE (J)→K

该是不曾发生的。

根据表 2.1 的定义,可以知道当设备一连接上去后,D＋与 D－的其中一条信号线一定会趋近 V_{dc},另一条则接地,此时设备称为处于 J 状态,这也就是它的闲置状态。而一旦有激活的信号进来,则切入转换为 K 状态,在这个时刻也可视为进入了 SOP(Start-of-Packet)状态封包开始的状态。每一个传输的低速或全速设备的封包是以 SOP 所起始的。

相对的,EOP(End-of-Packet)则是指当接收器已经在单端 0 延续了至少一个位的时间,且紧接着随后跟随 J 状态维持至少一个位时间的总线状态。而这个接收器可以选择性地定义 J 状态所需的最短的时间。在这个接收器中,单端 0 状态是近似 2 个位的宽度。当然,照字面上的意思,每一个所传输的低速或高速的封包都是以 EOP 来做结束的。

此外,USB 的脱离状态(disconnect state)意指当下端接口维持单端 0 状态延迟至少 2.5 μs 的时间,就可称之为脱离状态。相对的,所谓的连接状态(connect state)则是当下端接口的总线已经切入闲置状态至少 2.5 μs,但不超过 2.0 ms 时,称之为连接状态。

至于重置(reset)状态,则是单端 0 维持超过 10 ms 时,这个设备必须在重置状态中。而设备在单端 0 状态已经延续了近 2.5 ms 后,可以切入重置状态。当一个设备离开重置状态时,它就必须以正确的速度来加以操作,并且必须以预设的地址 0 来响应各种通信工作。

所以对于用户来说,一些 USB 的若干总线状态的定义是需要加以理清的。例如,差动 0/1、单端 0/1、J/K 状态、SOP/EOP、中止/回复、脱离/连接与重置状态等。这些都关系到 USB 整个总线的动作。

2.3.2 高速的总线状态

除了上述所提及的低速/全速的总线状态外,高速的总线状态也需进一步加以描述。许多的高速总线状态与低速/高速类似,但有些高速总线的状态的特性也是不同的。当然,这也是为了向下兼容之故。因此,低速与全速的总线状态无法兼容高速的总线。以下,分别叙述相关的重要特性。

1. 高速差动 1 与差动 0

当主机与设备传输高速的数据是位于高速差动 1 与差动 0 时,则存在这两种总线状态。这如同低速与全速的总线状态一样,高速差动 1 是当 D+ 是逻辑高电位,以及 D- 是逻辑低电位。反之,高速差动 0 是当 D+ 是逻辑低电位,以及 D- 是逻辑高电位。

2. 高速数据 J 与 K 状态

高速数据 J 与 K 状态的定义,与全速的定义一样,用户可以参考表 2.1。

3. Chirp J 与 Chirp K 状态

这两种状态是 USB2.0 规范中所新增加的。因此,Chirp J 与 Chirp K 状态是仅存于在高速时,用来检测握手情况。Chirp J 与 Chirp K 状态都被定义为 DC 差动电压。在 Chirp J 中,D+ 是正电压的,相对的,在 Chirp J 中,D- 则是负电压的。

当高速设备第一次接上 USB 总线时,其必须以全速设备来加以激活或进行设备列举的工作。所以说,高速检测的握手信号将可使能高速设备去告诉 2.0 集线器,其需支持高速的协议。这样,即可在稍后进行高速的通信工作。

当 2.0 集线器被置于下端的总线部分,若发生重置状态时,就会产生 Chirp J 与 Chirp K 状态。当具有高速能力的设备检测到重置时,它即会送出 1~7 ms 的 Chirp K 状态给集线器。紧接着,以高速方式与上端通信的 2.0 集线器也就做出反应,检测到 Chirp K 状态。此时,2.0 集线器就会切换地送出 Chirp K 与 Chirp J 状态序列。一直到重置状态结束之前,这个序列会简短地持续着。在这个重置结束时,集线器就会将外围接口置于高速使能的状态中。

但用户需注意的是,当设备检测到 Chirp K 与 Chirp J 状态序列时,就会脱离连接至 D+ 的全速提升电阻,以使能其高速传输,以及进入高速预设的状态中。当然,对于 1.x 的集线器会忽略设备的 Chirp K 状态(只对 2.0 集线器有效)。所以若高速设备送出 Chirp K 状态给 1.x 集线器,当它没有看到任何的响应序列时,就知道了必须仍然维持全速的总线速度。

以下,将设备重置与 Chirp 序列整合一起说明。当软件检测到全速设备被连接上去时,它即会通过重置接口(ResetPort)的命令来送出重置给集线器。这样,即会导致集线器去驱动单端 0 的状态达 10 ms 以上。如果接上一个高速兼容的外围设备时,Chirp 的序列就开始产生,如图 2.6 所示。

以下,将按照步骤依序地列出 Chirp 序列所产生的方式:

(1) 集线器针对 Chirp 状态,在 T0 时驱动一个重置状态。

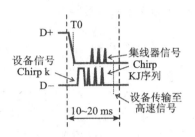

图 2.6 用来检测与高速兼容设备的 Chirp 序列信号

(2) 高速设备检测到重置状态时,会发出 Chirp K 信号。这个 Chirp K 信号能够通过高速电流驱动器所产生的电流以送至 D−引线的方式来加以实现。而这个 Chirp K 信号必须被发出达 1 ms 以上,且在 T0 之后维持不超过 7 ms 的时间。

(3) 当驱动全速的重置状态后,集线器的高速接收器将被激活,并且等待 Chirp K 的检测。而这高速的集线器必须在 Chirp K 发生后的 2.5 μs 后,检测到一个有效的 Chirp K。注意到,如果集线器没有检测到 Chirp K,它就必须实现全速的重置,并且停留在全速信号模式下。

(4) 在从设备终止 Chirp K 后的 100 μs 内,集线器会回传 Chirp K 与 Chirp J 交互切换的序列。这个序列具有下列的特性:

- 在这个序列间隔中,没有任何的总线闲置状态是被允许的。
- 必须在 500 μs 内终止,且不可慢于在重置状态结束之前的 100 μs。
- 每一个 Chirp K 与 J 是大于 40 μs 与小于 60 μs 之间的间隔。
- 在 Chirp 序列结束后,重置状态会持续着。

(5) 一旦重置时间结束后,集线器会通过其全速驱动器来连续地驱动单端 0 的状态。

(6) 在设备检测到 6 个 Chirp(3 组 KJ)后,它即需在 500 μs 内转换为高速的操作。这个转换需要以下的条件:

- 将连接至 D+的提升电阻器脱离。
- 使能高速的终端器。
- 进入高速的预设状态。

用户需注意到,高速设备必须在其自己的 Chirp 结束后的 1~2.5 ms 之间,检测到有效的 Chirp 序列。反之,如果没有检测到 Chirp 序列,这个高速设备也就需持续地在全速下操作。

4. 高速闲置状态

在高速闲置状态时,没有任何高速驱动器被激活,且低速与全速的驱动器确认单端 0 状态。此时,D+与 D−信号是介于−10~+10 mV 之间。

5. 高速封包的起始

高速封包的起始(Start-of-High-Speed-Package，HSSOP)总线状态存在于总线要从高速闲置状态改变至高速的数据 K 或 J 状态时。顾名思义，每一个高速封包都以 HSSOP 来加以开始。

时钟在每一个封包的起始处开始传输，使得输入的接收器能够同步紧接而来的封包。其中，这个同步化的序列包含了一系列的 K 转换至 J 状态的信号变化。当由主机或所响应的设备所起始时，此序列的间隔是 32 位(KJKJ…KJKK)时间，如图 2.7 所示。

但是当最后由设备或主机收到(连接至最后的阶梯层的集线器)时，这个序列也可能少于 32 位。

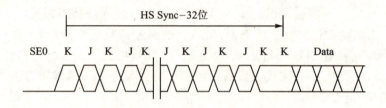

图 2.7　高速同步列以及 HSSOP

6. 高速 Squelch

高速 Squelch 状态是用来表示一个无效的信号，此时差动总线上的电压低于 100 mV。因此，高速总线的接收器中，必须涵盖用来检测这个状态的电路。

但是这种通过传输包(transmission envelope)检测器与被使能的接收器所要作的封包起始检测，将会产生延迟。如图 2.8 所示，高速 Squelch 检测将导致集线器从同步列中，遗漏 4 位的宽度。

此外，当重复的封包信号一直传输进来时，将会导致集线器从同步列模型中遗漏 4 位的宽度。而 USB 的拓扑结构限制了介于主机与下端设备之间的线上连接集线器的数目。因此，通过最多 5 层(阶)的集线器的处理后，将会使得同步列的模型仅包含了 12 位。

图 2.8　高速 Squelch 检测将导致集线器从同步列中遗漏 4 位

7. 高速封包的结束

高速封包的结束(End-of-High-Speed-Package, HSEOP)总线状态存在于总线从高速的数据 K 或 J 状态改变至高速闲置状态时。顾名思义，每一个高速封包都以 HSEOP 来加以结束。

每一个封包的结尾处，都包含了一个如图 2.9 所示的 HSEOP 状态。这种 HSEOP 状态除了是在 SOF 封包之后外，其余的都是 8 位宽度。也仅有在这个特例情形下，HSEOP 会延伸至 40 位宽度。在这 8 位宽度的 HSEOP 状态中，包含了没有位填塞(bit-stuffing)的 NRZI 译码位的模型。而接收器会通过内部位填塞发生错误来检测封包的结束。因此，当位填塞发生错误时，或即使当位填塞错误并不是在一般 HSEOP 状态的时候，高速的接收器总会检测 HSEOP 状态。

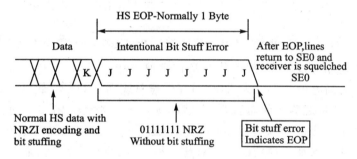

图 2.9 HSEOP 总线状态的检测

8. 高速脱离

将高速设备从总线中脱离时，也同样移开了在设备上的高速引线。此时，总线上会形成高于 625 mV 的电压，以表示高速脱离状态。同上述几个状态，符合 2.0 规范的 USB 集线器也必须包含检测这个电压的电路。

基本的观念是，若检查到高于在差动对上的信号电压时，则检测到高速设备脱离了。这较高的电压是因为设备终端被移走时，通常会跳跃 400～800 mV。这样，就会导致较高的电压产生了，如图 2.10 所示。

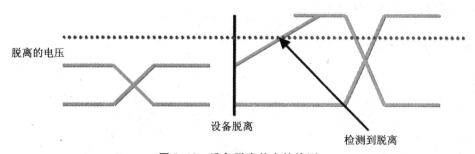

图 2.10 设备脱离状态的检测

这个检查会在 SOF 微帧的 EOP 最后的 8 位之间来加以执行。而此 SOF 微帧的 EOP 会延伸至 40 位，以使得这个检查机制是可信赖的，如图 2.11 所示。

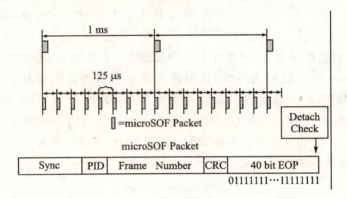

图 2.11　在 SOF 微帧一封包的尾部，HSEOP 状态中，检查到设备的脱离

综合上述的总线状态，闲置状态是在高速总线时，D+ 与 D- 都为低电位；在全速总线是 D+ 为高电位与 D- 为低电位；在低速总线则是 D+ 为低电位与 D- 为高电位。此外，闲置状态称之为 J 状态，而启动状态则称之 K 状态。在 3 种标准的速度下，将可允许其中一个组合被加以应用。而在这种结构下，其时间间隔则是依每一组的 USB 数据线的基本速度来加以决定的。针对这 3 种总线速度，即高速、全速与低速来说，位时间（bit-time）分别是 2.083 ns、83.3 ns 与 666.6 ns。

2.4　问题与讨论

1. USB 的 NRZI 编码与译码方式是什么？
2. 什么是位填塞与反填塞？
3. 什么是 USB 差动 1 与差动 0 信号状态？
4. 什么是高速 EOP/SOP 状态？
5. Chirp K 与 Chirp J 的用途是什么？
6. 什么是高速 Squelch 状态？

第 3 章

USB 通信协议

第 3～5 章,将针对 USB 中最为复杂的通信协议来加以介绍。在完整的通信协议中,包含了 USB 封包、传输类型、描述符、设备要求、群组等 USB 规范书中相关的协议。当然,只有遵循此协议,才能执行 USB 外围设备与 PC 之间的数据传输与命令的设置。而完整的通信协议是相当复杂与繁琐的,也较无法同时加以连贯了解。因此,以下,将依序从最基本的通信概念,延伸至完整的 USB 通信结构。让读者能深入浅出,有系统了解。

3.1 USB 通信的基本概念

基本上,整个通信协议包含了如图 3.1 所示的层图,就像是洋葱圈一样。其中包含了:

- 信号;
- 字段;
- 封包;
- 数据交易;
- 传输;
- OS 接口。

通过这些信号或是通信的层,可以一层又一层地构建出一个完整的通信协议。如此,PC 主机

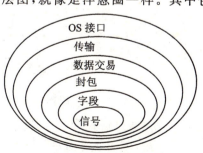

图 3.1 USB 通信协议层图

才可以通过 USB 接口对外围设备下达命令或是传输数据。

从最低层的信号观点来看，D＋与D－的差动信号是串行的时钟。通过串行信号，即可将所要传输的数据发送出去或接收进来。只不过稍前有提及过缆线的长度也会影响整个传输的品质。如图 3.2～3.4 所示，在不同的距离下，衰减产生的严重程度也就不同。

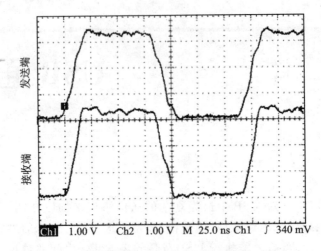

图 3.2　发送端与接收端的 D＋与 D－差动信号(2.54 cm)

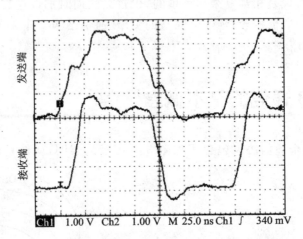

图 3.3　发送端与接收端的 D＋与 D－差动信号(2 m)

通过这种 D＋与 D－的差动信号线，即可形成通信协议的上一层中的各种类型的字段，如图 3.5 所示。因此，用户就可以由字段再逐步地构建出一个完整的通信协议。

若由上层往下层来加以讨论，可以知道每一个传输是由数据交易所组成的，每一个数据交易则是由封包所组成的，而每一个封包则是由字段内的信息所组成的。因此，若

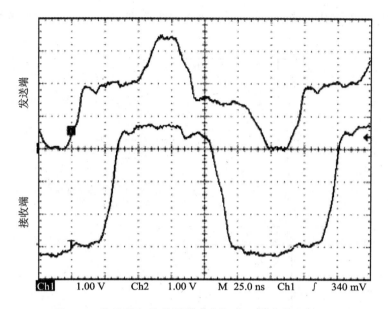

图 3.4　发送端与接收端的 D＋与 D－差动信号(5 m)

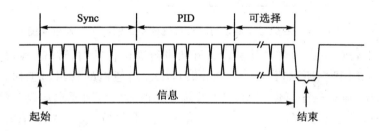

图 3.5　D＋与 D－信号所构建出的通信协议

要了解 USB 的通信协议,就须以最低的组成结构,如字段以及其相关的信息来加以切入。

3.2　USB 通信协议——传输

　　PC 主机为了能下达命令,或是传输数据给外围设备,基本上,就必须有一套标准的 USB 通信协议来实现这个目的。如图 3.6 所示,为 PC 主机与设备执行通信协议的整体结构。这个结构相当重要。图中显示了一个通信协议所需包含的各个传输、数据交易、封包与各类型字段等。当主机的设备驱动程序想要与外围设备通信连接时,它即会起始一个传输。这个传输的动作用来处理与执行相关的通信要求。而一个传输的过程可能很短，仅传输几个字节，或是用来传输一个文件，甚至是一个庞大的影像/语音的串流数据。

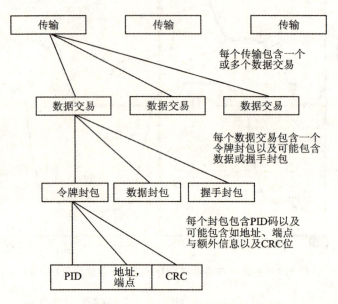

图 3.6　PC 主机与设备之间所执行通信协议的相关结构示意图

基本上，PC 主机若要与外围设备开始进行通信传输时，Windows 应用程序将会通过标准的 API 函数所取得的标头（handle），来开启通信的管道与工作。为了开始一个传输的工作，应用程序可以调用 API 函数所取得的标头来要求从设备的驱动程序的传输工作。通过这个步骤，应用程序可以从设备要求数据，也可将数据送至设备上。换而言之，主机可以传输一个大量内容的文件，也可通过端点 0 来将设备中的各种描述符取出来。此外，当应用程序要求一个传输工作时，操作系统就会传递这要求给适当的设备驱动程序，而这驱动程序即会紧接着将此要求传给其他的系统驱动程序，以及主机的控制器上。此时，主机的控制器即可在 USB 总线上，启动这个传输。

根据应用场合或是 USB 设备的不同，该驱动程序将会被规划为要求周期地传输（中断传输或是等时传输），且应用程序可以利用这些不同的传输类型来读取数据或是将数据写入设备。而有些传输（控制传输）则是用来执行设备列举的。因此，为了不同的需求，在 USB 规范中定义了不同类型的传输类型。

3.2.1　传输类型

由于 USB 最初在设计时，即是为了能够针对具备如传输率、响应时间以及错误帧错等特性的许多不同的外围类型来加以考虑的。而其中,4种数据传输的每一个能够掌握不同的需求。在此,根据不同外围设备的类型与应用,定义了4种传输类型,分别是控制传输(control transfer)、中断传输(interrupt transfer)、批量传输(bulk transfer)以及等时传输(isochronous transfer)。其中,需要特别注意的是低速设备仅支持控制传输与中断传输。

控制传输是USB传输中最重要的传输类型,只有正确执行完控制传输,才能进一步执行其他的传输类型。这种传输是用来提供给介于主机与设备之间的配置、命令或状态的通信协议之用的。控制传输能够使能主机去读取与此设备相关的信号,并去设置设备地址,以及选择配置与其他的设置等。此外,控制传输也能够送出自定义的要求,以针对任何目的送出与接收数据。因此须以双向传输来达到这个要求。当然,所有的USB设备必须支持控制传输。

中断传输原本属于单向传输,并且仅从设备输入到PC主机,作IN的传送模式(但在规范书1.1版中,已改为双向传输,增加了OUT的传送模式)。这是由于最早在开发USB外围设备时,先以人工接口设备为设计考虑,其数据只须做输入IN传输,如鼠标或键盘等设备。而由于USB不支持硬件的中断,所以必须靠PC主机以周期性的方式加以查询,以便获知是否有设备需要传送数据给PC。如果因为错误而发生传送失败的话,可以在下一个查询的期间重新再传送一次。

批量传输属于单向或双向的传输。顾名思义,这类型的传输用来传送大量的数据。这些大量的数据必须准确地加以传输,但相对的却无传输速度上的限制(即没有固定传输的速率)。例如,送出一个文件给打印机,或是从扫描机扫描一张图片,并传送至PC主机上。这是由于批量传输是针对未使用到USB带宽来向主机提出要求的。如此,须根据目前的总线的拥挤状态或是可用的带宽,以所有可使用到的带宽为基准,不断地调整本身的传输速率。因此,如果总线上充满了具备保证带宽的其他传输的话,如等时传输或是中断传输,那么批量传输就必须持续地加以等待。反之,如果整个总线是处于闲置状态的话,批量传输就可以传输得非常快。因此,并没有设置查询的时间间隔。

等时传输可以是单向或双向的传输。此种传输需要维持一定的传输速度,因此相对的就须牺牲些微错误的发生。而它采用了预先与PC主机协议好的固定带宽,以确保发送端与接收端的速度能相互吻合。换而言之,就算发生了传输上的错误,也不会重新传送。应用这类型传输的设备有:USB麦克风、喇叭或是CCD等设备,如此可以确保播放的频率或是传输的影像不会被扭曲。仅有全速与快速设备是支持等时传输的。

在稍后的第4章中,将会进一步地说明这4种传输类型的特性与实现方式。

3.2.2 信号管线与数据流管线

若要将上述的 4 种传输类型分类,就是以其所携带的是数据或是命令来加以简单区分。根据稍前所介绍的端点与管线的概念,再进一步地探讨,即可根据所传递至一方或是双方的信息类别,将其区分为数据流管线或信号管线。若整合这两种概念,并加以延伸的话,控制传输是唯一使用双向的信号管线,而其他则是使用单向的数据流管线。

1. 信号管线

在信号管线中,每一个传输是以包含了要求的设置、SETUP 数据交易为开始的。为了实现这个传输,主机与设备可以相互交换数据与状态信号,或是设备也可仅送出状态信号。而这里,至少会包含一个以每个方向所送出信号的数据交易。如果设备支持此要求,它即会执行这个所要求的动作。该动作有时也称为设备要求剖析的动作。

其实信号管线所要执行的控制传输,即是去实现一个稍后所要介绍的设备列举。

2. 数据流管线

除了控制传输以外的 3 种传输类型,即中断、批量与等时传输都是通过数据流管线来实现数据的传送与接收工作的。

在 USB 规范中,对于数据流管线没有详细的规范数据的格式。设备或 PC 主机的固件程序代码或应用程序能够以最适当的方式(即不同的传输类型)来处理这些数据。当然,对于送出或接收设备的数据流上的数据还是需要根据传输来遵循特定的格式。例如,主机的应用程序可能定义一个设备要求以送出一系列数据的程序代码,其中,包含了所读取到的温度值与读取到的时间值。那么主机可以通过控制传输,使用制造商所定义要求来取得温度值,或是通过中断传输,以间隔的方式来查询温度值。此时,若使用中断传输,则数据是通过数据流管线来实现的,而不必一定须针对控制传输来设置传输的数据格式。

因此,要使用何种数据管线或是信号管线,要根据用户所要实现的设备是什么,效能是什么来加以决定。

当然,在此要强调一点,若将稍前的端点概念整合进来,端点、管线与传输就有着密不可分的关系。对于设备而言,每一种传输是通过用来连接管线的端点来加以实现的。换句话说,如鼠标设备上的端点 0,可以通过信号管线来实现控制传输;而端点 1 则可以通过数据流管线来实现中断传输。如此,即可依此类推至各种不同的设备与主机的传输上。

3.3 USB通信协议——数据交易

表3.1列出了组成4种传输类型的元素。在这里,读者就需要注意一些通信协议的结构。例如,传输与数据交易、数据交易与封包、封包与字段之间的关系。当然,这是相当复杂且容易弄混淆的地方。其中,传输包含1个或是更多的数据交易,每一个数据交易又包含1个、2个或是3个封包。而封包中,又包含封包标识符(PID)字段、检查字段(CRC)以及额外的信息字段。当然,就是如图3.1所示的洋葱圈的结构示意图。

表 3.1 传输类型、数据交易与封包的关系表

传输类型	层(一个或更多数据交易)	阶段(封包)*
控制	设置,SETUP	令牌
		数据
		握手
	数据,(IN 或是 OUT)(可有可无)	令牌
		数据
		握手
	状态,(IN 或是 OUT)	令牌
		数据
		握手
中断	数据,(IN 或是 OUT)	令牌
		数据
		握手
批量	数据,(IN 或是 OUT)	令牌
		数据
		握手
等时	数据,(IN 或是 OUT)	令牌
		数据

* 每一个封包是往下端接口传递出去的,若是低速,前面还会再放置 PRE 封包。

因此,若要了解完整的 USB 通信协议就必须从数据域谈起。通过由下而上,从简易至复杂的通信协议单位来组合出各种复杂的通信协议,进而构建出完整的通信协议。

从表3.1的第2栏中,可以知道其中包含了3种数据交易类型。这3种数据交易是根据其目的与数据流方向来决定的。其中,SETUP 数据交易用来送出控制传输要

求给设备;IN 数据交易是数据从设备传回主机;OUT 数据交易是将数据传送出去给设备。每一个数据交易中,包含了辨识、错误检核、状态以及控制信息,同样也包含了要交换的数据等。此外,一个完整的数据交易可能占用多个帧。但是数据交易却是一个实现 USB 通信协议的最基本的结构组成。也即是,在总线上没有任何通信能够去切断该数据交易的沟通过程。当然,除非是错误的 USB 通信过程。

此外,一个小量数据的传输也许仅需一个数据交易。如果是大量的数据,传输可能就需使用多个数据交易,每一次传输一部分数据。读者或许会认为表 3.1 的通信协议的结构非常复杂。其中,尤其是第 1 栏所列的控制传输是较为严谨与必须去实现的。

根据上述不同封包的组合与搭配就可以执行各种数据交易。但最重要的是,数据交易的格式必须与前面所提及的 4 种传输类型互相配合。这是因为不同的传输类型就会执行不同的数据交易。其中,除了等时传输外,控制传输、中断传输与批量传输都以下列的 3 个阶段来组成一个数据交易的动作。

令牌	数据	握手

等时传输却只有包含如下所列的 2 个阶段而已。若等时传输在传输的过程中发生错误,不会重送一次,所以也就不具有握手阶段。

令牌	数据

因此,为了方便读者的记忆与了解整个 USB 的通信协议,在此以一个较简易的方式来向读者介绍。即是通过一个小口诀来介绍 USB 通信概念。这个口诀即是:5 4 2 3 3,如图 3.7 所示。

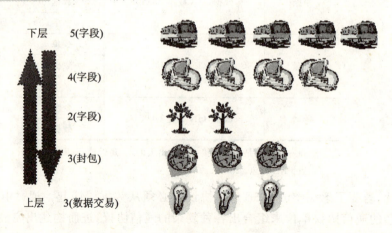

图 3.7 USB 通信协议的简易口诀

这个口诀相当简单,有点像是通关秘诀,而整个数字的顺序即可串联出 USB 的通信协议。5,4,2 即分别为每个封包(令牌、数据与握手)的字段数目,其后的 3 则为实现一个数据交易所需的 3 个封包阶段(令牌、数据与握手),而最后的 3 则为实现一个控制传输所需的 3 个数据交易层。读者可以对照表 3.1,且只须以这个简易的数字顺序,从下层到上层,即可构建出一个完整的控制传输。而以下,先从 USB 封包类型与其所包含的字段来谈起。

3.4 USB 封包中的数据域类型

USB 接口是以令牌封包为主(token-based)的总线协议,而且 PC 主机掌握了这个总线的一切主控权。换而言之,一切的沟通都由 PC 主机来负责激活与执行。再加上,由于 USB 不占用任何 PC 的中断向量、DMA 或是任何输入/输出的资源,因此,必须通过严谨的协议才能与外围设备达成通信的目的,进而执行各项传输的命令。当然,在 USB 的通信协议中,不仅只有令牌封包而已,还包含了数据封包、握手封包以及特殊封包等。因此,就必须先介绍 USB 封包类型中的各种数据域的格式,并加以说明。

不同的封包类型,含有不同数量与形态的数据域。以下依序介绍各种数据域的规范与结构。而通过不同形态的数据域的组成,即可构成所要的封包类型。

封包内所包含的信息数据位于 1~3 074 字节之间。第 1 个字节总是封包标识符(PID),用来定义其余的信息字节所要表达的意义。而封包的最后一部分,则是封包结束 EOP(End-of-Packet)标识符。

但应注意,USB 的串行传输是先送出最低位 LSB,然后再依序送出,直到最高位 MSB 为止,如图 3.8 所示。而 PID[0:3] 与 $\overline{\text{PID}}[0:3]$ 的意义稍后会再加以解释。

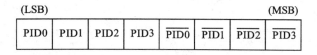

图 3.8 封包格式

首先,介绍第一个,也是每一种封包都含有的数据域:同步列数据域。

1. 同步列(Synchronization Sequence,SYNC)数据域

SYNC 字段由 8 位组成,作为每一个数据封包的前导,用来产生同步,将会起始 PLL。因此,它的数值固定为:00000001。这个字段仅可以在闲置时,作传输之用。封包的起始是由总线从 J 状态转换成 K 状态的变化所产生设置的。大部分的传送过程是由传送器在下一个可用的位时间所驱动的,并用来产生一个 SYNC 序列。而另一端的接收器即可利用此序列,将其所接收到时钟与所接收到的数据传输过程,两者加以调和,如此即可确保封包的信息部分是可靠地接收到。这个 SYNC 序列以 2 个 K 状态来结束,且在下一个位时间,开始传递封包的信息。

此外,若针对高速传输,SYNC 序列将会由 PC 主机所产生,且其中包含了 32 位的 SYNC(KJKJKJ…KJKK)。虽然这些 SYNC 序列将会由于集线器的阻隔而消耗若干信号,但在最后末端的设备至少可以收到 12 位 SYNC 序列。而这已足够去锁住接收的时钟,并用来产生 PLL。但对低速/全速的设备来说,仅需使用 8 位 SYNC 序列。

2. 封包标识符(Packet Identifier,PID)数据域

PID 字段紧随在 SYNC 字段后面,用来表示数据封包的类型。PID 字段由一个 4 位的标识符栏以及一个互为补码的检查栏组成。在表 3.2 中,列出了封包的类型,其可分为令牌、数据、握手或特殊等 4 种封包类型。这 4 种类型可由 PID[0:1] 2 个位来定义。此外,在每一种的封包类型中,还可通过 PID[2:3] 2 个位来定义出不同的封包格式。例如,在令牌封包中,又可细分为 OUT、IN、SETUP 与 SOF 等 4 种封包格式。如此,可推类至其余的封包类型。但在 2.0 规范中,新增了几个封包标识符,其中,数据封包类型新添了 DATA2 与 DATA3 两个封包标识符。

表 3.2 各种封包的类型与规范

封包类型	PID 名称	PID[3:0]	所使用的传输类型	来源	所应用的总线速度	意义
令牌	OUT	0001	都有	主机	都有	起始一个传送至设备,且内含主机地址与端点值的数据交易
	IN	1001	都有	主机	都有	起始一个传送至主机,且内含设备地址与端点值的数据交易
	SOF	0101	Start-of-Frame 帧起始	主机	都有	帧的起始标记与帧码
	SETUP	1101	控制传输	主机	都有	用来设置控制端点,并起始一个传送至设备,且内含主机地址与端点值的数据交易
数据	DATA0	0011	全部	主机,设备	都有	数据紧密连接(data toggle),数据序列
	DATA1	1011	全部	主机,设备	都有	数据序列
	DATA2	0111	等时	主机,设备	高速	数据序列
	MDATA	1111	等时,中断	主机,设备	高速	数据序列

续表 3.2

封包类型	PID 名称	PID[3:0]	所使用的传输类型	来源	所应用的总线速度	意义
握手	ACK	0010	全部	主机,设备	都有	接收器收到无错误的数据封包
	NAK	1010	控制,批量,中断	设备	都有	接收器暂时无法接收数据或是发射器无法送出数据
	STALL	1110	控制,批量,中断	设备	都有	端点产生停滞的状况
	NYET	0110	控制写入批量 OUT,分割数据交易	设备	高速	接收器收到无错误的数据封包,但是仍未准备接收另一个数据封包或是集线器仍未具有完成分割(Complete-Split,CS)的数据
特殊	PRE	1100	控制,中断	主机	全速	以事先导引的方式,来使能下端端口的 USB 总线的数据传输切换成低速
	ERR	1100	全部	设备,集线器	高速	由集线器所传回的、用来报告在分割数据交易时,低速/全速产生的错误
	SPLIT	1000	全部	主机	高速	放在令牌封包之前,以表示分割的数据交易
	PING	0100	控制写入,批量 OUT	主机	高速	针对批量 OUT 以及在 NYET 后的控制写入数据交易来做忙碌检查
	保留	0000	—	—	—	针对未来使用所预留的

注:* 有底纹处表示 USB2.0 规范新增的封包标识符。

3. 地址(Address,ADDR)数据域

ADDR 数据域由 7 位组成,可用来寻址出达 127 个外围设备。当然每一个设备仅能对应一个唯一的地址,而每当新的外围设备刚连接至 USB 接口时,拥有预设的地址 0,其后再赋予新的地址。也因此,2^7-1(预设地址)=127 外围设备。

4. 端点(Endpoint,ENDP)数据域

ENDP 数据域由 4 位组成,之前有提及过,端点是类似微管线的概念。通过这 4

位,可以定义出高达16个端点。但基本上,只使用15个端点。而通过端点描述符的设置,则最多可寻址出30个端点。这个ENDP数据域仅用在IN、OUT与SETUP令牌封包中。对于低速的设备可支持端点0以及端点1作为中断传输模式(如CY7C630/1XX微控制器系列),而全速设备则可以拥有15个输入端点(IN)与15个输出端点(OUT)共30个端点。Cypress USB微控制器的CY7C64213与CY7C64313系列则最多可支持31个端点(另外包含一个端点0)。

5. 循环冗余检验(Cycle Redundancy Checks,CRC)数据域

根据不同的封包类型,CRC数据域由不同数目的位组成。其中,最重要的数据封包采用CRC16的数据域(16位),而其余的封包类型则采用CRC5的数据域(5位)。其中的循环冗余检验CRC,是一种用来做数据错误检测的技术。这是由于数据在做串行传输时,有时候会发生若干错误。因此,CRC可根据数据算出一个检验值,然后依此判断数据的正确性。

通过前面所介绍的5个数据域,即可构成了大部分的封包类型,而以下再介绍其余特殊的数据域。

6. 数据(data)栏

仅存于Data封包内,而根据不同的传输类型,拥有不同的字节大小,从0~1 024字节(仅能在等时传输时设置,USB 2.0规范)。而规范1.x则可设置0~1 023字节(仅能在等时传输时设置)。

7. 帧号码(frame number)数据域

仅存于SOF封包内,帧号码数据域由11个位所组成。这对于等时传输是非常重要的信息数据。

8. 闲置(idle)栏

闲置栏在每一个封包的结尾处,且当D+与D-电位都为低电位时。

3.5 封包格式

通过上述所介绍的各种封包数据域就可以组成各种封包类型,进而再延伸至一个完整的USB通信协议。从表3.2的第3栏中,可以看到每一个数据交易可以包含达3个封包,并以序列的方式连续地传送:令牌、数据与握手。以下,再介绍各种封包类型。

1. 起始(SOF)封包

根集线器会在每1 ms时,送出SOF封包。这介于2个SOF封包之间的时间,即称为帧(frame)。由表3.2得知SOF封包虽是属于令牌封包的一种,但却具有独自的

PID 形态名称 SOF。通常目标设备都利用 SOF 封包来辨识帧的起点。这个封包常用于等时传输。也就是在 1 ms 的帧(高速是 125 μs 微帧,将 1 ms 切成 8 份)开始时,等时传输会利用 SOF 激活传输并达到同步传输的作用。而在每一个帧开始时,SOF 会传给所有连接上去的全速设备(包含集线器)。因此,SOF 封包并不适用于低速设备。这个封包内包含了一个帧码,其可不断地递增,且在高达最大值时反转为 0,重新再计数一次。这个帧码是用来表示帧的计数值,因此,8 个微帧都使用同一个帧码值。若必要时,高速设备可计算出 SOF 的重复使用次数,并计算出微帧的数量。通过缩短微帧的周期时间,便可减少高速设备对于缓冲存储器的需求。

如图 3.9 所示,高速的根集线器将会使用额外的 SOF 来传输 8 个微帧。有些书籍会把这种高速的 SOF,另命名为 uSOF。这种增加的微帧,同时也替高速的连接带来了更复杂的控制方式。

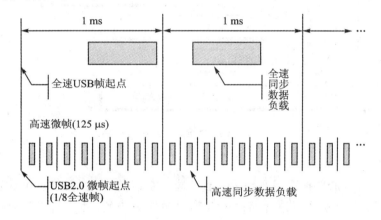

图 3.9 USB 帧与微帧示意图

此外,再利用如图 3.10 所示的简图来说明主机所送出的一个 SOF 封包的格式。其中,SOF 的封包标识符,PID 数据域的值为 0xA5。这个值是由表 3.2 的 SOF,$\overline{PID}$[3:0]=0101 与 PID[3:0]=1010 所产生的,只不过它的传送顺序须由 LSB→MSB。因此,即可推算出 0xA5。以下,所有的 PID 数据域皆可由此推算而得到。

图 3.10 显示了 SOF 封包的各种字段与相关的定义。

此外,端点可以通过 SOF 封包来加以同步,或是以帧码值来作为时间的参考依据。当整个 USB 总线上没有 USB 传输时,SOF 封包也可避免让设备切入低功率的中止(suspend)状态。再者,虽然在低速设备上,是看不到 SOF 封包的,但相反,设备的集线器使用了前面所提及的 EOP(End-of-Packet)信号,且在每一个帧设置一次。因此,有时后也称这种信号为设备的低速存活(keep-alive)信号。所以说,SOF/uSOF 封包是给全速/高速设备来使用的,而低速存活信号却可避免让低速设备切入中止状态中。

8051 单片机 USB 接口 Visual Basic 程序设计

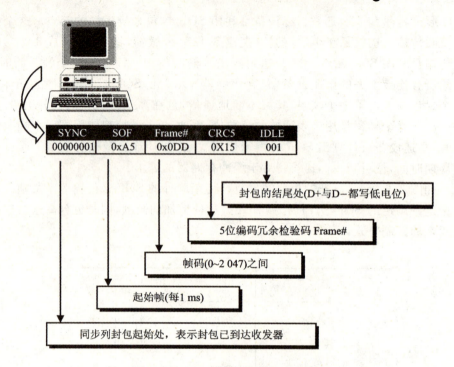

图 3.10 SOF 封包的各种组成字段

2. 令牌封包

由于 USB 的数据交易是由 PC 主机端所激活的,所以在每一个数据交易中,必须以下列的 5 个数据域所组合而成的令牌封包作为起始,并执行通信协议的前导工作。一个令牌封包含盖了 5 个数据域 SYNC、PID、ADDR、ENDP 与 CRC5。这即是 54233 的第 1 个数字:5。如下所列为其令牌封包的各个组成的数据域。

8 位	8 位	8 位	7 位	4 位	5 位
SYNC	PID	PID	ADDR	ENDP	CRC5

另外,从表 3.2 中得知,令牌封包的 PID 数据域(PID[1:0] = [0,1])中包含了 OUT、IN、SETUP 这 3 种 PID 类型名称。也就是包含了 OUT 令牌封包、IN 令牌封包以及 SETUP 令牌封包。例如,在执行控制传输主机要通过预设的地址取得设备描述符(Get_Descriptor),就必须先执行下列的 SETUP 令牌封包,作为每一次控制传输的开始,其中,PID 栏变成 SETUP 的 PID 类型名称(0xB4)。IN 令牌封包,则是主机用来通知设备,将要执行数据输入的工作。而 OUT 令牌封包则刚好相反。

图 3.11 显示了 PC 主机所起始的 SETUP 令牌封包。

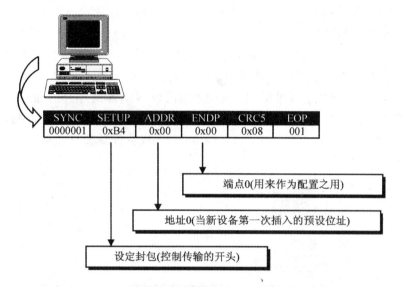

图 3.11 令牌封包的各种组成的字段

3. 数据封包

在 USB 接口中，主机执行了总线的管理、数据传输以及设备对主机所提出的要求命令作出响应的动作。这些所要传输的数据与要求命令是什么呢？因此，必须通过数据封包来执行这项工作。

而由 SETUP、IN 与 OUT 令牌封包所起始的数据传输，将会以 DATA0、DATA1、DATA2 与 MDATA 封包来加以实现。一个数据封包含了 4 个数据域：SYNC、PID、DATA 与 CRC16。各个字段的意义之前已有介绍过。这即是 54233 的第 2 个数字：4。在这里，要稍微注意的是 DATA 字段内所放置的位值，须根据 USB 设备的传输设备(低速、高速与全速)以及传输类型(中断传输、批量传输与等时传输)而定，且须以所设置的 MaxPackSize 字节为基本单位。也即是，若传输的数据不足 MaxPackSize 字节，或是传输到最后所剩余的也不足 MaxPackSize 字节，则仍须传输 MaxPackSize 个字节的数据域。

列出由 4 个数据域所组合而成的数据封包。

8 位	8 位		0~1 023 位	16 位
SYNC	PID	$\overline{\text{PID}}$	DATA	CRC16

另外根据表 3.2 所列，数据封包的 PID 数据域(PID[1∶0]=[1,1])包含了 4 种类型：DATA0、DATA1、DATA2 与 MDATA。而根据 USB 规范，最初的数据封包都以 DATA0 作为开始，其后才是 DATA1，然后依此方式交替切换。这个动作称之为数据

紧密连接(data toggle)。这个动作有点类似将数据紧密连接。如此就可确保整个传输过程中,主机能与设备维持同步,且作为帧错之用。例如,如果两个连续的 DATA0 被接收到的话,意味着 DATA1 封包被遗漏掉,并产生了错误的状况。而 DATA2 与 MDATA,则仅适用于高速的等时传输。

若主机要针对特别寻址的设备端点,送出取得设备描述符的命令,就可如图 3.12 所示,将含有命令的数据封包传出。其中,须特别注意的是,由于是控制传输,所以数据域中仅有 8 字节。至于"80 06 00 01 00 00 40"的设备要求的意义,将在稍后的章节中为读者解释。

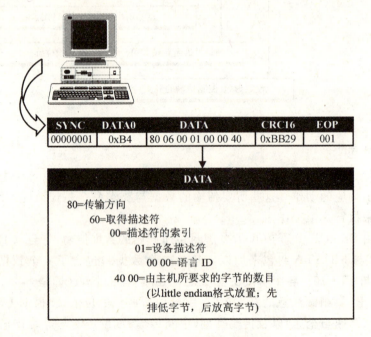

图 3.12　数据封包的各种组成字段

4. 握手封包

握手封包是最简单的封包类型。在这个握手封包中,仅包含一个 PID 数据域。它的格式如下所列,仅包含 SYNC 与 PID 两个数据域,这即是 54233 的第 3 个数字:2。

由表 3.2 中得知,握手封包的 PID 数据域(PID[1:0]=[1,0])中包含了 ACK、NAK、STALL 与 NYET 这 4 种 PID 类型名称。也就是含有 ACK、NAK、STALL 与 NYET 握手封包。

8 位	8 位
SYNC	PID PID

延伸上一个图例,如果设备已收到主机要执行取得设备描述符的命令,设备就以握手封包来加以响应。因此须注意的是,如果设备已准备接收的话就以 ACK 握手封包

响应;如果尚未就绪就使用 NAK 握手封包响应;如果发生错误而停滞,就使用 STALL 握手封包响应。图 3.13 显示一个握手封包的格式,其中 ACK 的 PID 数据域值为 0x4B,刚好与 SETUP 的 PID 数据域值相反。

通过上述的 3 个封包,即可组成一个数据交易。当然,这即是 54233 的第 4 个数字:3。

对于高速设备,为了改善 NAK 的机制,特别支持了 NYET 握手封包。这是由于当数据已经传输至总线时,通过 NAK 这个 OUT 数据交易的动作是不够的。况且若是在总线上存在着高频率的 NAK 传输过程,将会使得整个总线逐渐地被拖累,带宽被分享掉。此时,高速设备就可以使用特殊的 PING 封包(稍后会提及)来询问,是否接收器还有缓冲区空间来接收 OUT 数据交易。如果设备以 ACK 来响应,那么传送器就会安排 OUT 传输。反之,如果响应的是 NYET,那么传送器就会以 PING 封包来查询。如此,总线上就会有最佳的使用率。

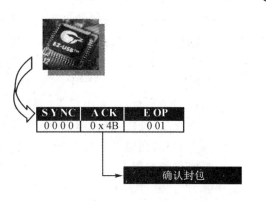

图 3.13 握手封包的各种组成字段

5. 特殊封包

由表 3.3 中得知,总共包含了 4 个特殊封包(PRE、ERR、SPLIT 与 PING)。其中,一个仅使用在低速设备,一个仅使用在高速设备,其余两个则是针对当低速或是全速设备连接上 USB 2.0 集线器后,再以高速的方式与主机通信时,才会用到。

(1) PRE 封包

这个特殊前置(Special Preamble,PRE)封包拥有独自的 PID 类型名称 PRE,其仅适用于主机想要从高速传输变成低速传输时所送出来的情形。也就是主机对于下端端口送出低速封包与低速设备通信之前,所必须先送出的 PRE 封包。在该 PRE 封包中,包含了前置码以告诉集线器,下一个封包是低速。如此,集线器将会以即将接上的低速设备开始执行通信的工作。此时,PRE 封包会放在导引至低速设备的所有令牌、数据以及握手封包之前。而高速设备是将 PRE 以 SPLIT 封包来加以编码,因此不会重复地送出。对于原本已是低速的设备来说,不需要 PRE 封包。这种格式如下所列,仅包含两个 8 位的数据域:SYNC 与 PRE。

(2) PING 封包

仅存于高速设备所使用的特殊封包是 PING 封包。主机会送出 PING 封包来找出是否高速设备端点在以批量或是包含以多个数据封包的控制传输来送出下一个数据封包之前,是否为忙碌的

8 位	8 位
SYNC	PRE

状态。这是由于传统的 USB 数据交易时,若常以 NAK 来响应批量或控制的 OUT 传输,通常都会导致浪费太多的带宽。因此,为了减少高速或控制的 OUT 端点的损失,USB 2.0 新增了 PING 封包。一旦批量或控制传输的 OUT 数据交易被 NAK 响应后,主机控制器将会使用 PING 封包来查询高速非周期性的端点是否有足够的内存来接收 wMaxPacketSize 大小容量的数据。如果此端点具有足够的缓冲区来使用,就以 ACK 来响应之;反之,继续以 NAK 响应为止。

此外,高速非周期性的 OUT 端点也可以使用 NYET 来加以响应,以通知主机所要加载的数据是可以接收的,但是端点没有足够的内存。此时,主机会使用 PING 令牌,直到端点表示了针对下一个 OUT 数据交易,已有足够的缓冲区内存。

(3) SPLIT 封包

SPLIT 封包定义了令牌封包为分割数据交易(split transaction)的一部分。为了最佳地使用总线时间,USB 2.0 主机与集线器会以高速来送出低速与全速的通信数据。至于为什么需要分割数据交易呢?这是由于当主机开始传输一个针对低速或是全速的设备所预定的数据交易时,那么最接近设备的 2.0 集线器就有责任去实现与此设备的数据交易。此外,也负责存储任何回传的数据或是状态信息,以及以一个或是两个稍后的数据交易来加以回报回去。如此,整个总线就无须去针对实现一个低速的交易来持续地等待。而这个介于集线器与主机之间的特殊数据交易,就称之为分割数据交易。

(4) ERROR 封包

这个封包仅使用在分割数据交易时。2.0 集线器会使用该封包并以低速或全速的数据交易来回报一个错误给主机。在此,读者是否发现该 PID 码值与 PRE PID 码值是一样的。但是其中,最大的差异是前者是应用在设备与集线器上,另一个则是应用在主机上。也即是集线器不会送出 PRE 封包给主机或是 ERR 封包给设备。

以下,将这些封包格式与字段等加以汇整,如表 3.3 所列,并列出各个字段与其目的。

表 3.3 封包与字段之间的关系

字段名称	大小/bit	所存于的封包形态	目的
SYNC	8	全部	起始封包,以及同步化
PID	8	全部	识别封包形态
地址,ADDR	7	IN、OUT、SETUP	识别设备地址
端点,ENDP	4	IN、OUT、SETUP	识别端点
帧码	11	SOF	识别帧

续表 3.3

字段名称	大小(位)	所存于的封包形态	目 的
数据	USB 2.0 0~8 192(1 024 字节) USB 1.x 0~8 184(1 023 字节)	Data 0 与 Data 1	数据
CRC	5 或 16	IN、OUT、SETUP、Data0、Data1	检测错误

3.6 分割数据交易

若要实现真正的 USB 高速传输,一定要 2.0 主机与 2.0 集线器连接。但是如果中间插上了一台 1.1 集线器,就无法达到这个高速传输的效果。此外,当低速或是全速设备被连接至 2.0 集线器后,这个集线器会转换两者所需的速度。但是这种速度的转换并不是集线器的唯一工作,它还要管理多个速度。而高速比全速快了 40 倍,又比低速快了 320 倍。若当集线器在与设备交换低速或高速数据时,要整个总线去等待是没有意义的。因此,这个解决方案即是分割数据交易。当 2.0 主机要在高速总线上与低速或是全速来作通信时,即会使用分割交易的程序。低速或全速的一个单一数据交易通常需要两种类型的分割数据交易,其中,一个或是更多地起始分割数据交易(start-split transactions)来送出信息给设备,或是更多地完成分割数据交易(complete-split transactions),如图 3.14 所示。其中,可以看到不论是起始分割数据交易去送出信息给设备,或是更多地完成分割数据交易,而其后都跟随着一般的令牌和数据封包等。

但其中,有一个例外的是,快速等时 OUT 数据交易。这是因其无须回传任何值,所以不必使用完全分割数据交易。而即使用户需要包含更多的数据交易来实现一个传输的工作,但分割数据交易的程序将会使得总线的时间有较佳的使用性。这是因为它们将会缩小对于低速或是全速设备用来响应所需花费的总线等待时间量。

如图 3.14 所示,在起始分割数据交易中,2.0 主机会送出至起始分割令牌封包(Start-Split Token Packet,SSPLIT),其后再跟随一般的低速或是全速令牌封包(在令牌阶段中,包含 2 个令牌封包,SSPLIT(起始令牌)+ 令牌),以及指定此设备的数据封包。此时,若设备所连接的 2.0 集线器回传 ACK 或是 NAK,主机就可以针对别的数据交易很自由地使用整个总线的带宽。而设备也知道至今仍未有任何的数据存在。

为了更清楚了解整个起始分割数据交易与完成分割数据交易的过程,读者可以比

图 3.14　起始分割数据交易与完成分割数据交易的示意图

对图 3.15 与图 3.16，分割数据交易 IN 与 OUT 的过程示意图。在这两个图中,包含了 3 个主要的传输部分,2.0 主机、2.0 集线器与低速或是全速的设备。因此,读者可以从这 3 个主要的部分来加以分析,且以图 3.15 与 3.16 所示之 3 个步骤来加以了解。

如图 3.15 所示的第 1 步中,2.0 主机先送出 SSPLIT 与 IN 令牌。第 2 步,集线器就会转换主机接收到的封包或多个封包为适当的速度,然后将它们送至设备,以及存储如果设备有的任何响应。根据数据交易类型,设备可以回传数据、握手或是没有任何动作。对于设备部分来说,这个数据已经是以预期的低速或是全速来处理的,且不知这是已被分割过的数据交易。此时,主机仍未收到任何设备的响应。当集线器已经完成了与设备的数据交易的工作后,紧接着,主机

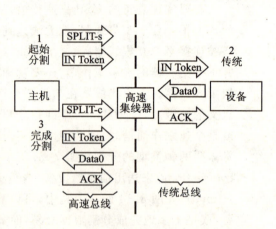

图 3.15　分割数据交易(IN)过程示意图

可以开始另外的总线传输工作。同时,该集线器也必须加以处理。

此时对主机来说,当其认为集线器已经有足够的时间来完成与设备的数据交易后,就开始与集线器进行完成分割数据的步骤,这即是步骤 3(注意到这个动作在数据交易 OUT,是不需要的)。

在第 3 步中的完成分割数据交易中,主机会送出完成分割数据交易,其后一般再跟随低速或全速令牌封包(在令牌阶段中,包含 2 个令牌封包,CSPLIT(完成令牌)＋令牌),来要求集线器已经从设备收到的数据或状态信息。这也可参考图 3.15 所示的下半部。集线器就会回传所要求的数据或是状态码。这将是完成数据交易的动作。如果集线器并没有准备好可以送出封包,它将会回传 NYET 状态码,而且主机还会再试一次。

中断与等时传输的分割数据交易的程序是类似的,但更严谨地定义其时序。而这个目标即是在设备有可使用的数据后,会尽可能立即去传输数据给主机,或是设备已经准备好新的数据之前,主机能传输数据给设备。为了达到这个目标,具有大量封包的等时数据交易可以使用多个起始分割或完成分割数据交易,来每一次传输一部分数据。

不像批量或控制传输,在中断与等时传输的起始分割数据交易不含有握手阶段。反而是在其后跟随 IN、OUT 或 SETUP 封包,以及若是 OUT 或 SETUP 封包,应再加上数据封包。

在此,对数据交易的起始分割与完成分割做个小结论(参考图 3.15)。
- 仍然包含 3 个(或是更少)的数据交易层(令牌、数据与握手);
- 令牌阶段具有 2 个封包:SPLIT 令牌封包与一般令牌封包;
- Start-OUT:SSPLIT(起始令牌)+ 令牌,数据,{握手};
- Start-IN:SSPLIT(起始令牌)+ 令牌,{握手};
- Complete-OUT:CSPLIT(完成令牌)+令牌,握手;
- Complete-IN:CSPLIT(完成令牌)+令牌,{数据},握手。

如图 3.15 所示,在等时 IN 数据交易中,当主机知道设备将会有部分数据要回传时,就会在每一个微帧安排完成分割数据交易的工作。这种以较小量来要求数据的方式,可以确保主机尽可能快速地接收到数据。这样主机就不必等待从设备以全速传输的所有数据。

此外,如图 3.16 所示,在等时 OUT 数据交易中,主机会以一个或是更多的起始分割数据交易来送出数据。主机会安排这些数据交易的程序,如此集线器的缓冲区将不曾是空的,且会尽可能包含一些字节。在每一个 SPLIT 封包中,包含了用来表示其在低速或全速数据封包的数据位置的许多位。读者也可以发现这个 OUT 数据交易不含完成分割数据交易的程序。

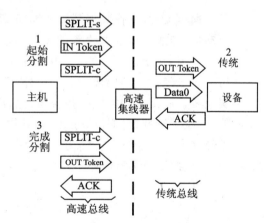

图 3.16 分割数据交易(OUT)过程示意图

表 3.4 比较了在不同的总线速度下,低速与全速设备所具有的数据交易的结构与内容。其中,列出了当低速或全速设备在高速总线上有一个数据交易,且主机在这些设备与 USB 2.0 主机集线器之间使用了起始分割数据交易(SSPLIT)以及完成分割数据交易(CSPLIT)时,中间的集

线器就负责将低速或全速加以完成分割,并且回报给主机。

表 3.4 不同的总线下,低速与全速设备所具有的数据交易的结构与内容

总线速度	数据交易形态	数据交易阶段		
		令牌	数据	握手
与设备执行低速/全速的通信	SETUP,OUT	PRE(如果是低速),低速/高速令牌封包	PRE(如果是低速),数据封包	状态(除了等时传输)
	IN	PRE(如果是低速),低速/高速令牌封包	数据或状态	PRE(如果是低速),状态(除了等时传输)
USB 2.0 主机与 2.0 集线器之间的通信工作,且 2.0 主机还与低速或是全速设备执行数据交易	SETUP,OUT(等时 OUT 没有使用 CSPLIT 数据交易)	SSPLIT+LS/FS 令牌	数据	状态(仅批量与控制才有)
		CSPLIT+LS/FS 令牌	—	状态
	IN	SSPLIT+LS/FS 令牌	—	状态(仅批量与控制才有)
		CSPLIT+LS/FS 令牌	数据或状态	

3.7 错误检查

通过 USB 来作数据传输的期间,可能会由硬件来检测若干错误现象。当然,通过驱动器、传送器以及缆线等的 USB 规范,所构建出的硬件,基本上发生错误的几率很小。因此,在稍前所介绍过,用来设计整合至 USB 数据交易协议的握手封包,可以确认出封包已经被成功地接收到。此外,涵盖错误检查位的 USB 封包也可使得接收器能确实地辨识所接收到的数据是否与传送出去的数据相符合。此外,如果需要多个数据交易,数据紧密连接(data toggle)位将会保持传送器与接收器同步,以确保没有数据交易已经完全地被遗漏掉。而由 USB 所支持的错误检查的机制包含了:

- 封包错误辨识;
- 假的 EOP;
- 总线超时(time-out),没有响应;
- 数据紧密连接错误检查。

以下,将针对较重要的错误检查位以及数据紧密连接位来加以探讨。

3.7.1 循环冗余检验位

每一个封包、令牌、数据、起始封包等都包含了用来作为错误检验的位,以用来确认跟随着封包 PID 字段之后的信息。而信息变化的特性是根据封包类型来决定的。每一个封包含了 5 或 16 个 CRC(Cycle Redundancy Checks)位,其由封包的可能大小或类型来决定,如表 3.5 所列。

表 3.5 封包类型与字段

封包类型	字 段	字段的最大容量/bit	CRC 位数
SOF	帧码值	11	5
IN	设备＋端点地址	11	5
OUT	设备＋端点地址	11	5
SETUP	设备＋端点地址	11	5
DATA0	数据负载	1 023	16
DATA1	数据负载	1 023	16
ACK	NA,仅含封包 PID 码	NA	NA
NAK	NA,仅含封包 PID 码	NA	NA
STALL	NA,仅含封包 PID 码	NA	NA

CRC 的计算方式是将要传输的数据块当作一堆连续位所构成的整个数值,并将此数值除以一个特定的除数。这个除数是以二进制来加以表示的,通常又称为衍生多项式(generation polynomoal)。针对 USB CRC 错误检验,采用了 5 与 12 位。通常数值越大,则传输的数据越不容易受到噪声的干扰,相对地,处理的时间也就越长。其中,针对令牌封包的 5 位 CRC 字段由以下多项式产生:

$$G(x) = x^5 + x^2 + 1$$

这个位模型所表示的多项式是 00101b(取 5 位)。而在接收端的 5 位的循环冗余检验将是 01100b,这也表示所有的位都接收正确。

针对令牌封包的 16 位 CRC 字段由以下多项式产生:

$$G(x) = x^{16} + x^{15} + x^2 + 1$$

这个位模型所表示的多项式是 1000000000000101b。而在接收端的 16 位的循环冗余检验将是 1000000000001101b,这也表示所有的位都接收正确。

但须注意到,若 CRC 包含了连续 6 个 1,该 CRC 位串流将会涵盖位填塞部分。

3.7.2 数据紧密连接位

若要一个传输需要多个数据交易，该数据紧密连接（data toggle）位就能通过保持传输与接收设备同步化，来确保没有数据交易被遗漏掉。在稍前的数据封包有提及过，这个数据紧密连接位放在 IN 与 OUT 数据交易的令牌封包的 PID 字段中。其中，DATA0 的低 4 位 PID 码是 0011，以及 DATA1 的低 4 位 PID 码是 1011，所以位 3 即是这个数据紧密连接的状态。一般在 USB 控制芯片中，其相关的状态寄存器里几乎都会有类似的位设置，以方便固件程序代码的编写。例如，在 Cypress CY7C63 系列的 USB 控制芯片中，USB 端点 0 TX 配置缓存器的位 6 即是 DATA 1/0 位。

由于传送器与接收器两者都要追踪数据紧密连接位。因此，为了怕弄混淆，一开始二者同时设置为 DATA0。当接收器检测到刚进来的数据交易时，它就会比较所接收到数据紧密连接位与自己的数据紧密连接位的状态。若位符合，接收器就会连接切换其位，并且传回 ACK 封包给传送器。而这个 ACK 也会使得传送器去连接切换其位。

此时，在传输中的下一个所接收到的封包将会包含 DATA1 的数据紧密连接位，而接收器再一次连接切换其位，并且回传 ACK。若这个传输过程都无误，这个流程会一直持续着，DATA0→DATA1→DAYA0→……直到整个传输结束为止。

而特殊例外的情形是，在全速等时传输时，主机总使用 DATA0 的数据紧密连接位。这是因为等时传输没有回传 ACK 或 NAK 来作握手的动作，也即是根本没有时间来重传数据。

为了在一个微帧同时支持 3 组数据传输以进行高速同步传输，USB 2.0 规范采用 DATA2 与 MDATA 两种规范全新的数据 PID。高速中断传输能在 DATA0 与 DATA1 PID 之间进行紧密连接（toggle），如图 3.17 所示。

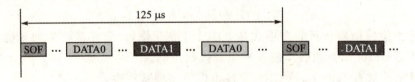

图 3.17　高带宽的中断数据交易

对于高速等时传输来说，数据紧密连接位应分为 IN 与 OUT 两种类型。在高速等时传输 IN 中，每一个微帧包含 2 或 3 个数据交易。因此，使用 DATA0、DATA1、DATA2 来表示数据交易在微帧的位置，如表 3.6 所列。如图 3.18 所示，显示了一个等时 IN 端点在每个微帧中同步进行 3 组数据传输的过程。而数据 PID（DATAx）代表传输要求的数量以及微帧的数值（x）。

表 3.6　高速等时传输 IN 的数据紧密连接位

在微帧的 IN 数据交易的数目	数据 PID		
	第 1 个数据交易	第 2 个数据交易	第 3 个数据交易
1	DATA0	—	—
2	DATA1	DATA0	—
3	DATA2	DATA1	DATA0

对于高速等时 OUT 传输,最后数据 PID(DATAx)代表在发生第 x 个微帧之前所进行的一个传输。先前的数据传输以 MDATA PID 方式进行数据传输。图 3.19 中显示了一个等时 OUT 端点能在每个微帧中同步完成 3 组数据传输的过程。如表 3.7 所列,在高速等时传输 OUT 中,每一个微帧包含 2 或 3 个数据交易。因此,使用 DATA0、DATA1、MDATA 来表示是否有更多的数据会跟随着在微帧中。

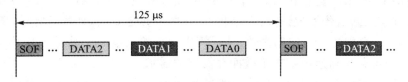

图 3.18　高带宽的等时 IN 数据交易

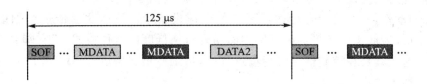

图 3.19　高带宽的等时 OUT 数据交易

表 3.7　高速等时传输 OUT 的数据紧密连接位

在微帧的 OUT 数据交易的数目	数据 PID		
	第 1 个数据交易	第 2 个数据交易	第 3 个数据交易
1	DATA0	—	—
2	MDATA	DATA1	—
3	MDATA	MDATA	DATA2

3.8 带宽的提高

有了上述 USB 通信的基本认识后,须要做个整理,并说明在 USB 2.0 规范下如何提高传输的带宽。其中,针对可以使用的带宽,数据的传输带宽速度由原先的 8 Mbps 左右提高至 400 Mbps。这样一个大幅度的带宽增加主要是归功于 USB 2.0 规范运用了如微帧(micro-frame),可容纳更多信息的传输封包,更频繁的传输次数,分割式的传输处理以及一些新的令牌(如 PING、DATA2 等)等新增的技术。

此外,在 USB 2.0 设备的结构中,同时增加了两项全新的描述符设置——设备认可(device qualifier)与其他的速度配置字段数值。用户可以用来明确地标示出数据传输设备在其他运行速度下的功能表现。

USB 1.x 规范所拥有 1 ms 帧中,系统可以利用这段帧来排定传输数据的次序。但在全新的 USB 2.0 规范中,则将每 1 ms 的帧分割成 8 个各有 125 μs 的微帧。这些微帧并没有采用新的传输权证,反而是将 SOF 令牌传送 8 次,且若必要时,高速设备还可计算出 SOF 令牌的重复使用次数,并计算出微帧的数量。通过这种缩短微帧周期时间的方式,便可减少高速设备对于缓冲存储器的需求。

此外,一般的 USB 低速传输处理过程须通过主机发送一组前置同步信号(利用 PRE 特殊封包),随后连接配合 1.5 MHz 的低速传输信号后,完成整段数据传输过程。这种前置的全速设备信号可以通过忽略低速传输信号以及连接端口的开启中继器(repeaters)动作,一同将信号传送至下端的低速设备中。虽然这套传输机制能通过搭配连接端口,为低速设备提供一套使用简易且价格低廉的运作模式,但它却会浪费大量的带宽。这尤其是在控制信号的传输过程中,特别严重。所以 USB 2.0 的传输接口并未采用这种传输模式。

为了降低向下兼容(backwards compatibility)的影响,USB 2.0 采用了一组通信协议的延伸技术与针对连接端口研发的全新硬件组件:传输翻译器(transaction translator,简称 TT)。通过传输翻译器,可以用来处理低速/全速的数据交易。因此,如图 3.20 所示的起始分割与完成分割数据交易都由传输翻译器来加以实现。

传输翻译器的缓冲存储器,可以利用全速与低速传输设备进行存取,直接与连接端口进行连接传输。在主机与连接端口之间的数据传送速率最高可达 480 MHz。但因高速连接端口能将低速传输的数据储存于缓冲区,系统不须另外消耗额外的资源来处理较低速的数据传输。

低速与高速设备之间的传输会分割成两个部分,包含传输过程中所刚开始的起始分割数据交易(SSPLIT)以及完成分割数据交易(CSPLIT)。二者交错置入其他高速数据传输过程并结合成一个完整的分割传输过程。主机控制器在全速或低速设备进行连接时,会激活起始分割数据交易,并将信息传送到传输翻译器中的高速连接端口。传输翻译器会以适当的速度向设备传送信号,并将所得结果存储于缓冲区中。在与其他的高速设备发送传输信号的一段时间后,主机控制器会发送出完成分割传输的信号,传输翻译器便会回传传输结果的信息给主机控制器。图 3.20 就显示了一个分割传输的范例过程。

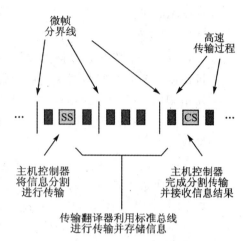

图 3.20 分割传输过程图示

如图 3.21 所示,传输翻译器可以支持两种不同的选项,如所有的连接端口共享一组传输翻译器(one transaction translator per hub),并通过一个标准的主机控制器支持所有的连接端口(图 3.21 的右半部),或是每个连接端口各自使用一组专属的传输翻译器(one per port)(图 3.21 的左半部),所配置的标准型主机控制器则能支持每一个连接端口。从用户的角度来看,传输翻译器所支持的第 2 种模式能支持用户同时使用多组标准型的 USB 外围设备。这些设备以往都必须占用大量的传输带宽。如果在所有的连接端口共享一组传输翻译器的模式下,用户一次仅能进行一组全速摄影机的传输连接;但是在每个连接端口各自使用一组专属的传输翻译器的模式下,用户可同时进行多组全速摄影机的传输连接。

在传统的 USB 传输过程中,传输批量传输未成功(naking bulk)与控制 OUT 端点

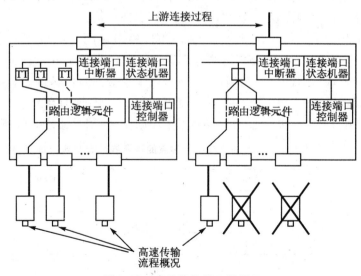

图 3.21 高速连接端口的图示

(control OUT endpoint)的信号往往会占用大量的带宽。为了降低高速批量与控制 OUT 端点信号所产生的带宽损耗的影响,USB 2.0 规范采用了 PING 令牌封包(PING token)。当系统发送出整批或是对控制端点发出 OUT 传输信息或是 NAK 信息时,主机控制器会向高速非固定端点询问是否有足够的内存,以 PING 传输方式接收可容纳 wMaxPacketSize 大小的数据负载(data payload),端点则以 ACK 握手信号响应是否有足够的缓冲存储器来接收数据负载;若是没有办法的话,则会传回 NAK 信号以示拒绝接收。

高速的非周期性 OUT 端点也可接收一组 NYET 的信号响应,以通知主机控制器可以接收数据负载,但是端点并没有足够的缓冲存储器去接收其他的数据负载。而之后,主机会持续使用 PING 传输方式进行数据传送,直到端点表示有足够的缓冲存储器支持下一个 OUT 传输。

另一种可提供主机信息并能提升带宽效率的管理方式,是通过端点描述符的 bInterval 间隔字段值。bInterval 字段值的计算公式为 $2N-1$,通常不会以实际数字表示。对于高速或全速的同步传输端点而言,bInterval 值必须介于 1~16 之间,并可支持较缓慢的同步传输速率。对于中断端点而言,在高速、全速以及低速端点等环境下,bInterval 值必须分别介于 1~16、1~255 以及 10~255 的范围内。对于高速批量与控制 OUT 端点而言,这项计算值代表每一次通过 NAK 所产生的微帧数字,若端点没有进行通信传输,就不会产生 NAK 信号。这项统计信息能协助主机控制器适当地安排作业流程顺序,并将带宽损耗降至最低。

针对高速设备的需求,USB 2.0 规范传输接口已简化了所能承载的数据封包容量之大小选择。批量端点仅有 512 字节大小,控制端点则仅有 64 字节。高速中断与等时端点所能承载的最高封包容量介于 1 至 1 025 字节之间,然而这些容量仍须视固定周期端点(periodic endpoint)是否为高速带宽的端点以及其他条件的限制而定。

高速带宽端点为固定周期端点,在单一微帧中能同时传送最多 3 组的数据传输,提供在单一固定周期端点中,支持组件速度可超过 23 MB/s 的高容量数据传输机制。若符合以上特点,那么所能承载的封包容量大小限制值,请参阅表 3.8 所列。

表 3.8　全新同步与中断端点的可承载最大封包容量限制

传输与微帧数量	MaxPacketSize 大小值范围/字节
1	1~1 024
2	513~1 024
3	683~1 024

3.9 问题与讨论

1. 请解释 USB 通信协议的层图的构成元素。
2. 请画出 PC 主机与设备之间通信协议的构架示意图。
3. 请说明 USB 的 4 种传输模式。
4. 什么是信息管线流与数据管线流?
5. 试说明 USB 通信协议的简易口诀及其相关意义。
6. 试列举 USB 的数据字段类型。
7. 试整合封包与字段之间的关系。
8. 分割数据交易的过程是什么?请简述。
9. 试画出分割数据交易 IN 的过程示意图,并简述之。
10. 试画出分割数据交易 OUT 的过程示意图,并简述之。
11. 什么是 CRC?其目的是什么?
12. 什么是 Data Toggle 位?其意义是什么?

第 4 章

USB 的传输类型

本章将延续上一章 USB 通信协议所提及的 USB 传输类型做进一步的介绍。在 USB 通信协议中，包含了控制传输、中断传输、批量传输以及等时传输 4 种类型。其中，控制传输是非常重要的传输，而其所要实现的设备要求，本章中也会加以介绍。

4.1 USB 的传输类型简介

USB 最初在设计时，是为了能够针对具备如传输率、响应时间以及错误帧错等特性的许多不同外围类型来加以考量的。而其中，4 种数据传输能够掌握不同的应用需求。在此，针对不同的外围设备类型与应用，定义了 4 种传输类型，分别是控制传输（control transfer）、中断传输（interrupt transfer）、批量传输（bulk transfer）以及等时传输（isochronous transfer）。其中，要特别注意的是慢速设备仅支持控制传输与中断传输。表 4.1 列出了每一种传输类型的特性与使用方式。

基本上针对不同设备的应用特性，应个别地执行中断传输、批量传输或等时传输。并不是都一定要支持这些传输类型，只不过在这之前都须预先执行控制传输，并执行下一章所要介绍的设备列举，以了解这个设备的特性并设置地址。换而言之，也即是每一个设备都须支持控制传输。而在 USB 1.x 规范时，若 PC 主机同时连接了多种不同特性的设备时，这 4 种传输类型就同时分布于 1 ms 的帧内。至于各种传输类型是如何分配这 1 ms 的带宽呢？如图 4.1 所示，为在 1.x 规范时，各种传输或设备在总线上分享带宽的情形。

USB 的传输类型

表 4.1　USB 规范中各种传输类型的特性与使用方式

传输模式	中断传输	批量传输	等时传输	控制传输
数据字节/每一传输,每一管线的最大值。假设数据/传输=最大封包大小(高速)	24 576（例如,3 个 1 024 B 数据交易/帧）	53 248（13 个 512 B 数据交易/帧）	24 576（例如,3 个 1 024 B 数据交易/帧）	15 872（31 个 64 B 数据交易/帧）
数据字节/每一传输,每一管线的最大值。假设数据/传输=最大封包大小(全速)	64（一个 64 B 数据交易/帧）	1 216（9 个 64 B 数据交易/帧）	1 023（一个 1 023 B 数据交易/帧）	832（例如,31 个 64 B 数据交易/帧）
数据字节/每一传输,每一管线的最大值。假设数据/传输=最大封包大小(慢速)	0.8（8 B/每 10 ms）	无	无	24（例如,3 个 8 B 数据交易）
数据周期性	有	没有	有	没有
发生错误时再传送	可	可	不可	可
保证的传输率	没有	没有	有	没有
保证的延迟间隔(介于传输之间的最大时间间隔)	是	否	是	否
典型的应用	键盘 鼠标 摇杆	打印机 扫描仪	麦克风 喇叭	配置
是否需要	否	否	否	是
只使用在低速设备	是	否	否	是
在所有的传输所保留的带宽	90%（低速/全速）,20%（高速,等时加中断）最小的需求	无	90%（低速/全速）,20%（高速,等时加中断）最小的需求	10%（低速/全速）,20%（高速）最小的需求
数据流的方向	IN/OUT（USB 1.0 仅具备 IN）	IN/OUT	IN/OUT	IN/OUT
可得到的最大带宽/Mbps	6.728(0.051,低速)	9.728	10.240	
传输命令信息或数据	数据	数据	数据	命令信息

67

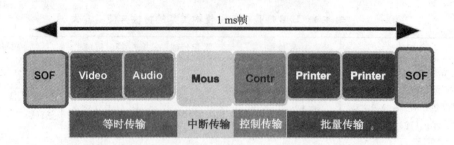

图 4.1　各种传输类型或设备共同分享带宽的示意图

根据第 1 章所描述的主机控制器的类型（通用式主机控器 UHC 与开放式主机控制器 OHC），各种传输所放置的顺序与带宽是略有不同的。以下针对这两种主机控制器来分别介绍。

1. 通用式主机控制器 UHC

如图 4.2(a)所示，周期性的传输（如中断传输与等时传输）放置于最前端，后面再紧接着控制传输与批量传输。要特别注意的是，控制传输至少要分配 10％的总线带宽，因此周期性的传输最多能使用 90％的总线带宽。所以中断传输与等时传输是以预先声明好的带宽执行于端点描述符中来加以设置。而批量传输才根据整个总线剩下的带宽，随时动态地调整传输速率。因此，不具同步与实时性。

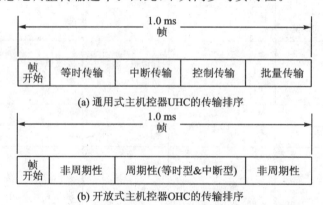

图 4.2　两种主机控制器的传输排序的差异图

2. 开放式主机控制器 OHC

如图 4.2(b)所示，最前面放置的是非周期性传输，紧接着中间放入周期性传输，到最后才又执行非周期性传输。而如同通用式主机控制器，10％的总线带宽仍须预留外，周期性的传输即中断传输与等时传输也至多能分配 90％的总线带宽。如果仍有剩余的带宽，则再另外分配给非周期性传输，如批量传输。

因此，虽然在这两种主机控制器中，各种传输类型执行的先后顺序有所不同，但却执行相同的工作。目前，几乎都支持通用式主机控制器。而 Windows 操作系统都支持这两种主机控制器。在 USB 2.0 规范中，新增了新的主机控制器接口。这个 EHCI (Enhanced Host Controller Interface) 标准是由 Intel、Compaq、NEC、Lucent 与 Microsoft 等主要的公司所提出的。在这个增强型主机控制器接口(EHCI)规范中，描述了针对 USB 2.0 的主机控制器的缓存器层接口。此外，也涵盖了介于系统软件与控制器硬件之间的硬件/软件接口的叙述。用户可至 http://developer.intel.com/technology/usbehcispec.htm 网站下载相关的规范。

以下，分别简述各种 USB 传输类型的特性与应用。

4.2 控制传输

控制传输是 USB 传输中最重要的传输，只有正确地执行完控制传输，才能进一步地执行其他的传输类型。这种传输是用来提供介于主机与设备之间的配置、命令或状态的通信协议。控制传输能够使能主机去读取相关设备的信息，去设置设备地址，以及选择配置与其他的设置等。此外，控制传输也能够送出自定义的要求，以针对任何的目的送出与接收数据。因此，须以双向传输来达到这个要求。当然，所有的 USB 设备必须支持控制传输。

控制传输又包含了 3 种控制传输形态：控制读取、控制写入以及无数据控制。其中，又可再分为 2~3 个层：设置层、数据层(无数据控制没有此层)以及状态层。用户可以参阅表 3.1 的内容。当然，根据图 3.7 通信协议的简易口诀，这最后的 3 则为实现一个控制传输所需的 3 个数据交易层。通过这样介绍，用户或许会有点模糊。用户可以再参考图 4.3 所示的 3 种类型以及 3 层即可了解其关联性。

每当设备第一次连接到主机时，控制传输就可用来交换信息，设置设备的地址或读取设备的描述符与要求。由于控制传输非常重要，所以必须确保传输的过程没有发生任何错误。这个帧错的过程可以使用 CRC(Cyclic Redundancy Check，循环校验)错误检查方式来加以检测。如果这个错误无法恢复，只好再重新传输一次。

如图 3.11 所显示，每一个 USB 设备第一次执行控制传输时，占用了端点 0 以及地址 0。其中，端点 0 是作为控制传输的特定端点，别的 USB 传输类型不能拿来使用；而地址 0，则是一开始外围设备所占用的预留地址。

控制传输都是采用对设备发出要求的方式，让设备可以遵循 USB 主机所起始的要求格式。而这种传输方式，主要就是将数据从设备传回至主机上。例如，当主机发出了

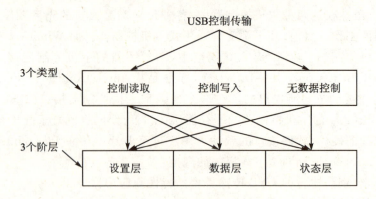

图 4.3　USB 控制传输的关联图

一个"设备要求"去读取一个设备描述符时,就会执行控制传输。该要求的结构中包含了 SETP 封包以及随后紧接着描述"设备要求"的 8 字节数据的 DATA0 封包。

以下,列出主机对外围设备产生起始作用的 3 种基本控制传输:

- 控制读取；
- 控制写入；
- 无数据控制。

这些控制传输能够再区分为 3 种不同的数据交易的型态:设置层、数据层以及状态层,如表 4.2 所列。每一个阶段即是一个数据交易。一个控制传输共需 3 个数据交易,这即是 54233 的第 5 个数字"3"。用户也可同时参考表 3.1 的传输类型、数据交易与封包的关系。

表 4.2　控制传输

传输类型	设置层	数据层	状态层
控制型读取	SETUP	IN…IN	OUT
控制型写入	SETUP	OUT…OUT	IN
无数据控制	SETUP	—	IN

另外,在执行控制传输的时候,还须使用数据紧密连接机制来确保整个的传输过程中,主机与设备能维持同步,并确保数据的正确性。而执行控制传输时的数据紧密连接程序,如图 4.4 所示。

其中,每一个层即是一个数据交易的过程。以下,依序介绍控制传输的各种层。

1. 设置层

设置层的数据交易包含了:SETUP 令牌封包与随后跟着的 DATA0 数据封包以及 ACK 握手封包共 3 个阶段。在 DATA0 封包内包含了用来描述从主机所要送给设备

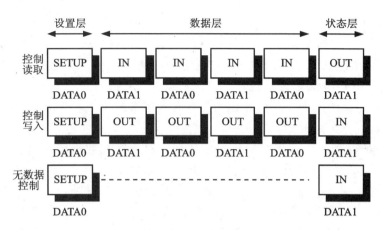

图 4.4 执行控制传输时,数据紧密连接程序

的要求,其所占用的 8 个数据字节即可描述这个设备要求(请参考稍后的章节)。若这个设备送出 ACK 令牌封包给主机,代表确认收到了数据。

设置层是控制传输中的第一层,其作用是执行一个设置的数据交易,并定义此控制传输的内容是什么。此时,数据就会传至设备中,并指明是何种设备要求。如图 4.5 所示,显示了控制传输的设置层。其中,包含了起始封包(SOF)、令牌封包(SETUP)、数据封包(DATA0)以及握手封包(ACK)。其中,说明了起始封包、令牌封包以及数据封包是由 PC 主机所发出的,而紧接着设备再发出握手封包。除了起始封包外,根据前一章所提及的 USB 通信协议简易口诀,即是 54233 的第 4 个数字"3"。

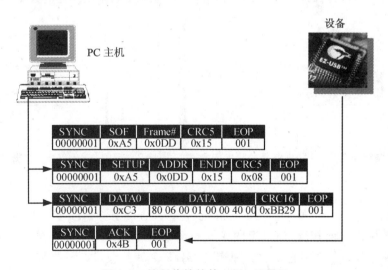

图 4.5 控制传输的第一层:设置层

2. 数据层

数据层的数据交易是用来传输主机与设备之间的数据。在这数据中,将以 DATA1 为开始的 8 字节封包来加以传送(因为如图 4.4 所示的数据紧密连接中,设置层已使用了 DATA0 的数据封包)。稍后,紧接着的数据封包将以 DATA0 与 DATA1 的顺序,交替地传输。而最后的封包则是含有 8 字节或少于 8 字节的数据。因此,在这个层中,包含了一个以上的数据交易。

如果是控制读取则将数据从设备移到主机上。在数据层中,控制读取的 IN 数据交易的程序示意图,如图 4.6 所示。对每一个数据封包而言,首先,主机将会送出一个 IN 令牌封包,表示数据要 IN 进来。然后,设备将数据通过 DATA1 数据封包回传给主机。最后,主机将以下列的方式加以响应:送出 DATA 封包(后面紧跟着由主机送出的 ACK 令牌封包,确认数据已接收到)、NAK 握手封包(表示设备正在忙碌)或 STALL 握手封包(表示发生了错误,如接收到无效的命令)。

反之,若是控制写入,则是将数据从主机传到设备上,如图 4.7 所示。对每一个数据封包而言,主机将会送出一个 OUT 令牌封包,表示数据要 OUT 出去。紧接着,主机将数据通过 DATA0 数据封包传递至设备。最后,设备将以下列的方式加以反应:送出 DATA 封包(后面紧跟着由设备送出的 ACK 令牌封包,确认数据已接收到)、NAK 握手封包或 STALL 握手封包。

最后,须注意到,如果是无数据控制传输,则不具有数据层。图 4.8 显示了控制写入传输的起始封包、令牌封包、数据封包以及握手封包的各个字段内容。其中,起始封包、令牌封包、握手封包是由 PC 主机所发出的,而设备则传送数据封包的数据给 PC 主机。

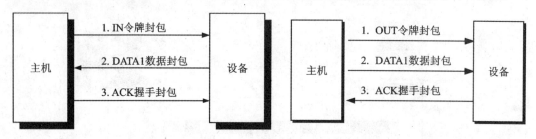

图 4.6　控制读取的 IN 数据交易的程序示意图　　图 4.7　控制写入的 OUT 数据交易的程序示意图

3. 状态层

状态层用来表示整个传输的过程已经完全结束了。请注意,状态层传输的方向必须与数据层的方向相反(请参考图 4.6 与图 4.7)。也即是,原来是 IN 令牌封包,这个层则改成 OUT 令牌封包;反之,原来是 OUT 令牌封包,这个层则改成 IN 令牌封包。

如图 4.9 所示,对于控制读取传输而言,主机会送出 OUT 令牌封包,其后面再跟

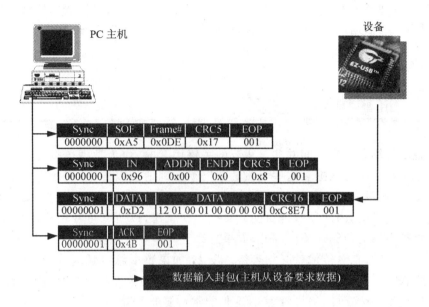

图 4.8 PC 主机与设备执行控制读取传输时,在数据层中各个封包的格式

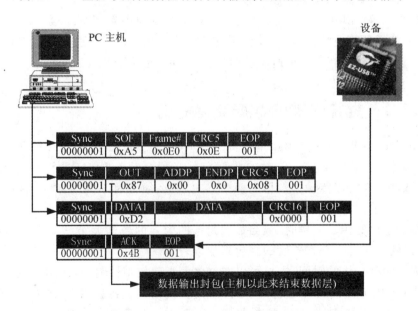

图 4.9 PC 主机与设备执行控制读取传输时,在状态层中各个封包的格式

着 0 长度的 DATA1 封包。而此时,设备也会做出相对的动作:ACK 握手封包(表示完成了状态层)、NAK 握手封包或 STALL 握手封包。相对的,对于控制写入传输,主机

8051 单片机 USB 接口 Visual Basic 程序设计

会送出 IN 令牌封包。而此时，设备也会做出相对的动作：送出表示完成状态层的 0 长度（没有任何数据）的 DATA1 封包（后面跟着主机送出的 ACK 握手封包）、NAK 握手封包或 STALL 握手封包。

4.3 批量传输

　　批量传输是在当时间并非是重要的关键因素时，作为数据传输之用。这类型的传输用来传送大量的数据。这些大量的数据须准确地加以传输，但相对的却无传输速度上的限制（即没有固定传输的速率）。由于批量传输是针对未使用到的 USB 带宽来向主机提出要求的，因此须根据目前的总线拥挤状态，以所有可使用到的带宽为基准，不断地调整本身的传输速率。因此，如果总线上充满了具备保证带宽的其他传输，如等时或中断等传输，批量传输就必须等待。反之，如果整个总线是闲置状态，批量传输就可以非常快了。因此，并没有设置查询的时间间隔。也就是，在稍后所要介绍的端点描述符中的最后一个字段，须设置为 0，这是非常重要的设置。

　　若因某些错误而发生传输失败，就重新再传一次。应用这类型的传输设备有：打印机或扫描仪等。其中，打印机设备是一个很典型的应用实例，它需要准确地传送大量的数据，但却无须快速地传送。此外，目前市面上常用的 USB 硬盘，就属于应用批量传输的接口设备。注意：仅有全速与快速设备是支持批量传输的。

4.3.1 批量传输的数据交易格式

　　如图 4.10 所示，是一个批量传输的基本数据交易格式。批量传输包含了一个或更多 IN 或 OUT 数据交易。传输的数据交易必须全部都是 IN 数据交易，或全部都是 OUT 数据交易。若传输的数据是两个方向，那么须针对不同的方向，另外设置分开的管线以及传输。批量传输结束的方式会以下列两种方式的其中一种来实现：当所要传输的数据量已经传输完毕时，或当数据封包的内含的数据大小已经小于所设的最大数据量时，就会包含一个 0 长度的封包来加以表示。

　　为了保存总线的时间，主机可以在许多的高速控制传输中，使用 PING 协议。如果高速批量 OUT 传输具有超过一个数据封包，或如果设备在接收到这些封包的其中一个之后，回传一个 NYET 令牌封包时，主机即会使用 PING 特殊封包来找出是否已 ACK 来执行下一个数据交易。如果在高速总线上以低速或全速设备使用批量传输时，主机即会针对所有的传输数据交易，使用分割数据交易的工作。

　　如果主机或设备所送出的数据，在彼此接收的过程中没有错误产生，就送出 ACK

握手封包；反之，则以 NAK 握手封包来表示设备暂时无法执行主机所提出的要求。而 STALL 握手封包则进一步地表示设备端存有错误的状况，此时就需要主机软件的介入。

在此需要特别注意的是，NAK 与 STALL 握手封包仅能由设备端送出。换句话说，主机端只能送出 ACK 的握手封包而已。

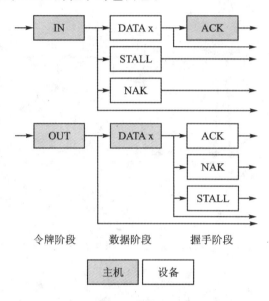

图 4.10　批量传输的基本数据交易格式

由图 4.10 的批量传输的基本数据交易格式，可以延伸出 3 种类型的数据交易，如图 4.11 所示。

所有数据交易中的数据封包（第一次设置或主机软件清除后的重置状况），一定是以 DATA0 为开始的，然后再执行"Data Toggle"的同步机制。此外，如果设备没有足够的缓冲区空间来放紧接着而来的数据，所有的 I/O 设备能够 NAK OUT 数据封包，PC 主机就会重新再一次执行数据交易。如果当高频的 NAK 被响应，那么高速设备能够使用 PING-NYET 协议

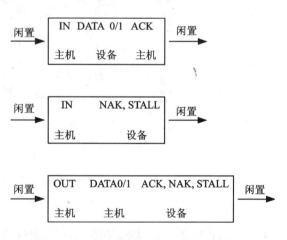

图 4.11　批量传输的 3 种基本数据交易格式

来改进总线的使用率。此外,根据上一章分割数据交易的内容,可以了解到在高速总线上,PC 主机必须针对低速或全速设备进行起始分割数据交易与完成分割数据交易的工作。因此,在令牌封包阶段,就必须如图 3.14 所示的,在一般的令牌封包前再加上一个 SSPLIT 或 CSPLIT 的令牌封包。如图 4.12 与 4.13 所示,显示了批量 IN 与 OUT 数据交易的过程。

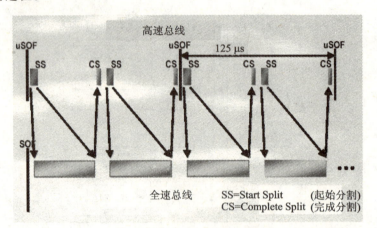

图 4.12 典型的批量 BULK OUT 数据交易示意图

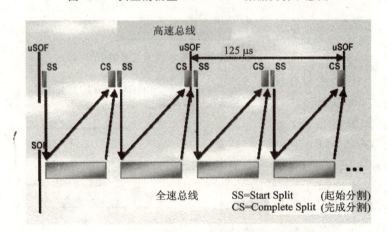

图 4.13 典型的批量 BULK IN 数据交易示意图

4.3.2 数据容量与传输速度

对于全速设备而言,批量传输的数据封包的最大容量限制为 8、16、32 与 64 字节等

4 种格式而已。所以执行批量传输时,除了最后一个数据封包可能不足所设置的容量外,其余都须符合设置值。如果未按此格式传输,就会发生错误或 STALL。而对于高速设备而言,最大的数据容量则是 512 字节。在设备列举的过程时,主机就会从每一个端点的端点描述符中,读取其批量端点的最大封包大小。所传输的数据量可能会小于、等于或大于最大容量设置值。如果超过最大容量设置值,主机就会使用多个数据交易来加以实现。

在批量传输的速度上,批量传输并非是具有保证带宽的特性。它不像是控制传输在低速与全速时,具有保证 10% 带宽,以及在高速时,具有保证 20% 带宽;再者,也不像是中断或等时传输具有设置的传输率。因此,如果总线上非常忙碌,可能就要花相当长的时间,才可完成所要执行的工作。

相对地,如果总线上闲置,那么总线上的带宽都可以给批量传输使用。此时,批量传输的速度相当快。当端点所设的最大封包值小于目前总线上的最大传输速度时,即使用更多的带宽,有些主机还是会在每一帧中以不超过一个封包的方式来加以安排。

当全速除了在闲置总线上时,可以使用高达 19 个 64 字节的批量传输。换算后可以在每一个微帧上传输 1 216 B,也即是 9.728 Mbps。此时,会剩下 18% 的总线带宽给其余的传输来使用。而针对批量传输协议上的负荷来说,在全速时一个数据封包是 13 字节,在高速时一个数据封包是 55 字节。

当高速除了在闲置总线上时,可以使用高达 13 个 512 字节的批量传输。换算后可以在每一个微帧上传输 6 656 字节,也即是 53.248 Mbps。此时,会剩下 2% 的总线带宽给其余的传输来使用。

4.4 中断传输

中断传输可以使用 3 种传输速度(低速、全速与高速)。而所有的设备并不一定须要支持中断传输。但是,其中只有一种设备群组即人工接口群组是一定须要支持的。因此,对于早期的人工设备群组仅能从设备输入到 PC 主机,作 IN 的传送模式(但在规范书 1.1 版中,已改为双向传输,增加了 OUT 的传送模式)。这是由于最早在开发 USB 外围设备时,最先以人工接口设备为设计考量的,且其数据只须做输入 IN 传输,如鼠标或键盘等设备。而由于 USB 不支持硬件的中断,所以必须靠 PC 主机以周期性的方式加以查询,以便知道是否有设备须要传送数据给 PC。由此也可知道,中断传输仅是一种"查询"的过程,而非过去所认知的"中断"接口技术。而查询的周期非常重要,因为如果太低,数据可能会流失掉;但反之又太高,则又会占去太多的总线带宽。

此外,如果因为错误而发生传送失败,可以在下一个查询的期间重新再传送一次。

应用这传输类型的设备有键盘、摇杆或鼠标等。这些设备统称为人工接口设备（HID）。在稍后的章节中，会再进一步的加以讨论。其中，鼠标与键盘是很好的应用实例，当鼠标移动或按下键盘的按键后，就可以经过 PC 主机的查询将小量的数据传回给主机，进而了解到鼠标的动作或哪个按键刚被按下。

4.4.1 中断传输的数据交易格式

中断传输包含了一个或更多的 IN 数据交易，或一个或更多的 OUT 数据交易。如图 4.14 所示，中断传输的数据格式与批量传输非常类似。而唯一的差异是它们工作安排的方式，也即是批量传输没有设置传输的时间间隔，但中断必须设置最高的延迟率。

中断传输仅是单向的，也即是必须全部都是 IN 数据交易或全部 OUT 数据交易。若传输的数据是两个方向，那么须针对不同的方向，另外设置分开的管线以及端点。

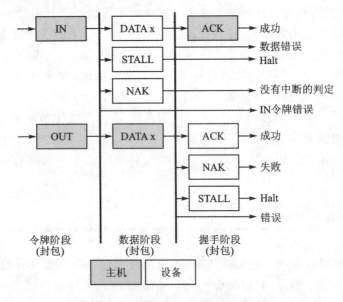

图 4.14 中断传输的基本数据交易格式

中断传输结束的方式会以下列两种方式的其中一种来实现：当所要传输的数据量已经传输完毕时，或当数据封包内含的数据大小已经小于所设的最大数据量时，就会包含一个 0 长度的封包来加以表示。如果在高速总线上以低速或全速设备使用批量传输时，主机即会针对所有的传输数据交易，使用分割数据交易的工作。但不像稍前所介绍的批量传输，当传输中包含了多个数据交易时，高速的中断 OUT 传输是不会使用 PING 协议的。

4.4.2 数据容量与传输速度

对于全速设备(12 Mbps)而言,可以设置每一帧是 1~255 ms 之间的查询间隔,最大的数据量大小是 1~64 字节。另外对于低速的设备而言,仅能制定 10~255 ms 的查询间隔,最大的数据量大小是 1~8 字节。而最快的传输率等于 6 400 bps,比一般 RS-232 的传输率 9 600 bps 还要慢了许多。此外,在高速时,最大的数据量大小是 1~1 024 字节。如果所要传输的数据量,无法在单一的数据交易中传输完毕,那么就使用多个数据传输来执行这个传输过程。

中断传输可以保证最大的延迟率,或介于想要执行的数据交易之间的最高时间间隔。换句话说,对于中断传输有一个很重要的观念也就是没有保证的传输率,其仅能保证不会有超过介于想要执行的数据交易之间的所要求的最高延迟率而已。也即是不能超过所设定的延迟时间间隔来传输数据。

高速中断传输能够以非常快的速率来传输数据。而最高速的传输速度能够要求达到在每 125 ms 微帧中 3 个 1 024 字节的数据量,换算后可达 24.576 MB/s。若一个端点在每一个微帧设置或需要超过 1 024 字节,即是一个高带宽的端点。基本上,对于全速的中断端点来说,可以在每 1 ms 帧中,要求 64 字节,换算后可得 64 KB/s。而对于低速的中断端点来说,可以在每 1 ms 帧中,要求 8 字节,换算后可得 800 B/s。

这些所设置的最高延迟率,是在稍后所要介绍的端点描述符中,来加以设置的。同上述的内容,在此做个整理:

- 低速设备:最高的延迟率能够设置 10~255 ms 之间的任意值。
- 全速设备:最高的延迟率能够设置 1~255 ms 之间的任意值。
- 高速设备:为 125 μs~4 s 之间的范围,且以 125 μs(刚好是一个微帧)递增。

其中,对于高速设备需要再加以说明。对于具备有最高延迟率的高速中断端点来说,能够每一间隔中要求 1、2 或 3 个的数据交易。而相对的,主机控制器须确保所要执行的数据交易必须在所设置的时间内发生。主机可以在相对于前一个数据交易所开始的时间,于任何可高达至所设置的最高时间内来开始每一个数据交易。若以这种方式来执行中断传输,在全速下,设置 10 ms 为最高的延迟率,那么 5 个传输能够花费长达 50 ms 或缩短至 5 ms 的时间。然而,OHCI 主机控制器会采用 2 的次方值的设立方式。所以若以这种 OHCI 主机控制器,且一个要求最高的传输率是 8~15 ms 的全速设备,那么 OHCI 主机控制器能够在每 8 ms 开始进行数据交易。进一步地说,若最高的延迟率是 32~255 ms,也将会导致所要传输的数据交易在每 32 ms 执行一次。

由于,中断传输只限定了最高的延迟率,主机就可以比所要求的传输率较自由、较快的传输率来传输数据。也即是中断传输并不保证一个精准的延迟率或传输率。当然，最佳的预期是最快的延迟率等于最快可能的传输率。例如，对于 1.x 主机来说，若全速的中断管线是仅针对每一帧一个数据交易来配置，那就能有正确的传输率。

而在其他的闲置总线上，中断传输能够在每一帧携带高达 6 个低速，8 字节的数据交易。在全速时，是每一帧的限制是 19 个 64 字节的数据交易。由于在 USB 1.x 规范中，这介于中断传输之间的最小时间间隔是一个帧或更多的帧，且在帧中的每一个数据交易都必须有不同的端点地址。而实际上，主机是没有能力在一个单一帧中，安排设计至多达 19 个全速中断传输。相对的，中断数据交易的实际最大数目应该比这还要少。

在高速传输时，中断传输限制每一微帧两个传输，而每一个传输包含 3 个 1 024 字节数据交易。针对中断传输协议上的负荷来说，在低速时一个数据封包是 19 字节，在全速时一个数据封包是 13 字节，在高速时一个数据封包是 55 字节。而高速的中断与等时传输能够使用不超过 80% 的微帧。此外，对于全速的等时传输以及低速与全速的中断传输的整合也不能使用超过 90% 的帧。

4.5　等时传输

等时传输是一种数据流，是实时的传输类型，可以是单向或双向的传输。此种传输须要维持一定的传输速度，因此就须牺牲些微错误的发生。

它采用了预先与 PC 主机协议好的固定带宽，以确保发送端与接收端的速度能相互吻合。换而言之，就算发生了传输上的错误，也不会重新传输。应用这类型的传输设备有：USB 麦克风、喇叭或 USB CCD 等设备，这样可以确保播放的频率不会被扭曲。而其他的传输类型能够保证在每一帧送出一特定的位数目。能够稍微达到这种标准的，只有中断传输。但中断传输也只能确保最有可能的最高延迟率而已。在 1 ms 的 USB 帧中，等时传输的最大封包容量是 1 023 字节，换算可得传输速度为 8.184 Mbps。仅有全速与高速设备支持等时传输。

全速等时传输在相等的时间间隔下，于一个或更多的帧中包含了一个 IN 或 OUT 数据交易。高速等时传输则更具弹性。它们可以在每一微帧要求至多 3 个数据交易，或慢到每 32 768 微帧只包含一个数据交易。

4.5.1　等时传输的数据交易格式

等时传输只需令牌与数据两个封包阶段就可以形成一个数据交易的动作。图 4.15，是一个等时传输的基本数据交易格式。

用来实现等时数据传输的封包非常类似批量传输，只不过少了用来确认之用的握

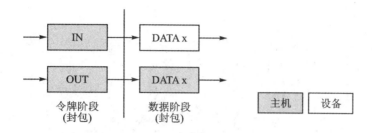

图 4.15 等时传输的基本数据交易格式

手封包。在 PC 主机同意去支持等时数据至 I/O 设备或从 I/O 设备输入等时数据之前,主机会协调出一个可保证的排序流程。等时传输是在每一个(微)帧所产生的,而 PC 会在同意建立这个连接(或管线)之前,将会确定在帧中可使用的带宽有多少。一个具备每一帧最高 1 023 字节的全速等时传输来说,可以使用到 69% 的 USB 带宽。因此,如果有两个全速设备想要建立每一帧传输 1 023 字节的等时管线,主机就会被第二个管线搞混掉。这是因为第二个数据传输将无法以剩下的带宽来传输。如果此时设备支持了具备在每一帧中较小的数据封包或较少封包的切换设置,那么设备的驱动程序就会加以要求,并切换至另一种配置方式。或者驱动程序在待会再测试一次,希望将有可使用的带宽。而当设备被配置后,等时传输就会被保证有其需要的传输间隔。

通过图 4.15,可以将等时传输的数据交易划分为下面所列的两种类型,IN 与 OUT 令牌封包,如图 4.16 所示。其中,如果主机送出 IN 令牌封包,设备将会传回数据封包给主机。反之,若主机送出一个 OUT 令牌封包,将会有一个数据封包紧随在后送出给设备。由于等时传输不支持握手封包,所以数据错误不会再重新传一遍。若需要双方向来传输数据,则需要针对每一个方向配置一个分开的端点与管线。

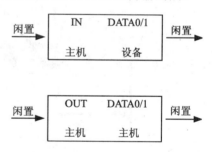

图 4.16 等时传输的两种基本数据交易格式

如果主机在高速的总线上与全速设备执行等时传输,主机就会使用前一章所提及的分割数据交易的动作。等时 OUT 数据交易会使用起始分割数据交易(SSPLIT),但却没有完成分割数据交易(CSPLIT)。这是因为设备不需要回报给主机任何状态信息。此外,等时传输也不会使用 PING 特殊封包的通信协议,如图 4.17 与 4.18 所示。

8051 单片机 USB 接口 Visual Basic 程序设计

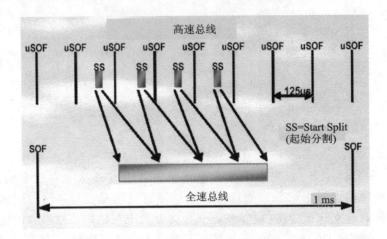

图 4.17　典型的等时 OUT 数据交易示意图

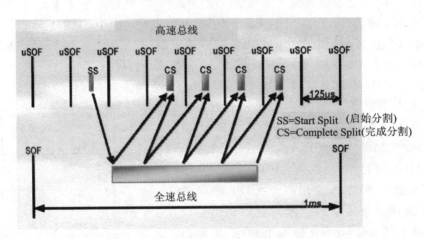

图 4.18　典型的等时 IN 数据交易示意图

4.5.2　数据容量与传输速度

对于全速端点,最大数据容量大小的范围是 0~1 023 字节。而对于高速端点,最大数据容量大小的范围是 0~1 024 字节。如果所要传输的数据量,无法在单一的数据交易中传输完毕,那么就使用多个数据传输来执行这个传输过程。而在每一个帧的数据量是不需要一样的。例如,数据是以每秒 44 100 采样值,那么就可以使用连续的序列,其中,包含 4 400 采样值的 9 个帧,以及最后一个包含 4 500 采样值的帧。

对于传输速度而言,全速的等时数据交易能够在每一帧传输高达 1 023 字节,或高达 1.023 MB/s。此时，就会剩下 31％的带宽给其余的传输来使用。而针对等时传输协议上的负荷来说，对于一个数据封包的传输，每一传输是 9 字节，或对于单一 1 023 字节的数据交易来说，是低于 1％。对于全速设备来说，所要求的最小带宽是每一帧一个字节，或 1 KB/s。

此外，高速的等时数据交易能够传输达 1 024 字节。若等时端点需要在每一微帧超过 1 024 字节，就可在每一帧要求 2 或 3 个数据交易，这样，即可达到 24.576 MB/s 的数据量。而此时，在每一个微帧需要多个数据交易的端点属于一种高带宽的端点。而针对等时传输协议上的负荷来说，在高速时一个数据封包是 38 字节。

因为高速等时传输在每一个帧或微帧中，并不需要数据交易，其可以要求比全速的传输更低的带宽。而这个最低的要求带宽是每 32 678 微帧，仅一个字节。此相等于每 4.096 s 一个字节。然而，任何的端点能够通过忽略可使用的数据交易或以低于每一传输的最高数据的传输方式，来传输低于所保留最高带宽的数据。

前面有提及过，对于所有的同步传输来说，高速中断与等时传输能够使用不超过 80％的微帧带宽。但全速等时传输以及低速与全速的中断传输全部加起来，不能超过 90％的帧带宽。

这 4 种传输类型，当然较少同时出现在同一个外围设备上。但稍前所介绍的复合式设备，则可能同时包含这 4 种传输类型。每一个外围设备一定会使用控制传输来执行下一章所要介绍的设备列举。因此针对不同的外围设备类型，一定会使用控制＋中断（人工接口设备），控制＋批量（打印机设备）或控制＋等时（USB 摄影机设备）。因此，看看用户目前所使用的外围设备即可知道其使用了哪些传输类型。

4.6 USB 标准要求

在 USB 接口的通信协议中，由于主机取得绝对的主控权，所以对于设备而言，只有"听命行事"。因此，主机与设备之间就必须遵循某种已沟通的特定命令格式，以达到通信的目的。这个命令格式就是 USB 规范书中所制定的"标准要求"。这个标准要求的设置、清除与取得都须通过控制传输的数据交易来达成。

在控制传输设置层的数据交易中包含了令牌封包→数据封包→握手封包这 3 个封包阶段。其中的数据封包就是放置"标准要求"的地方。它是一个 8 字节的 DATA1 数据封包。表 4.3 列出了标准要求的要求形态内容。

事实上，表 4.3 的 8 字节放置于跟随在 SETUP 令牌封包后的数据封包字段内。用户可参阅图 4.5 第 3 行的数据封包的数据域位。除此之外，表 4.3 的数据格式还须与表 4.4 的"标准要求"配合在一起才可以执行完整的标准要求。

8051 单片机 USB 接口 Visual Basic 程序设计

表 4.3　执行设置层数据交易时，标准要求的要求形态内容

位移量	字段值	大小/B	叙　述		
			D7 数据传输方向	D[6：5]形态	D[4：0]接收端
0	BmRequestType	1	0　主机至设备	00＝标准	00000＝设备
				01＝群组	00001＝接口
			1　设备至主机	10＝贩售商	00010＝端点
				11＝保留	00011＝其他
1	bRequest	1	特定要求，D[7：0]		
2	wValue	2	字长度字段视要求而定，D[15：0]		
4	wIndex	2	字长度字段视要求而定，通常是传递索引或位移量，D[15：0]		
6	wLength	2	如果这个控制传输需要数据层，表示所要传输的字节数量（即是无数据控制传输无需此字段值），D[15：0]		

　　表 4.4 内的 8 字节放置于跟随在 SETUP 令牌封包后的数据封包字段内。为了取得这 8 字节的标准设备要求，一般的 USB 单片机通常使用一个数组或特定的 FIFO 来存储这个重要的 SETUP 数据；而在 EZ-USB FX 单片机中，使用定义为 SETUP[7]数组来加以存储。

　　若以之前所举的 Get_Descriptor 为例，就可以了解一个设备要求执行的过程。图 4.5 的数据封包的数据域位是"80 06 00 01 00 00 40"。这个数据格式中的第 1 个字节 bmRequestType ＝80，表示数据是从设备传至主机，且为标准的形态，而接收端为设备。此外，第 2 个字节 bRequest＝06，则决定了设备要求的形态就是取得设备描述符。

　　若加以整合表 4.3 与 4.4，就可以得到如图 4.19 所示的架构。其中，利用表 4.3 的 bmRequestType[6：5]位区分为 4 种类型。[00]为标准要求，[01]为群组要求，[10]为贩售商特定要求，而最后的[11]则加以保留，应用于停滞（STALL）。可以从图 4.19 和表 4.4，了解到 bRequest 的类型，而在此图中以 Get_Descriptor 为例，利用 wValueH 字段值延伸至 DEVICE（设备）、CONFIGURATION（配置）以及 STRING（字符串）等取得描述符标准要求，即分别为取得设备描述符、取得配置描述符以及取得字符串描述符等的标准要求。

　　综合了描述符与设备要求的章节，可以归纳一些重点，也就是说，这些设备要求与描述符在控制传输时，放置于何处呢？用户可以了解到设备要求放置于设置层的数据封包内的数据域位中：

　　　　　　设置层→数据封包→数据域位→设备要求

而描述符则放置于数据层的数据封包的数据域位中：

　　　　　　数据层→数据封包→数据域位→描述符

表 4.4　标准要求的格式

要求型态(1 B) bmRequestType	要求(1 B) bRequest	数值(2 B) wValue	指针(2 B) wIndex	长度(2 B) wLength	数据
00h 01h 02h	CLEAR_FEATURE(01H)	特色选择器	0 接口 端点	0000h	无
80h	GET_CONFIGURATION（08H）	0000h	0000h	0001h	设置值
80h	GET_DESCRIPTOR(06H)	描述符形态 与描述符指针	0000h 或 语言 ID	描述符长度	各个描述符
81h	GET_INTERFACE(0AH)	0000h	接口	0001h	切换接口
80h 81h 82h	GET_STATUS(00H)	0000h	0000h,接口 端点	0002h	设备接口或 端点状态
00h	SET_ADDRESS(05H)	设备地址	0000h	0000h	无
00h	SET_CONFIGURATION(09H)	设置值	0000h	0000h	无
00h	SET_DESCRIPTOR(07H)	描述符形态 0 与描述符指针	或语言 ID	描述符长度	各个描述元
00h 01h 02h	SET_FEATURE(03H)	特色选择器	0000h,接口 端点	0000h	无
01h	SET_INTERFACE(0BH)	切换的设置	接口	0000h	无
82h	SYNC_FRAME(0CH)	0000h	端点	0002h	帧号码

因此,用户必须执行一个完整的控制读取或写入传输,才可执行标准要求,以及取得真正所要的描述符内容。可以这样说,标准要求是个"命令",而描述符所内含的内容才是所要取得的"数据"。当然,这个数据层可以根据描述符的数目,而以 8 字节为一组的方式,依序读取数个数据层的数据封包内的数据域位内含值。图 4.20 为控制传输的意义与目的。

换句话说,对于控制读取传输而言,SETUP 封包(设置层),其后所跟随的数据封包的内含值,为所要设置的标准设备要求。在 IN 封包(数据层),其后所跟随的即为所要接收的设备的各种描述符。而 OUT 令牌封包(状态层),其后所跟随的数据封包的内含值为空的,以说明整个控制传输已经结束了。

以下,针对 bmRequestType[4∶0]位,再区分为 3 种类型:标准设备要求、标准配

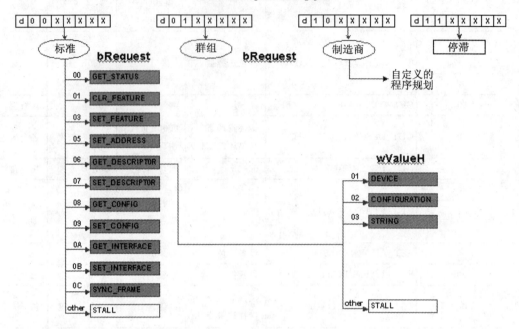

图 4.19 标准要求的架构示意图

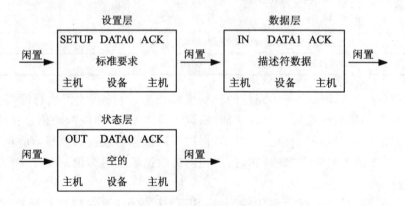

图 4.20 控制传输的意义与目的

置要求以及标准端点要求。这些标准要求与各个描述符有相当大的关系。

4.6.1 标准设备要求

表 4.5 列出了 8 个标准设备要求。

表 4.5 标准设备要求

bmRequestType	bRequest	wValue	wIndex	wLength	Data
1000 0000b	GET_STATUS (0x00)	0	0	2	设备状态
0000 0000b	CLEAR_FEATURE (0x01)	特性选择器	0	0	无
0000 0000b	SET_FEATURE (0x03)	特性选择器	0	0	无
0000 0000b	SET_ADDRESS (0x05)	设备地址	0	0	无
1000 0000b	GET_DESCRIPTOR (0x06)	描述符形态与索引	0 或语言 ID	描述符长度	描述符
0000 0000b	SET_DESCRIPTOR (0x07)	描述符形态与索引	0 或语言 ID	描述符长度	描述符
1000 0000b	GET_CONFIGURATION (0x08)	0	0	1	配置数值
0000 0000b	SET_CONFIGURATION (0x09)	配置数值	0	0	无

- Get_Status：直接设置 Get_Status 要求给设备，将会在数据层回传 2 字节，如下列出其格式：

D15	D14	D13	D12	D11	D10	D9	D8	D7	D6	D5	D4	D3	D2	D1	D0
保留														远程唤醒	自我供电

如果 D0 位被设置，那么就表示此设备是自我供电的模式。用户可以参考配置描述符的内容。相对地，如果被清除，则此设备是总线供电。如果另一个 D1 被设置，此设备就具备了使能远程唤醒的功能，即能够在中止时，唤醒主机。该远程唤醒位能够以具有 DEVICE_REMOTE_WAKEUP（0x01）选择器的 Set_Feature 与 Clear_Feature 要求来加以设置。

- Clear_Feature 与 Set_Feature 要求用来设置布尔特性。当所指定的目标是此设备，仅有两个特性选择器能使用：DEVICE_REMOTE_WAKEUP 与 TEST_MODE。在测试模式下，可允许设备存在不同的状态。
- Set_Address 用来在设备列举时，指定一个独立的地址给 USB 设备。这个地址值设置在 wValue 字段中，且最多可设置至 127。这个要求是在设备中是唯一一次的，且一直到此设备完成状态层后，都不会再设置了。用户可以参阅设备列举的控制传输章节。而所有的其他要求必须在状态层前完成。
- Set_Descriptor/Get_Descriptor 用来回传在 wValue 字段所设置的描述符。若

针对此配置描述符要求,其将会在一个要求之下,回传所有接口与端点描述符。
① 端点描述符无法通过 Get_Descriptor/Set_Descriptor 要求来直接处理。
② 接口描述符无法通过 Get_Descriptor/Set_Descriptor 要求来直接处理。
③ 字符串描述符包含了 wIndex 字段的语言 ID,以允许多种语言的支持。

- Get_Configuration/Set_Configuration 被用来要求或设置目前的设备配置。在 Get_Configuration 要求的情形下,在数据层所回传的字节,是用来表示设备的状态。若为 0 值则代表此设备未被配置;反之,非 0 值则表示此设备已被配置了。此外,Set Configuration 则用来使能至设备,而其设置时应包含 wValue 的较低字节。此为所需的配置描述符的 bConfigurationValue 数值,用来选择所要使能的配置方式。

4.6.2 标准接口要求

在 USB 规范中,目前定义了 5 个标准接口要求。但有趣的是,仅要 2 个要求即可做任何整合的工作,如表 4.6 所列。

表 4.6 标准配置要求

bmRequestType	bRequest	wValue	wIndex	wLength	Data
1000 0001b	GET_STATUS (0x00)	0	接口	2	接口状态
0000 0001b	CLEAR_FEATURE (0x01)	特性选择器	接口	0	无
0000 0001b	SET_FEATURE (0x03)	特性选择器	接口	0	无
1000 0001b	GET_INTERFACE (0x0A)	0	接口	1	切换设置(AS)
0000 0001b	SET_INTERFACE (0x11)	切换设置(AS)	接口	0	无

- wIndex 字段通常是针对在此接口所指定的要求来设置相关的接口,其格式如下所示。

D15	D14	D13	D12	D11	D10	D9	D8	D7	D6	D5	D4	D3	D2	D1	D0
保 留								接口数值							

- Get_Status 用来回传接口的状态。在接口的要求下,将会回传 0x00 与 0x00 等两个字节(这两个字节保留给未来使用)。
- Clear_Feature 与 Set_Feature 要求用来设置布尔特性。当所指定的目标是此接口,则在目前 USB 2.0 规范中没有用来设置接口特性。
- Get_Interface 与 Set_Interface 要求设置了切换设置。

4.6.3 标准端点要求

标准端点要求,大致如表 4.7 所列,共有 4 个。

表 4.7 标准端点要求

bmRequestType	bRequest	wValue	wIndex	wLength	Data
1000 0010b	GET_STATUS (0x00)	0	端点	2	端点状态
0000 0010b	CLEAR_FEATURE (0x01)	特性选择器	端点	0	无
0000 0010b	SET_FEATURE (0x03)	特性选择器	端点	0	无
1000 0010b	SYNCH_FRAME (0x12)	0	端点	2	帧码

wIndex 字段通常用来设置相关的端点,以及针对这个所直接要求的端点方向。其格式是如下所列。

D15	D14	D13	D12	D11	D10	D9	D8	D7	D6	D5	D4	D3	D2	D1	D0
保留								方向	保留			端点数			

- Get_Status 要求会回传用来表示端点状态(暂停/停滞)的两个字节。该两个字节的格式是如下所示。

D15	D14	D13	D12	D11	D10	D9	D8	D7	D6	D5	D4	D3	D2	D1	D0
保留															暂停

- Clear_Feature 与 Set_Feature 要求用来设置端点的特性。这是目前用来定义一个标准端点特性的选择器 ENDPOINT_HALT (0x00),可允许主机去安装与清除端点。而除了预设的端点 0 以外,所有的端点都可通过该要求来使用这种特性。
- SYNCH FRAME,即帧码要求用来回报端点的同步帧码值。

综合上述的各种要求,在此以一个设备描述符的结构和各位来说明描述符与设备要求之间的关系。如图 4.21 所示,为 USB 设备描述符的基本架构。而通过各种描述符的标准要求,将可取得相关的描述符以及设置相关的参数。

如图 4.22 所示,则为各种标准要求与各个描述符之间的关系。其中,显示了多种配置方式,都是为了切换多种群组与驱动程序。这对于复合式设备(composite device)有相当大的关系。因为这种复合式设备包含多组接口,每一个接口相互独立,且都具备不同的驱动程序,但仅具备一个 USB 地址,因此,需要这种多重配置的方式。

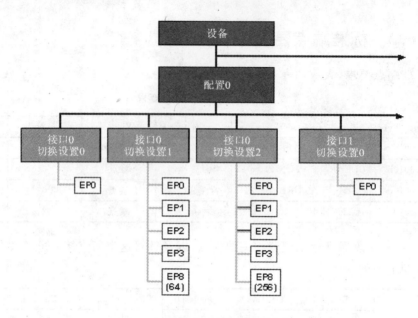

图 4.21　USB 设备描述符的基本架构

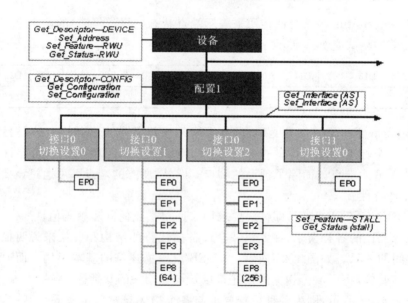

图 4.22　各种标准要求与各个描述符之间的关系

4.7 问题与讨论

1. USB 有几种传输模式？试简述各种传输的各种特性。
2. 控制传输有几种类型以及几个层？
3. 控制传输的目的是什么？请简述之。
4. 中断传输的数据格式是什么？请画出。
5. 中断传输的目的是什么？请简述之。
6. 等时传输的数据格式是什么？请画出。
7. 等时传输的目的是什么？请简述之。
8. 批量传输的数据格式是什么？请画出。
9. 批量传输的目的是什么？请简述之。
10. 试画出标准要求的架构示意图，并说明如何加以分类各种不同的要求类型。

第 5 章

设备列举

有了之前的各种通信协议的基础,紧接着在本章特别介绍 USB 规范中,一个非常重要的一个"动作"或"过程"。这个动作将会让 PC 知道何种 USB 设备刚接上以及其所含的各种相关的信息。这样,PC 才能进一步与这个 USB 设备开始进行数据传输的工作。

这个动作称之为设备列举(enumeration)。若要完成一个设备列举的动作,需要执行诸多的数据交易以及标准要求。通过这个设备列举的过程,PC 主机将会把设备内所含有的特殊信息取回至主机。这个特殊信息即是用来说明此设备的所有特性的描述符。经过这些描述符的信息,PC 主机即会了解此设备的特殊功能与相关信息,并且进而设置新的地址给设备,以及对此设备进行配置的动作。

因此,以下将完整地说明如何执行设备列举的步骤。

5.1 登录编辑器

在前几章中,用户已经知道如何在设备管理器中看到所有已经接上的 USB 设备的类型与格式。当然,用户也知道当这些设备被拔离,再重新接上后,不用再重新安装其驱动程序。那么 PC 主机为什么知道其已安装过,且了解其驱动程序是什么呢?

这个答案是因为这些设备已经完成了设备列举的步骤,PC 主机已经知道其 VID/PID 码,且能依此找到相对的驱动程序,并已下载完毕。这个 VID/PID 码即放在设备所含有的设备描述符中。也称为操作系统中的机码。

在 Windows 98 与 Windows ME 操作系统中,这些 VID/PID 码放置于 HKEY_LOCAL_MACHINE\Enum\USB 与 HKEY_LOCAL_MACHINE\System\CurrentControlSet\Services\Class\USB。而在 Windows XP 或 2000 的操作系统下,放的位置则为:HKEY_LOCAL_MACHINE\System\CurrentControlSet\Enum\USB。因此,可以稍微做个区分,在 Windows 98 与 Windows ME 以及 Windows XP 与 2000 的操作系统版本对登录编辑器的处理方式是有若干不同的。

至于如何去查询这些 VID/PID 码呢?可由下列的步骤来取得(请在 Windows 98 与 Windows ME 的操作系统下操作)。

① 如图 5.1 所示,执行 Windows 应用程序"执行",并输入 regedit.exe 命令或在 Windows 的目录下,直接执行 regedit.exe 执行文件,进入"登录编辑器"窗口。

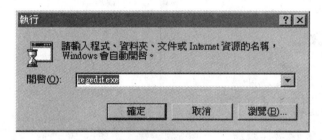

图 5.1　执行登录编辑器的应用程序 regedit.exe

② 然后依图 5.2 所示,进入 USB 的项目中,如箭头指示的方式。
③ 图 5.3 显示了除根集线(ROOT_HUB)外,也显示了所有曾经安装过驱动程序的设备的 VID/PID 码。如图中说明了此 PC 主机已经设备列举了多少类型的 USB 外围设备。而用户是否发觉到每一个 VID/PID 码都是不同的呢?

这些不同的 VID/PID 码即决定了哪些驱动程序将会被加载。

除非用户已注册的项目删除掉,Windows 都会记得哪些驱动程序已加载过,且此 USB 设备再一次插入 PC 时,就不会再检测到有新的设备插入。也就是说,不论用户插拔这些外围设备多少次,都无须再重新安装其驱动程序了。

而每一个设备中,如图 5.4 所示,显示了一些相关的信息。

若要达到与完成这种登录的工作,用户就必须在设备一接上 PC 主机时,执行设备列举的工作。换句话说,当 USB 设备第一次连接到 USB 总线时,USB 主机就会对此设备做出列举检测的动作。此时,主机会负责检测与设置所有连接至根集线器的设备,而识别与设置一个 USB 外围设备的程序,称之为设备列举,也就是将所有的外围设备一一识别并列举出来。

8051 单片机 USB 接口 Visual Basic 程序设计

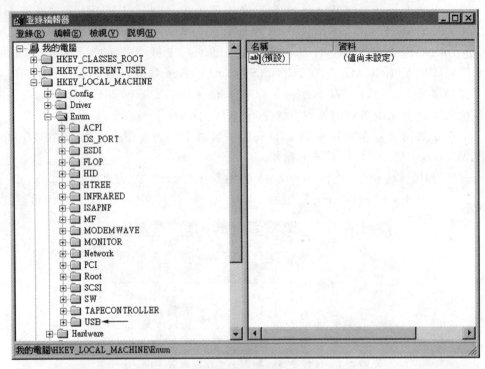

图 5.2 "登录编辑器"窗口

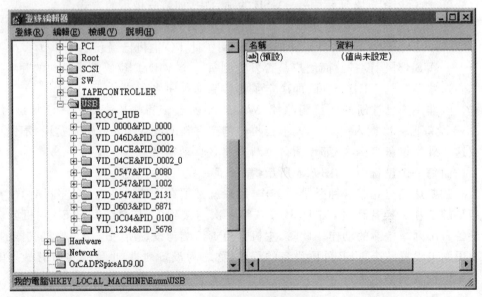

图 5.3 在 PC 主机下曾经安装过的各种 VID/PID 码

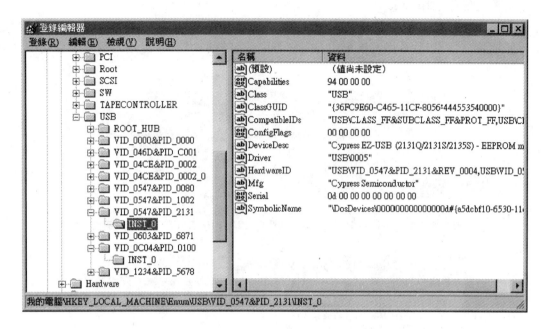

图 5.4　每一个 VID/PID 码中所列出此设备的相关信息

　　若以 USB 通信协议的观点来看，设备列举是通过一连串介于主机与设备之间的控制传输来辨识与设置一个刚接上的 USB 设备程序。而进一步地解释设备列举，也即是操作系统可以辨识一个新的硬件设备连接上总线，以及决定其特定的需求。此时，将会加载适当的驱动程序，并且给予新的硬件设备一个新的地址。每当用户重新插拔设备或重新激活 Windows 时，就会再一次地执行设备列举的步骤。

　　用户可以做个小实验，试着删减某个已经列举过的 USB 外围设备，然后再插拔看看。此时，用户会发现 PC 主机将会发现一个新硬件插入，并会要求请提供其驱动程序，用来重新安装新的驱动程序。也就是说，PC 主机重新对此 USB 设备执行设备列举的步骤。在此，切勿删除根集线器或其驱动程序无法再取得的设备。

　　当然，如果说在驱动程序的安装过程中，出了问题或要删除某个 USB 设备，光是在设备管理器底下执行删除的动作是不够的。也就是说用户须在登录编辑器中，将已注册的 USB 外围设备的项目删除掉，才可达到完全删除的目的。

　　但在此须跟用户再次说明的是，以上的操作方式仅限于 Windows 98 与 ME 操作系统版本，在 Windows 2000 与 XP 的环境下，是有所不同的。在这两种的操作环境下，不能在登录编辑器中任意地删除设备的 VID/PID 码。若要删除这个设备，它会发生一

个警告信息,如图 5.5 所示。

那么到底如何才能删除这个设备呢?用户只能在设备管理器中,以右击所要删除的项目,然后在所弹出的选单中,选择"删除安装"的功能,才能达到删除设备功能的目的,如图 5.6 所示。

图 5.5 在 Windows 2000 与 XP 下,删除 VID/PID 码所产生错误的画面

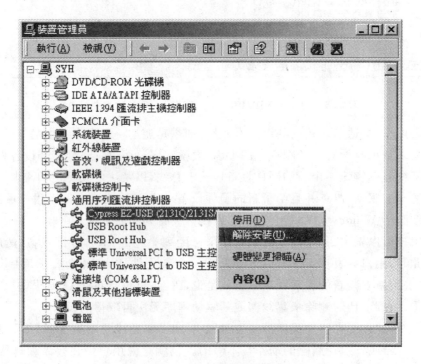

图 5.6 USB 设备删除安装的步骤

5.2　USB 描述符

设备列举所要执行的工作之一，即是取得这些有关于设备的相关信息，即为 USB 描述符。那么什么是 USB 描述符呢？用户可以稍微想像一下，它就好像是 USB 外围设备的"履历表"或"身份证"一般，钜细靡遗地纪录着与外围设备相关的一切信息。因此，USB 描述符掌握了有关于设备的各种信息与相关的设置。

为了描述不同的数据，就须以不同类型的 USB 描述符来加以描述，如图 5.7 所示。虽然各个描述符都有不同的信息与数据，但所有的描述符都有一些共同的特性，也即是由如表 5.1 所列的格式所组成。其中，所有的 Byte 0 是以字节为单位的描述符长度，而所有的 Byte 1 则放置如表 5.2 和表 5.3 所列的描述符类型值，紧接着的其他字节，则随着不同的描述符而不同。如果该描述符的长度比规范上所定义的还要小，那么主机将会忽略。如果此大小又比规范所定义的还要大，那主机也会忽略所超出的字节，并在其回传的真正描述符长度的尾端开始寻找下一个描述符。

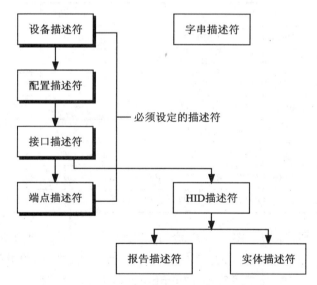

图 5.7　各种描述符的架构与类型

在图 5.7 的描述符中，设备描述符（device descriptor）、配置描述符（configuration descriptor）、接口描述符（interface descriptor）以及端点描述符（endpoint descriptor）是必须具有的。而其他的描述符，如字符串描述符（string descriptor）、数种不同的群组描述符（class descriptor）以及报告描述符（report descriptor）则可以根据不同的设备加以添加或删减。

表 5.1 描述符的共同格式

偏 移	字 段	大 小	数 值	描 述
0	bLength	1	Number	描述符的大小(字节)
1	bDescriptor Type	1	常数	描述符的类型
2	bcdUSB	2	BCD	USB 描述符的起始参数

表 5.2 描述符类型值表一

描述符类型	数 值	描述符类型	数 值
设备(device)	0x01	接口(interface)	0x04
设置(configuration)	0x02	端点(endpoint)	0x05
字符串(string)	0x03		

表 5.3 描述符类型值表二

描述符	数 值	备 注
USB_DEVICE_DESCRIPTOR_TYPE	0x01	
USB_CONFIGURATION_DESCRIPTOR_TYPE	0x02	
USB_STRING_DESCRIPTOR_TYPE	0x03	
USB_INTERFACE_DESCRIPTOR_TYPE	0x04	
USB_ENDPOINT_DESCRIPTOR_TYPE	0x05	
USB_POWER_DESCRIPTOR_TYPE	0x06	仅存于 Windows 98
USB_CONFIG_POWER_DESCRIPTOR_TYPE	0x07	仅存于 Windows 2000
USB_INTERFACE_POWER_DESCRIPTOR_TYPE	0x08	仅存于 Windows 2000

各种描述符可以用如图 5.8 所示的描述符层来作更深动的叙述。最上层的层是设备描述符。在设备描述符的 bNumConfigurations 字段中,设置一个或多个下一层的配置描述符。在配置描述符的 bNumInterface 字段中,设置一个或多个下一层的接口描述符。最后在接口描述符的 bNumEndpoints 字段中,则设置最后一层的端点描述符。

因此,从设备描述符中,可以设置含有多少个配置描述符。而配置描述符,则可设置其包含了多少个接口描述符,当然从接口描述符中,又可以再设置所含端点的数目。因此,在其中可以了解到仅有一个设备描述符而已,其余的描述符再依次设置。当然如图 5.8 所示,每一层至少须设置一个描述符。

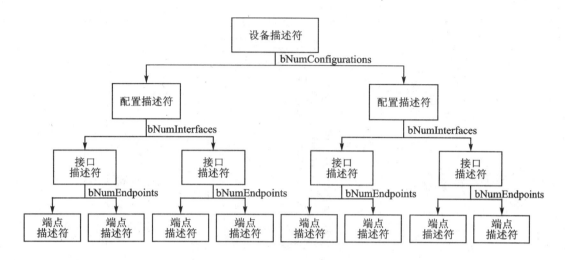

图 5.8 USB 描述符层图

而其中,USB 设备仅能具有一个设备描述符。在设备描述符中涵盖了如设备所兼容的 USB 版本,用来加载适当驱动程序的 VID/PID 码,以及设备所能够具有的可能配置数目。这个配置数目能够用来表示有多少的配置描述符的分支将被遵循。在这配置描述符中设置了许多的数值,例如,如果设备是总线供电,可设置所特定设计使用的电流量以及其所具有的配置数目。

当此设备在执行设备列举的程序时,主机会读取设备描述符,并且决定何种配置被使能。但每一次仅能有一个配置被使能。例如,有一个设备可能具备高功率总线供电的配置,以及另一个是自我供电的配置方式,如果当此设备被接上具有主要的电源供应的主机后,设备驱动程序可以选择来使能这个高功率总线供电的设备。而此配置即可进一步地去使能此设备无须再连接至主要的电源供应器,就可以获得电源。但是,如果此设备被连接至台式计算机,它也可被使能一种需要用户去接上电源供应点的第二种配置方式(自我供电模式)。在这配置描述符中,不仅只限于设置电源的差异。每一种配置方式能够以同样的方式供电,以及流出相同的电流量,当然也可具备不同的接口或端点的组合。然而,需注意的是,更改配置将会使在所有端点上的动作停止。虽然 USB 提供了这种便利性,可是很少有设备具有超过一种配置。但对于如图 5.9 所举的复合式设备的例子就具有多种配置方式。

如果一个复合式设备具备了电话、视频会议 CCD,以及传输数据的 Modem 功能,其所有设备可能的回报如图 5.9 所示的配置架构。因此,图 5.10 所示的是电话的配置,图 5.11 所示的是影像串流的配置,图 5.12 所示的是传输数据的配置,图 5.13 所示

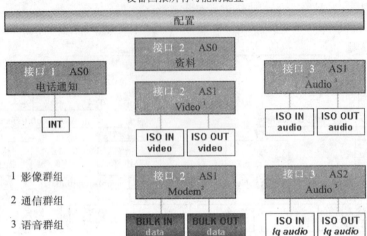

图 5.9　一个复合式设备可能回报的所有配置方式

的是另一种传输数据（较高品质的语音信号）的配置。所以对于一个复合式的设备，就有需要多重的配置切换来满足各种功能需求。

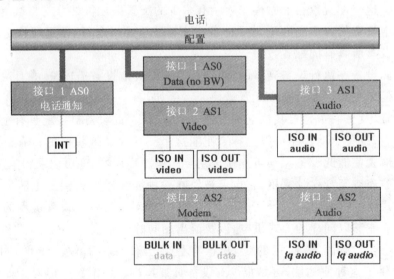

图 5.10　一个复合式设备的电话配置方式

如果用户具有一个包含了传真/扫描/打印机多功能（复合式设备）的事务机，那么其中第 1 个接口描述符就可用来描述传真机设备的端点，第 2 个接口描述符就可用来描述打印机设备的端点，而第 3 个接口描述符就可用来描述扫描机设备的端点。那么

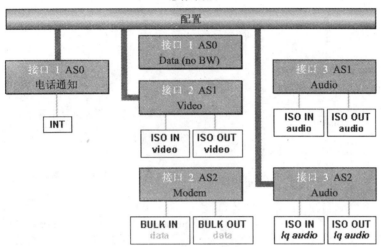

图 5.11 一个复合式设备的影像串流配置方式

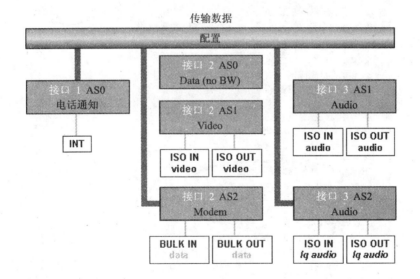

图 5.12 一个复合式设备的传输数据配置方式

在设备管理器的窗口下,就会呈现一个复合式设备的项目——USB Composite Device,如图 5.14 所示。

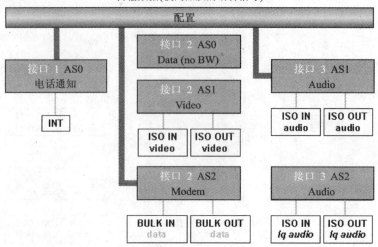

图 5.13 一个复合式设备的高品质数据传输的配置方式

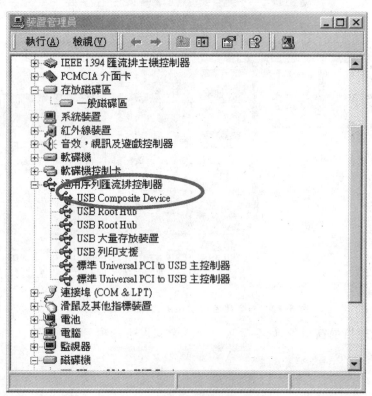

图 5.14 复合式设备的显示

但须注意的是,不像配置描述符,接口描述符是没有被限制在同一时刻仅有一个被使能。也即是设备能够在同一次被使能一个或多个接口描述符。接口描述符具有 bInterfaceNumber 与 bAlternateSetting 字段,前者可设置接口的数目,后者则允许接口能够在执行中被加以更改设置。例如,有一个设备包含了 2 个接口,接口 1 与接口 2。在接口 1 中,bInterfaceNumber 设置为 0,用来表示其为第 1 个接口描述符,以及 bAlternativeSetting(Alternative Setting, AS)为 0。此外,在接口 2 中,bInterfaceNumber 设置为 1,用来表示其为第 2 个接口描述符,以及 bAlternativeSetting 为 0(预设)。此时,用户能够使能另一个描述符,也将 bInterfaceNumbe 设置为 1 来表示其为第 2 个接口。但这时候,会设置 bAlternativeSetting 为 1(原先预设为 0)来表示这个接口描述符能够做切换的设置,并切至其他的接口描述符 2。

当此配置被使能时,前 2 个具有 bAlternativeSettings 等于 0 的接口描述符将被使用到。然而,在操作的时候,主机能够送出 SetInterface 要求直接给切换设置(Alternative Setting, AS)1 的接口 1,以使能另一个接口描述符。而这 2 种配置的优点是,当用户要更改与接口 1 相连接的端点设置时,若此时正通过接口 0 来传输数据,是不会影响到接口 0 的相关设置。

此外,每一个端点描述符用来设置传输的类型、方向、查询间格,以及每一个端点最大的封包大小值。但是用来作为控制传输的端点 0 是不会有其端点描述符的。

至于,在 Windows 的操作系统中,是如何观看到各种描述符的内容呢?用户可以利用 USB 官方网站 www.usb.org 中,所提供的测试工具 USBcomp.exe Ver 5.0 版经解压缩所产生的 HIDView.exe 执行程序来加以测试。在这里,使用昆盈(Genius)USB 鼠标来测试各项结果。如图 5.15 所示,是利用其中的一个测试项目 View Descriptor 来测试的情况。至于,如何使用这个工具程序呢?稍后的 HID 章节中,会有详尽的介绍,在此,用户仅须知道其测试结果即可。

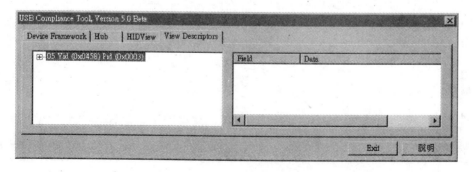

图 5.15 通过 HIDView.exe 中的 View Descriptors 项目来测试各种描述符

8051 单片机 USB 接口 Visual Basic 程序设计

当进入 View Descriptor 项目后,首先测试的是该鼠标设备的 PID/VID 码 0x0458/0x0003。然后再依序以层(次目录)的方式,显示该设备的所有描述符。此外,还有一个测试项目 Device Framework 来测试各种描述符。

以下,将利用这两个测试项目来显示各种描述符,并加以介绍。

5.2.1 设备描述符

设备描述符具有 18 字节的长度,并且是主机向设备所要求的第一个描述符。它包含了设备的一般信息,以及有关于用来设置此设备时,所需使用的预设管线信息。在这 USB 设备描述符中,呈现了一个完整的设备特性,因此,一般设备仅具备一个独一无二的设备描述符。其中,它设置了许多基本规范与信息,例如,所支持的 USB 版本、最大封包大小、VID/PID 码以及设备可能包含的配置数目。

如图 5.16 和图 5.17 所示,为以 USB 鼠标为例,利用 View Descriptors 项目与 Device Framework 项目所测试到的设备描述符。

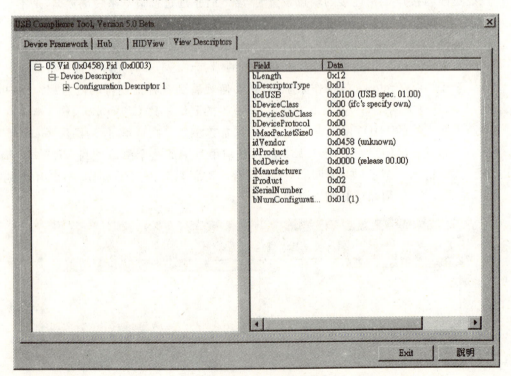

图 5.16 View Descriptors 项目所测试的设备描述符

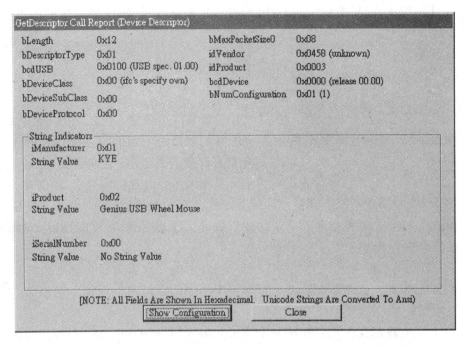

图 5.17　Device Framework 项目所测试的设备描述符

以下列出设备描述符的范例、数值以及各个字段的意义。

db	12h	;bLength,长度大小(18 字节)
db	01h	;bDescriptorType,描述符类型,1 代表设备(1 字节)
db	00h, 01h	;bcdUSB,符合 USB 规范.1.0(2 字节)
db	00h	;bDeviceClass,群组码(每一个接口指定自己的群组信息)
db	00h	;bDeviceSubClass,设备次群组(因为群组码为 0,所以设备次
		;群组必须为 0)
db	00h	;bDeviceProtocol,设备协议(0 表示无群组特定协议)(1 字节)
db	08h	;bMaxPacketSize0,最大封包大小(1 字节)
db	58h, 04h	;idVendor,制造商 ID,Genius 制造商 ID 0x0458h(2 字节)
db	03h, 00h	;idProduct,产品 ID,0003(Genius USB 鼠标产品 ID)(2 字节)
db	00h, 00h	;bcdDevice,以 BCD 表示设备发行序号,00.00(2 字节)
db	01h	;iManufacturer,制造商的字符串描述符索引(1 字节)
db	02h	;iProduct,产品之字符串描述符索引(1 字节)
db	00h	;iSerialNumber,设备序号的字符串描述符索引(0 none)(1 字节)
db	01h	;bNumConfigurations,配置数目为 1(1 字节)

其中的群组码与次群组码的定义可以参阅稍后所要介绍的设备群组。此外,关于制造商的 VID 码,可以在 USB 的专属网站 USB-IF 内查找到。

其中，VID/PID 码非常重要，因为有了正确的 VID/PID 码数值的设置，Windows 才能加载相对应的驱动程序。

5.2.2 配置描述符

配置描述符具有 9 B 的长度，并且针对设备给予配置的信息。但应注意的是，对每个设备而言可能不止一种配置类型，其配置的数目由上面的设备描述符的最后一个字段 bNumConfigurations 设置。当主机要求设备的配置时，它将会连续读取这些描述符，直到所有的配置已经接收完毕为止。虽然大部分设备非常简单，并仅有一种配置方式，但 USB 设备能够具有几种不同配置方式。在配置描述符中，设置了设备如何提供电源消耗、电源消耗量以及其具备的接口数目。因此，设备有可能具备 2 种配置方式，一种是设备是总线供电，另一种是自我供电。

一旦所有的配置已经通过主机检查过后，主机就会送出非 0 数值的 SetConfiguration 命令，而此数值符合配置之一的 bConfigurationValue 字段值。这个动作用来选择所要的配置方式。

以 USB 鼠标为例，利用 View Descriptors 项目与 Device Framework 项目所测试的配置描述符如图 5.18 和图 5.19 所示。

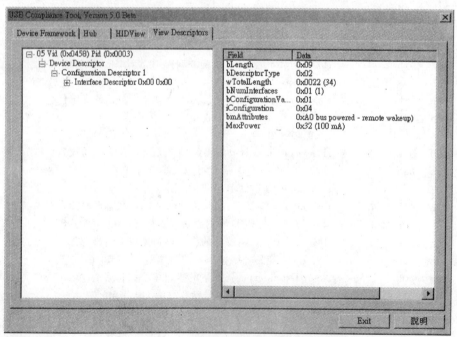

图 5.18　View Descriptors 项目所测试的配置描述符

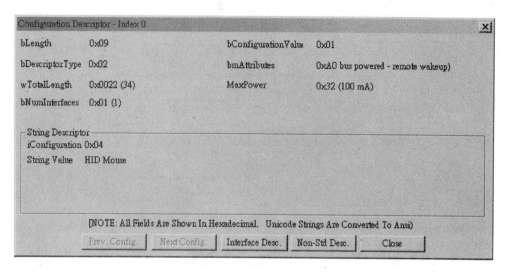

图 5.19 Device Framework 项目所测试的配置描述符

以下,列出配置描述符的范例、数值以及各个字段的意义。

```
db   09h          ;bLength,长度大小(9 字节)
db   02h          ;bDescriptorType,描述符类型,2 代表配置(1 字节)
db   22h,00h      ;wTatolLength,描述符的总长度(34 字节),(包括配置描述符 9 字节、接口描述符
                  ;9 字节、端点描述符 7 字节与群组描述符 9 字节)。在这例子中,总长度为 34 字节
db   01h          ;bNumInterface,用来配置的接口的数目(1 字节)
db   01h          ;bConfigurationValue,配置值(1 字节)
db   04h          ;iConfiguration,配置的字符串描述符的索引(1 字节)
db   A0h          ;bmAttributes,配置的属性(具有总线供电与远程唤醒的特性)(1 字节)
db   32h          ;MaxPower,最大电源以 2 mA 为单位,在这例子中,32h×2 mA=100 mA (1 字节)
```

其中,应注意的是 bmAttributes 字段配置了这个设备的电源属性。Bit-7 表示总线供电,Bit-6 表示自我供电,Bit-5 表示具有远程唤醒的功能,Bit[4:0]则保留使用。例如,上面的数值 0xA0,表示这个设备具有远程唤醒的功能,且是总线供电的。而 MaxPower 字段,则说明以 2 mA 为单位的设备最大电源。此外,当通过控制传输来读取配置描述符时,它将会回传包含了相关的接口与端点描述符完整的配置层,如图 5.20 所示。wTotalLength 字段即是放置了在这层图中所有的字节数目。

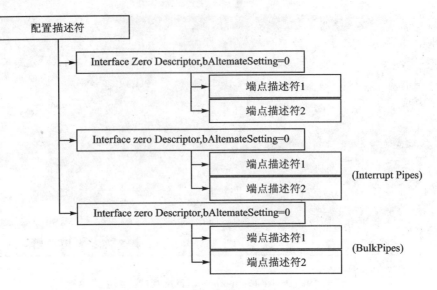

图 5.20 配置描述符中的 wTotalLength 字段所存放的字节层图

5.2.3 接口描述符

接口描述符具有 9 B 的长度,用来描述每一个设备的接口特性。由以上的介绍中,可以知道每个设备可能不止含有一种接口类型,其接口的数目由设备描述符的第 4 个字段 bNumInterface 设置。这种接口描述符能够视为一组端点或端点的起头处,来构成功能性的组群,以执行单一特性的设备。

以 USB 鼠标为例,利用 View Descriptors 项目与 Device Framework 项目所测试的接口描述符如图 5.21 和图 5.22 所示。

以下列出接口描述符的范例、数值以及各个字段的意义。

```
db  09h  ;bLength,长度大小(9 字节)
db  04h  ;bDescriptorType,描述符类型,4 代表接口(1 字节)
db  00h  ;bInterfaceNumber,接口数目以 0 为基值(1 字节)
db  00h  ;bAlternateSetting,交互设置值为 0(1 字节)
db  01h  ;bNumEndpoints,端点数目设置为 1(1 字节)
db  03h  ;bInterfaceClass,接口群组,USB 规范定义 HID 码为 3(1 字节)
db  01h  ;bInterfaceSubClass,接口次群组,USB 规范定义为 1(1 字节)
db  02h  ;bInterfaceProtocol,接口协议,USB 规范定义鼠标为 2(1 字节)
db  05h  ;iInterface,接口的字符串描述符的索引,在这例子中我们具有 5 个字符串描述符
         (1 字节)
```

其中,最重要的接口群组码可直接查阅稍后介绍的设备群组内容,以了解是何种群组接口规范。

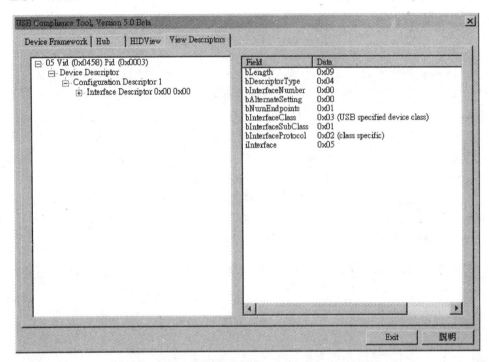

图5.21 View Descriptors 项目所测试的接口描述符

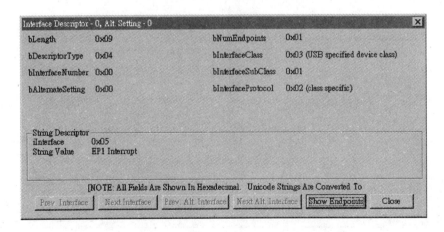

图5.22 Device Framework 项目所测试的接口描述符

5.2.4 端点描述符

端点描述符具有 7 B 的长度,用来描述端点的属性以及各个端点的位置。对每个设备而言可能不止一种端点类型,其端点的数目由上面的接口描述符的第 5 个字段 bNumEndpoints 设置。每一个端点都定义了一个如数据缓存器沟通点。例如,在 CY7C630/1XX 微控制器系列中,以数据存储器 0x70～0x77 地址,供端点 0 使用;另以数据存储器 0x78～0x7F 地址,供端点 1 使用。

端点描述符用来描述除了端点 0 以外的端点。这个端点 0 总是预设为控制端点,并且甚至在任何描述符被要求之前,即已被加以配置。而主机将会使用这些描述符所回传的信息来决定总线所需的带宽或各种设备的特性。

在端点描述符中,包含了此端点的传输类型(控制、等时、批量或中断),以及最大传输率。以 USB 鼠标为例子,利用"View Descriptors"项目与"Device Framework"项目所测试的端点描述符如图 5.23 和图 5.24 所示。

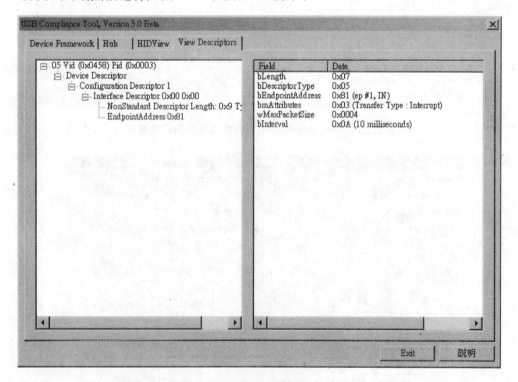

图 5.23 View Descriptors 项目所测试的端点描述符

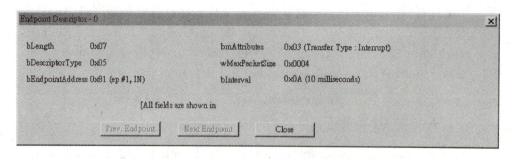

图 5.24　Device Framework 项目所测试的端点描述符

以下列出端点描述符的范例、数值以及各个字段的意义。

```
db    07h         ;bLength,长度大小(7 字节)
db    05h         ;bDescriptorType,描述符类型,5 代表端点(1 字节)
db    81h         ;bEndpointAddress,端点地址([0x80 IN,0 OUT]),在这个例子中,
                  ;端点编号为 1 且为 IN 端点(1 字节)
db    03h         ;bmAttributes,传输类型的属性设置为中断传输(0:控制,1:等时,
                  ;2:批量,3:中断)(1 字节)
db    04h,00h     ;wMaxPacketSize,最大封包的大小设置为 3 B(2 字节)
db    0Ah         ;bInterval,查询间隔,以 ms 为单位,在此设置为 10 ms(1 字节)
```

端点是 PC 主机与设备之间,互相传递数据与命令的最小信道或管线。有些原文数据,直接称这种端点为管线。所以端点描述符在稍后的数个章节中,会大量地加以应用与探讨。而在此描述符中,特别要注意 bEndpointAddress 字段值,首先第 1 个位是用来决定方向的(IN 或 OUT)。也因此才能把最后 4 个位的端点编号扩充为 32 个。但实际可设计至 15 组,外加一个端点 0,总共是 31 个端点。而 bmAttributes 字段值则决定端点的类型,是等时、批量或中断(代表了相对所要执行的等时、批量以及中断传输)。在其次的 wMaxPacketSize 字段值则决定每一帧所能传递的最大封包大小。而 2 字节则可提供给等时传输高达 1 023 字节。

最后的 bInterval 字段值,则是设置每个传输类型的查询间隔。在本章稍前提及,中断与等时传输是同步的,须预设查询的间隔。而中断传输在慢速时设置为 10~255 ms,快速时设置为 1~255 ms。对于等时传输,则不用说一定要设置为 1 ms。但是,对于异步的批量传输须设置多少呢?答案是 0 ms。为什么呢?这是因为批量传输具有非周期的特性,因此,不须设置查询间隔。

5.2.5　字符串描述符

字符串描述符提供了用户可读取的信息,此描述符为可选择性地添加。如果不使

用这个描述符,所有描述符的字段应设为 0,以表示没有可使用的字符串描述符。这些字符串是以 Unicode 格式加以编码的,且产品信息可制作成多国语言。而其中,字符串 0 将回传一系列所支持的语言。这一系列的 USB 语言 ID 能够在 Universal Serial Bus Language Identifiers (LANGIDs) version 1.0 文件中找到。

5.2.6 群组与报告描述符

群组描述符具有 9 B 的长度,用来告诉主机,所有相关设备的群组的特性。以下,以 USB 鼠标为例,列出群组描述符的范例、数值以及各个字段的意义。

```
db    09h           ;bLength,长度大小为 9 字节(2 字节)
db    21h           ;bDescriptorType,描述符类型为 HID,设置为 0x21(1 字节)
db    00h,01h       ;bcdHID,HID 群组序列为 0x100,即为 1.00(1 字节)
db    00h           ;bCountryCode,无区域的国码,就设置为 0(1 字节)
db    01h           ;bNumDescriptors,需遵循的 HID 群组报告的数目,至少需设为 1(1 字节)
db    22h           ;bDescriptorType,描述符形态为报告,设置为 0x22,参考表 1.4,(1 字节)
db    (end_hid_report_desc_table - hid_report_desc_table)
                    ;wDescriptorLength,报告描述符的长度(2 字节)
db    00h
```

关于报告描述符部分的介绍与设置,可参阅稍后"HID 群组"章节。

有了上数各种描述符的基本认识后,用户可以通过图 5.25,了解到一个完整 USB 设备的配置情形。

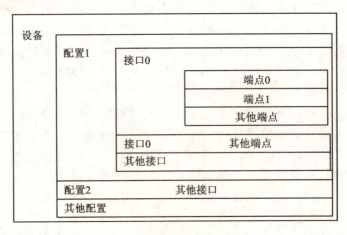

图 5.25 完整 USB 设备的配置情形

5.2.7 兼容 USB 2.0 规范的描述符

除了上述所介绍的描述符类型外,若用户想要将 1.x 规范的设备兼容 2.0 规范,就必须对描述符作若干的修正。在双速度设备中,如何通过读取其描述符来检测设备的目前速度,就是一个非常重要的课题。

如表 5.4 所列,为 1.x 规范设备要与 2.0 规范设备兼容时,所须修改的描述符字段。其中,用户会发现仅具备等时端点的设备须去修改等时端点描述符的内容,而在设备描述符中,唯一也是仅须去修改的字段是 bcdDevice,且将其更改为 0200h。

在此须知道,设备的预设上,必须要求无等时的带宽。这是因为这些接口并没有使用等时传输的数据,若设备想要去执行等时传输,它必须支持至少一个接口设置,其中还须内含至少一个端点描述符。而有部分 1.x 设备也已经符合了这个要求。所以说,若没有使用等时传输,也就无须更改这些字段设置值。

在 2.0 规范中对于已存在的字段的若干位,增加了 2 个新的描述符与功能。但是如表 5.4 所列,所使用到的新描述符仅用在双速度的设备上。而所存在的描述符也与规范 1.x 向下兼容。

表 5.4 1.x 规范与 2.0 规范兼容所须改变的描述符类型及其字段

描述符类型	字 段	更 改
设备描述符	bcdDevice	设置为 0200h
端点描述符	bmAttributes	仅适用可等时端点:[3:2]是同步型态,[5:4]是用途形态
端点描述符	bInterval	仅适用于等时端点:时间间隔是 2bInterval-1 ms,而不是 ms
端点描述符	wMaxPacketSize	仅适用于等时端点:预设的设置上必须设置为 0

而高速设备必须以全速的方式来响应设备列举的标准要求的过程,以及也可能具备与全速完全兼容的功能。

前面的章节有提及过,如果一个具备与高速兼容的设备连接至 1.x 规范主机,或如果介于主机与设备之间使用 1.x 规范集线器,就必须使用全速的功能。

而对于应用程序与设备驱动程序通常无须知道这双速度设备是使用何种速度,因为所有的应用程序与设备驱动程序若与速度相关的都可以以较低阶的方式来加以处理。事实上,Windows 操作系统没有直接的方法可以知道设备的速度是什么,但是,还是有一些小技巧,可以让主机知道有一些设备仍可提供相关信息。

例如,如果设备具有批量端点,用户即可通过设备列举,以主动的方式去取得并检查端点描述符的信息。其中,对 MaxPackSize 字段来说,若设置为 512(个字节),即可知道目前所连接上的是高速设备。这是因为全速设备不能设置这个数值。若以此方式来推演,假设没有批量端点,也可以使用中断端点与等时端点所设置的 MaxPackSize 字段,同样地,用户也可用来判断此设备是属于哪一种速度。其中,针对中断端点的 MaxPackSize 字段来说,若设置超过 64 的数值,就可表示目前是高速设备。但是,若高速设备也有可能设置为 64,或更低的 MaxPackSize 值。再者同样的道理,对于等时端点的 MaxPackSize 字段来说,若设置为 1 024 的数值,表示目前连接上的是一个高速设备。但是,相对的高速设备也有可能设置为 1 024 或更低的 MaxPackSize 值。因此,这种方式并不能绝对保证此设备一定是高速设备。

如果用户曾经编写过固件程序代码,用户可以通过配置描述符或 other_speed_configuration 描述符,利用可选择性的配置字符串索引来添加一些与速度相关的信息。例如,以 Cypress EZ-USB FX2(USB 2.0)的固件范例程序代码 BulkLoop 来说明。以下列出其描述符文件的内容。

```
DSCR_DEVICE          equ   1      ;;Descriptor type: Device
DSCR_CONFIG          equ   2      ;;Descriptor type: Configuration
DSCR_STRING          equ   3      ;;Descriptor type: String
DSCR_INTRFC          equ   4      ;;Descriptor type: Interface
DSCR_ENDPNT          equ   5      ;;Descriptor type: Endpoint
DSCR_DEVQUAL         equ   6      ;;Descriptor type: Device Qualifier

DSCR_DEVICE_LEN      equ   18
DSCR_CONFIG_LEN      equ   9
DSCR_INTRFC_LEN      equ   9
DSCR_ENDPNT_LEN      equ   7
DSCR_DEVQUAL_LEN     equ   10

ET_CONTROL           equ   0      ;;Endpoint type: Control
ET_ISO               equ   1      ;;Endpoint type: Isochronous
ET_BULK              equ   2      ;;Endpoint type: Bulk
ET_INT               equ   3      ;;Endpoint type: Interrupt

public DeviceDscr, DeviceQualDscr, HighSpeedConfigDscr, FullSpeedConfigDscr, StringDscr, UserDscr

DSCR    SEGMENT    CODE PAGE
```

```
;;-----------------------------------------------------------------
;;Global Variables
;;-----------------------------------------------------------------
        rseg DSCR                       ;;locate the descriptor table in on-part memory.

DeviceDscr:
        db      DSCR_DEVICE_LEN         ;;Descriptor length
        db      DSCR_DEVICE             ;;Decriptor type
        dw      0002H                   ;;Specification Version (BCD)
        db      00H                     ;;Device class
        db      00H                     ;;Device sub-class
        db      00H                     ;;Device sub-sub-class
        db      64                      ;;Maximum packet size
        dw      4705H                   ;;Vendor ID
        dw      0210H                   ;;Product ID (Sample Device)
        dw      0000H                   ;;Product version ID
        db      1                       ;;Manufacturer string index
        db      2                       ;;Product string index
        db      0                       ;;Serial number string index
        db      1                       ;;Number of configurations

DeviceQualDscr:
        db      DSCR_DEVQUAL_LEN        ;;Descriptor length
        db      DSCR_DEVQUAL            ;;Decriptor type
        dw      0002H                   ;;Specification Version (BCD)
        db      00H                     ;;Device class
        db      00H                     ;;Device sub-class
        db      00H                     ;;Device sub-sub-class
        db      64                      ;;Maximum packet size
        db      1                       ;;Number of configurations
        db      0                       ;;Reserved

HighSpeedConfigDscr:
        db      DSCR_CONFIG_LEN         ;;Descriptor length
        db      DSCR_CONFIG             ;;Descriptor type
        db      (HighSpeedConfigDscrEnd-HighSpeedConfigDscr) mod 256 ;;Total Length (LSB)
        db      (HighSpeedConfigDscrEnd-HighSpeedConfigDscr) / 256  ;;Total Length (MSB)
        db      1                       ;;Number of interfaces
        db      1                       ;;Configuration number
```

```
        db      0                       ;;Configuration string
        db      10000000b               ;;Attributes (b7-buspwr, b6-selfpwr, b5-rwu)
        db      50                      ;;Power requirement (div 2 ma)

;;Interface Descriptor
        db      DSCR_INTRFC_LEN         ;;Descriptor length
        db      DSCR_INTRFC             ;;Descriptor type
        db      0                       ;;Zero-based index of this interface
        db      0                       ;;Alternate setting
        db      4                       ;;Number of end points
        db      0ffH                    ;;Interface class
        db      00H                     ;;Interface sub class
        db      00H                     ;;Interface sub sub class
        db      0                       ;;Interface descriptor string index

;;Endpoint Descriptor
        db      DSCR_ENDPNT_LEN         ;;Descriptor length
        db      DSCR_ENDPNT             ;;Descriptor type
        db      02H                     ;;Endpoint number, and direction
        db      ET_BULK                 ;;Endpoint type
        db      00H                     ;;Maximun packet size (LSB)
        db      02H                     ;;Max packect size (MSB)
        db      00H                     ;;Polling interval

;;Endpoint Descriptor
        db      DSCR_ENDPNT_LEN         ;;Descriptor length
        db      DSCR_ENDPNT             ;;Descriptor type
        db      04H                     ;;Endpoint number, and direction
        db      ET_BULK                 ;;Endpoint type
        db      00H                     ;;Maximun packet size (LSB)
        db      02H                     ;;Max packect size (MSB)
        db      00H                     ;;Polling interval

;;Endpoint Descriptor
        db      DSCR_ENDPNT_LEN         ;;Descriptor length
        db      DSCR_ENDPNT             ;;Descriptor type
        db      86H                     ;;Endpoint number, and direction
        db      ET_BULK                 ;;Endpoint type
        db      00H                     ;;Maximun packet size (LSB)
```

```
        db      02H                     ;;Max packett size (MSB)
        db      00H                     ;;Polling interval

;;Endpoint Descriptor
        db      DSCR_ENDPNT_LEN         ;;Descriptor length
        db      DSCR_ENDPNT             ;;Descriptor type
        db      88H                     ;;Endpoint number, and direction
        db      ET_BULK                 ;;Endpoint type
        db      00H                     ;;Maximun packet size (LSB)
        db      02H                     ;;Max packett size (MSB)
        db      00H                     ;;Polling interval

HighSpeedConfigDscrEnd:

FullSpeedConfigDscr:
        db      DSCR_CONFIG_LEN         ;;Descriptor length
        db      DSCR_CONFIG             ;;Descriptor type
        db      (FullSpeedConfigDscrEnd-FullSpeedConfigDscr) mod 256 ;;Total Length (LSB)
        db      (FullSpeedConfigDscrEnd-FullSpeedConfigDscr) / 256 ;;Total Length (MSB)
        db      1                       ;;Number of interfaces
        db      1                       ;;Configuration number
        db      0                       ;;Configuration string
        db      10000000b               ;;Attributes (b7-buspwr, b6-selfpwr, b5-rwu)
        db      50                      ;;Power requirement (div 2 ma)

;;Interface Descriptor
        db      DSCR_INTRFC_LEN         ;;Descriptor length
        db      DSCR_INTRFC             ;;Descriptor type
        db      0                       ;;Zero-based index of this interface
        db      0                       ;;Alternate setting
        db      4                       ;;Number of end points
        db      0ffH                    ;;Interface class
        db      00H                     ;;Interface sub class
        db      00H                     ;;Interface sub sub class
        db      0                       ;;Interface descriptor string index

;;Endpoint Descriptor
        db      DSCR_ENDPNT_LEN         ;;Descriptor length
        db      DSCR_ENDPNT             ;;Descriptor type
```

```
            db      02H                     ;;Endpoint number, and direction
            db      ET_BULK                 ;;Endpoint type
            db      40H                     ;;Maximun packet size (LSB)
            db      00H                     ;;Max packect size (MSB)
            db      00H                     ;;Polling interval

;;Endpoint Descriptor
            db      DSCR_ENDPNT_LEN         ;;Descriptor length
            db      DSCR_ENDPNT             ;;Descriptor type
            db      04H                     ;;Endpoint number, and direction
            db      ET_BULK                 ;;Endpoint type
            db      40H                     ;;Maximun packet size (LSB)
            db      00H                     ;;Max packect size (MSB)
            db      00H                     ;;Polling interval

;;Endpoint Descriptor
            db      DSCR_ENDPNT_LEN         ;;Descriptor length
            db      DSCR_ENDPNT             ;;Descriptor type
            db      86H                     ;;Endpoint number, and direction
            db      ET_BULK                 ;;Endpoint type
            db      40H                     ;;Maximun packet size (LSB)
            db      00H                     ;;Max packect size (MSB)
            db      00H                     ;;Polling interval

;;Endpoint Descriptor
            db      DSCR_ENDPNT_LEN         ;;Descriptor length
            db      DSCR_ENDPNT             ;;Descriptor type
            db      88H                     ;;Endpoint number, and direction
            db      ET_BULK                 ;;Endpoint type
            db      40H                     ;;Maximun packet size (LSB)
            db      00H                     ;;Max packect size (MSB)
            db      00H                     ;;Polling interval

FullSpeedConfigDscrEnd:

StringDscr:

StringDscr0:
            db      StringDscr0End-StringDscr0  ;;String descriptor length
```

```
        db      DSCR_STRING
        db      09H,04H
StringDscr0End:

StringDscr1:
        db      StringDscr1End-StringDscr1;String descriptor length
        db      DSCR_STRING
        db      'C',00
        db      'y',00
        db      'p',00
        db      'r',00
        db      'e',00
        db      's',00
        db      's',00
StringDscr1End:

StringDscr2:
        db      StringDscr2End-StringDscr2;Descriptor length
        db      DSCR_STRING
        db      'E',00
        db      'Z',00
        db      '—',00
        db      'U',00
        db      'S',00
        db      'B',00
        db      ' ',00
        db      'F',00
        db      'X',00
        db      '2',00
StringDscr2End:

UserDscr:
        dw      0000H
        end
```

从这个程序范例码中观察到，可以把描述符分成：HighSpeedConfigDscr 与 Full-SpeedConfigDscr 两组，分别设置高速与全速的各种描述符。其中，设备描述符的 bcd-Device 字段设置成：dw 0002H 方式(因为是 little endian)，用来表示高速设备。

5.3 USB 设备群组

在稍前所叙述的 USB 设备描述符的"设备群组"字段以及"设备次群组"字段中,定义了设备群组。那什么是设备群组呢? 在 USB 的文件中,定义了将某种相同属性的设备整合在一起的群体,称之为群组(class)。而将这些相同属性的设备组合在一起的优点是,可以同时开发该群组以 PC 主机为主的驱动程序。

例如,鼠标是属于人工接口设备的一种,其群组驱动程序已包含在操作系统下。如果鼠标也遵循了设备群组规范,那么鼠标的制造商在出售时,根本就无须另外再附一套驱动程序。也就是可以直接使用 Windows 98 SE 或 Windows 2000 所内建的人工接口设备的驱动程序。这样,硬件的制造商只须专心开发其硬件电路即可。相对的,倘若该设备并不符合人工接口设备群组,就必须使用含有 Win32 API 调用的 VB、C++或 Delphi 等高级程序,另外再编写其驱动程序。

以下列出 USB 规范中所定义的群组。

- Audio:如喇叭等音频设备。
- Communication:如调制解调器等通信设备。
- Display:如显示器等设备。
- Human Interface:包含了鼠标、键盘与摇杆等人工接口设备。
- Mass Storage:如软、硬盘等存储设备。
- Image:如扫描仪或数码摄影机。
- Printer:如打印机等打印设备。
- Power:如 UPS 等电源设备。
- Physical Interface:如动力响应式游戏摇杆等物理响应设备。

而相对的类别常数,列在表 5.5 中。

表 5.5 各种群组的范例与类别常数

设备类别	范 例	类型常数
音频	Speakers	USB_DEVICE_CLAS_AUDIO
通信	Modem	USB_DEVICE_CLASS_COMMNICTIONS
HID	Keyboard, Mouse	USB_DEVICE_CLASS_HUMAN_INTERFACE
监视器	Monitor	USB_DEVICE_CLASS_MONITOR
物理响应设备	动力摇杆	USB_DEVICE_CLASS_PHYSICAL_INTERFACE
电源	UPS	USB_DEVICE_CLASS_POWER
打印机		USB_DEVICE_CLASS_PRINTER
大量存储设备	Hard drive	USB_DEVICE_CLASS_STORAGE
集线器		USB_DEVICE_CLASS_HUB

这些类别常数是编写驱动程序所加以定义的。

在所有的群组中,最常使用的就是 Human Interface Device,即人工接口设备(简称 HID)群组。而关于 HID 群组的应用与特性将于稍后的章节中,详细地加以介绍。此外,在表 5.6 中,分别列出了各个群组规范所设置的设备群组码与接口群组码。这些值分别设置于稍前所叙述的设备描述符与接口描述符中。

而之所以那么繁琐地设置各种设备群组码与接口群组码的原因,在于 USB 是一种正如其名的通用串行总线。因此,为了与各种设备连接在一起,就必须加以分类。因此所有的 USB 设备除了必须符合稍前所描述的 USB 规范外,群组中所自定义的设备,也必须符合该群组的特性与规范。(不然,怎能称之为群组呢?)更进一步地说,用户不可能设计或自创一种不在表 5.6 所列的 USB 设备或操作系统不曾认可的设备。而这也是用户在设计 USB 外围设备的困难之处。因此,在稍后的章节中,将会探讨设备与驱动程序部分,了解各设备与驱动程序相关联之处。

表 5.6　设备群组码与接口群组码

规　范	设备群组码	接口群组码	规　范	设备群组码	接口群组码
应用规范*	—	0xFE	Mass Storage	0x00	0x08
Audio	0x00	0x01	Monitor	同 HID	同 HID
Communication	0x02	—	Power	同 HID	同 HID
HID	0x00	0x03	Physical	—	0x06
HUB	0x09	0x09	Printer	—	0x07
Firmware Upgrade	—	0x0C	制造商规范	—	0xFF

* 指的是 IrDA/USB Bridge,而其次群组码是 0x01。

5.4　设备列举的步骤

设备列举是一种总线上的配置过程,且在 USB 设备被插拔进出后或总线起始时,就会被加以执行。整个 USB 设备列举的基本架构如图 5.26 所示。

整个设备列举的可分为下列的步骤。

① 设备插入 PC 主机的根集线器或 USB 集线器的接口端。

② 集线器不断地查询接口的状态,一旦检测到电位的改变后,Hub 就会通知主机。

③ 紧接着,主机就会询问端口状态的改变。

④ 主机确认端口的改变,并且针对这个接口重置命令。

⑤ 现在,主机即位于接上电源的状态,并且以预设的地址响应这个新接上的设备。

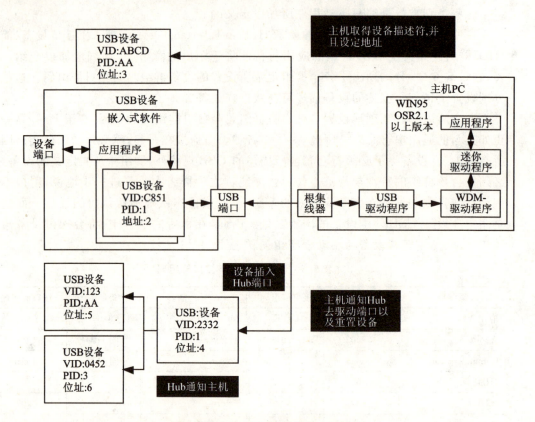

图 5.26　USB 设备列举的基本示意图

⑥ 主机针对端点 0，取回设备描述符，并且决定最大的封包大小。当然，同时也取出此设备的 PID/VID 码，以确认此设备是何种驱动程序。

⑦ 主机配附一个单独的地址给 USB 设备。

⑧ 主机取回配置描述符。此时，主机可以根据可使用的电源与带宽，给予设备配置的方式。这样，设备就有了设计的电源与带宽（中断查询间隔）。

⑨ 现在，设备已设置好地址与配置完毕，可以准备使用了。

若以 USB 通信协议的观点来看，设备列举可划分为下列数个步骤。

① 主机送出 SETUP 令牌封包以及其后所跟随的 DATA 封包至地址 0（DATA 封包内放置取得设备描述符的标准要求），用来取得设备描述符。

② USB 微控制器将此标准要求译码，并且从它的程序内存（ROM 表）中取出设备描述符。

③ 主机执行控制读取的传输序列，此时，USB 微控制器将会通过 USB 总线送出设备描述符并做出相对应的动作。

④ 在收到设备描述符后,主机会送出 SETUP 令牌封包以及其后所跟随的 DATA 封包至地址 0(DATA 封包内放置设置设备地址的标准要求),以设置一个新的 USB 地址至设备上。

⑤ USB 微控制器在完成"无数据"控制传输后,将会存储新的地址于它的设备地址的缓存器内。

⑥ 主机设置一个新的 USB 地址给设备,并针对设备描述符送出一个要求。

⑦ USB 微控制器将此要求译码,并且从程序内存(ROM 表)中取出设备描述符。

⑧ 主机执行控制读取的序列,此时,USB 微控制器将会以 USB 总线送出设备描述符并做出相对应的动作。

⑨ 主机对 USB 微控制器产生控制读取的序列,以读取设备的配置与各种描述符。

⑩ USB 微控制器从它的程序内存(ROM 表)中取出相对的配置与各种描述符,并且通过 USB 总线将数据传回至主机。

⑪ 当主机收到所有的描述符后,就完成了设备列举的步骤。

此外,若以 I/O 设备所须负责的工作来看,基本上可以分为几个重要的不同状态:脱离、连接、供给电源等。如图 5.27 所示,显示了一个外围 I/O 设备所需的状态流程图。

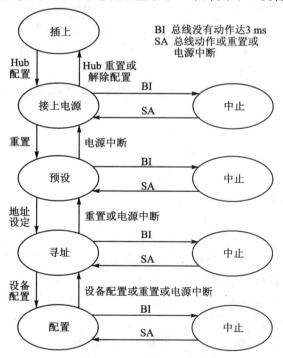

图 5.27 外围 I/O 设备所需的状态流程图

从图中,可以发现到整个外围 I/O 的动作状态。而在第 2 章已介绍过各种总线的状态。因此,在此也应用这些总线的状态来说明一个外围 I/O 所需的各种状态。其中,可以发现正常的流程是,连接 USB 设备,供应电源,预设设备,设置地址以及配置等动作。这也符合上述所介绍的设备列举的步骤。但是,若此时总线检测到没有任何 USB 动作超过 3 ms,那么设备就会切入低功率的中止(suspend)状态。此时,设备不能从总线中使用超过 500 μA(平均值)的电源。这个 3 ms 时间内没有总线动作是意味着,PC 主机停止送出 SOF 封包。而这有可能是 PC 主机已经关掉电源。若其中回复至总线上的动作被激活后,将会导致 I/O 设备从中止状态跳至下一个动作状态中。

以上的步骤看似非常的复杂,但用户可以通过稍后章节所要介绍的工具来加以了解。

5.5 设备列举步骤的实现——使用 CATC 分析工具

一般用户在设计 USB 设备时,有时为了能了解 USB 的通信格式以及侦错,就必须使用特殊的分析仪器——USB 总线分析仪。其中,最普遍被采用的是由 CATC 公司生产的产品。用户可至相关的网站 http://www.catc.com 查询相关的细节。

为了进一步了解设备列举在实际的总线上是如何的运作,本书采用 CATC 所提供的操作软件中的范例程序 HID.USB,来与以下所列的设备列举的数个步骤相互结合探讨,以助于用户的了解。

除了上述严谨的 11 个设备列举的步骤外,还可将相关的步骤简化为下列的 5 个步骤。

① 使用预设的地址 0 取得设备描述符。
② 设置设备的新地址。
③ 使用新地址取得设备描述符。
④ 取得配置描述符。
⑤ 设置配置描述符。

前面有提及过,设备列举是通过一连串介于主机与设备之间的控制传输来辨识并配置一个刚接上的 USB 设备的程序。因此,以下将配合第 4 章的标准要求的规范表来说明如何运用控制传输来执行设备列举的工作。

但要在了解设备列举的各个步骤实现之前,用户必须同时比对表 4.3 与表 4.4 的标准要求的数据格式。

首先,将标准要求的数据格式的前 2 个字段 bmRequest 类型与 bRequest 依序相对地找出来。例如,由设备传回主机以取得设备描述符,所以第 1 字段是 0x80,然后依序再找到第 2 字段是 Get_Descriptor,0x06。这样,即完成标准要求的首要工作。而后,再依序填入标准要求的其余数据。

而上述的 5 个步骤必须符合控制传输的基本架构,若用户没忘记,其中包含了控制读取、控制写入与无数据控制。再者,一个控制传输又可再划分为设置层、数据层与状态层。若将这些基本的特性放入设备列举的 5 个步骤中时,可将这 5 个步骤的控制类型分类为:

① 使用预设的地址 0 取得设备描述符→控制读取。

② 设置设备的新地址→无数据控制。

③ 使用新地址取得设备描述符→控制读取。

④ 取得配置描述符→控制读取。

⑤ 设置配置描述符→无数据控制。

其中,第②与第⑤个步骤,由于只须设置标准要求命令即可,而无须写入或读取数据。

以下的各个步骤将根据此原则来说明设备列举的步骤,并以 CATA USB Trace Viewer 执行程序来加以说明。在执行程序中,以 HID.USB 范例程序来作为设备列举的范例,让用户能深入地了解设备列举实际运作的情形。虽然此范例原本是检测人工接口设备的,但在此,却是很好的应用范例。如图 5.28 所示,显示了一执行 CATA USB Trace Viewer 应用程序后,开启 HID.USB 范例程序所产生的画面。

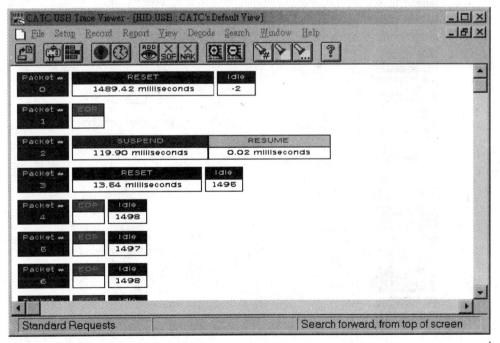

图 5.28　CATA USB Trace Viewer 应用程序执行 HID.USB 范例程序的画面

其中,最左边显示的是主机与设备之间执行 USB 传输的封包编号。用户可以通过在这个 HID. USB 范例程序中所列出的各个封包字段值,清楚地了解每一次执行控制传输的执行过程。以下,依序介绍位于这个范例程序内的控制传输的执行过程,并与下列的步骤整合地加以探讨。

1. 步骤一:使用预设地址 0 取得设备描述符

在这个步骤中,USB 主机将会送出控制要求(端点 0)给设备地址 0(ADDR 字段为 0x00),使其从设备中取得设备描述符的前 8 字节。而这个要求的程序必须符合控制传输(控制读取)的协议。在图 5.29 中,列出了在控制要求中,USB 总线如何依序执行它的工作。

Packet #	Sync	SETUP	ADDR	ENDP	CRC5	Idle
19	00000001	0xB4	0x00	0x0	0x08	5

Packet #	Sync	DATA0	DATA	CRC16	Idle
20	00000001	0xC3	80 06 00 01 00 00 40 00	0xBB29	3

Packet #	Sync	ACK	Idle
21	00000001	0x4B	1335

Packet #	EOP	Idle
22		4

Packet #	Sync	IN	ADDR	ENDP	CRC5	Idle
23	00000001	0x96	0x00	0x0	0x08	5

Packet #	Sync	NAK	Idle
24	00000001	0x5A	1438

Packet #	EOP	Idle
25		4

Packet #	Sync	IN	ADDR	ENDP	CRC5	Idle
26	00000001	0x96	0x00	0x0	0x08	5

Packet #	Sync	DATA1	DATA	CRC16	Idle
27	00000001	0xD2	12 01 00 01 00 00 00 08	0xC8E7	8

Packet #	Sync	ACK	Idle
28	00000001	0x4B	1332

Packet #	EOP	Idle
29		1498

Packet #	EOP	Idle
30		4

Packet #	Sync	OUT	ADDR	ENDP	CRC5	Idle
31	00000001	0x96	0x00	0x0	0x08	5

Packet #	Sync	DATA1	DATA	CRC16	Idle
32	00000001	0xD2		0x0000	4

Packet #	Sync	ACK	Idle
33	00000001	0x4B	1398

图 5.29　设备列举的第一个步骤的执行范例

图 5.29 实现了一个完整的控制传输(控制读取)。而用户该如何来观察与分析这一个完整的控制传输呢?

(1) 控制传输的三个层

将一个完整的控制传输依照第 2 章所描述的,先将其分为 3 个层:
- 设置层:Packet 19~21,其令牌封包为 SETUP。
- 数据层:Packet 26~28,其令牌封包为 IN。
- 状态层:Packet 31~33,其令牌封包为 OUT。

由上述的 3 个层的令牌封包可知,此控制传输为控制读取。用户可参考图 4.5。而其余的封包:Pack 22、Pack 25 与 Pack 29~30 则表示总线正在闲置中。

(2) 以控制传输的设置层找出标准要求的命令格式

由于执行的是一个控制传输,因此主机一定会送出一个标准要求的命令格式。而在这个步骤中,就是要找出相关的标准要求。根据表 4.3 与表 4.4 所列的标准要求,可以发现取得描述符的标准要求(GET_DESCRIPTOR)的前 2 个字节 bmRequestType 与 bRequest 分别是 80 与 06。本书以下列的简易表与 Pack 20 内的数据域位来对比并加以说明。其中的第 3 个字段,wValue 是 00 01。根据表 2.4,在此所要取得的是设备描述符。此外,第 5 个字段,wLength 却设为 40 00。但是,对前一章有稍微了解的用户,或许会有个疑问:设备描述符的长度不是只有 18 字节吗?为何会设成 64 字节呢?

这是因为用户以预设的地址 0(ENDP 字段为 0)来取得的设备描述符时,不管设多少的字节,最多也仅是取其前 8 个字节而已。换句话说,在控制传输的数据层次仅有一次而已(Packet 26~28)。但是,如果用户以新的地址(ADDR 字段不为 0)来取得设备描述符时,这个字段值 wLength 就须格外的注意了。稍后,可以在设备列举的第三个步骤中,得到验证。

项 目	要求类型 (1 B) bmRequestType	要 求 (1 B) bRequest	数 值 (2 B) wValue	指 针 (2 B) wIndex	长 度 (2 B) wLength	附 注
表 4.4	80h	GET_DESCRIPTOR(06h)	描述符类型与描述符指针	0000h 或语言 ID	描述符长度	取得设备描述符
Packet 20	80h	06h	00 01	00 00	40 00	相对封包为 Packet 20

最后,就将这些字段值放入数据封包 DATA 数据域的数据格式内(Packet 20)。

(3) 以控制传输的数据层取得设备描述符

通过这个数据层,可以达到此次标准要求的主要目的,就是设备描述符。在控制传输的数据层中(Pack 26~28)的数据封包的数据域位,放置了设备的设备描述符的前 8 个字节。当然,此次封包是由设备所发出并传至主机的。

8051 单片机 USB 接口 Visual Basic 程序设计

（4）以控制传输的状态层完成这个标准要求

最后，以无数据的数据封包（Pack 32）来说明已经完成了这个标准要求了。

如图 5.29 的图标与程序，可以推至步骤二至步骤五。

2. 步骤二：设置设备的新地址

在这个步骤中，主机送出设置地址（set address）的标准要求给刚连接上的设备一个新的地址。而这个标准要求须遵守控制传输（无数据控制）的协议。在图 5.30 中，显示了在控制要求中，USB 总线如何依序执行它的工作。因此，只包含两个层。

Packet #	Sync	SETUP	ADDR	ENDP	CRC5	Idle
36	00000001	0xB4	0x00	0x0	0x08	5

Packet #	Sync	DATA0	DATA		CRC16	Idle
37	00000001	0xC2	00 05 02 00 00 00 00 00		0xD768	3

Packet #	Sync	ACK	Idle
38	00000001	0x4B	1335

Packet #	EOP	Idle
39		4

Packet #	Sync	IN	ADDR	ENDP	CRC5	Idle
40	00000001	0x96	0x00	0x0	0x08	5

Packet #	Sync	DATA1	DATA	CRC16	Idle
41	00000001	0xD2	0x0000		9

Packet #	Sync	ACK	Idle
42	00000001	0x4B	1396

图 5.30　设置地址（Set_Address）的要求

- 设置层：Packet 36～38，其令牌封包为 SETUP。
- 状态层：Packet 40～42，其令牌封包为 IN。

而根据前一个步骤的说明与剖析，用户一开始就须找到标准要求的命令格式。根据表 4.3 与表 4.4 所列的标准要求，可以发现取得描述符的标准要求（SET_ADDRESS）的前 2 个字节 bmRequestType 与 bRequest 分别是 00 与 05。在此以下列的简易表与 Packetet 27 内的数据域位来对比并加以说明。其中的第 3 个字段 wValue 是 02 00，代表了主机设置此设备的新地址是 0x02。

项目	要求类型 (1 B)bmRequestType	要求 (1 B)bRequest	数值 (2 B)wValue	指针 (2 B)wIndex	长度 (2 B)wLength	附注
表 4.4	00h	SET_ADDRESS (05h)	设备地址	0000h	0000h	决定新地址
Packetet 27	00h	05h	02 00	00 00	00 00	相对封包为 Packet 27

最后，也以控制传输的状态层来完成这个标准要求，也即是以无数据的数据封包

(Packet 41)来说明已经完成了这个标准设备要求。

3. 步骤三：使用新的地址取得设备描述符

USB 主机送出了标准要求来取得完整的设备描述符。但是此时，它必须对此设备使用其所给予的新地址。而再一次地，同第一个步骤，这个控制要求须遵循控制传输（控制读取）的协议。图 5.31 也实现了一个完整的控制传输（控制读取）。ADDR 字段显示了新的地址 0x02。以下，再一次地来剖析这一个完整的控制传输。

（1）将一个完整的控制传输分为 3 个层
- 设置层：Packet 63～65，其令牌封包为 SETUP。
- 数据层：Packet 70～72，Packet 77～79，与 Packet 81～83，其令牌封包为 IN。
- 状态层：Packet 85～87，其令牌封包为 OUT。

由上述 3 个层的令牌封包可知，此控制传输为控制读取。而其余的封包：如 Packet 66、Packet 69 与 Packet 80 等封包则表示总线正处闲置中。此外，如 Packet 67～68 则表示设备没有正确地接收到主机所发出的 IN 令牌封包，而以错误信息的 NAK 握手封包来响应 Packet 73～76。

（2）以控制传输的设置层找出标准要求的命令格式

与第一个步骤相同，在此不再多加介绍。这个标准要求一样是取得描述符的标准要求。因此，最后就将这些标准要求的数据格式 80 06 00 01 00 00 12 00，放入数据封包的 DATA 数据域内（Packet 64）。但在此，可以看到其设备描述符的总长度为 0x12，也即是一个完整的设备描述符的总长度为 18 个字节。

（3）以控制传输的数据层取得完整的设备描述符

同样的，通过这个数据层，可以达成此次标准要求的主要目的，就是完整的设备描述符。由于，设备描述符是 18 字节，因此，必须分 3 次，以 8 个、8 个和 2 个字节来采集设备描述符。在图 5.32 中，将 3 个数据封包（Packet 71、Packet 78 与 Packet 82）的数据域内的设备描述符依序列出来，方便用户对照。而其中，用户是否发现，这 3 种数据封包（DATA 1、DATA 0 与 DATA 1）以 Data Toggle 切换的方式依序地切换。

（4）以控制传输的状态层完成这个标准要求

最后，以无数据的数据封包（Packet 86）来说明已经完成了这个标准要求。

4. 步骤四：取得配置描述符的要求

在这个步骤中，主机将会送出控制要求以取得设备的配置描述符。同样地，这个要求也必须遵循控制传输（控制读取）的协议。而这个要求中，需要设备针对这个要求的响应，送出下列 4 种类型的描述符。

- 配置描述符。
- 接口描述符（可能超过一个）。
- 群组描述符（如果有）。

Packet # 63	Sync 00000001	SETUP 0xB4	ADDR 0x02	ENDP 0x0	CRC5 0x15	Idle 5	
Packet # 64	Sync 00000001	DATA0 0xC3	DATA 80 06 00 01 00 00 12 00			CRC16 0x072F	Idle 4
Packet # 65	Sync 00000001	ACK 0x4B	Idle 1334				
Packet # 66	EOP	Idle 5					
Packet # 67	Sync 00000001	IN 0x96	ADDR 0x02	ENDP 0x0	CRC5 0x15	Idle 4	
Packet # 68	Sync 00000001	NAK 0x5A	Idle 1437				
Packet # 69	EOP	Idle 6					
Packet # 70	Sync 00000001	IN 0x96	ADDR 0x02	ENDP 0x0	CRC5 0x15	Idle 4	
Packet # 71	Sync 0000001	DATA1 0xD2	DATA 12 01 00 01 00 00 00 08			CRC16 0xC8E7	Idle 8
Packet # 72	Sync 00000001	ACK 0x4B	Idle 1331				
⋮							
Packet # 77	Sync 00000001	IN 0x96	ADDR 0x02	ENDP 0x0	CRC5 0x15	Idle 3	
Packet # 78	Sync 00000001	DATA0 0xC3	DATA 6D 04 00 01 46 00 00 00			CRC16 0xA8B0	Idle 8
Packet # 79	Sync 00000001	ACK 0x4B	Idle 1332				
Packet # 80	EOP	Idle 6					
Packet # 81	Sync 0000001	IN 0x96	ADDR 0x02	ENDP 0x0	CRC5 0x15	Idle 3	
Packet # 82	Syno 00000001	DATA1 0xD2	DATA 00 01	CRC16 0xFCF1	Idle 8		
Packet # 83	Sync 00000001	ACK 0x4B	Idle 1379				
⋮							
Packet # 85	Sync 00000001	IN 0x87	ADDR 0x02	ENDP 0x0	CRC5 0x15	Idle 5	
Packet # 86	Sync 00000001	DATA1 0xD2	DATA	CRC16 0x0000	Idle 3		
Packet # 87	Sync 00000001	ACK 0x4B	Idle 1399				

图 5.31　取得设备描述符(Get_Descriptor)的要求(以新的地址)

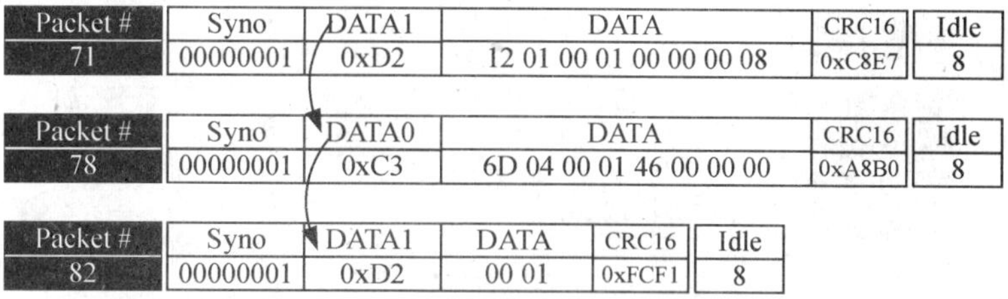

Packet #	Sync		DATA1	DATA	CRC16	Idle
71	00000001		0xD2	12 01 00 01 00 00 00 08	0xC8E7	8

Packet #	Sync		DATA0	DATA	CRC16	Idle
78	00000001		0xC3	6D 04 00 01 46 00 00 00	0xA8B0	8

Packet #	Sync		DATA1	DATA	CRC16	Idle
82	00000001		0xD2	00 01	0xFCF1	8

图 5.32 Data Toggle 的切换

- 端点描述符（可能超过一个）。

如果设备描述符中设计了多重配置，主机就会对此配置描述符送出多个要求。而其中，每个配置描述符设计了主机所能够使能的接口配置与端点的配置。同第一个步骤，这个控制要求须遵循控制传输（控制读取）的协议。如图 5.33 中，也实现了一个完整的控制传输（控制读取）。以下，再一次地来剖析这一个完整的控制传输。

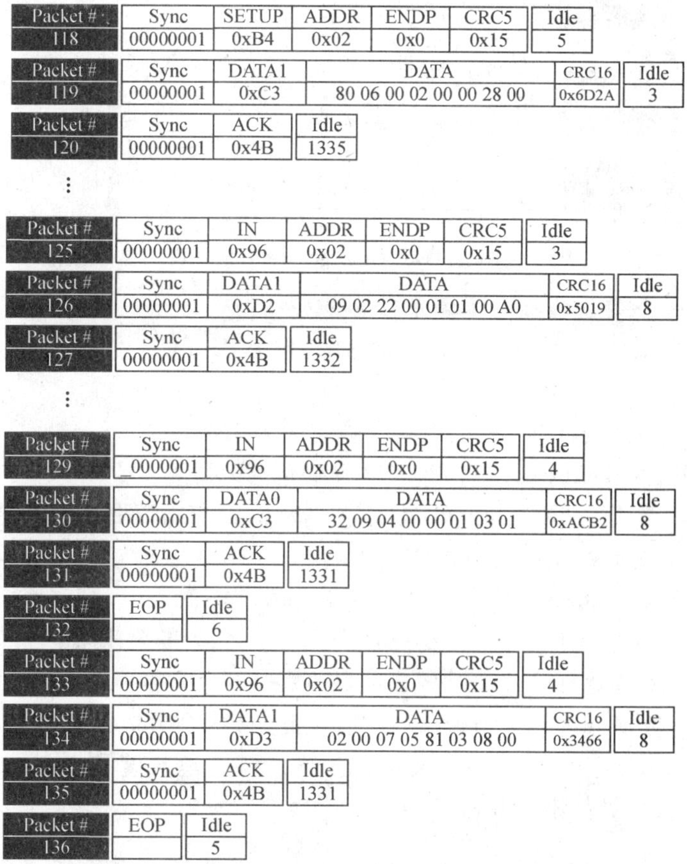

Packet #	Sync	SETUP	ADDR	ENDP	CRC5	Idle
118	00000001	0xB4	0x02	0x0	0x15	5

Packet #	Sync	DATA1	DATA	CRC16	Idle
119	00000001	0xC3	80 06 00 02 00 00 28 00	0x6D2A	3

Packet #	Sync	ACK	Idle
120	00000001	0x4B	1335

⋮

Packet #	Sync	IN	ADDR	ENDP	CRC5	Idle
125	00000001	0x96	0x02	0x0	0x15	3

Packet #	Sync	DATA1	DATA	CRC16	Idle
126	00000001	0xD2	09 02 22 00 01 01 00 A0	0x5019	8

Packet #	Sync	ACK	Idle
127	00000001	0x4B	1332

⋮

Packet #	Sync	IN	ADDR	ENDP	CRC5	Idle
129	00000001	0x96	0x02	0x0	0x15	4

Packet #	Sync	DATA0	DATA	CRC16	Idle
130	00000001	0xC3	32 09 04 00 00 01 03 01	0xACB2	8

Packet #	Sync	ACK	Idle
131	00000001	0x4B	1331

Packet #	EOP	Idle
132		6

Packet #	Sync	IN	ADDR	ENDP	CRC5	Idle
133	00000001	0x96	0x02	0x0	0x15	4

Packet #	Sync	DATA1	DATA	CRC16	Idle
134	00000001	0xD3	02 00 07 05 81 03 08 00	0x3466	8

Packet #	Sync	ACK	Idle
135	00000001	0x4B	1331

Packet #	EOP	Idle
136		5

图 5.33 取得配置（Get_Configuration）描述符的要求

Packet # 137	Sync 00000001	IN 0x96	ADDR 0x02	ENDP 0x0	CRC5 0x15	Idle 4
Packet # 138	Sync 00000001	DATA1 0xC3	DATA 0A 09 01 00 01 00 01 02		CRC16 0x64EF	
Packet # 139	Sync 00000001	ACK 0x4B	Idle 1332			
...						
Packet # 141	Sync 00000001	IN 0x96	ADDR 0x02	ENDP 0x0	CRC5 0x15	Idle 3
Packet # 142	Sync 00000001	DATA1 0xD2	DATA 32 00	CRC16 0xD7F4	Idle 9	
Packet # 143	Sync 00000001	ACK 0x4B	Idle 1379			
Packet # 144	EOP	Idle 1498				
Packet # 145	EOP	Idle 4				
Packet # 146	Sync 00000001	OUT 0x87	ADDR 0x02	ENDP 0x0	CRC5 0x15	Idle 5
Packet # 147	Sync 00000001	DATA1 0xD2	DATA	CRC16 0x0000	Idle 3	
Packet # 148	Sync 00000001	ACK 0x4B	Idle 1399			

图 5.33 取得配置(Get_Configuration)描述符的要求(续)

(1) 将一个完整的控制传输分为 3 个层
- 设置层:Packet 118~120,其令牌封包为 SETUP。
- 数据层:Packet 125~127,Packet 129~131,Packet 133~135,Packet 137~139,与 Packet 141~143,其令牌封包为 IN。
- 状态层:Packet 146~148,其令牌封包为 OUT。

由上述 3 个层的令牌封包可知,此控制传输为控制读取。而其余的封包:如 Packet 132 等封包则表示总线正处闲置中。

(2) 以控制传输的设置层找出标准要求的命令格式

与第一个步骤相同,在此不再多加介绍。这个标准要求一样是取得描述符的标准要求。因此,最后就将这些标准要求的数据格式 80 06 00 02 00 00 28 00,放入数据封包的 DATA 数据域内(Packet 119)。但在此,有两个数值需要特别注意:一个是配置描述符类型 0x02;另一个则是所要取得的描述符的总长度是 0x28,也即是包含了数个完整的描述符。见如下简易表的说明。

项 目	要求类型 (1 B)bmRequestType	要 求 (1 B)bRequest	数 值 (2 B)wValue	指 针 (2 B)wIndex	长 度 (2 B)wLength	附 注
表4.4	80h	GET_DESCRIPTOR(06H)	描述符类型与描述符指针	0000h 或语言ID	描述符长度	取得配置
Packet 119	80	06	00 02	00 00	28 00	相对封包为Packet 119

（3）以控制传输的数据层取得完整的配置描述符

同样的，通过这个数据层，可以达成此次标准要求的主要目的，就是完整的配置描述符。由于，这个标准要求同时取得4种描述符：配置描述符、接口描述符、群组描述符与端点描述符，且总共是34字节，因此，必须分5次，每次最多以8个字节来采集设备描述符。

因此，图5.34中的数数据封包(Packet 126、Packet 130、Packet 134、Packet 138与Packet 143)的数据域内依序列出各种描述符。其中，用户是否发现，这3种数据封包(DATA1、DATA0、DATA1、DATA0 与 DATA1)以 Data Toggle 切换的方式依序切换。当然，在其中也包含了以下4种描述符。

- 配置描述符：09 02 22 00 01 01 00 A0 32。
- 接口描述符：09 04 00 00 01 03 0102 00。
- 群组描述符：07 05 81 03 08 00 0A。
- 端点描述符：09 01 00 01 00 01 02 32 00。

这些描述符数值的定义可以对比第2章各描述符的内容。

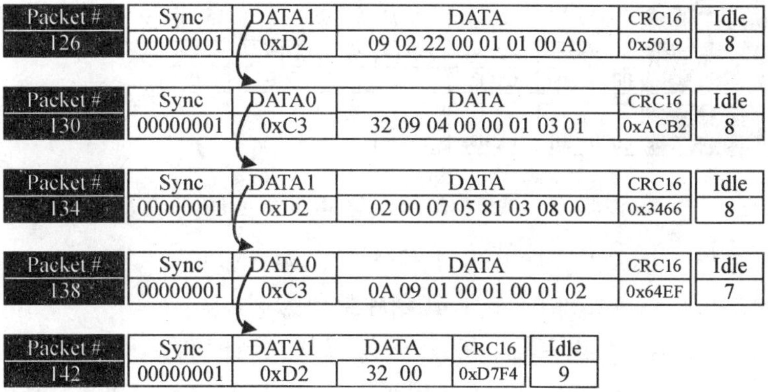

Packet # 126	Sync 00000001	DATA1 0xD2	DATA 09 02 22 00 01 01 00 A0	CRC16 0x5019	Idle 8
Packet # 130	Sync 00000001	DATA0 0xC3	DATA 32 09 04 00 00 01 03 01	CRC16 0xACB2	Idle 8
Packet # 134	Sync 00000001	DATA1 0xD2	DATA 02 00 07 05 81 03 08 00	CRC16 0x3466	Idle 8
Packet # 138	Sync 00000001	DATA0 0xC3	DATA 0A 09 01 00 01 00 01 02	CRC16 0x64EF	Idle 7
Packet # 142	Sync 00000001	DATA1 0xD2	DATA 32 00	CRC16 0xD7F4	Idle 9

图 5.34　Data Toggle 的切换

（4）以控制传输的状态层完成这个标准要求

最后,通过 Packet 146～148 的控制传输的状态层,并以无数据的数据封包(Packet 147)来说明已经完成了这个标准要求。

5. 步骤五:设置配置

USB 主机针对之前的要求所定义的配置选择了其中之一的配置。在此时,设备处于被配置的状态,而且对被选择到的配置,其所定义的端点也同样被使能。相对的,主机也经过选择配置 0,使得设备进入未配置的状态,而其中所有的端点(除了控制端点外)也都会被除能。

而这个标准要求须遵守控制传输(无数据控制)的协议。图 5.35 显示了在控制要求中,USB 总线如何依序执行它的工作。因此,只包含两个层。

Packet # 194	Sync 00000001	SETUP 0xB4	ADDR 0x02	ENDP 0x0	CRC5 0x15	Idle 5	
Packet # 195	Sync 00000001	DATA0 0xC3	DATA 00 09 01 00 00 00 00 00			CRC16 0xE4A4	Idle 3
Packet # 196	Sync 00000001	ACK 0x4B	Idle 1335				
Packet # 197	EOP	Idle 4					
Packet # 198	Sync 00000001	IN 0x96	ADDR 0x02	ENDP 0x0	CRC5 0x15	Idle 3	
Packet # 199	Sync 00000001	NAK 0x5A	Idle 1438				
Packet # 200	EOP	Idle 4					
Packet # 201	Sync 00000001	IN 0x96	ADDR 0x02	ENDP 0x0	CRC5 0x15	Idle 3	
Packet # 202	Sync 00000001	DATA1 0xD2	DATA	CRC16 0x0000	Idle 8		
Packet # 203	Sync 00000001	ACK 0x4B	Idle 1396				

图 5.35 设置配置(Set_Configuration)的要求

- 设置层:Packet 194～196,其令牌封包为 SETUP。
- 状态层:Packet 201～203,其令牌封包为 IN。

根据前一个步骤的说明与分析,一开始就须找到标准要求的命令格式。根据表 5.3 与表 5.4 所列的标准要求,可以发现取得描述符的标准要求(SET_CONFIGURATION)的前 2 个字节 bmRequestType 与 bRequest 分别是 00 与 09。在此以下列的简易表与 Packet 195 内的数据域位来对比并加以说明。其中的第 3 个字段 wValue 是 01 00,代表了主机设置此设备的是第一种配置方式。

项　目	要求类型 (1 B)bmRequestType	要　求 (1 B)bRequest	数　值 (2 B)wValue	指　针 (2 B)wIndex	长　度 (2 B)wLength	附　注
表 4.4	00h	SET_CONFIGU-RATION(09h)	设置值	0000h	0000h	设置配置
Packet 195	00h	09h	01 00	00 00	00 00	相对封包为 Packet 195

最后,也以控制传输的状态层来完成这个标准要求,也即是以无数据的数据封包(Packet 202)来说明已经完成了这个标准要求。

5.6　结　论

当主机与设备之间完成设备列举的步骤后,外围设备即可与主机进行数据传送与接收的工作。当然,这么繁琐的工作,若要一一地通过固件来加以实现,是相当的困难。因此,在各种 USB 控制器的研发中,包括 CY7C63XX 系列与 EZ-USB FX 的固件函数库中,已经将这一部分的程序包含在函数库中。也即是,用户在编写程序代码时,无须更改或重新再编写这一部分的程序了。

总而言之,设备列举的步骤就是 Windows 须要去列举设备所须执行的一连串动作。

① 编写主机要列举所需的固件程序代码至单片机中。当然用户可以根据所需的单片机类型而有所不同,但基本上这些都具备了能够执行标准要求或传送一系列描述符的能力。甚至,有些厂商也提供了基本的程序范例来加以应用。

② 开启或取得一个 INF 安装信息文件,使得当 Windows 在列举时,即可辨识此设备。这种 INF 安装信息文件是一种文字文件,用户可以通过任何的文字编辑器来加以编辑。在这种文件内设备所使用的驱动程序,基本上是单片机的描述符所支持的任何通用型的驱动程序。而单片机的制造商通常会提供简易的 INF 文件。如果用户的设备使用了由 Windows 所支持的群组之一的驱动程序,就能够使用由 Windows 所涵盖的 INF 文件。

③ 除了上述的动作外,如果有需要,用户必须设计并构建出连接单片机的外围电路,以进行 USB 传输。但就这一部分来说,用户可以使用制造商所提供的电路板来加以设计与开发。本书就是采用 USB 实验的电路板而省略这个步骤。

④ 将程序代码加载到设备中,并且插拔这个设备到主机的总线。此时,Windows 会列举这个设备,并且将此增加至设备管理器控制平台中,以及正确地辨识此

设备。

⑤ 如果需要,就加以侦错并且重复这个步骤。

5.7 问题与讨论

1. 在你的计算机系统中是否已具有安装过的 USB 外围设备呢？其 VID 与 PID 码各是什么呢？
2. 以你的观点解释设备列举的含义。
3. 设备列举的步骤是什么？
4. 开启 CATA USB Trace Vieuer 应用程序,执行 HID.USB 范例程序,请列出设备列举的第 1 个步骤,使用预设的地址取得设备描述符的 Packet 数目,并一一列出 3 个层。
5. 同上题,请列出设备列举的第 2 个步骤,设置设备的新地址。
6. 同第 4 题,请列出设备列举的第 3 个步骤,使用新地址,取得设备描述符。
7. 同第 4 题,请列出设备列举的第 4 个步骤,使用新地址,取得配置描述符。
8. 同第 4 题,请列出设备列举的第 5 个步骤,使用新地址,设置配置。

第 6 章

USB 芯片介绍

本章将介绍各种 USB 芯片的类别与特性。这是因为要设计一个 USB I/O 外围设备,一定要选择一颗最适当的 USB 芯片来设计与开发 USB 的设备端。当然,所谓"功欲善其事,必先利其器",用户必须对所选择的 USB 芯片有初步的了解与评估,才能进一步地谈到设计与应用。

目前,在市面上或网络上所能找到的 USB 芯片种类繁多,对于初学者来讲,真的不知该如何选择与应用。因此,本章的目标就是将一般市面上各家半导体公司所推出的 USB 芯片做个总览介绍与比较。

当然,Cypress 公司所生产的 EZ - USB FX 系列单片机之所以会被本书采用,并作为开发 USB I/O 外围设备的首要选择的原因,本书也会进一步说明。

6.1 USB 芯片简介

一般 USB 的专用芯片种类大致可分为:主机控制器(host controllers)、根集线器(hub solutions)、接口芯片(interface chips)以及具有 USB 接口的微控制器(microcontrollers with USB interface)。若要针对某种特殊的功能又可再细分:HID、USB→Parallel Port 芯片、USB→RS232 芯片、声音解决方案(audio solutions)、影像解决方案(video/camera solutions)等设备。种类确实繁多,功能也截然殊异。但其中,也有一些共同之处,即是它们之所以称为 USB 专用芯片的原因。

USB 是连接 PC 与外围设备的接口。前一章介绍了 USB 设备列举的工作。但这些繁琐的工作若单纯地由一般的微控制器来加以实现,不仅无法达到预期的工作成效,也严重地拖累原先正在执行的固件程序代码。当然,最重要的是,一般的微控制器并不具备有模拟差动电路,无法产生或接收 D＋与 D－的信号。更别说要执行 NRZI 的编码与译码、填塞与反填塞的工作。

因此,一定要有个硬件组件(单元)或电路能够帮用户解决这个问题。当然,这也就是 USB 微控制器与一般微控制器的差异之处。如图 6.1 与 6.2 显示了在 USB 的系统中,所具备的最基本的硬件单元以及功能。图 6.2 是图 6.1 的逻辑电路的简化图。

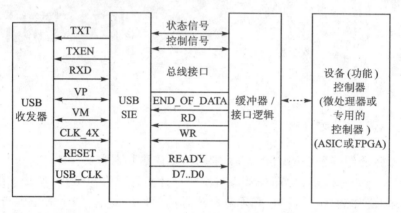

图 6.1　USB 芯片中的基本硬件单元 SIE

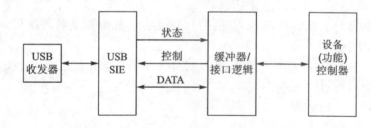

图 6.2　USB 芯片中的基本硬件单元 SIE 的简化图

USB 接口连接主机与外围设备,而其中,串行接口引擎(serial interface engine, SIE)则是 USB 最重要的功能单元。在串行接口引擎中,详细地掌握了在 USB 总线上的接收与传送的个别位。这就如同 UART 对于异步串行通信的处理一样。在此,对 SIE 做个归纳与整理。也就是,SIE 执行了下列的各项工作:

- 封包辨识,数据交换的持续产生;
- SOP、EOP、RESET、RESUME 信号检测/产生;
- 时钟/数据的分离;
- NRZI 数据译码/编码以及位填塞;

- CRC 的产生与检查、令牌(token)封包(使用 CRC5)与数据(data)封包(使用 CRC16);
- 封包 ID(PID)的产生以及检查/译码;
- 串行并行/并行串行的转换;
- USB 地址与端点译码;
- 端点层流程控制;
- 作为 USB 数据缓冲器;
- 维持 Data Toggle 位的状态;
- 提供至后端区域设备控制器(function controller)或专用控制器(ASIC 或 FPGA)的接口。

图 6.1 与 6.2 中的设备控制器负责了 USB 数据/缓冲区的管理、起始地址/端点值,以及维护 USB 管线协议。此外,它还存储 USB 配置/控制空间、主机时钟同步或采样率控制,以及连至实际设备所应用的接口。

该设备控制器能够使用缓冲器与 SIE 的微控制器(如 8051)或专用的 ASIC 或 FPGA 连接。此外,介于设备控制器与 SIE 之间的缓冲器,用户可以使用标准的 FIFO、双端口的 RAM 或连至单端口 RAM 的 DMA。

端点流程控制能够通过 SIE 送至设备控制器的信号来达成,而设备控制器可单独决定个别的端点响应。从图 6.3 中可以了解到 USB 收发器用来接收与传送 D+与 D−的数据差动信号。

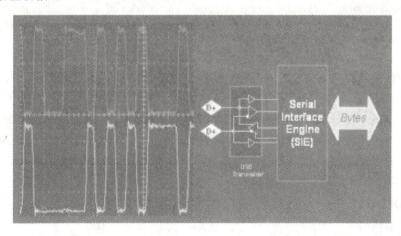

图 6.3 USB 收发器用来接收与传送 D+与 D−差动数据信号图

有了 USB 芯片的基本概念后,以下就依此架构来延伸出各类型的 USB 芯片。当然,在此不再深入探讨有关 USB 芯片的细部功能,因为这已超过本章或本书的范围了。

目前 USB 芯片大致分为 5 大类型：
- PC 端或主机端的 USB 控制器；
- 集线器芯片；
- 特定的接口转芯片，如 USB 转 RS232 或 USB 转 ATA/ATAPI 等芯片；
- 单独运作的 USB 接口芯片；
- 内含 USB 单元的微处理器(MPU)。

由于前两种是属于 PC 主机板与单片机制造商所开发的领域，较不适合用户来开发 USB 外围设备。因此，对于一般 USB 接口的开发者而言，可以经过后面的两种途径加以切入与学习。以下，将分别介绍这两种 USB 芯片的基本特性以及应用。

6.2 USB 接口芯片

所谓 USB 接口芯片，即是仅包含 USB 的串行接口引擎(SIE)、FIFO 内存、收发器以及电压调整器等的芯片。为了降低开发费用，有的仅包含模拟的差动电路而已。这类接口芯片，通常是通过串行或并行的接口与外部的 CPU 相连接。

其中，最常用的接口芯片有 NXP(原 Philips)公司的 PDIUSBD11、11A 与 12 系列，National Semiconductor 公司推出的 USBN9602/9603/9604，以及 NetChip 公司的 NET2888 与 NET2890 三大类。

6.2.1 NXP 接口芯片

在此类接口芯片中，以 NXP 公司的接口芯片功能最为完整与多样。就如同餐厅中提供了 A 餐、B 餐与 C 餐一样，任用户依实际的电路需要来加以挑选与使用。

其中的 PDIUSBD11 具有 I^2C 接口，使用了时钟输入、双向数据以及中断输出三种脚位。由于 I^2C 总线的最高时钟频率仅有 100 kHz，因此只能处理或传输较低的数据速率。另一款 PDIUSBD12 则具有多任务的并行总线，数据传输速率高达 1 Mbps。以下，再稍微介绍各类型的基本特性。

1. PDIUSBD11——具有串行接口的 USB 接口设备

基本特性：
- I^2C 串行接口(高达 1 Mbps)；
- 12 MHz 谐振器(12~48 MHz 时钟 Multiplier PLL)；
- 可编程输出的时钟频率；
- 全速设备 12 Mbps；

- 1个控制端点,6个通用端点(最大的封包大小为8字节);
- 可使用 16 Pin DIP 与 SO 包装。

2. PDIUSBD12——具有并行接口的 USB 接口设备

基本特性:

- 高速并行接口(高达 16 Mbps);
- 可应用于批量模式中,达到 8 Mbps 数据传输率;
- 可应用于等时模式中,达到 1 Mbps 数据传输率,支持 DMA 传输;
- 1个控制端点,4个通用型端点(根据使用的模式);
- 整合 320 字节的 FIFO 内存,具有双缓冲区,封包大小为 16～128 字节;
- 可使用 SO28 与 TSSOP28 脚位封装。

图 6.4 PDIUSB12D IC 实体图

图 6.4 是 PDIUSB12D IC 的实体图,分别列出了两种封装规范。为了应用 PDIUSB12D USB 接口芯片,在原 Philips 网站中,提供了如图 6.5 所示的应用测试电路板。

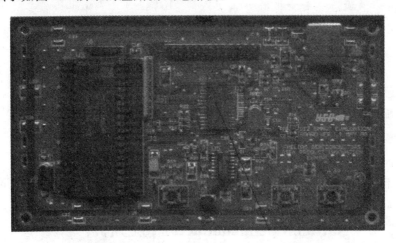

图 6.5 PDIUSB12D USB 接口芯片的应用测试电路板

3. PDIUSBP11——USB 收发器

基本特性:

8051 单片机 USB 接口 Visual Basic 程序设计

- 支持 12 Mbps 全速以及 1.5 Mbps 低速串行数据传输；
- 使用 5 V 或 3.3 V 逻辑电压；
- 14 Pin SO、SSOP、TSSOP 包装。

用户可以使用这类型的接口芯片 IC，将 USB 转换成数字 CMOS 串行数据流。然后可以接上 FPGA 或 CPLD 来编写与测试用户自己的 SIE。图 6.6 为其应用的相关电路。在相关的应用例中，通常 PDIUSBD12 大都是与 8051 系列单片机集成在一起的。这也由于原 Philips 公司原本就是 8051 单片机的开发者，所以基本上兼容性极佳。

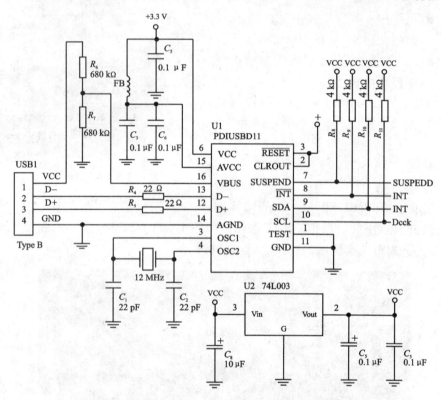

图 6.6　PDIUSB11 USB 接口芯片的应用电路图

关于 NXP 公司所推出的各种 USB 接口芯片的详细数据，用户可上网查询。

6.2.2　National Semiconductor 接口芯片

National Semiconductor（国家半导体）公司推出的 USBN9602/9603/9604 也能设计成具有传输多任务或无多任务的并行数据或 Microwire 串行数据。

USBN9602/9603/9604 是一颗与 USB 规范 1.0 兼容的集成 USB 节点控制器。在

这单一的 IC 中集成了具备 3.3 V 的 USB 收发器、媒体存取控制器、USB 端点（EP）FIFO、多样的 8 位并行接口、MICROWIRE/PLUSTM 接口以及时钟产生器。而其中还提供总共 7 个 FIFO 缓冲区，给不同的 USB 信息之用：1 个给控制命令用的双向 FIFO 端点 EP0，以及给中断、批量、等时传输之用的 6 个支持单向的端点管线。其优点为：效能卓越，低系统成本的解决方案，更小型封装以及容易使用。

此外，8 位并行接口提供给多任务与非多任务类型的 CPU 地址/数据总线使用；而可编程的中断输出架构，可允许设备针对不同的中断信号请求来加以配置。但这一系列的 IC 有一个稍微较差的特点就是，对于 USBN 9602 系列，须外接 48 MHz 的振荡器，不像原 Philips 系列可通过 PLL 的方式去产生 48 MHz 的时钟。这样，外接的振荡器就可采用 6 或 12 MHz，以降低 EMC 电磁干扰。以下列出 USBN9602/9603/9604 的基本特性。

- 全速 USB 节点设备。
- USB 收发器。
- 3.3 V 信号电压的稳压调整器。
- 48 MHz 振荡器电路，24 MHz(9603/9604)。
- 可编程的时钟产生器。
- 包含实体层接口（Physical Layer Interface, PHY），媒体存取控制器（media access controller, MAC）与 USB 1.0 兼容的串行接口引擎（SIE）。
- 控制/状态寄存器文件。
- 具有 7 个 FIFO 为主的端点的 USB 设备控制器：1 个双向的控制端点 0（8 字节）；3 个传送端点（2×32 与 1×64 字节），3OUT；3 个接收端点（2×32 与 1×64 字节），3IN。
- 具有两种可选择模式的 8 位并行接口：非多任务的；多任务的（与 INTEL 兼容）。
- 并行接口支持了 DMA。
- MICROWIRE/PLUSTM 接口。
- 28Pin SOIC 包装（如图 6.7 所示）。

此外，在图 6.8 中，显示了 USBN9602 与 B 型 USB 连接头的基本连接电路图。其中，R_1 为 1.5 kΩ 提升电阻由 D＋差动数据线连接至 3.3 V，这表示 USBN 9602 所连接的设备控制器所设计的 USB 外围设备属于全速（12 Mbps）设备。而 R_3 与 R_4 则是设备端的电阻，介于 22～44 Ω 之间。

在相关的应用例中，USBN 9602 接口芯片也与常用的 Microchip 公司的 PIC 系列单片机结合在一起。相关数据，用户可以进入 National Semiconductor 的网站（http://www.natsemi.com）加以查询。

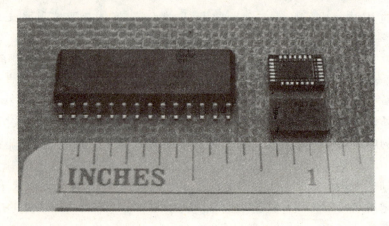

图 6.7　USBN9602 IC 的实体图

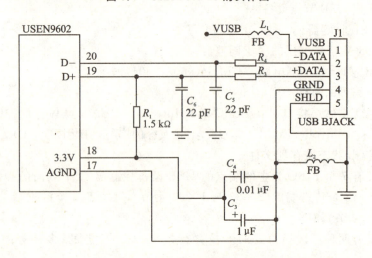

图 6.8　USBN9602 IC 与外部 B 型 USB 连接头的电路图

综合以上所介绍的两种接口芯片的特性与使用,用户可应用于一般的 USB 设备的设计中。这样的设计方式主要是在现有的系统或产品的架构之下,可以缩短开发的时间并扩充出具有 USB 接口的功能。当然这是一种权宜之计,毕竟要在现有的系统下,增添 USB 的接口功能,并不是件容易的事。因为,可能必须牺牲一个原有系统的外围端口(8 个 GPIO 引脚),甚至更多的引脚(如中断信号的引脚);而相对地,程序的容量也可能增加了数 KB 的容量,而被迫使用较大容量的单片机。因此,得与失,就靠用户系统设计的评估了。

例如,对于消费性电子的厂商而言,假使原有的 MP3 decoder 仅具有 Printer Port 的文件下载方式,若要在不更改太多的系统结构下,可以通过将 USB 接口芯片 PDI-

USBD12 扩充成具有 USB 接口的下载功能,增加产品的竞争性。但是,新的 MP3 decoder 已经逐渐具备 Printer Port 与 USB 两种接口下载文件的选择方式。所以是否要使用 USB 接口芯片,就取决于系统厂商开发的时间与成本了。

当然就初学者的立场而言,还是以最简单的方式切入,也就是下面所要介绍的第 5 种类型,内含 USB 单元的微处理器(MPU)。

6.3 内含 USB 单元的微处理器

这是一种专为针对某种特殊目的所开发的专用 USB 微处理器。而一般 USB 微处理器内包含了通用型的 CPU 或 MPU。以下,列出数种常用的 USB 微处理器。

- Cypress：M8 系列与 EZ-USB FX 系列。后者为本书的重点,稍后再加以详细解释。
- Atmel：AT43USB321。
- Microchip：PIC16C745 与 PIC16C765。
- ScanLogic：SL16USB,常用于开发 Mass Storage Class 的设备上,如 USB 移动硬盘/光驱/卡片阅读机等。在国内大部分的 USB 硬盘皆以此 IC 为主。
- Freescale：68HC705JB2、68HC705JB3、68HC705JB4。

6.3.1 Freescale

这一系列 USB 的 MCU 是以其常用的 HC05 核心为主,但是仍以低速的 USB 设备为主。Freescale 近来已将 MCU 的范围由 JB2 发展至 JB3 & JB4 系列。

1. 68HC705JB2

基本特性:
- 以常用的 HC05 核心为主;
- 2 048 字节用户的 ROM;
- 128 字节 RAM;
- 低速 1.5 Mbps;
- 1 个控制端点(8 字节 FIFO)与 2 个中断端点,1 IN 与 1 OUT 端点;
- 20 Pin PDIP 与 20 Pin SOIC 包装。

2. 68HC705JB3

基本特性:
- 以常用的 HC05 核心为主;

- 2 560 字节用户的 ROM；
- 144 字节 RAM；
- 低速 1.5 Mbps；
- 1 个控制端点与 2 个中断端点；
- 20 Pin 或 28 Pin PDIP 或 SOIC 包装。

3. 68HC705JB4

基本特性：
- 以常用的 HC05 核心为主；
- 3 584 字节 ROM；
- 176 字节 RAM；
- 低速 1.5 Mbps；
- 1 个控制端点与 2 个中断端点；
- 6 个频道，8 位 ADC；
- 28 Pin PDIP 与 28 Pin SOIC 包装。

相关数据，用户可以进入 Freescale 的网站查询。

6.3.2 Microchip

近来，Microchip 已进入新的 USB 微控制器的市场中。其中，它以常用的 PIC16x 系列为主。而这些 USB 控制器使用传统的开天窗（windowed）的包装来开发，并非是以现在较新的 PIC 单片机的 Flash 内存为架构，因此开发上较为不便。由于这一系列是针对低速的 USB 设备来开发的，因此，并不支持等时与批量传输模式。

1. PIC16C745

基本特性：
- 8K 程序存储器；
- 具有 6 个端点的低速 1.5 Mbps USB 设备；
- 5 个 8 位 ADC 频道；
- 通用同步异步接收及传送器（USART/SCI）；
- 28 Pin 紫外线擦除 CERDIP/OTP 包装。

2. PIC16C765

基本特性：
- 8K 程序存储器；
- 具有 6 个端点的低速 1.5 Mbps USB 设备；

- 8个8位 ADC 频道；
- 通用同步异步接收及传送器(USART/SCI)；
- 40 Pin 紫外线擦除 CERDIP/OTP 包装。

若要在一般常用的 8051 系列或 PIC 系列中，内建 USB 功能，用户就可以免除学习新微处理器的困扰以及缩短开发的时间。当然，这也是最理想的情况。因此，相比较之下，Microchip 所推出的内建 USB 的两种芯片 PIC16C745 与 PIC16C765，有其相对的方便性。但是由于其仅具有开天窗与 OPT 的包装，在开发与使用上较不普及，反倒是利用一般型号的 PIC 芯片(PIC16F877/876)与稍前所介绍的 USBN9602 接口芯片整合在一起的模式还较为常用。

相关数据，可以进入 Microchip 的网站(http://www.microchip.com)加以查询。

6.3.3 SIEMENS

SIEMENS 公司所推出的 C541U 系列是以 C500 8 位单片机为主，并增加新的外围所开发出来的。它包含了具有增强若干特性的标准 SABC511 微处理器。该 C541U 系列的特性中，包含了 SPI 兼容的接口以及符合通用串行总线规范的 USB 模块。而其外围电路的高执行效率与 USB 特性，非常理想地应用于通信、计算机外围以及在消费性商品中。此外，工作于低速与高速模式时，可最佳化 FIFO 内存管理单元与兼容性，使得这一系列的单片机也满适合用户来开发。

以下列出基本的相关特性：
- 增强的 8 位 C500 CPU，可使用与标准 80C51/80C52 单片机兼容的软件与工具；
- 12 MHz 外部操作频率，500 ns 指令周期；
- 内建 48 MHz PLL 的全速 USB 设备；
- 内建 8K OTP 程序存储器；
- 内建 256 字节的 RAM；
- 内建 USB 模块，USB 规范 1.1 兼容；
- 4 个并行 I/O 端口；
- 3 个与 LED 驱动器兼容的脚位，10 mA/(4.5～5.5 V)；
- SSC 同步串行接口(与 SPI 兼容)；
- PLCC-44 包装；
- 2 个 16 位定时器/计数器(与 C501 T0/1 兼容)；
- 内建 D+与 D－的收发器。

C541U 系列与 80C51/80C52 单片机的核心兼容。其相关的详细数据，用户可以进入 Infineon 的网站 http://www.infineon.com 加以查询。

6.3.4 Cypress

Cypress 公司早期特别针对 USB 的应用，推出一系列的 USB 专用控制器 M8 系列。这一系列 USB 专用微控制器的稳定性与功能极佳，并针对不同外围设备推出了各类型的微控制器。其中，从最简单的 USB 鼠标或摇杆设备的 CY7C630/1XX 系列，到含有 Hub 的 CY7C65/6XX 系列，可以完全满足不同的应用设备的设计。

这一系列的专用微控制器中，除了具备精简指令的架构外，也提供特殊的逻辑电路，以便支持 USB 所需的输入/输出功能。当然，最重要的是，其内含 USB 串行接口引擎(SIE)，能够符合 USB 规范 1.0/1.1 的通信协议。此外，其中还内含了 2～4 个端点、12～32 个通用型的 I/O 引脚以及 2～8K 的程序内存。由于这一系列芯片的指令集仅有 35 个而已，所以学起来并不困难。当然，也意味着，用户必须详尽地了解整个指令集以及硬件架构。

1. CY7C63001

基本特性：

- 8 位 RISC 核心哈佛架构(Harvard architecture)；
- 6 MHz 外部时钟/12 MHz 内部时钟；
- 128 字节 RAM；
- 2 KB EPROM (CY7C63000A)；
- 4 KB EPROM (CY7C63001A)；
- 具有 4 位控制的 16 个阶度的沉电流控制(Isink)；
- 具有 1 个控制及 1 个中断端点的低速设备，各具有 8 字节 FIFO；
- 20 Pin PDIP、20 Pin SOIC、24 Pin SOIC 与 24 Pin QSOP 包装。

这一部分的详细细节，用户除了上网查询外，也可参考笔者的另一本拙作《USB 外围设备的设计与应用——CY7C63 系列》(全华科技图书股份有限公司出版)。

此外，Cypress 自 Anchor 公司所并购的 EZ-USB 系列，由于其架构非常类似 Dallas 公司所推出的 80C320 系列，对于具有 8051 基础的用户而言，非常的便利。

2. EZ-USB 系列

基本特性：

- 重新设备列举，ReNumeration 允许作动态的 RAM 程序设计；
- 包含设备列举的 USB 管理工作；
- 全速 12 Mbps；
- 8051 核心；
- 80 PQFP 与 44 PQFP 包装。

USB 芯片介绍 6

由于 Cypress 在低速、全速与高速的 USB 专用控制器的产品种类甚广，且开发速度极快，为用户开发 USB 外围设备的首要选择。

EZ-USB 系列之所以适合用户来开发，这是因为 Cypress Semiconductor EZ-USB 系列（AN21XX/CY7C6x6xx）比其他的 USB 芯片提供了更先进的架构雏形，其中包含了增强版的 8051 核心、4 或 8 K RAM，以及智能型的 USB 核心程序。这个系列的芯片涵盖了不同的产品，以适应不同系统的需求。

在维持 8051 软件的兼容性下，这个增强版的 8051 核心提供了比标准的 8051 还要快上 5 倍的执行效率。此外，具有内建的 RAM，也能够从 PC 主机中下载固件程序代码。这样，可允许外围的制造厂商很容易地修改，以及传输新的程序代码至目前的用户与新的用户中。这个内建的内存省却了在许多的系统中所需的存储器。

EZ-USB 系列的家族扩展了一些令人印象深刻的特性。例如，倍增 CPU 速度，以及稍后所叙述的特性。

EZ-USB 系列可通过有效的机制提供了高带宽的传输，以用来将数据从外部内存搬移至 USB 的 FIFO 之间。另外，通过使用 TURBO 模式，8051 核心能够在 338 ms 以内，传输 1 024 字节的数据写入至（或读取）等时传输的 FIFO 中。而剩下的带宽则是供给其他需要的传输来使用。

再者，EZ-USB 系列也提供同样的 16 Mbps 批量数据传输率，且其传输率高于可使用的 USB 带宽。

EZ-USB 系列除了符合 USB 1.1 版本规范的高速（12 Mbps）需求，还包括支持远程唤醒的能力。此外，内部的 SRAM 取代了 FLASH 内存、EEPROM、EPROM 或 MASKED ROM，非常便利地提供给其他 USB 的解决方案来使用。

如表 6.1 所列，显示了 8051 与 EZ-USB 芯片的差异性。

表 6.1 8051 与 EZ-USB 之差异

特　性	8051	EZ-USB
ROM	4K	N/A
RAM	128	4/8K
I/O	32	16/24
Timer	2	3
UART	1	2
中断	5	13
时钟振荡器	12 MHz	12、24 MHz
引脚数	40	44/80POFP

续表 6.1

特 性	8051	EZ-USB
V_{CC}	5 V	3.3 V
内部 ROM	EPROM	EEPROM
外部 RAM	64K RAM	64K EPROM，FLASH，Memory
每一个指令周期的时钟	12	4
数据指针器	1	2
延展内存周期	No	Yes
其他		高效能的 I/O 端口 I^2C 控制器 兼容 USB 1.1 增强的 8051 核心

此外，EZ-USB 系列所延伸的 USB 单片机，是 EZ-USB FX 系列，也即是本书稍后的仿真器所使用的单片机。随着 USB 2.0 规范标准的推出，Cypress 公司也开发出 EZ-USB FX2 系列的单片机。相关的数据可以参阅本书稍后所要介绍的章节或上网（http://www.cypress.com）查询。

6.4 USB 芯片总览介绍

如表 6.2 所列，将几种常用的 USB 外围芯片加以分类列出。当然，这并非是所有的芯片类型。若用户有兴趣，可进入相关的网站查询。

表 6.2　几种常用的 USB 外围芯片

半导体公司	零件编号	程序核心码/ 供应电压	数据传输 模式	端点数目	包装型号	批 注
全速接口的微控制器							
Anchorchips	AN21XX AN23XX	增强版 8051 3.3 V，60 mA	批量，中断，控制（有些支持等时）	高达 31	44/80 QFP	具有 PLL，仅须外接 12 MHz 振荡器
Cypress	CY7C64XXX	哈佛架构 4.0～5.5 V	批量，中断，控制	5	SOIC28/ DIP28/ SSOP48	具有 PLL，仅须外接 6 MHz 振荡器

续表 6.2

半导体公司	零件编号	程序核心码/供应电压	数据传输模式	端点数目	包装型号	批注
Mitsubishi	7640 系列	5.0 V	批量,中断,控制,等时	5	80 Pin	24 MHz 振荡器
ScanLogic	SL11R	16 位 RISC 3.3 V	批量,中断,控制,等时	4	100 Pin 1 PQFP	具有 PLL,仅须外接 12 MHz 振荡器
Siemens	C541U	以 C500 为主 4.25～5.5 V		5	PLCC44 PSDIP-52	12 MHz 振荡器
SMSC	USB97C100	8051 5.0 V	批量,中断,控制,等时	高达 31	128 Pin QFP	具有 PLL,仅须外接 24 MHz 振荡器
低速接口的微控制器						
Cypress	CY7L63 系列	哈佛架构 4.0～5.5 V	中断,控制	2	20 Pin PDIP 20 Pin SOIC 24 Pin SOIC	
Mitsubishi	M37534E8/M4	4.1～5.5 V	中断,控制	2	42 Pin SDIP 包装	具有 FLASH 功能
Zilog	Z8E520/C520	Z8 增强版 4.0～6.0V, 6 mA	中断,控制	2	20 Pin SOIC/PDIP	
全速的 USB 接口芯片						
National Semi	USBN 9602	8 位并行或 Microwire 4.0～6.0 V	批量,中断,控制,等时	7	28 Pin SOIC	48 MHz 振荡器
Netchip	NET2890 also ET2888	8 位并行 3.3～5.5 V	批量,中断,控制,等时	5	48 Pin QFP	48 MHz 振荡器
Philips	PDIUSBD12	8 位并行 4.0～5.5 V	批量,中断,控制,等时	5	DIP28/SO28/SSOP28	具有 PLL,仅须外接 6 MHz 振荡器。内建主动式电感
ScanLogic	SL11	5.0V				
Thesys	TH6501	SPI 总线 4.4～5.25 V	批量,中断,控制	3	16 Pin SOP	48 MHz 振荡器
低速 USB 接口芯片						
Thesys	TH6503	SPI 总线 4.4～5.25 V	中断,控制	3	16 Pin SOP	6 MHz 振荡器

注:上述几个表内的数据,若与各公司的网站有异,以该网站内的数据为准。

6.5 USB 芯片的选择与评估

以上所介绍的 USB 芯片种类繁多,功能截然殊异,对于用户来说,相关资源的取得是最为重要的。但怎么去评估一颗 USB 芯片的优劣呢？或者是否满足用户设计上的需求呢？用户可以依下面的基本步骤检验一下自己的需求。

① 是否需要异步传输？

Yes,采用批量模式。

② 是否需要每隔多少 ms 传输一次？Yes,采用中断模式。

③ 设备是否为自我供电或总线供电？Yes,设置配置描述符。

④ 电源控制上是否需要中止模式？

Yes,设置配置描述符。

⑤ 是否可以采用低速的 USB 设备？

根据实际的外围电路的需求,选择简单的接口 I/O 控制或快速数据采集。

⑥ 设备是否符合标准的群组？何种群组？

根据设备与驱动程序章节,选择适当的群组。

⑦ 哪一种微控制器符合所有的需求？

根据上述表选择适当的微控制器。当然,撇开消费性的电子产品（如 MP3 Player、PS2 等）或 PC 外围的设备（如鼠标、键盘、随身硬盘、CCD 等设备）的专业开发与设计领域,对于一般学校或实验室来说,应用 USB 接口的最主要的两个目的,不外乎是作接口控制与数据采集等两大方向。因此,用户就须衡量设计 USB 接口的目的与应用何在？当然,功能强大又价格低廉的 USB 芯片是每个开发与设计者的最爱,但 USB 芯片并不像 8051 单片机一样随手可以取得。因此,用户需屈就于目前国内所能取得的资源。而根据目前国内市场的 USB 芯片开发与设计的领域来说,大略地划分为两大应用方向：

● 接口 I/O 控制：Cypress,CY7C63 系列（慢速）,采用中断传输。

● 数据采集：Cypress,EZ-USB FX 系列（全速）,采用批量传输。当然,用户也可以使用 CY7C63 系列来执行低采样率的传感器（温度或湿度）信号采集。同样地,也可以应用 EZ-USB FX 系列去作 I/O 控制。

本章所介绍的内容主要是提供给用户一个概念。就是用户在设计一个 USB I/O 外围设备的前提是慎选一颗能够符合用户需求的 USB 芯片。进一步地说,选择什么类型的 USB 芯片,才能发挥出什么样的效能来。当然,用户必须有一个测试 USB 设备的目标电路板或实验板。这也就是稍后要介绍与开发 USB I/O 实验器的目的。

6.6 问题与讨论

1. 请根据本章的内容,选择一颗 USB 微控制器,并从网络上搜寻其相关的数据以用来评估如何设计一个 USB 外围设备的第一个步骤。
2. 何谓 SIE 呢?
3. 如何评估一颗 USB 微控制器的执行成效呢?

第7章

设备与驱动程序

本章将描述设备与驱动程序。因为,即使仅要设计设备的固件程序或其外围电路,还是有必要了解主机与设备是如何沟通的。要不然若设备的程序代码发生错误,可能无法查出其原因,甚至是做非常多的"虚工"。当然驱动程序的撰写是非常困难的,也不是本书撰写的目的。因此,本书仅针对驱动程序的一般性概念,先介绍给读者,而在稍后的章节中,则会以自己撰写的驱动程序来执行外围设备与主机的沟通工作。

7.1 层式的驱动程序

在 Windows 操作系统中,针对 USB 接口的通信工作使用了层式的驱动程序模式。如图 7.1 所示,每一个驱动程序层负责处理一部分的通信工作。应用程序(applications)层中,以设备驱动程序(包含群组驱动程序)与系统的总线驱动程序通信,而其中,总线驱动程序用来处理 USB 的硬件。

Windows 操作系统中包括了总线驱动程序与一些群组的驱动程序。对于 Windows 而言,针对 USB 设备所要撰写的设备驱动程序必须符合 Win32 Driver Model (WDM)架构。而在 Windows 98/2000 操作系统中支持了 WDM 驱动程序,它是具有电源管理与即插即拔(plug-and-play)的 NT 核心模式驱动程序。一个设备可能拥有其本身的驱动程序或是自定义群组驱动程序,如此即可与符合群组规格的硬件互相通信,传输数据。

设备与驱动程序 7

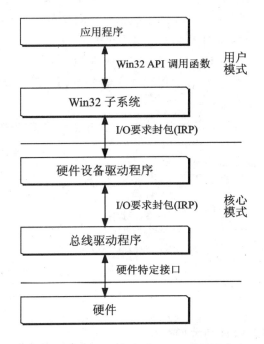

图 7.1　USB 通信中使用了层式的驱动程序

　　Windows 在每一个修订版本中，增加了一些新的驱动程序。如果用户所要设计与开发的设备并无其所支持的群组，那么就必须撰写自己的驱动程序。然而 Windows 是如何决定哪一个驱动程序须配合设备来使用呢？在第 2 章有提及过，每一个设备内一定内含了一连串的数据结构，称之为描述符。而其中的设备描述符的制造商码（VID）字段与产品码（PID）字段特别重要。

　　相对地，在 PC 主机端，Windows 系统中包含了许多的 INF 文件，它是一种文本文件，必须与存储在设备描述符内的制造商码与产品码（VID/PID）一致，才能找到符合的驱动程序，如图 7.2 所示。

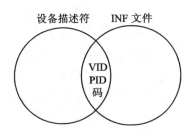

图 7.2　Windows 系统下的 INF 文件须与设备内含的 VID/PID 码相同

　　当这个 INF 文件检测到刚接上的设备时，主机就会执行第 3 章所提及的设备列举过程，并同时要求相关所需的各种描述符。此时，所有的设备必须知道如何根据设备列举的要求，作出适当的响应。而相对地，主机则会将系统的 INF 文件与存储在描述符的信息互相对比检查，并选择最适合的版本。

8051 单片机 USB 接口 Visual Basic 程序设计

一些产品则会提供自己特定设备的 INF 文件,但有一些如人工设备接口的产品如鼠标等设备,就可以直接使用 Windows 所提供的文件。至于哪些设备可以直接使用 Windows 所提供的 INF 文件和相对的驱动程序呢?

表 7.1 显示了每一个 Windows 修订版本所增加的新的 USB 设备驱动程序。也就是说,如果用户的设备符合如表中所列之一的群组(有支持驱动程序的群组),就不需要针对该设备再写一个新的驱动程序。

表 7.1 每一个 Windows 修订版本所增加的 USB 设备驱动程序

Windows 版本	USB 设备驱动程序(逐步新增的设备)
Windows 98(第一版本)	HID 1.0(包含键盘与鼠标等人工接口设备)
Windows 98 SE(第二版本)	HID 1.1 通信设备(调制解调器),静态影像抓取设备(扫描仪,CCD)
Windows 2000 Windows ME	媒体存储设备,打印机

7.2 主机的驱动程序

USB 接口不像 RS-232 串行接口那么简单,可以直接使用系统所提供的 COM 端口直接沟通,可移植性也较高。相对地,USB 是一个相当复杂的标准接口,同时需要主机侧与设备侧的诸多软件的支持。此外,大部分主机侧的连接接口,或多或少都可在 Microsoft 操作系统下工作。但须注意的是,USB 并无法在 DOS、Windows 3.x,或是 Windows NT 操作系统下工作。而 Windows 95 较新的修订版(OEM 软件的修订版 2.1)也提供了若干 USB 驱动程序的支持。

若要操作与设计 USB 的外围设备,Windows 98 修订第二版则已提供了大部分驱动程序。因此,本书所有的范例与实习都是在这基本的操作系统下延伸的。当然,也建议读者尽可能在 Windows 98 修订第二版下开发与设计。而相对地,Windows 2000 同样也有具备了这样的基本支持能力。

因此,虽然 USB 驱动程序是个非常沉重的负担,但幸好在 Windows 下,已经提供了许多驱动程序(如表 7.1 所列),可以让用户来处理一般常用的外围设备。

Microsoft 对于 Windows 98 以及以后的版本,对于驱动程序的规划,都是基于 Win 32 Driver Model(WDM)下,将不同部分的通信过程加以分层规划为一个驱动程序的堆栈,也即是如图 7.3 所示的 WDM 堆栈。应用程序代码(通过 Windows API 来调用)可以通过 WDM 下的群组或自定义驱动程序来作相互通信。

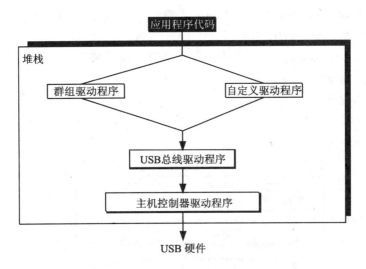

图 7.3　Windows USB WDM 模式

而在 WDM 堆栈本身，数据的传输则是通过低阶的 IRP（I/O 要求封包），而不是调用 API 函数。

较低阶的 USB 总线驱动程序管理了 USB 设备电源、设备列举，以及不同的 USB 数据交易。而下面的主机控制器驱动程序则是直接采用 PC 上的 USB 硬件。若使用目前 Windows 版本所提供的所有的驱动程序，将可使用户无须重写或修改它们。

USB 设备驱动程序（如人工接口设备驱动程序是提供给鼠标、键盘以及摇杆使用的）、USB 驱动程序堆栈与 USB 驱动程序接口是 USB 驱动接口的组成单元。在 Windows 98 中，USB 驱动接口是基于 WDM 内的。如图 7.4 所示，是 Windows 98 的 USB 驱动程序架构，可以细分为下列的各种模块：

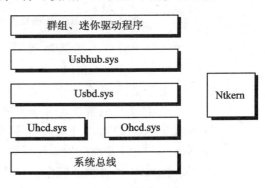

图 7.4　USB 驱动程序架构

① Usbhub.sys：是 USB Hub 驱动程序，负责列举所有接上的外围设备。

② Usbd.sys：是 USB 群组驱动程序。

③ Uhcd.sys：是 USB Host 控制器的驱动程序（通用式主机控制器，Universal Host Controller Driver）。

④ Ohcd.sys：也是 USB Host 控制器的驱动程序（开放式主机控制器，Open Host Controller Driver）。

此外，Hidclass.sys 是 WDM 的输入群组驱动程序，负责迷你驱动程序(minidriver)中，读取或是传送 HID 相关数据。而 Hidusb.sys 是 HID 设备驱动程序，是专门应用于人工接口设备上的，可以将鼠标或键盘等外围设备的信号通过 USB 接口传给 PC 主机。稍后的章节中，会详述这部分的细节。

在外围设备驱动程序和 USB 驱动程序堆栈之间存在着 USB 驱动程序接口(USBDI)，每当新设备加入时，I/O 要求封包(I/O Request Packet)即被传送到 USBDI，进入 USB 驱动程序堆栈，如图 7.5 所示。

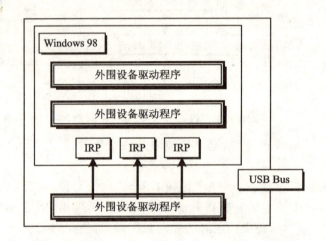

图 7.5　当 USB 外围设备加入 Windows 98 系统时，会产生 IRP

在第 5 章有群组的概念，而 Windows 与 USB 规范将驱动程序分类成所谓的"群组"，当然也就是为了在同一群组下，可以共享类似的接口。而在群组下，定义了一组兼容的特性与规范，所有位于此群组的设备都需要兼容的软件来加以支持。

当然，最常用的群组不外乎是之前常引用为范例的人工接口群组(HID)，其支持的设备包含了如鼠标、摇杆与键盘等接口设备。另一个范例是监视器群组，用来控制影像的位置、大小，以及校准视频信号的显示。而 Windows 98 在安装时，即同时包含了具有完整的 HID 群组驱动程序。如此，如果用户的外围需要类似 HID 设备支持，就可直接使用内建的驱动程序，就无须撰写任何主机应用程序代码。

目前大部分的群组驱动程序的规范，可以在 USB 官方网站(http://www.usb.org/)中查询得到，而 Windows 所支持的群组驱动程序也可在 Microsoft 网站内查询，但是这些驱动程序还是有一些限制的(如表 7.1 所列，似乎仅有 HID 群组是真正的完全支持)。

如图 7.3 所示，用户可以了解到自定义驱动程序是群组驱动程序的另一个选择。而自定义驱动程序利用了 USB 缆线的尾端(设备端)的 USB 微控制器硬件功能。这其实就是前一章的端点的 FIFO 缓冲区,用来作进一步的设计与应用。如果用户要设计一个新的 USB 设备,作为快速的数据采集与控制,在没有类似的驱动程序的支持下,就必须编写自己的驱动程序。同样地,如果用户的设备超过了标准群组所能支持的范围,用户也必须编写自定义驱动程序来支持这些特性。

用户可以通过 Visual C++ 来编译与编写 WDM 驱动程序。当然,首先用户必须从 www.microsoft.com/DDK/ddk98.htm 网站中,下载 Windows 98 驱动程序。而其中包含了许多针对 USB 驱动程序所编写的数个范例程序代码。

若用户对驱动程序的编写难以下手,或是没有如此背景,市面上,也有一些公司推出了若干软件包。例如,BlueWater Systems(http://www.bluewatersystems.com/),包含了驱动程序发展工具组。而其中,所具备的窗口精灵能够加速 Windows 驱动程序的开发。此外,还有一套较为熟悉的 Jungo USB 窗口驱动程序开发系统:Windriver USB for Window98/2000 系统,也能够辅助用户来编写自定义驱动程序。读者不妨上网(http://www.sinter.com.tw/)下载其试用版。

为了与 USB 设备相互传递数据,Windows 的应用程序必须使用标准的 Windows 标头来定义这个设备,并送出标准的 API 调用。

一般在不同的操作系统下,包含了不同的 USB 驱动程序,当然,新的版本具有前一个窗口版本的所有驱动程序。而有关驱动程序的详细资料,可以参考 Windows 98 与 Windows 2000 DDK 的文件内容,其中也提供了若干 DDK 范例程序代码。此外,也可进入 USB 的官方网站寻找有关群组规范的资料。

以下列出每一种设备所需驱动程序。最重要的是,每一个驱动程序必须符合其所编写的群组规范。

1. Windows 98 第一版(原版本)

- 声音设备(audio)群组。
  驱动程序:usbaudio.sys,wdmaud.sys,wdmaud.drv。
- HID 1.0(包含键盘、鼠标指向性设备)。
  驱动程序:hidusb.sys,hidclass.sys,hidparse.sys。
  相关参考文件:请参阅 Windows 98 内的 DDK WDM 1.0 版。也可参阅 DirectX 的文件。

2. Windows 98 第二版(SE)

- HID 1.1(增加了执行中断 OUT 传输的能力)。
  相关参考文件:在 Windows 2000 DDK 下的输入设备。
- 通信设备(communications)群组,如调制解调器。
  驱动程序:usbser.sys, ccport.sys。
  相关参考文件:在 Windows DDK 下"Using the Microsoft Windows 98 and

Windows 2000 Modem Development Kit（MDK）"文件。
- 静态图像的采集（still image capture）群组，包含了如扫描仪、数字摄像机等外围设备。

3. Windows 2000，Windows ME（Windows 98 更新版）

- 媒体储存设备（mass storage）群组。
  驱动程序：usbstor.sys。
- 打印机（printer）群组。
  驱动程序：usbprint.sys。
  打印机驱动程序也可使用于 Windows 98 系统下。
- MIDI（音频驱动程序）。
- 静态图像的采集（still image capture）群组（修订版）。

7.3 驱动程序的选择

若要规划 USB 设备另一端的主机侧，就是去设计或使用设备驱动程序与应用软件。当然，最快的方式不外乎是直接采用 Windows 操作系统下的设备驱动程序，或者是采用其他来源的驱动程序。若具有编写驱动程序的能力，也可尝试编写属于自己的驱动程序。

其中，人工接口设备 HID 的驱动程序已包含在 Windows 98/2000 操作系统下，若用户要求传输速度不高于 64 Kbps，则其是一个很好的选择。此外，HID 群组能够使用控制与中断传输。传统的 HID 范例有用户常用的键盘与鼠标。因为当用户触发一些动作时，就会将数据从设备传回至主机。但是，HID 设备并不仅限于人所操作的接口，用户还可延伸至测试设备、控制系统或其余符合 HID 群组规范限制的设备。

对于人工接口设备，主机可以使用 READFILE 与 WRITEFILE 的 API 函数来处理 HID 群组。设备的固件必须在其描述符中包含 HID 群组码，并且针对所要交换的数据定义报告（report）的格式。而这个报告格式就会告诉主机报告数据的大小与特性，同时也提供数据单元，或是用来帮助主机取得数据的信息。

此外，由于在 Windows 2000 操作系统中，已新增了媒体存储（mass-storage）设备的驱动程序，因此若用户所设计的设备对于传输的时间间隔，并没有强烈的要求，就可以选择这个驱动程序与设备。再者，对于一般使用批量或等时传输的设备而言，可以选择 BULKUSB.SYS 与 IOUSB.SYS 驱动程序。

7.4 USB 外围设备的开发与设计

从 7.3 节了解到外围设备与驱动程序的关系。但在此,用户或许会想到如何去编写 INF 文件或固件程序代码,将所设计的 USB 设备挂上设备管理器的窗口内,或者是说完成设备列举的步骤,进而跨出 USB 外围设备设计的第一步。当然,用户可以使用各种 Windows 修订版本所提供的各种驱动程序。但是,前提是用户必须编写出符合各个群组特性的固件程序代码才可以。

然而跨出这一步是很困难的。因为编写出符合某一特定群组,以及完成设备列举的步骤的固件程序代码对一般初学者甚至是固件工程师,都是一项艰巨而困难的工作。此外,还须编写一些 Windows 系统的应用程序来控制此 USB 外围设备。这样,就难上加难了。

综合言之,由于一个 USB I/O 外围设备的开发与设计所需的专业背景知识,涵盖了三个部分:微处理器固件程序代码、Windows 应用程序(API)以及 INF 安装信息文件(以及驱动程序)的编写,如图 7.6 所示。因此,整体的技术层次与困难度也相对地增高了。这也就是造成目前 USB 技术学习的障碍与让人望而却步的原因。

为了简化用户学习的难度,因此在 USB 单片机的选择上就格外的重要了。由于,本书所采用的 Cypress EZ-USB FX 系列的单

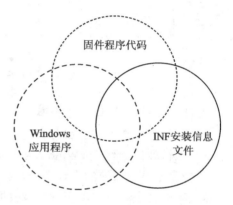

图 7.6 USB 外围设备开发技术的关联示意图

片机具备重新设备列举(执行两次设备列举的程序,稍后的章节中会详细的介绍)的特性,所以能省略编写 INF 文件与固件程序代码的过程,即可执行第一次的设备列举。这样,用户即可利用稍后几章所要介绍的工具组来执行 USB 外围设备的开发工作,进而减低用户学习的负担。

虽然,如图 7.6 所示一个完整的 USB 的开发技术包含了三部分,但为了能再进一步降低用户的学习门槛以及各种 Windows 操作系统的相容性,本书将所开发的 USB 设备模拟成各种 Windows 操作系统都支持的人工接口群组,进而省略 INF 文件以及驱动程序的编写。而 Windows 应用程序上,在本书中提供 VB 的动态链接函数库(DLL)。所以,本书的编写与设计的目标,都将重点或范围缩小并锁定在固件程序代码的开发上,如图 7.7 所示。这样,用户仅须针对所要设计的 USB 外围电路加以控制或驱动即可。稍后几章都按照这个架构模式来开发,而用户可以直接引用或调用本书所

提供的 VB 动态链接文件直接修改设计与控制。

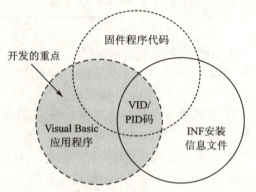

图 7.7　USB 外围设备设计的重点——Visual Basic 应用程序

7.5　结　论

通过这一章的介绍，设备与驱动程序的关联性，毋庸置疑是相当的重要。也因此，在用户第一次要切入 USB I/O 外围设备的设计领域时，必须先自我评估与了解，所要设计的 USB I/O 设备是否属于目前 Windows 下已经提供设备的群组驱动程序，若无的话，是否有能力自己编写自定义驱动程序。

所以对于涵盖了 Windows 驱动程序以及设备端的 USB 微控制器的固件编写，这两个完全不同领域的设计来说，要切入 USB I/O 设备的领域实在是莫大的负荷。也因此，本书将重点放在 USB 微控制的固件编写上，降低学习者跨入的障碍。当然，换句话说，本书将采用 Windows 下，已经提供的群组驱动程序。也就是，本书所设计的 USB I/O 设备必须符合某个群组的特性与规范。而为了能兼容 Windows 98 第二版以后的操作系统，本书以人工接口群组为首要的选择。

关于 HID 群组的规范与特性，将在下一章中作进一步介绍。

7.6　问题与讨论

1. 请说明驱动程序的架构。
2. 请说明 Windows 各种版本支持的设备驱动程序。
3. 试查询你的主机系统支持了哪些 USB 设备驱动程序。

第 8 章

HID 群组

本章特别针对 USB 设备中最易实现的人工接口设备 HID 群组来加以说明与介绍。在稍后的 USB I/O 设备的设计范例中,都以此群组来加以实现。目前大部分的 Windows 版本都有支持这个 HID 设备的驱动程序,所以兼容性与扩充性无问题。因此,若以此群组来开发 USB I/O 外围设备是最理想的解决方案。

以下,依序介绍 HID 群组的相关特性以及开发方式。

8.1 HID 简介

当初 USB 是为了取代原先架构在 PC 的各种接口(如打印机的并行接口、通信协议的串行外围设备接口)而设计开发的。因此,对于现今许多共享的外围设备类型以及更多的特定设备的使用来说,USB 算是非常多用途与多方面的;也因此,才被称之为通用串行总线。

在目前标准的外围设备中,包含了鼠标、键盘、移动硬盘、扫描仪、打印机等,都已配置了 USB 接口。有的笔记本电脑甚至仅配置 USB 接口来作为接口设备的连接之用。这种 USB 接口的设计与使用已经慢慢地延伸到数据采集的单元中,如测试仪器以及 I/O 控制或监测设备等领域。当然,这也意味着,过去传统使用并行端口或串行端口的外围设备,已逐渐地采用(或是并存)USB 接口来设计与应用。

对于许多特定的设备而言,人工接口设备 HID 群组是目前提供给 USB 接口开发者最快(也是最完整)的解决方案。虽然 HID 群组原本是针对键盘、鼠标等类似的输入

(IN)设备而设置与规划的,但是对于需要以双向、适当的频率来执行数据交换的其他设备而言,却是一个非常好用的设计范例与基础架构。

此外,由于 Windows 98 与 Windows 2000 等操作系统都已包含了 HID 群组的驱动程序,因此对于用户所要开发的新设备,就无须再重新编写其驱动程序了。再者,用来执行设备列举去辨识一个 HID 设备所需的固件容量是最小的。这是因为,其中仅需包含一连串用来描述 HID 接口以及所要交换的数据结构即可,非常便于用户用来设计与应用。

8.2 HID 群组的特性与限制

由于 HID 群组属于慢速设备,因此 HID 群组的主要限制就是它的传输速度,其最高的传输率仅有 64 Kbps。这比全速的 12 Mbps 传输速率低了很多。但对于一般的 I/O 控制上的应用或输入/输出的设计来说,却已经足够了。

以下,将会描述用来使操作系统可检测到 HID 群组以及与其交换数据之所需固件的请求。当然,对在 PC 主机端中可与 HID 群组交换信息的 Windows API 函数也会稍微介绍。

此外,在 USB 官方网站中也提供了数个开发辅助工具,也可以帮助用户来开发固件,并且可确保在 Windows 操作系统下与此设备相互通信,传递数据。

通过所定义的请求以及具有相似功能的设备所共有的特性,将会使得在群组底下来开发 USB I/O 设备变得更为容易。操作系统能够包涵以群组规范为主的设备驱动程序,而相对的设备也确认能够使用群组驱动程序,而不须再编写针对某种特定目的的驱动程序。这样,即可节省大量的开发时间。

HID 群组是在 Windows 下,首先支持 USB 群组中的一个群组。无庸置疑,这是因为这个群组涵盖了最开始需要使用 USB 接口连接的一些接口设备,如键盘或鼠标等设备。而关于群组规范与额外的数据文件,用户可以进入 USB 的官方网站查询。

所谓的人工接口,也就是设置了此设备后经过人工的操作,彼此具有互动的关系。而对于键盘或鼠标等设备,用户人为的动作是用来决定什么数据(按键或鼠标位置)会输入(IN)至主机。此外,可将此群组设备类型延伸至其他的例子中,比如说操作的前置面板、远程监控、电话按键以及游戏机的控制。但是这种所谓的人工接口设备 HID,却也可规划为无需人为操作的硬件接口,如按键、摇杆或开关等。这也说明了,如条形码机、温度计及电压计等其他设备都可规划为 HID 群组,因此应用的范围相当广泛。

所谓的 HID 就是将人为的数据传回给主机。但除了须回传数据至 PC 主机外,相对,HID 群组也可从主机端接收所送出的数据。例如,具有动力回馈的摇杆,用户可以依个人喜好适度地设置(输出)摇杆的动力效果,来体会飞机爬升时摇杆回馈的力度;或者是打开键盘上的 NumLock 按键 LED,用来显示设备的字体或 LED 的颜色等,以控制设备的相关特性。

延伸这类型的其他 HID 设备,还可能包括远程显示器、机器手臂、I/O 监控系统、或可通过主机上的虚拟控制台来执行控制的设备。当然,用户也可设计成可驱动设备上的继电器的简易输出设备。

简而言之,任何设备如果符合 HID 规范中所定义的各种限制,都可执行 HID 设备的功能。以下列出数个 HID 群组的主要特性与限制:

● 一个全速的 HID 设备能够传输高达 64×8×1 000 字节每秒(64 bytes/1 ms);而低速的设备仅确保 800 字节每秒(8 bytes/10 ms)的传输率而已。

● 如果设备要送出数据(如鼠标的移动与键盘的敲击)时,HID 能够请求主机以周期的方式轮询设备,以求出相关的数据(所移动的坐标或按下的按键)。

● 存在于 HID 所定义的数据结构描述符中,用来交换的数据,称之为"报告(report)"(请参阅稍后的报告描述符)。一个单一的报告能够包含高达 65 535 字节的数据。此设备的固件必须包含用来描述所要交换数据的报告描述符。此报告的格式能够让用户来修改以处理任何类型的数据。

● 每一次的数据交易可以携带小量至中量的数据。对于低速设备,每一次数据交易最大是 8 字节;对于全速设备,每一次数据交易最大是 64 字节;对于高速设备,每一次数据交易最大是 1 024 字节。而一个长的报告描述符,能够使用多个数据交易。

● 在 Windows 98 Gold 操作系统下,是不支持 OUT 传输的,因此所有主机输出至设备的数据必须通过控制传输来实现。

对于诸多的 HID 群组的特性,USB-IF 提供了两个基本文件,来规划 USB 设备:

● HID Usage Table:定义了许多辅助主机来了解并使用 HID 数据的数值。
● Device Class Definition for Human Interface Devices:定义 USB 群组。

用户不妨进入 USB 官方网站加以下载。

8.3　HID 基本要求

基本上,一个 HID 接口必须符合 HID 群组所定义的规范要求。相关的要求包含了所需的描述符、传输频率以及可使用的传输类型等。为了达到这些规范,接口的端点与描述符就必须符合下列各种要求。

8.3.1 端　点

所有 HID 传输使用预设的控制管线（端点）或中断管线（端点）。因此，HID 必须具备中断 IN 端点来将数据传回至主机。而另一种中断 OUT 端点则是可加以选择的。表 8.1 列出了在 HID 的传输类型以及它们的使用方式。

主机与设备所交换的数据大致可分为两种类型：

① 低延迟数据。须尽可能地将数据取到它们的目的地。

② 所要配置数据或其他不具紧急时刻要求的数据。通过配置数据，用户可以选择由 HID 报告所送出的数据，而并非是在设备列举时经过主机的要求以及设备配置的选择数据。

表 8.1　HID 传输所使用的传输类型是根据芯片组的功能以及被传送数据的要求而定的

传输类型	数据的来源	传输数据类型	一定需要的管线吗	支持的 Windows 版本
控制	设备（IN 传输）	数据无须紧急时刻的需求	是	Windows 98 或以后的版本
	主机（OUT 传输）	数据无须紧急时刻的需求，或如果不具备 OUT 中断管线的任何数据		
中断	设备（IN 传输）	周期或低延迟数据	是	Windows 98 SE 或以后的版本
	主机（OUT 传输）	周期或低延迟数据	是	

根据表 8.1 所列，HID 传输使用两种管线或端点类型来执行数据传输。

8.3.2　控制管线（端点）

控制管线是让 HID 携带在 HID 规范中所定义的标准设备要求，即为稍后所要介绍的 6 个群组特定要求。其中，2 个 HID 特定要求 Set_Report 与 Get_Report 提供了主机传输一个区块的任何类型数据到设备的方法，或主机从设备取得一个区块的任何类型数据的方法。主机可以使用 Set_Report 来传输报告，而 Get_Report 则用来接收报告。

其余的 4 个要求用来规划与配置设备。其中，Set_Idle 与 Get_Idle 则用来设置与读取闲置率。这种闲置率用来决定设备是否重新送出自上一次查询后仍未改变的数据。Set_Protocol 与 Get_Protocol 用来设置与读取协议数值，当 HID 驱动程序仍未下载至主机时，其可以使设备通过简易的协议来产生特定的功能。

8.3.3 中断传输

从表 8.3 中可以看到除了上述的控制管线外,中断管线(端点)则是另一个交换设备数据的方法,特别是当驱动程序必须快速地或周期性地取得数据时。其中,中断 IN 管线可以携带数据到主机,而中断 OUT 管线则是将数据送出至设备。若是总线上的频宽正忙碌或不够用时,通过控制传输来执行时数据交换会有一些延迟;而一旦设备被配置规划后,中断传输的频宽就可以确保并加以使用。稍前曾提及过,一般的 HID 设备无须使用中断 OUT 传输;但若是没有中断 OUT 管线,又需要将数据传送出去时,主机就可以使用 Set_Report 设备要求,来将所有的报告(将数据夹带在报告描述符中)通过控制管线来传送出去。

在 USB 规范 1.1 版本中,就新增了中断 OUT 传输的能力,以及中断 OUT 管线(端点)就可选择性地增加到 USB 规范 1.1 版本中。也即是,虽然 USB 1.1 版本具备了中断 OUT 传输的功能,但要看所使用的 USB 芯片组是否有提供中断 OUT 管线(端点)的功能。若是 HID 驱动程序仅相容于版本 1.0(包含于 Windows 98 Gold 版本),是没有提供中断 OUT 传输的。

8.4 固件要求

虽然本书稍后的应用程序是针对 VB 程序来设计的,但对于要与 HID 设备通信的主机驱动程序来说,设备的固件程序代码是必须符合某些要求的。也即是,设备的描述符必须辨识设备包含了 HID 接口。在固件程序代码中,除了预设的控制管线外,还须支持中断 IN 端点。此外,固件也必须包含报告描述符,以用来定义所要传送与接收数据的格式。

对于设备而言,为了送出数据,固件程序代码必须支持 Get_Report 控制传输以及中断 IN 传输的规范。相对,为了接收数据,就需要固件程序代码支持 Set_Report 控制传输以及可能也支持中断 OUT 传输。

所有的 HID 数据必须使用所定义的报告格式,其定义了在报告描述符中的数据大小值与内容。一个设备可能支持一个或更多的报告。在设备固件程序代码中的报告描述符用来描述报告,并且可能涵盖了相关于所要使用的数据是如何被接收与传送的。

每一个报告的数值可以用来定义报告是作为输入(input)、输出(output)以及特性(feature)报告之用的。主机能够以输入报告来接收数据,也可以通过输出报告来传送数据。此外,特性报告则可以利用任一方向来传输。

当主机要求输入报告时,而设备就在每一次的中断传输,将数据送至主机。而主机会根据在端点描述符所要求的最高迟滞时间,安排整个的传输要求。此外,对于输出报告而言,主机可以使用控制传输或中断传输将数据传送到设备端。但对于 HID 群组执行 OUT 中断的功能在原先 USB 1.0 版中是没有具备的。而在稍后的 USB 1.1 版本中才加以改进并增加此功能。当然在 Windows 98 第二版(SE)以及后来修定的 Windows 版本皆可应用这个新增的特性。

对于输入报告,所有的 Windows 98 以及稍后版本的 HID 驱动程序则使用中断传输来读取。此外,对于输出报告、传输类型则根据设备所支持的端点类型以及所安装的 Windows 版本而定。其中,最原始的 Windows 98(Windows 98 Gold)版本仅相容 HID 规范 1.0 版,那么 HID 驱动程序则会针对输出报告来使用控制传输。而 Windows 98 SE、Windows 2000 以及 Windows ME 版本与规范 1.1 版本相容,那么若是设备接口也具备中断 OUT 端点,HID 驱动程序就可针对输出报告来使用中断传输;否则,则使用控制传输。再者,如果 HID 设备接口不支持中断 OUT 端点,或如果固件对于输出报告,同时支持两种传输类型,HID 即可相容于任何的 Windows 版本。

特性(feature)报告能够以双向(IN 与 OUT)来传递,可以使用控制传输来加以实现。为了送出 OUT 特性报告,主机送出 Set_Report 要求,其后跟随报告数据,然后设备会传回状态信息以表示是否为成功或失败的传输。而为了接收 IN 特性报告,主机会送出 Get_Report 要求,设备再送出此报告,然后主机会传回状态信息以表示是否为成功或失败的传输。如果数据仅是偶而传递一下,或没有迟滞时间要求,则当数据不再需要时,特性报告就会以周期传输来避开总线的阻塞。

使用特性(feature)报告来传输的另一个优点是,能够提供多种报告格式。这样主机就可在控制要求中设置报告的数量。若使用中断传输来作数据的接收或传递,主机就不再需要设置特定的报告来要求或送出数据字节。

8.5 识别 HID 设备

只要是属于 USB 设备,HID 描述符将会告诉主机其需要何种资讯来与设备互相通信。在下面所列出的部分固件程序代码中显示了 Cypress 公司所设计的 USB 摇杆的各种描述符。如同稍前所介绍过的,每一个 USB 设备配置一个设备描述符以及一个或更多的配置描述符。因此,如果主机具有多个配置描述符可以使用,在设备列举的过程中就会选择其中的一种配置方式。而每一个配置描述符轮流支持一个或更多的接口描述符。

此外,当主机要送出包含了 HID 接口配置的 Get_Descriptor 要求时,它就会学习相关 HID 接口的信息。这个配置的接口描述符用来定义此接口为 HID 群组。HID 群组描述符设置了由接口所支持的报告描述符的数目；而在设备列举时，HID 驱动程序会取回 HID 群组与报告描述符。

8.5.1 描述符的内容

设备与配置描述符不具有 HID 规范的信息。其中，设备描述符包含了群组码的字段，但是它却不是设备被定义为 HID 设备的字段位置；相反，接口描述符使主机更适当地学习与了解设备，其中，设备接口设置属于 HID 群组。若设备描述符的群组码的字段设置为 0x00，以及接口描述符的接口群组字段设置为 0x03，则此设备属于 HID 群组设备。若是属于 HID 设备，就须额外再设置 HID 群组描述符与报告描述符。所新增的描述符类型，如表 8.2 所列。

在这接口描述符中，包含了 HID 规范信息的其他字段是次群组与协议字段，其可用来设置为启动接口（boot interface）。

表 8.2　HID 描述符的类型值

群组(class)描述符形态	数　值
人机接口设备(HID)	0x21
报告(report)	0x22
实体(physical)	0x23

1. 设备描述符

【程序范例】设备描述符的范例程序代码

```
device_desc_table：
    db    12h              ;长度大小(18 字节)
    db    01h              ;描述符类型,1 代表设备
    db    00h, 01h         ;符合 USB 规范 1.0
    db    00h              ;群组码(每一个接口指定自己的群组信息)
    db    00h              ;设备次群组(因为群组码为 0,所以设备次群组必须为 0)
    db    00h              ;设备协议(0 表示无群组特定协议)
    db    08h              ;最大封包大小
    db    B4h, 04h         ;制造商 ID,Cypress VID = 0x04B4(必须与 INF 文件的设置相符合)
    db    01h, 00h         ;产品 ID,0x0001(Cypress USB 摇杆产品 ID)
    db    00h, 01h         ;以 BCD 表示设备发行编号,1.00
    db    00h              ;制造商的字符串描述符索引
```

```
        db    00h           ;产品的字符串描述符索引
        db    00h           ;设备序号的字符串描述符索引(0＝none)
        db    01h           ;配置数目(1)
```

2. 配置描述符

【程序范例】配置描述符程序的范例

```
config_desc_table：
        db    09h           ;长度大小(9 字节)
        db    02h           ;描述符类型,2 代表配置
        db    22h,00h        ;描述符的总长度(34 字节)(包括配置描述符 9 字节
                            ;接口描述符 9 字节,端点描述符 7 字节与群组描述符
                            ;9 字节)。在这例子中,总长度为 34 字节
        db    01h           ;用来配置的接口的数目
        db    01h           ;配置值
        db    00h           ;配置的字符串描述符的索引
        db    80h           ;配置的属性(仅具有总线供电特性)
        db    32h           ;最大电源以 2 mA 为单位,在这例子中,32h×2 mA ＝ 100 mA
```

3. 接口描述符

【程序范例】接口描述符程序的范例

```
Interface_Descriptor：
        db    09h           ;长度大小(9 字节)
        db    04h           ;描述符类型,4 代表接口
        db    00h           ;接口数目以 0 为基值
        db    00h           ;交互设置值为 0
        db    01h           ;端点数目设置为 1
        db    03h           ;接口群组,USB 规范定义 HID 码为 3
        db    00h           ;接口次群组,USB 规范定义为 1
        db    00h           ;接口协议,USB 规范定义摇杆为 0
        db    00h           ;接口的字符串描述符的索引,在这例子中,用户没有字符串描述符
```

4. 端点描述符

【程序范例】端点描述符程序的范例

```
Endpoint_Descriptor：
        db    07h           ;长度大小(7 字节)
        db    05h           ;描述符类型,5 代表端点(1 字节)
        db    81h           ;端点地址,在这个例子中,端点编号为 1 且为 IN 端点
```

```
    db    03h           ;传输类型的属性设置为中断传输(0＝控制
                        ;1＝实时,2＝批量,3＝中断)
    db    06h,00h       ;最大封包大小设置为 6 字节
    db    0Ah           ;以 ms 为单位的轮询间隔,在此设置为 10 ms
```

5. 群组描述符

【程序范例】 群组描述符程序的范例

```
Class_Descriptor：
    db    09h           ;长度大小(9 字节)
    db    21h           ;描述符形态为 HID,设置为 0x21
    db    00h,01h       ;HID 群组序列为 0x100,即为 1.00
    db    00h           ;无区域的国码,就设置为 0
    db    01h           ;需遵循的 HID 群组报告的数目,至少需设为
                        ;1,也就是以下的报告描述符
    db    22h           ;描述符类型为报告,设置为 0x22
    db    (end_hid_report_desc_table — hid_report_desc_table)
                        ;报告描述符的长度
    db    00h
end_config_desc_table：
```

其中,需要特别注意的是端点描述符。之前曾提及到,每一个设备至少包含两个(含两个)以上的端点。控制传输使用了预设的端点(端点 0),而用户无须再设置自己的控制端点描述符,且总是被使能的。但在另一个中断端点的描述符中,设置了端点的数目与方向、所使用的传输类型(中断),以及针对每一个数据交换所能传输的最大的封包大小(全速设置为 64 字节,慢速设置为 8 字节)。当然,还有一项最重要的参数就是每一次主机在数据交换之间隔所轮询的时间间隔(全速设置为 1 ms,慢速设置为 10 ms)。

此外,在群组描述符中,说明了此群组为 HID 群组、HID 的规范为 1.0 及一个报告描述符。而前面曾提及过,HID 设备必须包含一个(或超过一个)报告描述符。这些描述符在主机已经辨识(设备列举)此设备为 HID 群组后,将会被请求传回来,并设置驱动程序来加以控制。

再者,HID 能通过设备的控制端点与一个(或超过一个)中断端点来执行数据的传送与接收的工作。但是 HID 是无法提供 USB 的批量与等时传输。

控制传输无须设置与保证最低的迟滞时间。而前面曾提及过,主机掌握了一切的主控权,因此主机会尽可能地满足并调整其所需的传输带宽。当然,最重要的是整个总线的带宽需保留 10% 给控制传输来使用。另外,主机也可声明一些带宽给其他的设备

来使用。

中断传输具有迟滞时间的上限,也就是设置介于数据交换传送的时间上限。每一次数据交换都会携带一个数据封包。而一个中断端点所能够请求的最高迟滞上限为 1~255 ms 之间,低速设备则为 10~255 ms 之间。这个意义代表了,如果迟滞上限为 10 ms,那就是表示说,主机可以在上一次数据传输送出后的 1~10 ms 之间的任一时刻,起始一个新的数据交换。

此外,主机要使用何种传输类型呢?主机必须根据所请求的报告类型,以及设备的硬件与 Windows 的版本来决定。HID 群组可以交换三种的报告类型:输入(input)、输出(output)及特性(feature)。其中,输入与输出报告是针对需要以周期的方式来传输或接收数据的最佳选择。反之,若是数据的传输并非需要以周期性来传输,或如设置或配置信息,没有时间请求的限制,则使用特性报告类型。

8.5.2 启动接口

在上面所列的接口描述符的内容中,次群组字段仅有一个主动设置。若次群组为 1,则表示此设备支持启动接口(boot interfaces)。当设备具备了启动接口,如果主机的 HID 驱动程序仍未载入时,此设备仍可以加以使用。而这可能发生在当主机直接启动 DOS 的情况下,或一开始在安装 Windows 系统,正处理安装的程序时,或 Windows 操作系统以安全模式来做错误检测的各种情形下。基于上述的各种状况,用户可以回想一下,哪些设备具备了这些特性。而最明显的例子是 USB 键盘与鼠标等设备。它们都具备了启动接口,因此可以使用由许多主机的 BIOS 所支持的预先定义好以及简易的协议。这些 BIOS 可以通过在启动时从 ROM 或 non-volatile 存储器来下载,且可应用在许多的操作系统的模式下。

所以在 HID 规范中,也就针对 USB 鼠标与键盘,定义了启动接口的协议。而对于此规范的定义,如果设备具备了启动接口,那么进而如果设备支持了键盘或鼠标接口,则协议字段就以 1 与 2 分别来加以表示。相对地,0 值则表示没有设备,而 3~255 则加以保留。若次群组设置为 0 值,则意味着设备不支持启动协议,而 2~255 则加以保留。

此外,HID 群的另一份参考文件即 HID Usage Tables 文件中定义了键盘与鼠标的启动协议。但应注意的是,BIOS 并不须要去读取设备内描述符,这是因为它知道动协议为何,并且假设设备也会支持这个启动协议。这样,换句话说,启动设备反而不必在固件中去含括启动接口描述符,如果主机并没有要求定义于报告描述符的协议时,其仅须支持启动协议。

当操作系统载入时,HID 驱动程序会使用 HID 规范的要求-Set_Protocol,来使得设备从启动协议(boot protocol)切换成报告协议(report protocol)。

8.5.3 版本修订的相容性

由于 USB 版本的发展,从 USB 1.0 至 USB 1.1。同样的在 HID 1.0 规范的开发阶段,在 HID 固件程序代码的描述符顺序也作了若干的修正。在早期的版本中,以下列的顺序来加以存储与取出各种描述符:

- 配置描述符
- 接口描述符
- 端点描述符
- HID 描述符

在规范的草稿 4 版本中,以上的顺序被更改为:

- 配置描述符
- 接口描述符
- HID 描述符
- 端点描述符

上述的更改中,意味着 HID 描述符是与接口描述符相连接(从接口描述符所延伸下来的),而不再是端点描述符。如果 HID 包含了 2 个端点,则设备不再需要针对每一个端点来设置 HID 描述符。

而设备若与 HID 1.0 或与稍后的版本相容,就使用草稿 4 版本的顺序。稍后,本书将会介绍 USB 测试的公用程序(HIDView)来针对草稿 4 版本检查描述符的顺序。

8.5.4 HID 群组描述符

HID 群组描述符主要的目的就是用来辨识在 HID 通信时,所要使用的额外的描述符。在这群组描述符中,根据额外描述符的数目,包含了 7 个或更多的字段。在以下的表 8.3 中,列出了这些字段值。其中,大致分类为两种类型:描述符与群组。描述符指的是符合各种描述符的格式,而群组则设置群组的格式。

表 8.3 HID 群组描述符具有 7 个或较多的字段,并相对地包含了 9 个或更多的字节。

表 8.3　HID 群组描述的内容

偏移植	字　段	大小(字节)	相关的描述
0	bLength	1	以字节来表示的描述符长度
1	bDescriptor	1	21h 表示 HID 群组
2	bcdHID	2	HID 规范修订版本值(以 BCD 码)
4	CountryCode	1	用来设置国家的数码(以 BCD 码)
5	bNumDescriptors	1	所支持的附属群组描述符的数目
6	bDescriptorType	1	报告描述符的类型
7	wDescriptorLength	2	报告描述符的总长度
9	bDescriptorType	1	用来设置描述符类型的常数,设备可选择的超过一个描述符
10	wDescriptorLength	2	描述符的总长度,设备可选择的超过一个描述符。可能是跟随在额外的 bDescriptorType 与 wDescriptorLength 字段后

1. 描述符

bLength：以字节来设置描述符的长度。

bDescriptor：根据表 8.2 设置为 21h,用来表示为 HID 群组。

2. 群　组

bcdHID：设备与其描述符所相容的 HID 规范数值,并以 BCD 为格式来显示。这个数值是 4 个十六进制的数值,此数值中间并放入一个小数点。例如,版本 1.0 即是 0100h,而版本 1.1 则是 0110h。

CountryCode：如果产品是针对特定国家所推出的设备,这个字段即为这个国家所设置的数码值。在 HID 规范中,列出了各个数码的相对值。如果此设备并不限制于某个国家,这个字段就设置为 0。

bNumDescriptors：附属于这个描述符下的群组描述符的数目。

BDescriptorType：附属于 HID 群组描述符的描述符类型(报告或实体)。用户可以参考表 8.2。每一个 HID 必须支持至少一个报告描述符。而一个接口可以支持多个报告描述符,以及一个或多个实体描述符。

WDescriptorLength：在上一个字段所描述的描述符的长度。

额外的 bDescriptorType,wDescriptorLength(可选择的)。如果这里包含了额外的附属描述符,就依序列出每一个描述符的类型与长度。

8.6 报告描述符

报告描述符是在 USB 中最为复杂的描述符。它不像是之前所叙述的描述符,具有整体架构的特性,反而倒是有点像是计算机的程序语言,用来更严谨地描述设备数据的格式。因此在这个描述符中,定义了传送至主机或从主机接收的数据格式。此外,还告诉主机如何去处理这个数据。因此,可知报告描述符是一个用来说明或叙述设备功能的结构。

如果此设备是鼠标,数据就会报告鼠标的移动与鼠标的按键。而如果设备是继电器控制,数据是会包含了用来设置哪个继电器是打开与关闭的数码。

报告描述符需要足够地弹性化来处理各个不同目的的设备,这样才可在一定的格式下来表示键盘或鼠标等差异甚大的设备。而数据应该以简洁的格式来加以存储,才不会浪费设备的存储空间,也不会在数据传输时,浪费总线时间。

此格式不会限制在报告中的数据类型,但是报告描述符必须能进一步地描述报告的大小与内容。此外,报告描述符的内容与长度必须根据设备来变化,以及能够是简短、冗长与复杂信号的,或介于二者之间的规模。

这种报告描述符是介于群组描述符的类型。主机能够通过具备了 22h 的高字节,以及报告 ID 的低字节的数值字段之 Get_Descriptor 要求,来取得描述符的数据。用户可以参考群组描述符的内容。而预设报告 ID 是 00h。

若要对报告描述符有稍微了解其概念或架构,最快的方式就是去参考一个报告描述符。如下列出了非常简洁的报告描述符,其用来描述送出两个字节数据的输入(input)报告,以及接收两个字节数据的输出(output)报告。而其他的描述符用来构建出基本的格式。通过以下这第一个精简的报告描述符,非常适合用户来初步了解报告描述符的基本架构。

```
hid_report_desc_table:
    db 06h, A0h, FFh            ;用途页(制造商定义)
    db 09h, A5h                 ;用途(制造商定义)
    db A1h, 01h                 ;集合(应用)
    db 09h, A6h                 ;用途(制造商定义)
                                ;输入报告
    db 09h, A7h                 ;用途(制造商定义)
    db 15h, 80h                 ;逻辑最小值(-127)
    db 25h, 7Fh                 ;逻辑最大值(128)
    db 75h, 08h                 ;报告大小(8)(bits)
```

```
        db 95h, 08h              ;报告长度(8) (fields)
        db 81h, 02h              ;输入(data,variable,absolute)
                                 ;输出报告
        db 09h, A9h              ;用途(制造商定义)
        db 15h, 80h              ;逻辑最小值(-128)
        db 25h, 7Fh              ;逻辑最大值(127)
        db 75h, 08h              ;报告大小(8)  (bits)
        db 95h, 08h              ;报告长度(8)  (fields)
        db 91h, 02h              ;输入(data,variable,absolute)
        db C0h                   ;End Collection
end_hid_report_desc_table:
```

在上个报告描述符范例中包含有许多项目(item),且是所有需要的项目。所有的项目可应用至整个描述符中,而其他的项目则分别设置在输入与输出数据上。更复杂的报告描述符可以使用这些相同项目与伴随着其他可选择项目的例子。

在上个报告范例下的每一个项目中,包含了用来识别项目的字节,以及包含项目数据的一个或更多的字节。而所谓的项目,即是报告描述符中所包含的一连串的信息。因此项目是一连串关于此设备的信息。

利用这种项目的基础延伸,则在一个报告描述符就含有下列的项目类型:
- 输入、输出、特性、集合(这4个是主要的项目)
- 用途(usage)
- 用途页(usage page)
- 逻辑的最大值(logical maximum)
- 逻辑的最小值(logical minimum)
- 报告的长度(report size)
- 报告的数值(report count)

若要描述设备的数据报告格式,则须要设置所有的项目。

(1) 用途页项目:以 06h 数值来设置,并用来设置设备的功能,例如一般桌面或游戏控制等。如表 8.4 所列,显示了主要的用途类别。可以想像一下,用途页就是 HID 群组的子集合。在上个报告范例中,用途页设置为制造商定义数值 FFA0h。在 HID 规范中列出了不同用途页的数值,以及针对制造商定义用途页所保留的数值。通过用途页的使用,允许设置超过 256 个用途标签。所以两个字节(usage page + usage)的用途页可以使用高达 65 535 个用途项目。

(2) 用途项目:定义为 09h 数值,且用来定义传回至主机的数据所要做的工作或目的。就如同用途页是群组的子集合,而用途则是用途页的子集合。例如,如表 8.4 所列,针对一般桌面控制的可使用的用途包括了鼠标、键盘与摇杆等设备。因为上述的报告范例是由制造商定义的,因此在用途页下的用途也设置为由制造商定义。在此例子的用途设置为 A5h。为了与常用的 USB 设备作个对比,在以下所举的第二个报告描述符的范例中,以 USB 键盘为例子。用途(键盘)则告诉主机所连接的设备为键盘。因此通过表 8.4 中的用途页与用途,即可说明报告描述符的数据目的。例如,键盘的用途页是一般桌面,而其用途不用说即是键盘。而这个用途指定了设备的应用(application)的特征或每个控制的特征。

(3) 集合(collection)(应用,application):用来显示介于两个或更多数据集之间的关系,也可定义出报告的整体用途。因此,其开始于一个同时执行单一功能的整体项目的起始处。而每一个报告描述符必须具备应用集合来使能 Windows 进行其设备列举。跟随在集合项目的用途项目用来命名集合的功能。第一个报告范例设置为制造商定义值 A6h。而第二个报告范例则设置为用途(键盘)06h。此外,用户也可以通过 4 个资料项目(修改位、保留位、LED 报告以及按键阵列)的集合来描述最小的按键。

表 8.4 用途类型

用途页	用途
一般桌面,generic desktop	指标器、鼠标、笔、摇杆、游戏垫板、键盘、按键垫板
车辆	方向盘、节流阀
虚拟环境	
运动	
游戏	
消费者	电源放大器、影音光盘
键盘	所有按键
LED	NumLock、CapsLock、ScrollLock、power
按键	
序数,ordinal	
电话	

(4) 逻辑最小值与逻辑最大值:具有 15h 与 25h 的数值,用来约束设备将传回的数值(边界值)。而负的数值能以二进制补数来加以表示。在第一个报告范例中,80h 与 7Fh 则表示了 −128~127 的范围。此外,以下的第二个报告范例的键盘设备中,对于每一个所按下按键的扫描码将传回 0~101 的数值,这样其逻辑最小值为 0 与逻辑最大值为 101。而这些则与实际最小值以及实际最大值是不同的。实际的边界对于逻辑的边界具有某种意义。例如,温度计含有 0~999 的逻辑边界,但是,其实际的边界值可能只有 32~212 之间。换句话说,温度计的温度边界值是 32~212 之间的华氏温度,但是介于两个边

(5) 报告长度与报告计数值:报告长度的数值是 75h,用来表示每一个报告项目的数据是多少位。因此,报告的长度则是以位(bit)为单位的结构长度值。而报告计数值是 95h,用来表示报告包含了多少数据项目。在第一个报告范例中,每一个报告包含了 2 个数据项目。在第二个报告范例中,则通过报告长度(8 个位)与报告计数值(6 个)来定义键盘的 6 个字节的按键。

(6) 输入与输出项目:是用来告诉主机什么样类型的数据将由设备传回(81h)或从主机送出至设备(91h)。此外,针对主机而言将以何种类型的数据呈现出来。而参考表 8.4 的内容,这些项目描述了如 bit 0:数据 VS. 常数,bit 1:变数 VS. 阵列以及 bit 2:绝对值 VS. 相对值等属性。

(7) 集合结束:则简单地关闭了集合本身。

以下,以第二个报告范例即 USB 键盘为例子,列出了一个报告描述符的范例程序与其复杂的架构:

```
db    05h, 01h    ;用途页(generic desktop)
db    09h, 06h    ;用途(键盘)
db    A1h, 01h    ;集合(collection)(应用,application)
db    05h, 07h    ;用途页(按键)
db    19h, E0h    ;用途最小值("left control key",234)
db    29h, E7h    ;用途最大值("left alt key",231)
db    15h, 00h    ;逻辑最小值(0)
db    25h, 01h    ;逻辑最大值(1)
db    75h, 01h    ;报告长度(1 位)
db    95h, 08h    ;报告数值(8 字节)
db    81h, 02h    ;输入(数据,变数,绝对值)
db    95h, 01h    ;报告数值(1 字节)
db    75h, 08h    ;报告长度(8 位)
db    81h, 01h    ;输入(常数)  ;保留字节
db    95h, 05h    ;报告数值(5)
db    75h, 01h    ;报告长度(1)
db    05h, 08h    ;用途页(LEDs)
db    19h, 01h    ;用途最小值(1)
db    29h, 05h    ;用途最大值(5)
db    91h, 02h    ;输出(数据,变数,绝对值)   ;LED 报告
db    95h, 01h    ;报告数值(1)
db    75h, 03h    ;报告长度(3)
db    91h, 01h    ;输出(常数)
```

db	95h, 06h	;报告数值(6)	
db	75h, 08h	;报告长度(8)	
db	15h, 00h	;逻辑最小值(0)	
db	25h, 65h	;逻辑最大值(101)	
db	05h, 07h	;用途页(按键码)	
db	19h, 00h	;用途最小值(0)	
db	29h, 65h	;用途最大值(101)	
db	81h, 00h	;输入(数据,阵列)	;按键阵列
db	C0h	;集合结束	

8.7 HID 群组要求

在 HID 规范中,定义了 6 个 HID 规范的控制要求。表 8.5 列出了各种要求的特性。其中,所有的 HID 必须支持 Get_Report 以及若是启动设备,则必须支持 Get_Protocal 与 Set_Protocal。而其他的要求(Set_Report,Get_Idle 与 Set_Idle)则是可选择支持的。如果设备不具有中断 OUT 端点或如果是与 Windows 98 Gold 版本的 1.0 主机来沟通,其必须支持 Set_Report 来从主机接收数据。而没有支持特性(feature)报告的设备则仅能使用中断传输来送出数据,因此没有使用 Get_Report。

此外,由于 HID 群组设备除了应用至所有设备的基本需求外,HID 还必须具有下列的基本要求:

● 若要以周期的方式将数据传回至 PC 主机,HID 必须包含有一个中断 IN 端点。
● HID 必须包含群组描述符,以及一个或更多的报告描述符(参考上述的群组描述符)。
● HID 必须提供 HID 的特定的控制要求 Get_Report 以及能够支持可选择的要求 Set_ Report。
● 对于 IN 中断传输而言,设备必须将报告数据放入中断的端点缓冲区内,并且使能这个中断。对于 OUT 中断传输,设备必须使能这个端点,以及从中断端点的缓冲区取出所接收到的报告数据(通常通过设备的中断来通知)。

而从稍前的介绍可知,由于多了报告描述符与群组描述符,相对地就需要修改标准设备要求,并且根据标准设备要求类型 bmRequestType 的数据格式修正其内容。其中,须将 D[6:5]类型字段由 D[0 0]标准设备修改成 D[0 1]群组设备。因此,标准设备要求的架构示意图就会修改成如图 8.1 所示的群组设备要求的架构示意图。

表 8.5 HID 群组要求一栏表

要求类型(1 B) bmRequestType	要求(1 B) bRequest	数值(2 B) wValue	索引(2 B) wIndex	长度(2 B) wLength	数 据	需要否
A1h	GET_REPORT(01H)	报告类型或报告 ID	接口	报告长度	报告	是
21h	SET_REPORT(09H)	报告类型或报告 ID	接口	报告长度	报告	否
A1h	GET_IDLE(02H)	0 或报告 ID	接口	0001h	闲置率	否
21h	SET_IDLE(0AH)	闲置间隔或报告 ID	接口	0000h	无可应用的数据	否
A1h	GET_PROTOCOL(03H)	0000h	接口	0001h	0=Boot 协议 1=Report 协议	启动设备是需要的
21h	SET_PROTOCOL(0BH)	0=Boot 协议 1=Report 协议	接口	0000h	无可应用的数据	启动设备是需要的

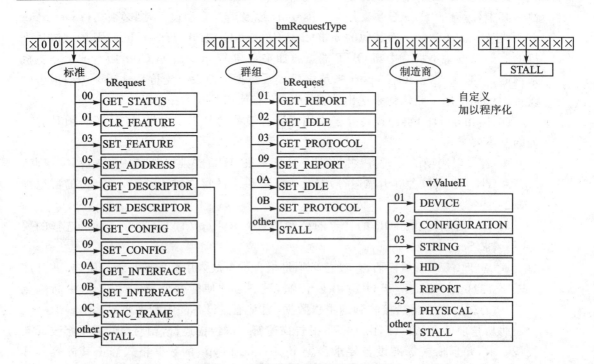

图 8.1 群组设备要求的架构示意图

如图 8.1 所示,相对于标准设备标求,HID 群组多了 GET_REPORT、GET_IDLE、GET_PROTOCLE、SET_REPORT、SET_IDLE 以及 SET_PROTOCLE 等群组设备要求。决定方向的 D[7]位主机到设备[0]与设备到主机[1],D[6:5]的群组

[1 0],以及接收端 D[4:0]位的接口[00001],可以设置 bmRequestType 的数值为 0x21 与 0xA1。至于为何接收端 D[4:0]设置为接口格式?这是因为,HID 群组描述符是由接口描述符所延伸的。

因此,如图 8.2 所示,可以由 0x21 的 bmRequestType 字段连接 SET_REPORT,SET_IDLE 以及 SET_PROTOCLE 等群组设备要求。而如图 8.3 所示,可以由 0xA1 的 bmRequestType 字段连接 GET_REPORT、GET_IDLE 以及 GET_PROTOCLE 等群组设备要求。

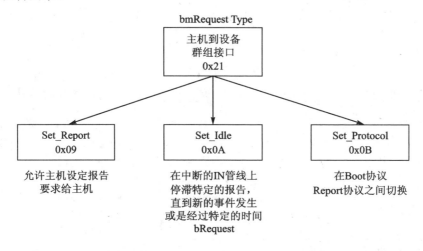

图 8.2　USB HID 群组要求的架构——主机到设备

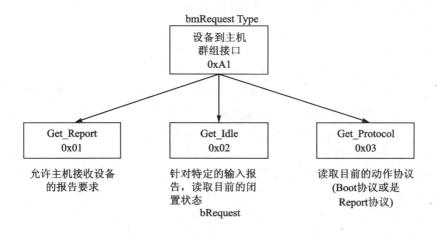

图 8.3　USB HID 群组要求的架构——设备到主机

在图 8.1 中的 GET_DESCRIPTOR(取得描述符)可以连至 wValueH 数值的 HID (取得 HID 描述符)、REPORT(取得报告描述符)以及 PHYSICAL(取得实体描述符)。

而有别于标准设备的要求,对于人机接口设备(HID)的设备群组,也须要对其所规范的报告提出要求。在表 8.5 中,列出了人工接口设备的要求,其中所有的 HID 都需要支持 Get_Report 要求,而开机启动(boot)设备则必须同时支持 Get_Protocol 与 Set_Protocol 要求;其余的要求则是选择性的。

以下分别列出这些群组要求:

1. 取得报告,Get_Report(见表 8.6)

表 8.6 取得报告

字节	字段	数值	所代表含义	8051 响应
0	bmRequestType	0xA1	群组要求,IN	针对接口 N,送出报告(经过 EP0-IN 或 INT-IN 端点) 报告类型: 0x01:输入(通过 INT-IN 端点) 0x02:输出(这个'Get'要求是不使用) 0x03:特性(经过 EP0-IN)
1	bRequest	0x01	Get_Report	
2	wValueL	ID	报告 ID	
3	wValueH	0x01/0x03	报告类型	
4	wIndexL	IF	接口	
5	wIndexH	0x00		
6	wLengthL	LenL	字节数目	
7	wLengthH	LenH		

目的:使能主机以控制传输从设备接收数据。

要求数值(bRequest):01h。

数据来源:设备。

数据长度(wLength):报告的长度。

数值字段的内容(wValue):高的字节包含了报告类型(1=输入,2=输出,3=特性),低字节则是包含报告 ID。而预设的报告 ID 为 0。

索引字段的内容(wIndex):支持此要求的接口数目。

在数据阶段中数据封包的内容:报告。

在 HID 规范中,建议主机不应该使用这个要求来取得周期数据(应以中断传输来执行)。而这个要求仅限于取得特性项目的状态,以及当主机要初始设置设备时所需要知道的其他信息。然而,对于使用启动协议的主机来说,可以使用 Get_Report 来接收键盘或鼠标的数据。所有的 HID 必须支持这个要求。

2. 设置报告,Set_Report(见表 8.7)

表 8.7 设置报告

字 节	字 段	数 值	所代表含义	8051 响应
0	bmRequestType	0x21	群组要求,OUT	针对接口 N,送出报告(经过 EP0 - OUT 或 INT - OUT 端点) 报告类型: 0x01:输入(这个 Set 要求是不使用) 0x02:输出(通过 INT - OUT 端点) 0x03:特性(经过 EP0 - OUT)
1	bRequest	0x09	Set_Report	
2	wValueL	ID	报告 ID	
3	wValueH	0x02/0x03	报告类型	
wIndexL	IF		接口	
5	wIndexH	0x00		
6	wLengthL	LenL	字节数目	
7	wLengthH	LenH		

目的:使能设备以控制传输从主机接收数据。

要求数值(bRequest):09h。

数据来源:主机。

数据长度(wLength):报告的长度。

数值字段的内容(wValue):高的字节包含了报告类型(1=输入,2=输出,3=特性),低字节则是包含报告 ID。而预设的报告 ID 为 0。

索引字段的内容(wIndex):支持此要求的接口数目。

在数据阶段中数据封包的内容:报告。

如果设备不具备中断 OUT 端点或主机仅与 HID 规范 1.0 版本相容,这个要求将是主机能将数据送出至设备的惟一途径。对于其他的设备来说,主机能够使用这个要求来送出这个报告,或不具有时间敏感的其他信息。HID 并不需要支持这个要求。

3. 取得闲置,Get_Idle(见表 8.8)

表 8.8 取得闲置

字 节	字 段	数 值	所代表含义	8051 响应
0	bmRequestType	0xA1	群组要求,IN	通过 EP0 - IN 送出一个字节,用来表示闲置率
1	bRequest	0x02	Get_Idle	
2	wValueL	ID	报告 ID	
3	wValueH	0		
4	wIndexL	IF	接口	
5	wIndexH	0x00		
6	wLengthL	1	字节数目	
7	wLengthH	0		

目的：主机从设备读取目前闲置率。

要求数值(bRequest)：02h。

数据来源：设备。

数据长度(wLength)：1。

数值字段的内容(wValue)：高的字节为0,低字节则是表示主机所应用这个要求的报告 ID。如果低字节为0,这个要求可以应用至所有设备的输入报告。

索引字段的内容(wIndex)：支持此要求的接口数目。

在数据阶段中数据封包的内容：以 4 ms 为单位所表示的闲置率。

稍后的 Set_Idle 有更清楚的介绍。HID 并不需要支持这个要求。

4. 设置闲置,Set_Idle(见表 8.9)

表 8.9　设置闲置

字节	字段	数值	所代表含义	8051 响应
0	bmRequestType	0x21	群组要求,OUT	
1	BRequest	0x0A	Set_Idle	
2	WValueL	ID	报告 ID	
3	wValueH	闲置	闲置间隔	
4	wIndexL	N	接口	
5	wIndexH	0x00		
6	wLengthL	LenL	字节数目	
7	wLengthH	LenH		

目的：当数据从上一次报告结束仍未更改后,主机可以限制中断 IN 端点的回报频率,即所存储的频宽值。

要求数值(bRequest)：0Ah。

数据来源：无。

数据长度(wLength)：0。

数值字段的内容(wValue)：高的字节是用来设置介于两个报告之间的间隔或最大量的时间。其中,0 意味着没有最大的时间间隔,以及仅当报告数据被更改时设备才回报数据;否则,设备就回传 NAK 握手封包。低字节则表示主机所应用这个要求的报告 ID。如果低字节是 0,这个要求可以应用至所有设备的输入报告。

索引字段的内容(wIndex)：支持此要求的接口的数目。

在数据阶段中数据封包的内容：无。

这个间隔数值是以 4 ms 为单位,因此可以可以延伸 4～1 020 ms。不论间隔值设为多少,如果从上一次的报告送出后,报告数据已经改变过了,那么一收到这个要求,设备即会送出报告。

反之,如果数据仍未更改,以及从上一次的报告后,所设置的间隔时间值仍未到达,设备就会回传 NAK 握手封包。

再者,如果数据仍未更改,以及从上一次的报告后,所设置的间隔时间值已经到达,设备就会送出报告。

而设置间隔值为 0,则表示无限制的间隔,那么仅有当报告数据已经改变,以及对于所有其他的中断 IN 要求以 NAK 回应时,设备才会送出报告。

HID 并不需要支持这个要求。在设备列举 HID 时,Windows HID 驱动程序倾向于设置闲置率为 0。如果 HID 支持这个要求,仅有当报告数据已经改变时,设备才会送出报告。如果 HID 以停滞(Stall)握手封包回应这个要求,这个要求将不支持,而且不论数据已经改变与否,设备将会送出报告。

5. 取得协议,Get_Protocol(见表 8.10)

表 8.10 取得协议

字节	字段	数值	所代表含义	8051 响应
0	bmRequestType	0xA1	群组要求,IN	通过 EP0-IN 送出一个字节: 0:启动协议 1:报告协议(预设)
1	bRequest	0x03	Get_Protocol	
2	wValueL	0		
3	wValueH	0		
4	wIndexL	IF	接口	
5	wIndexH	0x00		
6	wLengthL	1	字节数目	
7	wLengthH	0		

目的:主机会了解到目前设备的动作是属于启动或报告协议。

要求数值(bRequest):03h。

数据来源:设备。

数据长度(wLength):1。

数值字段的内容(wValue):0。

索引字段的内容(wIndex):支持此要求的接口数目。

在数据阶段中数据封包的内容:协议。0=启动协议,1=报告协议。

启动设备必须支持这个要求。

6. 设置协议, Set_Protocol (见表 8.1)

表 8.11 设置协议

字节	字段	数值	所代表含义	8051 响应
0	bmRequestType	0x21	群组要求, OUT	
1	bRequest	0x0B	Set_Idle	
2	wValueL	Prot	何种协议	Prot 表示:
3	wValueH	0		0: 启动协议
4	wIndexL	IF	接口	1: 报告协议(预设)
5	wIndexH	0x00		
6	wLengthL	0	字节数目	
7	wLengthH	0		

目的: 主机会设置是否使用启动或报告协议。
要求数值(bRequest): 0Bh。
数据来源: 主机。
数据长度(wLength): 1。
数值字段的内容(wValue): 0。
索引字段的内容(wIndex): 支持此要求的接口数目。
在数据阶段中数据封包的内容: 协议。0=启动协议, 1=报告协议。
启动设备必须支持这个要求。

此外, 对于早期符合 USB 1.0 规范的设备(如键盘、摇杆等)所使用的芯片组, 例如, Cypress 半导体公司所推出的 CY7C63001 与 enCoRe 等系列, 由于不具有中断 OUT 端点的功能, 只能单独地接收设备所传回的数据(这是由于 PC 主机无须将数据传递至键盘与鼠标中), PC 主机无法将数据传输至设备端。但对用户若要以 HID 群组来设计 USB 输入/输出控制, 则需要实现数据输出的功能。

因此, 用户可以使用 Set_Report 要求来将数据从主机传至设备上, 而这是一种权宜的措施。当然, 对于 EZ-USB FX 系列芯片组, 则同时具有支持中断端点 IN 与 OUT 的功能, 因此用户可以中断端点来达到数据输入/输出的功能。

8.8 问题与讨论

1. 试说明 HID 群组的特性以及其优点。
2. 试说明 HID 群组的限制。
3. HID 的描述符与一般设备的描述符多了哪两种描述符?
4. HID 的设备要求与标准的设备要求有什么不同?

第 9 章

Visual Basic 6.0 简介

　　Visual Basic 是 1991 年所推出的开发软件,主要是解决复杂的程序设计。在过去,若要在 Windows 操作系统下,设计一些复杂的人机接口,如滚动条控制、对话框、建立菜单等,是非常困难的。但通过 Visual Basic 所具备的事件驱动的概念,让用户在设计程序时,相当的简易。换而言之,用户只须针对这个事件来设计其驱动的方法,即可达到所要实现的功能。

　　由于 Visual Basic 是一种面向对象程序设计语言(OOP),将程序代码与数据的组合视为对象的概念,因此,所引用的窗体,或窗体的控制项以及整个应用程序都可视为一个对象。

　　而由对象的概念所引伸出来的,则是与对象相关的属性,事件与方法的概念。这也大大地简化整个程序设计的步骤,并降低了难度。通过 Visual Basic 来设计 Windows 应用程序也就越来越普及了。

　　而在学习 Visual Basic 之前,前提是用户已经安装了这个应用程序。虽然用户所使用的版本略有差异,但不论是普及版、专业版以及企业版,基本上都能够执行本书所要设计的应用程序。

　　不过,本书是以中文的企业版作为应用程序的设计环境。若画面稍有差异,用户应可加以变化一下。

　　由于限于篇幅,无法完整地介绍 Visual Basic 的所有内容,在此仅针对一些基本的概念来加以叙述。

　　若用户对 Visual Basic 有兴趣,请参考其他书籍与资料。

8051 单片机 USB 接口 Visual Basic 程序设计

9.1 踏出 Visual Basic 的第一步

在用户完成安装的步骤后，即可单击 Windows 左下角的"开始"按钮。然后，选择"程序"项目的"Visual Basic 6.0"应用程序名称。这样，即可看到如图 9.1 所示的窗口界面*。

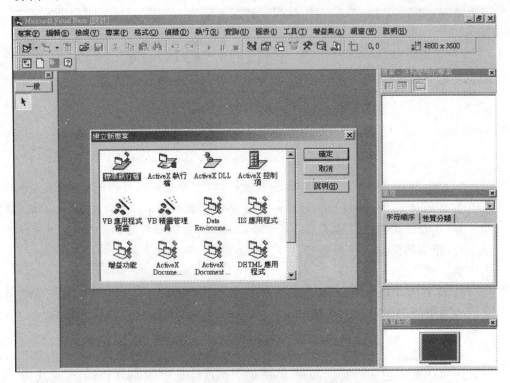

图 9.1 开始进入 Visual Basic 开发环境的窗口界面

当用户看到此界面后，表示目前所开启的新项目为一个标准的执行文件。若是初学者，只要单击"确定"按钮后，即进入了 Visual Basic 应用程序设计的第一步。

紧接着，就呈现了如图 9.2 所示的开发环境窗口界面。

这即是第一次进入 Visual Basic 整个开发环境。在该开发环境中，提供了所有程序设计的需求、资源与功能。只要用户善加利用，就可以将程序设计的工作，达到事半功倍的效果。而其中包含了菜单、工具栏、工具箱、窗体、项目总管、属性窗口以及窗体

---

* 本章中的窗口图为繁体字版中的原图，读者应对应简体版软件窗口图理解。

Visual Basic 6.0 简介 9

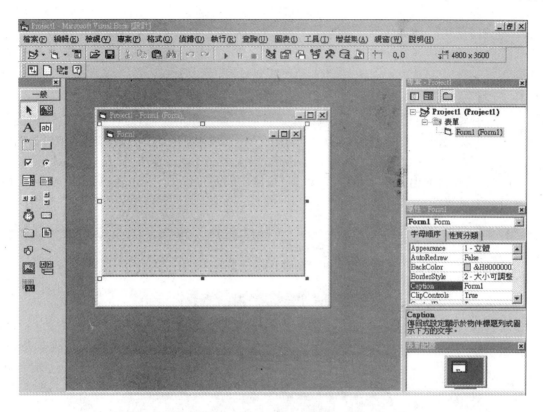

图 9.2 Visual Basic 开发环境的窗口界面

配置窗口等各个功能殊异的操作环境与设置方式。

这是用户第一次进入的开发环境的配置方式，当然，随着用户编写程序的习惯的不同，可以通过"菜单"中的"检验"功能来加以设置与更改集成开发环境。

9.2 集成开发环境的介绍

为了了解 Visual Basic 的集成开发环境，以下依序按照菜单、工具栏、工具箱、窗体、项目总管、属性窗口以及窗体配置窗口等不同功能来介绍。

1. 菜 单

Visual Basic 6.0 窗口的最上方是菜单栏，如图 9.3 所示。用户只要单击菜单的某个功能项即可开启此功能项的下拉式菜单，然后就可依自己所需要来执行功能。

·189·

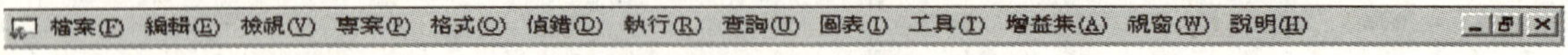

8051 单片机 USB 接口 Visual Basic 程序设计

图 9.3 Visual Basic 菜单栏

2. 工具栏

工具栏的功能钮主要是提供程序设计时一些常用的功能,这样用户就可以直接按下一个功能钮来执行某个功能。而 Visual Basic 6.0 提供了"一般"、"窗体编辑器"、"侦错"与"编辑"4 种工具栏。如图 9.4 所示,当 Visual Basic 激活时,只会显示"一般工具栏"。若要再调用其他工具栏,可以到"检验"菜单的"工具栏"中加以选择,如图 9.5～图 9.7 所示。

图 9.4 Visual Basic 一般工具栏

图 9.5 窗体编辑器工具栏

图 9.6 侦错工具栏

图 9.7 编辑工具栏

3. 项目总管

Visual Basic 在设计一个功能时,通常会开启一个项目(project)。在项目下可以整合很多的窗体(form)与资源。因此,在开启用户所使用的旧项目时,所有用到的设置和窗体等,都已涵盖在里面了。在 Visual Basic 中,提供了项目总管,如图 9.8 所示。它显示了在目前所编辑的项目中,拥有的窗体,让用户在使用与编辑时可以一目了然。这个项目总管窗口可以在"检验"菜单的"项目总管"选项中,加以选择设置。而项目总管包含了 3 个功能钮,如下所列:

（1）检验程序代码。按下此按钮可以在屏幕上显示所选取文件的程序代码。

（2）检验对象。按下此按钮可促使在屏幕上显示项目总管窗口内所选择的窗体。如图 9.8 所示,显示了 Form1 的窗体。

（3）切换数据夹。按下此按钮可切换项目总管窗口内的窗体数据夹是否要显示。如图 9.8 所示,表示窗体数据夹显示的情形。

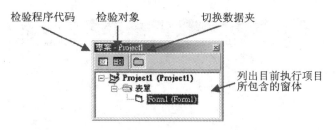

图 9.8　VB 项目总管

4. 属性窗口

属性窗口,顾名思义用来显示一个对象的所有相关属性的窗口。这个窗口可以从"检验"菜单中的"属性窗口"选项来加以选择设置。在属性窗口中,包含下列 2 个主要部分,如图 9.9 所示。

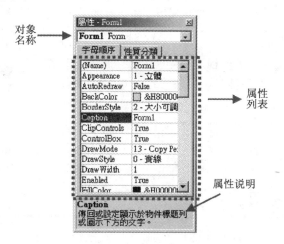

图 9.9　属性窗口

（1）对象名称。此字段列出了用户所选取到窗体或控制组件的名称。

（2）属性列表。列出目前用户选择的窗体或控制组件所包含的全部属性,它可以通过字母顺序或性质分类两种方式来加以分类。

5. 窗体

如图 9.10 所示的窗口称为窗体窗口,简称为窗体。在标题域的 Form1 则为此窗体的名称。用户可以通过属性窗口的 Caption 字段来设置此窗体名称。而在 Visual Basic 设计程序时,通常都是在窗体内设计用户接口。用户可以通过项目总管窗口内的检验对象按钮来选择设置此窗体窗口。

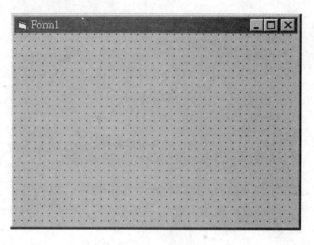

图 9.10　窗体窗口

6. 窗体配置

通过窗体配置,在执行程序时,可以设置窗体出现在屏幕的位置。只要用户利用鼠标来移动此窗口的窗体即可改变其位置,如图 9.11 所示。

除此之外,还有左侧的工具箱窗口。在稍后的章节中,将进一步叙述。

图 9.11　窗体配置

9.3　变量类型

基本上,为了正确地表示一个数值的大小,就有必要定义变量的类型。尤其是定义 API 调用的变量类型时,必须决定变量的长度,这样才能使用所符合的 Visual Basic 类型。一般 Visual Basic 包含了 Byte、Integer、Long、Single、Double 与 String 等变量类型。为了避免由于传递错误类型而发生问题,API 函数中的声明变量应尽可能地符合其变量的需求。

一般以 Dim…As…的方式来声明函数中的变量类型,其语法为:Dim 变量名称

[As 数据类型]。例如,DimClick_Flag As Integer,声明一个旗标(Click_Flag)为整数。变量的命名方式有其规则需遵守,以避免产生不必要的编译错误。

- 首先,第一字必须是英文字母(大小写不分)。
- 可长达 40 个字。
- 不可与保留字相同(如 Print、End 等),以避免编译时产生错误。
- 变量中可以包含数字、字母或底线,但不可有小数点或"%、!、&、@、$、#"等用来表示变量类型结尾的符号(稍后再加以介绍)。

而 Visual Basic 则有 7 种基本数据类型,其中还包含 1 种自由数据类型。所有变量的大小值由在变量名称(如 number)后所增加的符号所声明。除了以"@"来表示钱符号外,其余相关数值的部分,如下所示。

- number%:16 位整数(integer),$-32\,768 \sim 32\,767$ 之间。
- number&:32 位长整数(long),$-2\,147\,483\,648 \sim 2\,147\,483\,687$ 之间。
- number!:32 位单精度浮点数(single),若是无号数,$1.401\,298 \times 10-45 \sim 3.402\,823 \times 1\,038$ 之间。有号数则是 $-3.402\,823 \times 1\,038 \sim -1.401\,298 \times 10-45$ 之间。
- number#:64 位双倍精度浮点数(double),$4.940\,656\,458\,412\,7 \times 10-324 \sim 1.797\,693\,134\,862\,32 \times 10\,308$ 之间。有号数则是 $-1.797\,693\,134\,862\,32 \times 10\,308 \sim -4.940\,656\,458\,412\,747 \times 10-324$ 之间。
- "$":字符串(string),以""符号来放置所要显示的字符串。例如,number $ ="USB HID Class"。

自由数据类型:在 VisualBasic 中,若变量名称末端不含上述特殊数据类型的辨别字符,则视为自由数据类型(variant)。顾名思义,其可放置任何的数据类型。

为了方便用户能够一眼就分辨哪种数据类型,如表 9.1 列出了各种数据类型的结尾符号。当然,用户不能在变量中放置这些符号。

表 9.1 变量与符号的对照表

数据类型名称	英文名称	结尾符号	数据类型名称	英文名称	结尾符号
整数	Integer	%	字串	String	$
长整数	Long	&	金钱币值数据	Currency	@
单精度浮点数	Single	!	自由变量	Variant	无
双精度浮点数	Double	#			

9.4 基本语法

在 Visual Basic 语法中,包含几个用来实现程序流程的基本架构。其中,包含了下列所示的各种常用类型。

If…Then
If…Then…Else
Select Case
For…Next
Do…Loop

在介绍这些基本语法的架构之前,就必须先介绍比较操作数,才可以用来作为判断。一般可以区分为关系操作数与逻辑操作数两种。

1. 关系操作数

利用操作数来判断一个条件或状况的方式。例如,温度值大于、等于或小于等若干的比较关系。表 9.2 列出了 Visual Basic 相关的关系操作数以及其应用的条件。其中,也可以应用在字符的判断上,即通过 ASCII 码的数值来判断,如 0＜1＜9＜A＜Z＜a＜z 等方式。

表 9.2 Visual Basic 所使用的关系操作数

关系操作数	数值判断	字符判断
=	等于	相同
＜＞	不等于	不相同
＜	小于	字符的 ASCII 值较小
＞	大于	字符的 ASCII 值较大
＜=	小于或等于	字符的 ASCII 值较小或相等
＞=	大于或等于	字符的 ASCII 值较大或相等

2. 逻辑操作数

用来判断数种条件或状况互相成立的操作数。其中,包含了 AND、OR 与 NOT 等。如表 9.3 所列,为 Visual Basic 所用的逻辑操作数。

表 9.3 Visual Basic 所使用的逻辑操作数

逻辑操作数	条件判断	字符判断
AND	与	操作数左右两侧条件必须都符合才算满足
OR	或	只要操作数符合左右两侧条件之一符合就可以满足
NOT	非	不符合条件就满足

有了上述的两种用来判断的操作数后,以下,就来叙述各种程序流程的架构。

● If…Then

这个程序的流程架构是以 If 后的条件判断式为"真"的时候,才执行 Then 后的程序描述。其语法以及流程图如图 9.12 所示。

```
语法1：If条件判断式Then 程序描述
语法2：If条件判断式Then
            程序描述
       End If
```

流程图

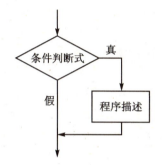

图 9.12　If…Then 语法和流程图

● If…Then…Else

如果要作多个条件的判断,且第一个条件不符合,那么就要在 If…Then 的语法中,再加上一个 Else 来作例外情况的判断。其语法以及流程图如图 9.13 所示。

```
语法1；If条件判断式Then 程序描述A Else程序描述B
语法2；If条件判断式Then
            程序描述A
       Else
            程序描述B
       End If
```

流程图

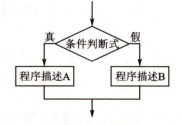

图 9.13　If…Then…Else 语法和流程图

8051 单片机 USB 接口 Visual Basic 程序设计

此外,如果还是无法满足程序流程的架构,还可以在原来的 If…Then…语法中,再放入一个新的 If…Then…语法。这样,即可建立出一个 If…Then…的巢状结构出来,以解决更复杂的情况。

● Select…Case

在上述的两种程序流程中,通过 If 语法可以将情况一分为二(真或假)。但许多的情况是需要做多重选择,这时就要选用 Select…Case 语法结构。其语法以及流程图,如图 9.14 所示。

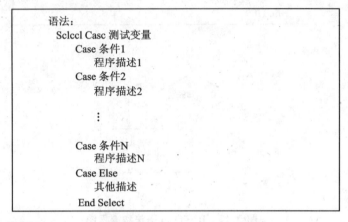

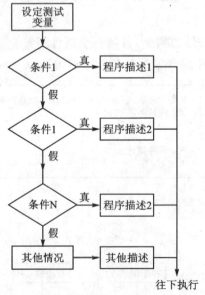

图 9.14 Select…Case 语法和流程图

● For…Next

为了重复执行固定次数的程序流程,就有必要采用这种 For…Next 结构。其语法以及流程图,如图 9.15 所示。其中,必须设置一个变量,且设置此变量的初始值与终值。通过所设置的 Step 递增值,让初值逐渐地累加后,判断是否达到终值。若未达到,就重复地执行程序描述。反之,达到就停止执行循环的动作。

此外,需注意的是初值与终值都必须设置为数值,而 Step 的递增值则可有可无。但若要设置,则 Step 预设为 1。这种程序的流程架构常常以 99 乘法表或 1+…+99 总和为设计范例。

```
语法: For  循环指标=初值To终值[Step 增值]
          程序描述
      Next 循环指标
```

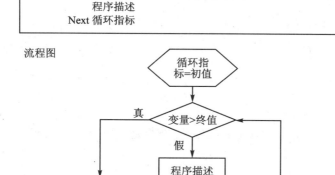

图 9.15 For…Next 语法和流程图

● Do…Loop

除了上述所提及的 For…Next 来作程序重复的执行外,用户也可以使用 Do…Loop 语法架构。但后者的程序流程架构更具弹性化,可以通过 Until 与 While 指令来调整所要执行的整个程序描述是在判断前面的条件或后面的条件后,再来执行。其语法如图 9.16 所示。

```
语法:
   Do [判断条件]
         程序描述
   Loop [判断条件]
```

图 9.16 Do…Loop 语法

因此，Do…Loop架构有两种形式，分别为先判断再执行以及先执行再判断两种，以下分别加以叙述。

（1）先判断再执行

语法：Do While 条件

　　　描述

　　　Loop

功能：执行前先检查是否满足条件，若满足才进入循环。

语法：Do Until 条件

　　　描述

　　　Loop

功能：执行前先判断是否不满足条件，若不满足才进入循环。

（2）先执行再判断

语法：Do

　　　描述

　　　Loop While 条件

功能：先进入循环执行描述区段后，再判断是否要再进入循环。

语法：Do

　　　描述

　　　Loop Until 条件

功能：先进入循环执行描述区段后，再判断是否不再进入循环。

用户需注意：

● 满足条件才进入 While 描述的循环。

● 不满足条件才进入 Until 描述的循环。

因此，Do…Loop程序编写的弹性很大。但相对地，用户也要清楚地了解整个程序运作的流程，才能正确地执行所要的循环次数。要不然，执行的次数少一次或多一次，也就无法达到程序设计的目的。

9.5　工具箱

除了稍前所介绍的各种功能窗口外，另一个非常重要的功能窗口是工具箱，如图9.17所示。用户可以在"检验"菜单的"工具箱"选项中，加以选择设置。

图9.17所示的工具箱内的工具类型甚多，每一个都是一种控件的对象。至于如何

Visual Basic 6.0 简介

去引用这些工具箱中的控制组件呢？下面以 CommandButton（功能按钮）来介绍。一进入 Visual Basic 的编辑环境中，应是如图 9.2 所示。由于目前窗体（For m）窗口尚未有其他的控制组件，所以属性（Properties）窗口内仅列出目前窗体窗口的属性。在窗体窗口内引用工具箱内的控制组件的步骤如下所列：

① 用鼠标的左键在该工具钮上单击。
② 将鼠标移至窗口某位置单击，然后拖动鼠标。此时可看到有一浅灰色框随着拖动鼠标而改变大小范围。
③ 当外框的大小范围固定后，松开鼠标左键，就已成功地引用工具箱来建立对象了。

以下是引用工具箱的功能按钮（CommandButton）（图 9.18）在窗口内建立功能按钮控制组件的范例。

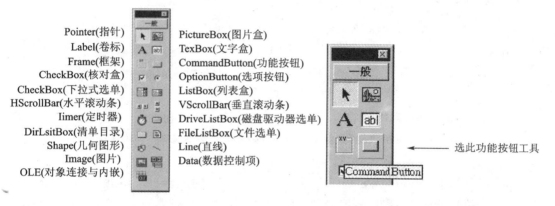

图 9.17 工具箱窗口　　　　　图 9.18 选功能按钮

下面是将鼠标箭头在窗体窗口内按一下，且拖动鼠标时，将可看到浅灰色框，如图 9.19 所示。

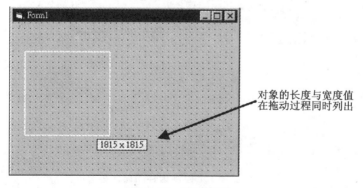

图 9.19 拖动鼠标

放松鼠标按键后,便可看到利用功能钮所建的对象,如图 9.20 所示。

当成功地建立一个对象后,此对象将被外框(各角落及各边线中央有黑方块)框住。此时用户可以再观察属性窗口,将可看到目前所建控制组件的属性(这些属性的默认值),如图 9.21 所示。而用户即可在属性窗口更改所建立控制组件的属性。

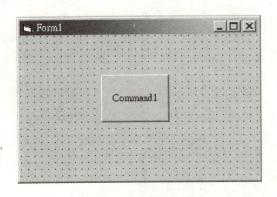

图 9.20　建立好的窗体　　　　　　　图 9.21　属性窗口

一个窗体窗口可能会同时有不同工具所建好的控制组件。如图 9.22 所示,在窗体窗口内含 3 个控制组件,分别是 Command1、Command2、Text1。Command2 外框被框住了,代表 Command2 是目前所选的控制组件。若用户想选用某一个控制组件,只要在该控制组件上单击即可。

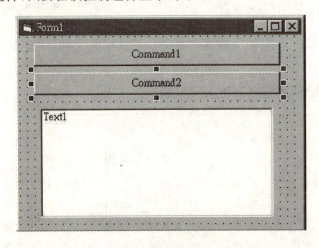

图 9.22　含 3 个控制组件的窗体窗口

但不要忘记,此时还有一个窗体的对象存在。因此,除了上述的 3 个控制组件外,若在窗体窗口内单击,就会选取窗体窗口本身。此时属性窗口将显示窗体窗口的属性。当然,在此情况下用户也可以利用属性窗口来更改窗体窗口的属性。

以上是功能按钮的引用步骤,其余工具箱内的控制组件都是雷同的。由于工具箱内的控制对象类型众多与复杂,无法一一深入地跟用户介绍,尤其是属性的引用。在此仅针对比较重要的工具来作简单的描述。

- 指针(Pointer)。这是工具箱唯一无法引用的控制组件项目。在选择指针后,只能调整放置在窗体上的控制组件大小或移动控制组件。

- 卷标(Label)。该功能按钮用于显示字符串。例如,可以将它放在图片的下方,用于标明图片的名称,如数据域位的标题。

- 框架(Frame)。该功能按钮提供建立框架,以便将其他控制组件放在框架内。再者,若要集合一群的控制组件,那么首先也要拉出一个框架,然后在框架中放置所需的控件项目。

- 核对盒(Check Box)。该功能按钮建立一方块,然后用来选择以便显示 True 或 False,或 Yes 或 No 的状态。值得注意的是在一个窗体(Form)内,用户可以同时设置多个复选框。一般在 Windows 操作系统的应用程序中,常会有多种选项的设定需要用户同时去选择。而这些选择项通常是复选的。例如,用户可以设定字形为粗体、斜体与加底线等。若要具备这种功能,就需选用核对盒的工具。如图 9.23 所示,为 Word 应用程序中段落的设置方式,这种即为核对盒的应用范例。

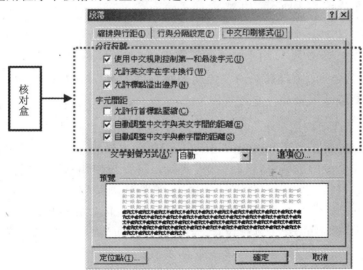

图 9.23 核对盒的应用范例——Word 应用程序中的段落设置

要建立复选框控件时,可以由工具箱的工具来加以建立,其建立的步骤如下所列。

① 在工具箱中选择工具 ☑ 。
② 将鼠标移到窗体窗口的范围中,按着鼠标左键不放并拖动出所要的复选框的大小范围出来。

- ▤ ComboBox(下拉式选单)。该功能按钮提供列表盒与文本框的组合对象。用户可以从列表盒中选取项目或在文本框中输入数值。

- HScrollbar(水平滚动条)。该功能按钮提供用户快速浏览较长信息与内容的图形工具。此外,也可作为间隔数值的设置,且视为一种输入设备,以及当作用户在设计如温度、湿度的指示器。

- Timer(定时器)。在设置的时间间隔内自动执行定时器。但在执行阶段是不看到的。

- DirListBox(清单目录)。清单目录,用来显示目录与路径名称。

- Shape(几何图形)。该功能按钮可以在窗体上绘制各种几何图形,如矩形、正方形与椭圆形等。

- Image(图片)。可以在窗体上显示如 BMP 图文件、图标或中继文件的图形影像等。

- OLE(对象)。该功能按钮提供连接其他应用程序的对象,并且嵌入至 Visual Basic 应用程序。

- PictureBox(图片盒)。该功能按钮作为图形方法输出,或其他控件的收纳器之用,可用来显示图形影像,或当工具列或图标列。

- 文字盒(TextBox)。该功能按钮提供输入和显示文字数据之用。这是经常用到的控制对象。

- 选项按钮(Option Button)。该功能按钮提供建立选项按钮,值得注意的是在一系列选项按钮组内,用户一次只能选一个选项按钮。若是要在众多的选项中,仅取一个,就需要设置与使用这种选项按钮。这也即是,核对盒控制组件若是复选题,那么选项按钮便是单选题。相对于图 9.23 所示,在段落设置中应用核对盒,也可以在打印窗口中的"指定范围"框架里,单一选择设置"全部"、"当前页"或"范围"等设置方式。当然,其中,也只能单独选择一种范围,如图 9.24 所示。

要建立复选框控件时,可以由工具箱的 ☑ 工具来加以建立,其建立的步骤

Visual Basic 6.0 简介 9

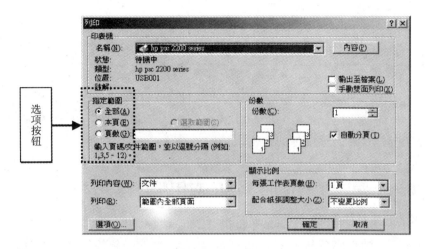

图 9.24 选项按钮的应用例－印表窗口上的设置

如下所列。
① 在工具箱中选择这项工具。
② 将鼠标移到窗体窗口的范围中，按着鼠标左键不放并拖动出所要的核取方块的大小范围。

- 列表盒(ListBox)。可用于显示列表性质的数据项，用户可从此列表内选择某项目。若列表无法依次显示时，我们可以卷动此列表。稍后范例的程序设计中，将会通过列表盒来显示所要的一切信息。

- 垂直滚动条(VScrollBar)。该功能按钮同水平滚动条的说明，只不过方式是垂直的。

- 磁盘驱动器选单(DriveListBox)。该功能按钮显示目前连接上或有用的磁盘驱动器。

- 文件选单(FileListBox)。该功能按钮显示文件的选单，以利用户在程序设计时可以用来选择读取或写入的文件。

- 直线(Line)。该功能按钮提供用来在窗体上画出各式样的直线。

- 数据控制项(Data)。该功能按钮的功能为从数据库中存取数据。

8051 单片机 USB 接口 Visual Basic 程序设计

9.6 编写第一个 Visual Basic 应用程序

在正式用 Visual Basic 来编写 USB 接口应用程序之前，我们先以最简易的应用程序来介绍如何编写用户的第一个应用程序。在这个程序范例中，将显示"USB 接口程序设计"字符串，并通过鼠标的按键来清除。

9.6.1 第一个 Visual Basic 应用程序

当用户一进入 Visual Basic 开发的设计环境中，可以看到如图 9.2 所示的画面。由于所要设计的程序只与 Form1 窗体窗口有关，因此无须使用其他工具箱内的控制组件。接下来，尝试变更窗体窗口 Form1 的标题。如果已显示了属性窗口，则可直接修改；若无，请开启属性窗口，然后选 Caption 项，如图 9.25 所示。

直接将光标移至属性的字段处单击，光标将停留在该字段位置。然后再输入"程序范例一"就可以了，如图 9.26 所示。

图 9.25　属性窗口

从图 9.26 可以看到，当成功地更改属性窗口 Caption 字段的名称后，原先窗体窗口的名称也将随着更改。接着再来介绍的是编写程序代码的方法。在编写程序代码之前，首先要开启程序代码窗口。开启的方式是利用项目窗口中的"检验程序代码"按钮，可单击此按钮，在上方左边的对象字段选择 Form，即可看到如图 9.27 所示的程序代码窗口。

图 9.27 中的左下角包含了 2 个功能按钮，其意义如下：

　　程序检验钮：此按钮按下时，本窗口一次只能显示一个程序。

　　全模块检验钮：此按钮按下时，本窗口可显示本模块内所包含的全部程序。

由于目前程序只使用窗体（Form）对象。因此，在程序代码窗口内"对象"字段所显示的是 Form。"程序"字段主要是供选择事件名称，通过这些事件，我们将可能发生的事件来编写相关的程序代码。而一开始就直接显示 Load 事件。若单击"程序"字段右边的▼钮，将可以列出目前对象有哪些事件名称可选择，如图 9.28 所示。

Visual Basic 6.0 简介 9

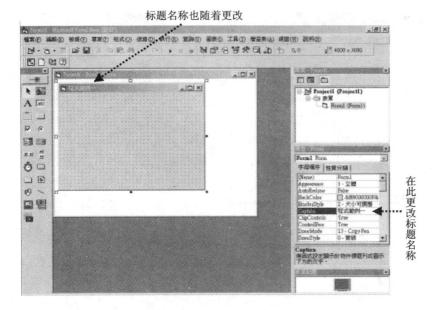

图 9.26　更改标题

图 9.27　程序代码窗口

在本程序范例中还用到 Click 事件,因此,选用 Click 之后将可得到如图 9.29 所示的图标结果。

图 9.28 列出所有 Form 的事件名称

图 9.29 新增的事件名称

从图 9.29 可以看到新增的 Form_Click,而子程序名称的命名规则如下：

Private Sub Form_Click()
　　⋮
End Sub

其中 Sub 代表子程序的开始,End Sub 则代表子程序的结束。在 Sub 至 End Sub 之间的范围内可以编写程序代码。而 Sub 后面的 Form_Click()为此子程序名称,前面的 Private 则表本子程序为私用的,仅能用在本声明模块内。在本程序实例中,所编的程序代码如图 9.30 所示。

在 Form_Click 程序中使用了一个变量名称 Click_Flag,作为程序判断之用的标志。若要将其设置为外部变量,我们必须加以声明。而其方式是首先开启对象字段的下拉列表框,然后选则一般项目,如图 9.31 所示。

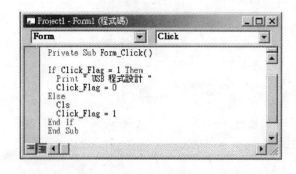

图 9.30 程序代码

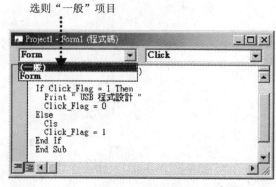

图 9.31 选择"一般"项目

执行后，可将 Click _Flag 声明为一个整数变量的程序代码，如图 9.32 所示。

图 9.32　设置为整数变量

这样，一个简易的程序范例就建立起来了。但用户或许会怀疑，Click _ Flag 为何没有设初始值。这是因为当变数声明后，其默认值为 0。因此，在程序执行的区域按下任何按键后，即可根据程序的执行设置为 1 或 0。而其中的 Cls 指令是用来清除屏幕的。所以整个程序将会依按下按键，打印一串"USB 程序设计"，再按一次则清除，一直循环持续下去。如图 9.33 所示，即为程序执行的状况。左右两个窗口将会在按下任一鼠标键后持续地切换。

图 9.33　程序执行情况

9.6.2　存储所建的程序文件

若要存储第一个 Visual Basic 应用程序，那么所要存储的包含窗体文件以及项目文件。首先,通过鼠标选择主窗口"文件"菜单的"另存新文件"指令。在执行后,可以看到如图 9.34 所示"另存新文件"对话框。

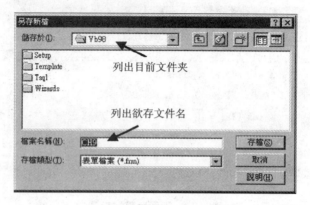

图 9.34 另存新文件

上述的 CH9.frm 是所建立窗体窗口及其相关程序代码的文件名。若想将此文件存至特定的文件夹内(d:\vb\CH9),那么就先更改文件夹的路径。

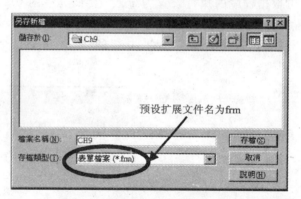

图 9.35 更改文件夹的路径

见到图 9.35 后,再单击"存盘(S)"按钮,即可正式将 CH9.frm 存至 d:\vb\CH9 文件夹内。而对于项目文件的存储上,可以看到如图 9.36 所示的对话框。

在 Visual Basic 应用程序设计中,通常每一个完整的 Visual Basic 应用程序都包含数个程序、资源或设置,为了方便编译及连接,可以将这些程序的编译及连接方式全部记载在项目文件内。而 Visual Basic 为了减轻程序设计师的负担,在用户设计好程序后,就会自动产生项目文件,以便管理所设计的程序。通常预设的项目文件名称是 Project1.vbp,因此,需要作进一步地更改文件名,并存储至特定的目录下。

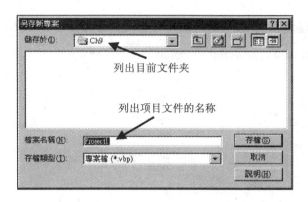

图 9.36　存储项目文件

9.6.3　进阶程序的设计

在本节中,我们整合稍前所叙述的工具箱的控制组件以及程序的基本语法。其中,引用了文本框、选项按钮、核对盒以及功能按钮的控制组件。在该应用程序中,要输入名字,并用复选框来选择地点与动作,用选项按钮来判断是否要加粗体字,是否要加底线。这个程序执行画面如图9.37所示。图9.38是程序代码窗口。

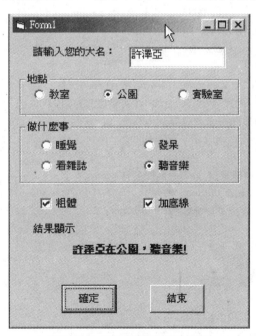

图 9.37　进阶程序执行的界面

8051 单片机 USB 接口 Visual Basic 程序设计

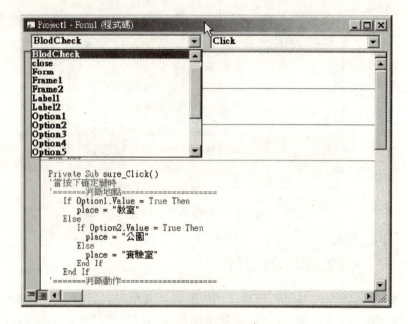

图 9.38 进阶程序的程序代码窗口

下面列出程序代码范例以及相关的批注。

'对象名称：user name 文字输入盒 事件名称：Change
'在文字输入盒中，输入一个字符串
Private Sub user name_Change( )
End Sub
'对象名称："地点"框架(Frame1) 事件名称：DragDrop
'在"地点"框架中，放置"教室"，"公园"，"实验室"选项按钮
'仅能在这些选项按钮中单独选择其中一个选项
Private Sub Frame1_DragDrop(Source As Control, X As Single, Y As Single)
End Sub
'对象名称："地点"框架(Frame1) 事件名称：DragDrop
'在"地点"框架中，放置 Option1(教室),Option2(公园),Option3(实验室)选项按钮
Private Sub Frame1_DragDrop(Source As Control, X As Single, Y As Single)
End Sub
'对象名称："教室"选项按钮(Optional1) 事件名称：Click
'Option1.Value = True
Private Sub Option1_Click()
End Sub
'对象名称："公园"选项按钮(Optional2) 事件名称：Click
'Option2.Value = True

·210·

```
Private Sub Option2_Click()
End Sub
```
'对象名称:"实验室"选项按钮(Optional3)事件名称：Click
'Option3.Value = True
```
Private Sub Option3_Click()
End Sub
```
'对象名称:"做什么事"框架(Frame2)事件名称：DragDrop
'在"作什么事"框架中，放置Option4(睡觉),Option5(看杂志),Option6(发呆)与Option7(听音乐)选项按钮
'仅能在这些选项按钮中单独选择其中一个选项
```
Private Sub Frame2_DragDrop(Source As Control, X As Single, Y As Single)
End Sub
```
'对象名称:"睡觉"选项按钮(Optional4)事件名称：Click
'Option4.Value = True
```
    Private Sub Option4_Click( )
End Sub
```
'对象名称:"看杂志"选项按钮(Optional5)事件名称：Click
'Option5.Value = True
```
Private Sub Option5_Click( )
End Sub
```
'对象名称:"发呆"选项按钮(Optional6)事件名称：Click
'Option6.Value = True
```
Private Sub Option6_Click( )
End Sub
```
'对象名称:"听音乐"选项按钮(Optional7)事件名称：Click
'Option7.Value = True
```
Private Sub Option7_Click()
End Sub
```
'对象名称:"粗体"检核盒(BlodCheck)事件名称：Click
'BlodCheck.Value = 1,在稍后的卷标中显示粗体(PrintText.FontBold = True)
```
Private Sub BlodCheck_Click()
End Sub
```
'对象名称:"加底线"检核盒(UnderCheck)事件名称：Click
'UnderCheck.Value = 1,在稍后的卷标中显示加底线
    (PrintText.FontUnderline = True)
```
Private Sub UnderCheck_Click()
End Sub
```
'对象名称:卷标(PrintText)事件名称：Click
'用来显示一个字符串

```
Private Sub PrintText_Click()
End Sub
```
'对象名称：Sure功能按钮事件名称：Click
'单击"确定"按钮
'选项按钮：单选Option1(教室)，Option 2(公园)与Option3(实验室)其中之一，以及单选Option4(睡觉)，Option5(看杂志)，Option6(发呆)与 Option7(听音乐)其中之一
'复选检核盒：Blod Check(粗体)与Under Check(加底线)
'将所设置选项按钮与检核盒以及文本框结合在一起，并将其显示出来至卷标上
```
Private Sub sure_Click( )
```
'当单击"确定"按钮时
'======judgment地点 =======
'======判断地点 =======
```
If Option1.Value = True Then
place = "教室"
   Else
If Option2.Value = True Then
place = "公园"
Else
place = "实验室"
End If
End If
'======判断动作 =======
If Option4.Value = True Then
motion =   "睡觉"
Else
If Option5.Value = True Then
motion =   "看杂志"
Else
If Option6.Value = True Then
motion =   "发呆"
Else
motion =   "听音乐"
End If
End If
End If
'======结果显示 =======
PrintText = username + "在" + place + "," + motion + "!"
'======判断是否为粗体 ===== =
If BlodCheck.Value = 1 Then
PrintText.FontBold = True
```

```
    Else
        PrintText.FontBold = False
    End If
'======判断是否加底线======
    If UnderCheck.Value = 1 Then
        PrintText.FontUnderline = True
    Else
        PrintText.FontUnderline = False
    End If
End Sub
'对象名称：close 功能按钮事件名称：Click
'单击"结束"按钮来结束程序的执行
Private Sub close_Click( )
'如果按下结束，就结束！
        End
End Sub
```

第 10 章

用 Visual Basic 编写 USB 应用程序

有了第 9 章 Visual Basic 语言的基础后,本章将应用并整合稍前章节所介绍的 Windows USB 接口驱动设计的设计原理,来介绍如何从 Visual Basic 程序切入至 USB 接口驱动设计部分。

在稍前的章节中,介绍过 HID 设备的便利性以及特征。因此,在本章将介绍由 Windows 所提供与 HID 设备通信连接的 API 函数。我们可以使用高级的计算机程序语言,如 Visual C++、Visual Basic、Delphi 等语言来调用这些 API 函数。在此,我们将通过 Visual Basic 程序来设计与引用 HID 群组的 API 函数。

为了了解并切入 USB 驱动程序的设计,用户还需到 Microsoft 网站下载 Windows 98 DDK 以上版本的开发程序。这些是为了在编写 HID 群组的应用程序时,取得所需的相关信息。一旦安装完毕后,即可产生所有的资源文件,以供稍后编写应用程序之用。

10.1 主机通信的基本概念

在 Windows 98 第一个版本以上即有提供完整的 HID 群组的驱动程序,因此不再需要另外安装驱动程序。若 HID 群组设备已经安装至设备管理器(此设备已经放到如图 10.1 所示的"人工接口设备"),即可开始对此设备进行接口控制与传输。

这个过程看似简单,但事实上,却不是那么容易。除了在固件的编写上,必须符合人工设备的基本要求外,这种对 USB 设备进行通信的程序,需要进行一连串的 API 函

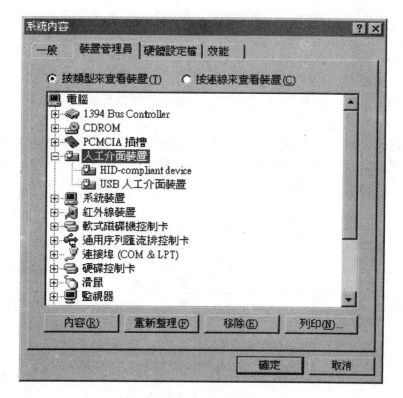

图 10.1 在设备管理器上显示 USB 人工接口设备

数调用与控制。

当然,这也包含所提及过的设备列举的部分程序。例如,Windows 应用程序必须先识别此设备(取得设备描述符等信息,如 VID/PID/DID 码)。再者,还需读取其报告描述符(HID 具有报告描述符)等繁琐的工作。

因此,若要执行 USB 的应用程序的编写,首先,固件程序代码必须先通过设备列举的步骤。如图 10.1 所示,将设备挂在设备管理器中后,才可进行数据传输与命令设置的工作。这样,用户才可通过 Visual Basic 应用程序的编写,来实现 USB 通信的目的。

10.2 主机如何发现设备

要与 HID 设备执行通信的工作并不是一件容易的事。它不像使用 Printer Port 并列接口或 RS-232 串行接口那样容易,只须设置缓存器或设置频率即可;相反困难更

多了。首先要在应用程序与 HID 设备交换数据之前，先必须识别这个设备，并取得其报告描述符的信息。

为了达到这个目标，应用程序必须调用一连串的 API 函数。在这应用程序中，首先会找出哪些 HID 被连接至系统。对于自定义的设备而言，应用程序能搜寻特定的制造商/产品（VID/PID）码。应用程序也会搜寻特定的设备型态，如鼠标、键盘或摇杆。

当发现设备后，应用程序会通过送出与接收报告来交换信息。表 10.1 列出了用来建立通信以及与 HID 交换数据的 API 函数。这些函数以字母的顺序列出。我们可以在应用程序中调用它们。这些函数主要是用来识别 HID，以及传送与接收报告之用。

表 10.1　Windows 与 HID 通信的主要 API 函数

API 函数	DLL 文件	用　途
HidD_GetHidGuid	hid.dll	取得 HID 类别的 GUID
SetupDiGetClassDevs	setupapi.dll	传回一个设备信息群，包含指定类别内的所有设备
SetupDiEnumDeviceOnterfaces	setupapi.dll	传回设备信息群内的一个设备的信息
SetupDiGetDeviceInterfaceDetail	setupapi.dll	传回设备的路径
SetupDiDestroyDeviceInfoList	setupapi.dll	释放 SetupDiGetClassDevs 所使用的资源
CreateFile	kernel32.dll	开启设备的通信
HidD_GetAttributes	hid.dll	传回制造商 ID、产品 ID 与版本 ID 码
HidD_GetPreparsedData	hid.dll	传回包含设备能力信息的缓冲区的代号
HidP_GetCaps	hid.dll	传回描述设备能力的结构
HidD_FreePreparsedData	hid.dll	释放 HidD_GetPreparsedData 所使用的资源
WriteData	kernel32.dll	传送一个输出报告给设备
ReadFile	kernel32.dll	从设备读取一个输入报告
HidD_SetFeature	hid.dll	传送一个特性报告给设备
HidD_GetFeature	hid.dll	从设备读取一个特性报告
CloseHandle	kernel32.dll	释放 CreateFile 所使用的资源

以上的这些 API 函数各有其功能与目的，其中各个参数亦互有连接。后面再进一步介绍这些 API 函数。

10.3 相关文件

在 Windows 操作系统中用来与 HID 设备通信的 API 函数如表 10.2 所列,其中包含了最重要的 3 个动态链接文件 DLL:Hid.DLL、Setupapi.DLL 与 Kernel32.DLL。

表 10.2 动态链接文件

DLL 文件名称	所包含在 API 函数的内容
Hid.dll	HID 基本的通信功能
Setupapi.dll	HID 寻找、剖析与识别设备
Kernel32.dll	交换数据或一些通用的函数

这些 DLL 文件放置在 C:\WINNT\system32\ 或 C:\WINNT\ServicePackFiles\i386\ 目录内。Windows 操作系统提供有数千个各种功能殊异的 API 函数,当然其中也包含了应用在 HID 设备所使用的 HID 函数。这些函数的执行程序代码存储在动态链接函数库(Dynamic Linked Library,DLL)文件中。

以下,分别叙述这 3 个动态链接文件的内容以及相关的数据。

(1) HID.DLL

用来与 HID 设备通信相关的函数仅放在 Hid.dll 函数库内。其相关的文件数据放在 DDK 中,目录为 Kernel-Mode Drivers > Drivers for Input Devices;Hid.dll 函示库放置在 C:\WINNT\system32\ 或 C:\WINNT\ServicePackFiles\i386\ 目录下。

(2) SETUPAPI.DLL

用来检测设备相关的函数放在 setupapi.dll 函数库内。其相关的文件数据放在 DDK 中,Setup, Plug & Play and Power Management > Device Installation Functions。此外,也可在 SDK 平台的 Device Management Functions 位置下找到相关信息。setupapi.dll 函数库同样也放置在 C:\WINNT\system32\ 或 C:\WINNT\ServicePackFiles\i386\ 目录下。这些函数应用在包含了 USB 设备的所有即插即用的设备上。

(3) KERNEL32.DLL

与 USB 设备打开通信,读取输入报告以及写出输出报告的相关函数放在 kernel32.dll 中。各种相关的文件放在 MSDM 函数库,SDK 平台的 File I/O 目录下。其余许多的设备也可以使用这些函数。setupapi.dll 函数库同样也放置在 C:\WINNT\system32\ 或 C:\WINNT\ServicePackFiles\i386\ 目录下。

这些函数库内的函数已经涵盖了与 HID 设备通信所需的所有功能,而这些函数在不同 Windows 版本是略有不同的。Windows 98 SE 增加了 7 个 HID 函数至原先 Windows 98 Gold 版本所支持的函数中,而 Windows 2000 与 Windows Me 则支持同

样新的函数。这些新增的函数，用户可以在 Windows 2000 DDK 文件中找到，但是这些相关数据没有包括在 Windows 98 DDK 文件中。

10.4 HID 函数

10.2 节曾稍微说明，在 HID.DLL 提供了与 HID 通信的函数，而表 10.1 中仅列出了部分的函数。但是在 HID.DLL 中却提供了更多相关的函数。在这些表中所列的 API 函数中，若是根据前缀来区分，则包含了 HidD 与 HidP 两种类型。其中，HidD 前缀的 API 函数可应用于应用程序与设备驱动程序，而另一种 HidP 前缀的 API 函数仅能使用在应用程序。

若将 HID.DLL 的函数根据其功能来加以区分，分别为用来学习与了解此设备的应用程序，用来读取与写入报告的应用程序，以及用来控制读取报告的驱动程序缓冲区的应用程序。这些函数分别列于表 10.3、表 10.4 与表 10.5。

表 10.3 用来学习与了解此设备的应用程序

函数名称	目的
HidD_GetAttributes	取出 HID 设备的 VID/PID 码，以及版本号码
HidD_FreePreparsedData	释放由 HidD_GetPreparsedData 所使用到的资源
HidD_GetHidGuid	取得 HID 群组的 GUID 码
HidD_GetIndexdString*	取回由索引值所识别的字符串
HidD_GetManufacturerString*	取回用来识别设备制造商的字符串
HidD_GetPhysicalDescriptor*	取回用来识别实体设备的字符串
HidD_GetPreparsedData	取回指向与设备能力信息相关的缓冲区的标头 (handle)
HidD_GetProductString*	取回用来识别产品的字符串
HidD_GetSerialNumberString*	取回包含设备序列码的字符串
HidP_GetButtonCaps	取回在报告中所有按键的能力
HidP_GetCaps	取回指向用来描述设备能力结构的指针器
HidP_GetLinkCollectionNides	取回用来描述在最上层集合的连接集合关系的结构数组
HidP_GetSpecificButtonCaps	取回在报告中按键的能力。这个要求能够设置用途页、用途或连接集合
HidP_GetSpecificValueCaps	取回在报告中数值的能力。这个要求能够设置用途页、用途或连接集合

续表 10.3

函数名称	目的
HidP_GetValueCaps	从设备取回在报告中所有数值的能力
HidP_MaxUsageListLength	取回报告中能够回传的按键最大数值
HidP_UsageListDifferemce	比较两个按键列表,并且求出在一列表中设置,以及没有在另一列表中设置的按键

* Windows 98 第一版并不支持。

表 10.4 用来读取与写入报告的应用程序

函数名称	目的
HidD_GetFeature	从设备取回特性报告
HidD_SetFeature	将特性报告送至设备
HidP_GetButtons	回传指向缓冲区的指针器,这缓冲区中包含了每一个被按下按键的用途,能够设置用途页。
HidP_GetButtonsEX	回传指向缓冲区的指针器,这缓冲区中包含了每一个被按下按键的用途与用途页
HidP_GetScaledUsageValue	回传一个以其刻度因子所调整后的有号数值
HidP_GetUsageValue	回传一个指向数值的指针器
HidP_GetUsageValueArray	回传包含了多组数据项的用途内之数据
HidP_SetButtons	设置按键数据
HidP_SetScaledUsageValue	采用一个有符号,实际(刻度)的数值,将其转换成设备所使用的逻辑表示式,并将其插入报告中
HidP_SetUsageValue	设置一数值
HidP_SetUsageValueArray	设置包含了多组数据项的用途内之数据

表 10.5 用来控制读取报告的驱动程序缓冲区之应用程序

函数名称	目的
HidD_FlushQueue*	清空输入缓冲区
HidD_GetNumInputBuffers*	取回驱动器用来存储输入报告的环状缓冲区的大小值,其默认值为 8
HidD_SetNumInputBuffers*	设置驱动器用来存储输入报告的环状缓冲区的大小值

* Windows 98 第一版并不支持。

将这些函数应用至任何的 HID 群组设备,其中也包含了稍后我们所要实验的自定义 USB HID 设备。但是,Windows 2000 并不允许这些函数可以去处理系统的键盘与

8051 单片机 USB 接口 Visual Basic 程序设计

鼠标设备。这也是因为操作系统提供了另一种方式来与键盘或鼠标通信。因此,应用程序通常并不需要去做这件工作。

10.5 API 函数与 Visual Basic 的基本概念

之前常提及的 API 函数是 Windows's Application Programmer's Interface 的简写。它包含了数千个用来与操作系统作为通信之用的应用程序。而这些函数的可执行程序代码是常驻在由 Windows 所提供动态链接函数库(DLL)文件中。在切入到这些函数的一些应用上的细节之前,必须要知道 Visual Basic 应用程序如何去调用这些函数的方法。

在 Visual Basic 程序中,调用 API 函数的程序与 Visual C++是截然不同的。在 Visual Basic 中取代了包括文件(∗.H)的引用方式,而另外在应用程序中包含所需的 DLL 函数与结构的 Visual Basic 模块。有些情况是这样,但却不是所有的函数都是经过 Visual Basic 直接提供的,有时候不太需要去设计或编写函数库文件。这是因为 Visual Basic 仅需要 DLL 名称,且这 DLL 文件本身已在标准或特定的位置中了。

Visual Basic 对于一些共享的函数提供了自己的语法与控制方式。例如,打印一个文件,可以使用 Visual Basic 的 Printer Object 而非是 API 函数。例如,Printer.Line(打印出线条),或 Printer.DrawWidth＝n(设置打印的线条宽度),以及 Printer.End-Doc(打印完毕)。

这种 Printer Object 提供了较容易、更安全方式来处理打印机。当我们执行应用程序时,这个所执行的程序代码可能会调用 API 函数,但是对于 Visual Basic 的设计者来说是不再需要直接调用的。

有时候要作一些 Visual Basic 所不能明确支持的功能,在这些情况下,若要能够包含与 HID 设备通信的相关功能,那么 Visual Basic 应用程序就能够调用 API 函数。在 Visual Basic 应用程序中,用来调用 API 函数的程序代码,所必须遵循同样的语法规则,这就如同调用任何函数的程序代码是一样的。但是取代了将函数的执行码放置在应用程序的例程中的方式,API 函数仅需要用来使能 Windows 去发现包含此函数程序代码的 DLL 的声明。这样,就可以加以使用了。

若要在 Visual Basic 中调用 API 函数,就需要深入地了解一些新的相关背景资料。除了由于目前大部分 Visual Basic 的相关书籍或技术期刊中,很少提及相关的资料外,再者,对于 API 函数的 Windows 文件数据中,大都是使用 C 语言来说明如何去声明并且调用这些函数的。这样,就加深了如何在 Visual Basic 中调用 API 函数的难度。

在 DDK 文件中,包含了以 Visual C++程序设计者能够包含在应用程序中的标头文件的声明。这样,我们就面临一个问题。若要在 Visual Basic 中使用这些 API 函数,就必须做一些 C 至 Visual Basic 之间的声明与函数的转换工作。

当然这个过程远比通过简单的字直接对字的转换更为复杂许多。这主要是因为 Visual Basic 并没有支持所有 C 的结构(两者差异甚大),以及它以不同的格式来存储字符串变量(声明方式不同)。当然,Visual Basic 也有其优点,不需编写庞大的程序代码即可设置或控制接口组件的外观形式与配置方式。相反地,仅需将预先建立的对象直接添加至窗体对象即可,非常便利。特别是在开发图形用户接口(Graphic User Interface,GUI)上,非常快速。因此,这种接口的处理就可将直接交给 Visual Basic 的对象来处理即可。这样,我们即可将重点摆在程序所要实现的功能的设计与开发上。总而言之,通过 Visual Basic 来引用 API 函数,并加以设计应用程序的方式,也越来越多了。

关于 API 函数的调用与应用的书籍甚少,在此推荐下列的书籍:

- Dan Appleman's Visual Basic Programmer's Guide to the Win32 API, Dan Appleman, Galen A. Grimes, 1999.
- Programming Windows, The Definitive Guide to the Win32 API, Charles Petzold, 1998.
- Visual Basic Developer's Guide to the Win32 API, Steve Brown, 2000.
- Dan Appleman's Win32 Api Puzzle Book and Tutorial for Visual Basic Programmers, Dan Appleman, 1999.

关于这些书籍,用户可以上网查询相关的资料。

为了在 Visual Basic 应用程序中使用 API 函数,必须了解一些相关的事项。例如,包含此函数的 DLL 文件名称,使能此应用程序来找出并使用此函数的声明,以及让此函数开始执行的调用。

10.6 声 明

在 Visual Basic 程序编写中,声明是很重要的程序部分。例如,API 函数 WriteFile,即是用来将数据写入到 HID 设备中。以下,列出声明的程序代码。

```
Declare Function WriteFile _
    Lib "kernel32" _
    (ByVal hFile As Long, _
    lpBuffer As Any, _
    ByVal nNumberOfBytesToWrite As Long, _
    lpNumberOfBytesWritten As Long, _
```

lpOverlapped As OVERLAPPED) _
As Long

在上述的声明内容中,包含了如下重要信息。
- 函数名称(WriteFile)。
- 在函数中用来传递至操作系统的数值。例如,其中包含了 hFile、lpBuffer、nNumberOfBytestToWrite、lpNumberOfBytesWritten 以及 lpOverlapped 等数值。而这么长的英文字符串是为了让程序设计者易于使用与了解。用户仅需将字符串加以分割,即可了解其意义。其中,每个字符串的前缀是用来说明变量是包含什么类型的数据类型:h 是标示代码(handle),lp 是长指针器(long pointer),依此类推。
- 所传递数值的数据类型,如 Long 或 Byte 等。
- 包含此函数执行程序代码的文件名称,如 Kernel32.DLL。
- 此函数所传回的数值的数据类型,如 Long。但有一些 API 函数不传回数值,且可以不声明为函数的类型,所以另以子程序来声明之。

这种声明的程序代码必须放在模块的 Declaration 部分。我们可以编写 API 函数以及用户定义类型。这样,将可使得这些声明很容易地增加至多个对象中。

Visual Basic 的文件中含盖了 win32api.txt 文件,其路径位置是 C:\Program Files\Microsoft Visual Studio\Common\Tools\。其中,包含了针对许多 API 调用的声明。如果需要可以将该文件视为模块的方式直接加入到对象中,或者是从其中仅选择与复制,并贴到对象中的另一个模块内。然而,在这个 win32api.txt 文件并没有包含所有与 HID 通信相关所需的 API 函数中。

为了声明没有放在 win32api.txt 文件内的函数,需引用另外的参考来源。例如,Microsoft 的文件,在其中涵盖了 C 语言的声明、批注以及一些实用的范例。此外,也可以在 DDK 文件所包含的头文件(header file,*.H)中,寻找 C 语言的声明方式。而这些头文件中提供了相当清楚的批注,用户不妨上网查询 DDK,安装后,即可利用各种文字编辑器来浏览。表 10.6 列出内含与 HID 相关声明的头文件。

表 10.6 内含与 HID 相关声明的头文件

文件名称	内 容
hid.h	HID 用户模式的声明与函数
hidpi.h	连至 HID 剖析函数库的公用接口
hidsdi.h	用来实现 HID DLL 的程序代码的公用定义
hidusage.h	HID 用途的信息
setupapi.h	设置的服务

10.6.1 ByRef 与 ByVal 传递的格式

对于每一个变量，必须选择以何种格式来加以传递，可通过参考类型（by reference，ByRef）和数值类型（by value，ByVal）两种方式来传递。当以 Visual Basic 应用程序来编写函数或子程序时，这些参数是具有相同的意义。通常这两种类型都可以工作，但是，当调用 API 函数时，有一种很重要的观念，就是有许多函数必须以特定的方式来加以传递其变量类型。

ByRef 与 ByVal 两种类型就决定了用来使能这个函数，以存取此变量调用之所要传递的信息是什么格式。一般来说，每一个变量都具有此数值所存放的内存地址。当应用程序传递变量至这个函数时，它能够传递此变量的地址（ByRef）或其数值（ByVal）本身（这也就是 ByRef 与 ByVal 的意义之所在）。这个信息是通过将其放置在堆栈上所传递的，而此堆栈是一个暂时的存储内存位置，以用来传递数值给函数来使用。以下，将说明 ByRef 与 ByVal 类型的差异以及如何来适当地来加以使用。

1. ByRef 参数类型

传递 ByRef 参数类型，意味此函数调用了放置在堆栈变量的地址。如果函数通过写入一个新的数值到此地址上的方式来更改此数值，那么这新的数值将会给所要调用的应用程序来使用。这是因为此新的数值是将会放在应用程序所预期去发现它的地址处，而这用来传递的地址，称之为指针器。这也是由于它是一个指向了或表示此数值所存放的地址。换言之，ByRef 就是传递其所存放的地址，而非变量值本身。

2. ByVal 参数类型

传递 ByRef 参数类型，意味着此函数调用了放置在堆栈变量的数值本身。这个位于内存中，用来放置在变量的原先地址之数值是不会被更改的。如果函数更改了此数值，则所调用的应用程序将不会知道。这是因为函数没有任何的方式可以将新的数值传递回去给应用程序使用。

在此需注意到，以 ByRef 参数类型来传递数值是预设的。但是我们能够以所想要的声明方式来涵盖 ByVal 参数类型。在这种情况下，可以很快地观察到是否忘记去设置参数到此数值上。如果声明并没有涵盖 ByVal 或 ByRef 参数类型，当调用此函数时，就可以设置其中一种类型。

除了字符串的所有变量类型外，以下列出了两种一定要设置传递 ByRef 参数类型的情况。

若所要调用的函数要更改此数值，且所调用的应用程序需要使用新的数值，那么所传递的 ByRef 参数类型就可使能所调用的函数来存取这新的数值。

若该变量由用户定义，那么就不能在 Visual Basic 中传递用户定义类型，ByVal。

在此，字符串变量是特殊的例子。Visual Basic 使用了称为 BSTR 的格式来存储在内存的字符串。BSTR 格式与 API 调用所预期的格式不同。在内存中，BSTR 字符串含有 4 个字节，其中包含了以字节为单位的字符串长度，其后再跟随以 Unicode(每个字符 2 个字节)格式的字符串字符。相较之下，大多数 Windows 98 API 函数所预期的字符串包含了一系列的 ANSI 字符码(每个字符 1 个字节)，其后再跟随一个空值(0)来作为结尾。而 Windows 2000 则支持这两种版本，一个是使用 Windows 98 的 ANSI 格式，以及一个是使用其后跟随着空值的 Unicode 字符。

但幸好的是，不需要应用程序代码去转换这两种格式。如果字符串由 ByVal 参数类型传递，Visual Basic 会开启一个以 ANSI 格式所复制的字符串，且传第一个指针器到此字符串。换句话说，声明 Visual Basic 字符串为 ByVal 类型，实际上会使得字符串以预期的方式来传递 ByRef 类型。如果函数将会更改字符串的内容，该应用程序应会以至少是所预期的最大长度来起始此字符串。

10.6.2 传递空值

当一个选择的参数是指针器时，函数可以接受一个空值(0)，来表示这函数调用不会使用此指针器。

例如，在 CreatFile 函数中包含了一个参数，以指到 security-attributes 结构。这个参数可以声明成：

ByRef lpSecurityAttributes As SECURITY_ATTRIBUTES

如果该调用并不使用 security-attributes，应用程序应该传递空(0)值。但是，如果我们传递 0 数值 ByRef，此函数实际上会传递包含 0 值的内存所在的地址。Windows 98 处理了此种函数是不会有错误的，但对于 Windows 2000 却将会回传 Invalid access to memory loaction 错误信息。

这种解决的方式是声明参数 ByVal 为 Long 整数类型：

ByVal lpSecurityAttributes As Long

这样，即会在函数调用后，传递 0 的数值。

如果参数是被声明为 Any 类型，并且想要传第一个 Long 整数，可以使用 & 字符来确保该数值是以 Long 整数类型来传递的。

10.6.3 函数与子程序

基本上,可以对大部分的 API 例程来加以区分。若有传回所设置的声明数值,可以将其归类为函数(Function),而若没有传回任何数值,则将其归类为子程序(Subroutine)。

这两种函数与子程序都是为了简化主程序。对于大型的应用程序的设计与开发来说,通过函数与子程序的模块化过程,可增加其阅读性,也可提高其移植性。以下,将简单地说明函数与子程序。

1. 函 数

一般来说,函数可以将所要传递的自变量加以引入或不引入,然后传回所要计算的结果数值。同样的,也可将特定功能或目标程序加以模块化。

以下,列出函数的格式:

[Public | Private | FriEnd] [Static] Function 函数名称
[(传递的自变量)] [As 变量类型]
[描述]
[函数名称 = 表达式]
[Exit Function]
[描述]
[函数名称 = 表达式]
End Function

其中,各个相关的类型下面分别加以说明:

Public:选择性的自变量。声明为公用的,表示在任何模块内的所有的函数或子程序都可调用这个函数。

Private:选择性的自变量。声明为私用的,只能在声明它的模块中的程序能使用。

FriEnd:声明于对象类别模块中。

Static:选择性的自变量。表示函数内的区域变量在调用间会将值保存下来。

2. 子程序

若要将重复的执行程序加以简化,可以应用子程序的结构。

以下,列出子程序的格式:

[Public | Private] [Static] Sub 子程序名称 [(传递的自变量)]
[描述]
[Exit Sub]
[描述]

End Sub

其中,各个相关的类型,下面分别加以说明:
Public:声明为公用的,同函数。
Private:声明为私用的,同函数。
Static:声明为公用的,同函数。

这与函数的差别是,若要使用这子程序时,需用 CALL 来加以调用。而其传递的自变量是设在子程序声明的右边,而不像函数。

稍后,将会运用函数与子程序来简化所要编写的应用程序。

10.6.4 提供 DLL 名称

每一个声明必须命名文件,以包含函数的执行程序代码。除非是已事先加以下载的,基本上,Windows 都会将所命名的 DLL 文件加载至内存中。

在许多情况下,这种声明仅须涵盖文件名称,不必加上其位置。对于本书所使用的,用来与 HID 通信的 DLL 来说,是涵盖在 Windows 操作系统下。当第一个 HID 设备被列举在此系统时,DLL 存储在标准的位置中:\windows\system(Windows 98 SE 或 Windows ME)或\winnt\system32(Windows 2000/XP)。此时,操作系统会自动地加以搜寻。此外,操作系统也会搜寻应用程序的 DLL 工作目录。但在 Visual Basic 工作环境中,工作目录是 Visual Basic 安装时预设的目录,而非应用程序的目录。因此,如果我们所使用的 DLL 并不是存放在标准的 Windows 目录或应用程序的工作目录时,就需要声明特定的目录位置。

10.6.5 字符串格式

对于字符串的定义与声明上,需要加以特别注意。这是因为在不同的操作系统中,所存储的字符串的格式是不同的。例如,Windows 98 与 Windows 2000 之间,Windows 98 是以 8 位 ANSI 码来存储每一个字符;而 Windows 2000 则是以 16 位 Unicode 码来存储的。为了掌握之间的差异性,特地定义了两种不同版本的 API 调用来传递这些字符串变量。对于 8 位版本,以 A(ANSI)字符来作为标识,而 16 位版本,以 W(wide,宽的)字符来作为标识。例如,同样的 SetupDiGetClassDevs,就有 SetupDiGetClassDevsA 与 SetupDiGetClassDevsW 两种版本。

但对于 Windows 98 与 Windows 2000 来说,是同时支持 ANSI 版本的。相对地,Windows 98 仅支持少部分的 Unicode 函数。而 Windows 2000 可以在内部使用 Unicode,但在外部则转换成所需的 ANSI 版本。

10.6.6 结 构

许多应用在 HID 应用程序的 API 函数所传递或回传的结构，其中可能包含了不同类型的多组项目。对于 API 函数文件，包含了一些可以通过调用所使用到的结构的数据文件。该头文件包含了针对以 C 语言的结构所做的声明。

因此，在此我们必须了解 Visual Basic 使用不同的语法，以及这种与 C 语言相对的转换是需要的。但在此，我们是直接说明 Visual Basic 的结构。例如，HIDD_ATTRIBUTES 结构包含了 Long 与 Integer 变量类型，以直接转换 C 声明的 USHORT 与 ULONG 类型。

```
Public Type HIDD_ATTRIBUTES
    Size As Long
    VendorID As Integer
    ProductID As Integer
    VersionNumber As Integer
End Type
```

此时，可以声明用户定义类型的变量。

```
Dim DeviceAttributes As HIDD_ATTRIBUTES
```

在以 API 调用来传递这个结构之前，结构的 SIZE 属性必须被设置为以字节为单位的结构大小值。因此，在此应用 LenB 操作数来帮我们做这一件事。

```
DeviceAttributes.Size = LenB(DeviceAttributes)
```

这个 HidD_GetAttributes API 函数就能以 ByRef 结构来加以传递。

```
Public Declare Function HidD_GetAttributes _
    Lib "hid.dll" _
    (ByVal HidDeviceObject As Long, _
    ByRef Attributes As HIDD_ATTRIBUTES) _
As Long
```

当应用程序调用这个函数时，该函数能够改变在结构中的数值，以及在应用程序中也将会看到这个新的数值。

10.6.7 如何调用函数

当程序代码已经声明好函数，以及它所传递的用户定义类型后，在应用程序中即可加以调用与使用。例如，以之前所提及的 HidD_GetAttributes 函数来加以说明如何调用。

```
Dim Result as Long
Result = HidD_GetAttributes _
    ( HidDevice, _
    DeviceAttributes)
```

其中的 HidDevice 是由之前的 API 调用所回传的常整数值（Long）。若 Result 数值为非 0 的数值，代表已经成功地调用此函数了。此外，DeviceAttributes 则是一个包含了此设备在设备列举后，所取回的制造商 ID 码、产品 ID 码以及产品版本码的结构。

第 11 章

API 函数的基本介绍

有了第 10 章的基础后,本章将应用第 10 章所介绍的若干 API 函数的基本概念,来开始学习如何去调用 API 函数。

下面先介绍与 HID 设备执行通信工作的 API 函数。

11.1 Windows 与 HID 设备通信的 API 函数

在第 10 章曾介绍过各种 HID API 函数的类型。但若以功能来区分,在此,又可细分为:了解 HID 相关信息的函数(见表 10.3);读取/写入报告描述符的函数(见表 10.4);读取报告的输入缓冲区函数(见表 10.5)。

在安装 Microsoft Visual Studio 软件后,即可在下列的路径的文件中 C:\Program Files\Microsoft Visual Studio\Common\Tools\Winapi\WIN32API.TXT(Windows Me 操作系统,其他的操作系统也有类似文件)找到许多 API 函数的雏形声明。可以直接从这个 Winapi.txt 文件内,剪贴所需的函数声明到所编写的程序文件中。这样,可以省略一些不必要的错误与麻烦。

首先着手将稍前所介绍的 HID API 函数放入这个模块文件中。由于与 HID 相关的 API 函数众多,但我们并非全部都需要用到。因此,以下仅列出执行 HID 群组所需的基本通信与控制的函数。最后,再加以整合成为完整的模块文件。

而用户的客户端 HID 应用程序主要有 3 到 4 个工作程序。

● 寻找所有的 HID 设备。

8051 单片机 USB 接口 Visual Basic 程序设计

- 对于每一个连接上的 HID 设备检查其功能。
- 若有需要时，读取 HID 输入报告或写入输出报告。也可以传送与接收特性报告（弹性选择）。
- 关闭 PC 主机与 HID 设备的通信，以及释放所有的资源。

通过所列的工作程序，将使我们正确无误地执行 PC 主机与 USB 设备的通信。当然，也建议用户能够按照这程序来依序执行。

以下将以这 4 个主要的工作程序，分别介绍相对应的 API 函数。让用户能了解相关的 API 应用。

11.2　寻找所有的 HID 设备

对于"寻找所有的 HID 设备"的程序相关 API 函数有下列几个：

- HidD_GetHidGuid()函数；
- SetupDiGetClassDevs()函数；
- SetupDiEnumDeviceInterface()函数；
- SetupDiGetDeviceInterfaceDetail()函数；
- CreateFile()函数；
- HidD_GetAttributes()函数。

这些 API 函数将依序加以介绍，而其之间都互有关联性。每个函数所取回的数据结构数组，可能会给予其他的函数来做进一步的引用。

11.2.1　取得 HID 群组的 GUID——HidD_GetHidGuid()函数

应用程序在与 HID 设备通信之前，必须先取得此 HID 群组设备的 GUID(Globally Unique Identifier)，并注册它的所有设备对象。

GUID 是一个 128 位的数值，每一个设备（对象）都有唯一的 GUID，以便执行稍后的通信与控制。而对于 HID 群组的 GUID，是在 HIDCLASS.H 中声明的。我们可以直接加以引用。这个文件是当安装完 Windows98 DDK 后，放置于\98DDK\SRC\HID\INC 目录下。其中，使用 HidD_GetHidGuid()函数来取得 GUID 码。而在应用程序中，并不需对 GUID 本身做任何的事情，仅需将 GUID 的地址传给其他 API 来使用。

下面是 HidD_GetHidGuid()函数的声明：

```
Public Declare Function HidD_GetHidGuid _
    Lib "hid.dll" _
```

```
(ByRef HidGuid As GUID) _
As Long
```

上述声明并没有传回值,所以可以声明成一个子程序。或者也可以将它声明成一个程序来传回一个 Long 数值,只不过忽略此传回值。

其中,HidGuid 变量用来传回 GUID,它被声明成 ByRef 是因为 Visual Basic 用户类型需要使用 ByRef 来加以传递。

根据 HIDCLASS.H 中所声明且定义的:

```
DEFINE_GUID( GUID_CLASS_INPUT, 0x4D1E55B2L, 0xF16F, 0x11CF, 0x88, 0xCB, 0x00, 0x11, 0x11, 0x00, 0x00, 0x30);
```

因此,必须同样地声明 GUID 的数据类型:

```
Public Type GUID
    Data1 As Long
    Data2 As Integer
    Data3 As Integer
    Data4(7) As Byte
End Type
```

以下,列出取得 GUID 的范例:

```
call HidD_GetHidGuid(HidGuid)      '不传回任何值'
```

或

```
Dim Result as Long      '传回数值'
Result = HidD_GetHidGuid(HidGuid)
```

11.2.2 取得所有 HID 信息的结构数组 ——SetupDiGetClassDevs()函数

通过上一个 HidD_GetHidGuid()函数所取得的 GUID,来使能应用程序以取得相关系统的 HID 信息。而这个程序所做的工作,即属于 WDM 功能(Windows Device Management Function)。关于这一部分的详细说明,用户可以参阅 DDK 的相关文件。

当使用 SetupDiGetClassDevs()函数时,将传回所有已经连接上,并且已经执行过设备列举的 HID 设备。而其中,即包含了相关信息的结构数组的地址。因此,当使用此函数时,最重要的是取得所传回的所有信息。

下面是 SetupDiGetClassDevs()函数的声明:

```
Public Declare Function SetupDiGetClassDevs _
```

```
            Lib "setupapi.dll" _
            Alias "SetupDiGetClassDevsA" _
            (ByRef ClassGuid As GUID,_
            ByVal Enumerator As String,_
            ByVal hwndParent As Long,_
            ByVal Flags As Long) _
        As Long
```

其中的 ClassGuid 参数是 HidGuid,也即是上一个 API 函数的传回值。Enumerator 与 hwndParent 参数并未用到。而 Flags 参数是定义在 setupapi.h 文件中的系统常数。这个 Flags 参数用来告诉此函数,只搜寻目前存在(已连接且列举过的)的设备接口,且属于 HID 群组,并且由 ClassGuid 参数设置。

下面列出此函数的使用范例:

```
Public Const DIGCF_PRESENT = &H2
Public Const DIGCF_DEVICEINTERFACE = &H10
HDevInfo = SetupDiGetClassDevs _
        (HidGuid, _
        vbNullString, _
        0
        (DIG CF_PRESENT or DIGCF_DEVICEINTERFACE))
```

上面范例的传回值 hDevInfo 是所有连接上且已列举过的 HID,以及其所涵盖的信息的结构数组的地址。再者,无须每个地处理在此数组集合中的数据,仅须将此传回值,传递给下一个 API 函数——SetupDiEnumDeviceInterface()。

在此须注意的是,当调用此函数后,不再使用时就应调用其相对应的函数——SetupDiDestroyDeviceInfoList()来释放此函数所占用的资源。

11.2.3 识别每一个 HID 接口
    ——SetupDiEnumDeviceInterfaces()函数

在 SetupDiEnumDeviceInterfaces()函数中,主要是取出指向一个用来识别接口结构的指针器。而这个接口即是位于上一个函数所取回的设备的 InfoSet 数组。在调用这个函数时,必须通过传递数组索引来设置一个接口。为了取回关于所有接口的信息,可以在应用程序中,利用循环的方式,逐渐地递增数组的索引值以取得所有数组内的内容,直到整个函数传回一个零值。这样,以表示已经没有剩下的接口了。而 GetLastError API 的函数调和将传回 No more data is available,即表示已没有有效的数据了。

到目前为止虽然已经识别每一个 HID 设备,但是,到底是不是我们所要使用的

HID 设备呢？到此，仍是未知的。因为，在应用程序要使用特定的 HID 设备之前，还需更多详细的信息。当然，仅有一个 HID 设备是容易得多了。但是，如果这个函数传回了数个 HID 接口，那么应用程序将需要轮流地查询每一个 HID 接口，直到它发现到所要找到的为止，或确定没有所要的 HID 接口连接上。

再一次地，该函数调用后所传回的指针器是为了传递给下一个所要介绍的函数，以取得更多关于此 HID 接口更多的信息。

下面是 SetupDiEnumDeviceInterfaces() 函数的声明：

```
Public Declare Function SetupDiEnumDeviceInterfaces _
    Lib "setupapi.dll" _
    (ByVal DeviceInfoSet As Long, _
    ByVal DeviceInfoData As Long, _
    ByRef InterfaceClassGuid As GUID, _
    ByRef MemberIndex As Long, _
    ByRef DeviceInterfaceData _
        As SP_DEVICE_INTERFACE_DATA) _
    As Long
```

在该函数调用的描述中，cbSize 变量是 SP_DEVICE_INTERFACE_ DATA() 函数结构的字节大小。在调用 SetupDiEnumDeviceInterfaces() 函数之前，这个大小值将会存储在函数所要传递的结构中。而可以使用 LenB 操作数来取出这个大小值。这个结构的大小值是 28 字节，每一个 Long 整数是 4 字节，GUID 是 16 字节。在 GUID 中，包含了 1 个 Long 整数(4 字节)、2 个整数(4 字节)以及 8 字节。另外，结构中的其余数值应该是 0。

此外，传给这个函数的两个参数值是之前 API 函数所传回的 HidGuid 与 Deice InfoSet。DeviceInfoData 变量是一指向 SP_DEVI NFO_DATA 结构的可选择性指针，以用来限制所找到的特定设备的接口。而 MemberIndex 参数则是 DeviceInfo Set 数组的索引值。最后一个 MyDeviceInterfaceData 参数则是一个回传的结构，以用来识别所要求类型的接口。在这种情形下，是 HID 设备。

下面列出此函数的使用范例，这个 DeviceInterfaceData 是用户一定义类型：

```
Public Type _SP_DEVICE_ INTERFACE_DATA
        cbSize As Long
        InterfaceClassGuid As GUID
        Flags As Long
        Reserved As Long
End Type
```

而紧接着，则是调用这个函数的程序代码范例：

8051 单片机 USB 接口 Visual Basic 程序设计

```
Dim Result as Long
Dim MemberIndex as Long
Dim MyDeviceInterfaceData As SP_DEVICE_ INTERFACE_DATA
' 存储这个结构的大小
MyDeviceInterfaceData.cbSize = _
    LenB(MyDeviceInterfaceData)
Result = SetupDiEnumDeviceInterfaces _
(DeviceInfoSet, _
0, _
HidGuid, _
MemberIndex, _
MyDeviceInterfaceData)
```

11.2.4 取得设备的路径
——SetupDiGetDeviceInterfaceDetail()函数

在 SetupDiGetDeviceInterfaceDetail() API 函数中,会传回另一个结构。而在此时,所取得的结构与稍前一个 API 函数所识别的设备接口有关。这个结构中的 DevicePath 部分是设备的路径名称,可以在应用程序中,起始与此设备的通信工作。

在第一次调用这个函数之前,无法知道包含 DeviceInterfaceDetailData 结构的字节大小的 DeviceInterfaceDetailDataSize 数值。除非我们已经拥有这个值的信息,要不然,目前的函数调用仍不能回传这个结构。解决方法就是连续调用这个函数两次。因为,在第一次调用时,Get Last Error 将会传回"the data are a passed to a system a system call is to small"错误信息,但是"RequiredSize"参数将会包含 DeviceInterfaceDetailDataSize 的正确数值。而在第二次调用时,将会传递这个回传的数值,且这个函数已经成功地执行了。

下面是 SetupDiGetDeviceInterfaceDetail()函数的声明:

```
Public Declare Function _
SetupDiGetDeviceInterfaceDetail _
Lib "setupapi.dll" _
Alias "SetupDiGetDeviceInterfaceDetailA" _
(ByVal DeviceInfoSet As Long,   _
ByRef DeviceInterfaceData As _
SP_DEVICE_INTERFACE_DATA,_
ByVal DeviceInterfaceDetailData As Long, _
ByVal DeviceInterfaceDetailDataSize As Long, _
```

```
    ByRef RequiredSize As Long, _
    ByRef DeviceInfoData As Long) _
As Long
```

而下面是 SP_DEVICE_INTERFACE_DETAIL_DATA 结构的声明：

```
Public Type SP_DEVICE_INTERFACE_DETAIL_DATA
    cbSize As Long
    DevicePath As String
End Type
```

因为在 Visual Basic 中使用了不同字符串格式，无法使用一般的变量类型，如 ByRef 来传递这个结构的地址。因此，首先就是去声明内存的缓冲区以掌握这个结构。然后，即可使用 VarPtr 操作数来取得缓冲区的起始地址，以及传递 ByVal 的地址。当这个函数回传时，可以复制在缓冲区内的数据到 DeviceInterfaceDetailData 结构，或者也可以仅解离出所想要的数据，如设备路径的数据即可。

下面列出第一次调用的程序代码：

```
Dim Needed as Long
Result = SetupDiGetDeviceInterfaceDetail _
        (DeviceInfoSet, _
        MyDeviceInterfaceData, _
        0, _
        0, _
        Needed, _
        0)
```

其中，DeviceInfoSet 与 MyDeviceInterfaceData 是前一个 API 函数所传回的结构。而在这个函数在调用以后，Needed 参数包含了传递给下一个 API 函数调用的缓冲区大小值。在再一次调用这个函数之前，必须注意一些事情。

这个要传递给下一个 API 函数的 DetailData 变量，就是要设置等于 Needed 所回传的数值：

```
    Dim DetailData as Long
    DetailData = Needed
    Dim DetailDataBuffer() As Byte
```

这个所要回传的结构的大小值存储在 cbSize 参数中：

```
MyDeviceInterfaceDetailData.cbSize = _
Len(MyDeviceInterfaceDetailData)
```

由于将针对这个回传的结构来仅传递字节数组的地址,因此,就必须声明在此数组有足够的内存来存储这个结构的大小值:

```
ReDim DetailDataBuffer(Needed)
```

此外,由于在字节数组的前 4 字节存储了数组的大小,可以直接从 MyDeviceInterfaceDetailData 结构中,将 cbSize 类型数值复制至 Detail Data Buffer(0)。

```
Call RtlMoveMemory _
    (DetailDataBuffer(0), _
    MyDeviceInterfaceDetailData, _
    4)
```

现在,可以准备再一次调用 SetupDiGetDeviceInterfaceDetail() 函数。此时,传递 DetailDataBuffer 的第一个元素(0),并且回传 DetailData 所需的缓冲区的大小值。

```
Result = SetupDiGetDeviceInterfaceDetail _
    (DeviceInfoSet, _
    MyDeviceInterfaceDetailData, _
    VarPtr (DetailDataBuffer(0)), _
    DetailData, _
    Needed, _
    0)
```

其中,字节数组的起始地址是 VarPtr (DetailDataBuffer(0)),且包含了 MyDeviceInterfaceDetailData 结构。此外,DetailData 存储了由前一个 API 函数调用所回传的大小值。

但是对于此回传的结构中,应注意的是要给其余的 API 函数所要使用的设备路径名称。为了从字节数组中解离出路径名称,将字节数组转换成字符串类型,再将此结果转换成与 Unicode 兼容的格式。最后,再将 cbSize 字符从字符串的开始处抽离出来,即执行转换字节数组为设备的路径字符的工作。

11.2.5 取得设备的标示代号——CreateFile()函数

在调用上一个 API 函数后,我们已经拥有设备路径名称。现在,准备打开与这个设备的通信工作。第一步,就是使用 CreatFile() 函数打开连至文件或任何设备的标示代号。其中,这些设备的驱动程序必须支持 CreatFile() 函数。而只有 HID 接口的设备属于有支持的。

当成功地调用这个 CreatFile() 函数后,所传回的数值即是一个标示代号。而其他的 API 函数即可使用这个标示代号来与这个设备交换数据。

下面是 CreateFile() 函数的声明：

```
Public Declare Function CreateFile _
    Lib "kernel32" _
    Alias "CreateFileA" _
    (ByVal lpFileName As String, _
    ByVal dwDesireAccess As Long, _
    ByVal dwShareMode As Long, _
    ByVal lpSecurityAttributes As Long, _
    ByVal dwCreationDesposition As Long, _
    ByVal dwFlagsAndAttributes As Long, _
    ByVal hTemplateFile As Long) As Long
```

下面进一步列出调用该函数的程序代码：

```
Dim HidDevice As Long
HidDevice = CreatFile _
    (DevicePathName, _
    GENERIC_READ Or GENERIC_WRITE, _
    (FILE_SHARE_READ Or FILE_SHARE_WRITE), _
    0, _
    OPEN_EXISTING, _
    0, _
    0)
```

该函数会传递给上一个 API 函数所回传的 DevicePathName 字符串一个指针。而这个参数是声明为以 ByVal 传递的一个 String 类型。

CreateFile() 函数所传递的常数定义在 winnt.h 与 wdm.h 文件内，必须在 Visual Basic 应用程序的模块文件内声明这些常数：

```
Public Const GENERIC_READ = &H80000000
Public Const GENERIC_WRITE = &H40000000
Public Const FILE_SHARE_READ = &H1
Public Const FILE_SHARE_WRITE = &H2
Public Const OPEN_EXISTING = 3
```

而需要注意的是，当不再处理这个设备时，一定要调用下一个所要介绍的 API 函数——CloseHandle() 来释放系统所占用的资源。

11.2.6 取得厂商与产品 ID——HidD_GetAttributes() 函数

有了上述各个 API 函数的介绍后，用来识别一个所连接的 HID 设备的唯一方法，即是取得此设备的 VID/PID 码并加以比较是否相同。而这是一种用来寻找一个并不是符合标准用途的自定义设备的方法。当然这对在市面上的其他设备来说并不是很重要的，可以省略。

API 函数 HidD_GetAttributes() 可以用来取出一个指向包含了此设备的相关信息的结构的指针器。

下面是 HidD_GetAttributes() 函数的声明：

```
Public Declare Function HidD_GetAttributes _
    Lib "hid.dll" _
    (ByVal HidDeviceObject As Long, _
    ByRef Attributes As HIDD_ATTRIBUTES) _
    As Long
```

而下面是 HIDD_ATTRIBUTES 结构中所包含关于此设备的相关信息的声明：

```
Public Type HIDD_ATTRIBUTES
    Size As Long
    VendorID As Integer
    ProductID As Integer
    VersionNumber As Integer
End Type
```

下面进一步列出调用此函数的程序代码：

```
Dim DeviceAttributes As HIDD_ATTRIBUTES
DeviceAttributes.Size = LenB(DeviceAttributes)
Result = HidD_GetAttributes _
    (HidDevice, _
    DeviceAttributes)
```

在程序代码中，Hid DeviceObject 参数是由 Crest File 所回传的标示代号。如果这个函数传回非零值，DeviceAttributes 结构中将填入无错误的信息。此时在应用程序中即可以取出相关的数值以及所需要的 VID/PID 码和版本号码。

如果并不符合，就须在应用程序中调用 CloseHandleAPI 函数来关闭这个接口的标示代号。此时，应用程序会移开并通过 SetupDeviceInterfaces() API 函数来检测下一个 HID 设备。

而当应用程序完成所有检查 HID 的工作后，它即会调用 SetupDiDestroyDeviceInfoList() 函数来释放由 SetupDiGetClassDevs() 函数所保留的资源。

11.3 检查 HID 设备功能

有了稍前一个步骤,即寻找所有的 HID 设备的各个函数后,基本上应用程序已经找到了 HID 设备。因此,紧接着就须使用一系列的函数来了解与检查此 HID 设备功能。关于检查 HID 设备功能的 API 函数包含:

- HidD_GetPreparsedData()函数;
- HidP_GetCaps()函数;
- HidP_GetValueCaps()函数。

11.3.1 取得包含设备能力的缓冲区指针—— HidD_GetPreparsedData()函数

HidD_GetPreparsedData()函数用来取得一个包含设备能力信息的缓冲区的指针,来了解设备的更多信息。除了取得 HID 设备的 VID/PID 码外,另一个用来找出更多有关此设备信息的方法,即是检查它所具备的能力或功能。当然,这个前提是我们已经通过 HidD_ GetAttributes()函数找到了符合 VID/PID 码的 HID 设备。

在此首要工作即是取得具有此设备能力的缓冲区的指针器。而执行这个工作的 API 函数即是 HidD_GetPreparsedData()。按照这个 API 函数的字面上的意思,就是取得被剖析这个 HID 设备的数据。

下面是 HidD_GetPreparsedData()函数的声明:

```
Public Declare Function HidD_GetPreparsedData _
    Lib "hid.dll" _
    (ByVal HidDeviceObject As Long, _
    ByRef PreparsedData As Long) _
As Long
```

下面列出该函数调用的范例程序代码:

```
Result = HidDGetPreparsedData _
    (HidDevice, _
    PreparsedData)
```

在范例程序代码中,Hid Device Object 参数是由 CreatFile()函数所回传的标示代号。而 Pre parsed Data 参数即是指到包含数据的缓冲区的指针。在此,我们的应用程序无须去处理在缓冲区中的数据,只要将其起始地址递给其他的 API 函数来使用。

最后,当应用程序不再需要处理 PreparsedData 时,就应调用 HidD_ FreePreparsedData()函数来释放系统的资源。

11.3.2 取得设备的能力——HidP_GetCaps()函数

　　HidP_GetCaps()函数会传回一个包含 HID 设备能力信息的结构。例如,对于 HID 键盘来说,这个结构即包含键盘的用途、用途页、报告长度以及许多按钮能力、数值能力等。此外,还包含存储在设备固件(相关于各种描述符的程序代码)内的输入报告、输出报告与特性报告的数据特性。

　　如果不使用 VID/PID 码来识别此 HID 设备,HidP_GetCaps()函数所传回的设备能力的相关信息,将可帮助我们是否要决定继续与此设备执行通信的工作。即使假设我们已经知道我们正寻找到的 HID 设备的报告长度以及其他信息,对于我们在决定所能传送数据的种类时特别有用。但并不是在此结构中的每一个项目都可应用在所有的设备上。也就是说,还须根据应用程序的功能及其目的来决定。

　　下面是 HidP_GetCaps()函数的声明范例:

```
Public Declare Function HidP_GetCaps _
    Lib "hid.dll" _
    (ByVal PreparsedData As Long, _
    ByRef Capabilities As HIDP_CAPS) _
As Long
```

下面列出 HidP_CAPS 结构的声明范例:

```
Public Type HIDP_CAPS
    Usage As Integer
    UsagePage As Integer
    InputReportByteLength As Integer
    OutputReportByteLength As Integer
    FeatureReportByteLength As Integer
    Reserved(16) As Integer
    NumberLinkCollectionNodes As Integer
    NumberInputButtonCaps As Integer
    NumberInputValueCaps As Integer
    NumberInputDataIndices As Integer
    NumberOutputButtonCaps As Integer
    NumberOutputValueCaps As Integer
    NumberOutputDataIndices As Integer
    NumberFeatureButtonCaps As Integer
    NumberFeatureValueCaps As Integer
```

NumberFeatureDataIndices As Integer
End Type

下面的程序范例列出了调用 HidP_GetCaps() 函数的范例代码：

Result = HidP_GetCaps_
(PreparsedData, _
Capabilities)

上述范例代码中，PreparsedData 是 HidD_GetPreparsedData() 函数所传回的指针器。当 HidP_GetCaps() 函数传回数据数值时，用户可以检验 Capilities 结构内的数值，并根据实际的需求来加以应用。例如，我们正寻找一个 HID 鼠标，可能找到 01h 数值的用途页以及 02h 数值的用途。而对于 HID 设备而言，在结构中所包含的报告长度对应用程序在传送与接收报告时，去设置其缓冲区大小特别的有用。

若是以键盘为例，当发现一个 HID 键盘，HidP_GetCaps() 函数会传回一份分析数据的指针，最大的输入数据以及输出报告大小。而此数据即是 HID 报告描述符。

此外，若要设计一个给自定义设备所使用的应用程序，可能已经知道关于此设备所需的能力。在这种情形下，若应用程序已经通过 VID/PID 码识别此设备后，即可跳过检查能力的步骤。这是因为我们无需这个信息了。

11.3.3　取得数值的能力——HidP_GetValueCaps() 函数

在上一个 HidP_GetCaps() 函数所取得的设备能力，并非是可以从设备取到的全部信息。另外，也可以从设备中取得报告描述之中的每个数值与按钮的能力。当调用 HidP_GetValueCaps 函数后，它会传回指到包含在报告描述之中，每一个数值信息的结构数组的一个指针器。在 HidP_Caps 结构中的 NumberInputValueCaps 项目特性，代表了在这个接口中，存有多少数目的数值能力。

此外，在此结构的项目中，包含了在报告描述符之中许多相似的数值。其中，对于内含的报告 ID，就有可能是绝对的与相对的，或"无效的"状态，或逻辑与实际的最小值与最大值。而可以使用 Link Collection 来分辨在相同的集合中，具有一样的用途与用途页的数值。

同样地，HidP_GetButtonCaps() 函数能够取出关于此设备的报告按键的信息。该信息存放在 HidP_GetButtonCaps 结构内。当然，如果我们所编写的应用程序并不使用这些信息，就不必加以取出。

HidP_GetValueCaps() 函数传回一个报告描述符中有关于每一个数值信息的结构数组的指针。

8051 单片机 USB 接口 Visual Basic 程序设计

下面列出 HidP_GetValueCaps() 函数的声明范例：

```
Public Declare Function HidP_GetValueCaps _
    Lib "hid.dll" _
    (ByVal ReportType As Integer, _
    ByRef ValueCaps As Byte, _
    ByRef ValueCapsLength As Integer, _
    ByVal PreparsedData As Long) _
    As Long
```

下面是 HidP_GetValueCaps 结构的声明范例：

```
Public Type HidP_Value_Caps
    UsagePage As Integer
    ReportID As Byte
    IsAlias As Long
    BitField As Integer
    LinkCollection As Integer
    LinkUsage As Integer
    LinkUsagePage As Integer
    IsRange As Long
    IsStringRange As Long
    IsDesignatorRange As Long
    IsAbsolute As Long
    HasNull As Long
    Reserved As Byte
    BitSize As Integer
    ReportCount As Integer
    Reserved2 As Integer
    Reserved3 As Integer
    Reserved4 As Integer
    Reserved5 As Integer
    Reserved6 As Integer
    LogicalMin As Long
    LogicalMax As Long
    PhysicalMin As Long
    PhysicalMax As Long
    UsageMin As Integer
    UsageMax As Integer
    StringMin As Integer
    StringMax As Integer
```

```
            DesignatorMin As Integer
            DesignatorMax As Integer
            DataIndexMin As Integer
            DataIndexMax As Integer
End Type
```

11.4 读取与写入数据

在所有已经识别(已设备列举过)所有连接上的 HID 设备,且已经了解其功能后,即可对此 HID 设备以报告的格式来进行数据的输入与输出。

而关于用来执行报告数据的输入与输出(或交换)的相关 API 函数有下列 4 种,而这是根据报告的类型所决定的:

- ReadFile()函数;
- WriteFile()函数;
- Set_Feature()函数;
- Get_ Feature()函数。

根据 HID 群组所特有的报告描述符,可以通过报告描述符来执行数据的交换。但是主机所使用的 USB 要求类型会根据操作系统以及所支持的端点类型的不同而有所变化。表 11.1 列出不同的报告类型、API 函数、USB 传输类型以及使用时机。

表 11.1　API 函数与 USB 传输类型对应表

报告类型	API 函数	USB 传输类型	使用时机
输入	ReadFile	IN 中断传输	常会使用到
输出	WriteFile	以 Set_Report 执行控制传输	Windows 98 第一版中的 HID 接口没有提供 OUT 中断传输。因此,使用此传输类型来代替
		OUT 中断传输	在 Windows 98 第二以及稍后的版本,提供 OUT 中断传输
IN 特性报告类型	HidD_GetFeature	以 Get_Report 执行控制传输	常会使用到
OUT 特性报告类型	HidD_SetFeature	以 Set_Report 执行控制传输	常会使用到

HID 群组多了报告描述符以及群组描述符。其中,PC 主机与 HID 群组所交换的数据是报告描述符的输入、输出与特性等报告类型。换言之,PC 主机须使用控制传输与中断传输来读取或写入这个报告描述符。在这里还要再强调的是,一般的输入报告

(input report)可使用 IN 中断传输来加以实现。PC 主机相对使用的 API 函数是 ReadFile()函数。

但对于输出报告(output report)来说,由于在 Windows 98 第一版中的 HID 接口是没有提供 OUT 中断传输的,因此,必须有折中的作法,即是利用 Set_ReportHID 群组设备要求来代替。而 PC 主机相对使用的 API 函数是 WriteFile()函数。

此外,对于特性报告类型的输出与输入,可以直接使用以 Get_Report 与 Get_Report 群组设备要求来执行控制传输。而相对所使用的 API 函数是 HidD_GetFeature()函数与 HidD_SetFeature()函数。

下面依序分别介绍这些 API 函数。

11.4.1 传送输出报告给设备——WriteFile()函数

当应用程序取得 HID 群组设备的标示代号,并且知道此报告描述符的字节数目后,即可传送输出报告给此设备来进一步使用。这也是主机与设备通信的第一步。为了写入这数据,应用程序联合数据复制到所要送出的缓冲区内,并且调用 WriteFile()函数,而此缓冲区的大小应设置或等于由 HidP_ GetCaps()函数所回传的数据结构——HidP_ Caps 中的 Output Repont Byte Length 的项目数值。这个大小值是以字节为单位的数值。此外,还须加一个放在缓冲区的第一个字节。而这个字节即是报告 ID。

在此所使用的 WriteFile()以及稍后的 ReadFile()函数来说,又要该设备或文件的驱动程序支持这些函数,它们算是最常使用的 API 函数(因为,应用程序几乎都要与设备来执行数据输出/入的工作)。

在稍前的章节曾经提及过,HID 驱动程序所用来送出输出报告的传输类型,是根据 Windows 版本或这个 HID 所具有中断 OUT 端点来决定的。但是在此,对于我们所编写的应用程序是无须去了解驱动程序所使用的传输类型。这是因为它是处理较低层的工作。

首先,列出该函数的声明:

```
Public Declare Function WriteFile _
    Lib "kernel32" _
    (ByVal hFile As Long, _
    ByRef lpBuffer As Byte, _
    ByVal nNumberOfBytesToWrite As Long, _
    ByRef lpNumberOfBytesWritten As Long, _
    ByVal lpOverlapped As Long) _
    As Long
```

API 函数的基本介绍

而所要送出的数据放在字节数组中,其中包含放在第一个字节的报告 ID 以及其后所跟随的报告数据。这个程序代码将会开启并且填入这个 SendBuffer 字节数组。下面列出此范例程序代码:

```
Dim SendBuffer() As Byte
ReDim SendBuffer _
      (Capilities.OutputReportByteLength  - 1)
      SendBuffer(0) = 0
      For Count = _
      1 To Capabilities.OutputReportByteLength   - 1
   SendBuffer (Count) = OutputReportData (Count - 1)
Next Count
```

其中,由于 SendBuffer 数组由 0 开始,所以须由 OutputReportByteLength 减去 1。而第一个字节是报告 ID,稍后的字节才是数据。

下面列出如何调用 WriteFile 函数来送出报告给设备的范例程序:

```
Dim NumberOfBytesWritten As Long
NumberOfBytesWritten = 0
Result = WriteFile _
(HidDevice, _
SendBuffer(0), _
CLng(Capabilites.OutputReportByteLength), _
NumberOfBytesWritten, _
0)
```

在范例程序代码中,SendBuffer(O) 是位于包含报告 ID 与预告数据的字节数组中的第一个项目。这个参数是由 ByRef 型态来传递的,以使得函数来传递字节的地址。CLng(Capabilities.OutputReportByteLength)是由 HidP_GetCaps()所回传的输出报告大小值。将此值转换成 Long 类型以符合原来的声明格式。

此外,hFile 参数是由 CreatFile()函数所回传的标示代号。而 lpNumberOfBytes-Written 参数回传了函数所成功地写入此设备的字节数目。如果此函数所回传的 Result 数值是非零,就表示该函数成功地执行了。

如果此接口仅支持预设为 0 的报告 ID,这个报告 ID 并无法在此总线上传输。就算这样,它也必须呈现在应用程序所要传递到 WriteFile()函数的缓冲区中。而在 HID 通信中,使用 WriteFile()与 HID 设备通信所回传常见的错误是 CRC Error。这个错误表示了,主机控制器想要送出其报告描述符,但是却无法上设备上得到预期的响应。这个错误信息所出现的问题,并不是由于检测到 CRC 计算所产生的错误,而多半由于是固件所产生 Hold 状态,无法给予真正的响应。

11.4.2 从设备读取输入报告——ReadFile()函数

而与上一个 WriteFile() 函数互补的是 ReadFile() 函数。当应用程序已经掌握了 HID 接口,而且也知道了在设备的输入报告中的字节数目,即可在应用程序中,使用 ReadFile() 函数来从设备读取报告描述符中的输入报告。

这个 ReadFile() 函数与 WriteFile() 一样,只要该设备或文件的驱动程序支持这些函数,几乎每一个应用程序都会使用它们。为了读取报告,应用程序就会声明用来掌握数据的缓冲区,以及调用 ReadFile() 函数。当然这时缓冲区的大小值就要等于由 HidP_GetCaps() 函数所回传的 HidP_Caps 结构中的 InputReportByteLength 的字段值。

下面列出此函数的声明范例程序代码:

```
Public Declare Function ReadFile
    Lib "kernel32.dll" _
    (ByVal hFile As Long, _
    ByRef lpBuffer As Byte, _
    ByVal nNumberOfBytesToRead As Long, _
    ByRef lpNumberOfBytesRead As Long, _
    ByVal lpOverlapped As Long) _
    As Long
```

而以字节数组所读取到的数据包含放在第一个字节的报告 ID,与以下列字节为顺序的报告数据。下面列出开启以及填入 ReadBuffer 字节数组的范例程序代码:

```
Dim NumberOfBytesRead As Long
Dim ReadBuffer() As Byte
ReDim ReadBuffer(Capabilities.InputReportByteLength - 1)
```

其中,InputReportByteLength 也需减去 1,才是真正的数据长度。

下面列出调用 ReadFile() 函数的范例:

```
Result = ReadFile _
    (HidDevice, _
    ReadBuffer(0), _
    CLng(Capabilities.InputReportByteLength), _
    NumberOfBytesRead, _
    0)
```

其中,ReadBuffer (0)是包含整个报告的字节数组的第一个元素。这个参数是 By def 型态所传递的,所以这个函数可以传递字节地址。而 CLng(Capabilities. InputReportByteLength）是由 HidP_GetCaps 所传回的输入报告的大小值，并且将其转换或 Long 型态以符合声明的格式。此外，NumberOfBytesRead 参数是用来传递此函数从设备所成功回传的字节数目。

由于 ReadFile( ) 函数相当重要，因此有必要再作进一步的描述。对于 ReadFile( ) 函数的声明中，hFile 是由 CreatFile( ) 函数所回传的标示代码。如果回传的"Result"值是非零，代表这个函数是成功地执行。读取缓冲区的字节 0 包含报告 ID，而其后所跟随的字节则包含从设备所读取的报告描述符数据。如果此接口仅支持一个报告 ID，则 ID 是不会在总线上传送，但是它总会出现在由 ReadFile( ) 函数所回传的缓冲区中。

而在应用程序中调用 Read File( ) 函数，则无法起始总线上的交易。它仅会取回主机在稍前以其中一个周期中断 IN 的服务例程传输的报告，或是如果没有任何未读的报告，就等待下一个所排定的传输来加以实现。

此时，当设备被列举，且 HID 驱动程序被加载时，主机就会开始要求报告的数据。而驱动程序会将这个报告数据存储在等待状态的缓冲区中。若当缓冲区已满以及新的报告已经到达，则最旧（或最早）的报告就会被覆写。当然，应用程序在调用 Read File( ) 函数时，就会读取在缓冲区中最旧的报告数据。

在 Windows 98 SE 以及稍后修订的版本中，预设这个缓冲区大小为 8 字节，但是用户可以在应用程序中使用 HidD_ SetNumInputBuffers( ) 函数来设置缓冲区的大小值。

从上述的叙述可知，如果应用程序没有经常去要求设备所送出的报告，就有可能遗失一些报告数据。因此，如果要确保没有遗失任何的报告，就可以使用特性（Feature）报告来取代输入或输出报告。

此外，闲置率（Idle rate）所设置的数值是用来决定：如果上一次的传输后其数据仍未更动，是否设备要再送出报告的周期。在设备列举时，Windows 的 HID 驱动程序会倾向设置该闲置率为 0。这意味着，直到报告数据已经改变了，否则 HID 不会送出报告。

在此需注意的是，没有任何的 API 函数能够使得应用程序来改变闲置率。而为了避免设置中止 stall 为 0，HID 设备能够针对 Set_Idle 要求，回传中止的状态。这样，即可确保主机所要执行的设备要求是不再支持的。但是并不是所有的 USB 设备都支持闲置率的设置，而是通过在固件程序代码中利用定时器的特性来加以实现。

如果 USB 设备并不支持 Set_Idle 要求，而且应用程序仅想要取回报告一次，则用户即可在固件程序中设计仅送出一次的报告数据。这个过程是在设备送出报告后，固件程序代码能够设计端点来针对 IN 令牌对包回传 NAK 的状态。这样，当设备有了新的报告要送出时，设备的固件程序代码就设计端点送出这报告数据。否则，当主机每一次查询端点时，设备就会连续地送出相同的数据。这样，应用程序就似乎重复读取同样

8051 单片机 USB 接口 Visual Basic 程序设计

的报告许多次。

注意事项

当以 Read File() 函数来接收并取得 HID 报告时,有些情况须加以注意。首先要了解 Read File() 函数是阻断式(blocking)调用方式。如果应用程序在调用 Read File() 函数,若读取缓冲区是空的,就会造成"挂掉"的情况。此时,除非强迫拔掉 USB 缆线,将此设备移除掉,或直接按组合键 Control + Alt + Delete 跳离应用程序。当然,最好的情况是当读取缓冲区内的报告是可使用的,就可以继续执行。但仍有三种方式可以避免这个问题的发生:

- 设备的固件程序代码不断地传送报告数据。
- 使用具备超时的重叠式 Read File() 函数。
- 在自己的程序线程(thread)中,调用 Read File() 函数。

若要确保设备能持续地送出数据,可以编写固件程序代码来使得 IN 端点永远被使能,并且准备好此要求所要数据来加以响应。如果此时没有新的数据要传送,设备可以传送上一次旧的数据,或回传一个制造商定义的数码以指示没有新的数据来报告。而另外一个解决的方法是需要应用程序的整合协助来处理设备。也即是在调用每一个 Read File() 函数之前,应用程序就调用 Write File() 函数来送出报告,来克服这个问题的发生。

而在此报告中,包含了制造商定义的项目,用来告诉固件程序代码来准备送出数据。此时当应用程序调用 Read File() 函数,且设备的端点被使能后,那么就有数据准备来传输了。虽然上述方法可以解决应用程序"挂掉"的问题,但这些却不是最理想的方法。

因此,可以使用另一个最佳的方法,即是使用这种 ReadFile() 函数重叠调用的选择方式。其中,在堆栈读取时,即使数据仍未准备好,ReadFile() 函数会立即回传,而且此时应用程序能使用 WaitForSingleObjectAPI() 函数来取回数据。这个 WaitForSingleObject() 函数的优点是能够设置 timeout 的数值。如果当 timeout 周期已经到时,数据仍未到达,这个函数就会回传一个数码来表示此情况,并且在应用程序中就能使用 CancelI() 函数来取消读取动作。如果报告通常是在无延迟的情况下来使用,这个方法的工作方式倒是不错的选择方式,但是如果在某些原因下不再有报告,应用程序仍需要重新取得控制权。

为了使用堆栈 I/O,Creat File() 函数必须传递以 dwFlageAndAttributes 为参数的堆栈结构。应用程序也会调用 CreatEvent() 函数来开启一个事件的对象,以用来设置当 ReadFile() 函数操作完成时的信号状态。而当应用程序调用 ReadFile() 函数时,它会传递一个指向堆栈结构的指针。而这个堆栈结构的 hEvent 参数是连至事件对象的标示代码。此时,应用程序会调用 WaitForSingle Object() 函数,再一次传递伴随着以

ms 为单位的 timeout 数值的事件标示代码值。最后当读取操作完成后或当 timeout 已经发生时这个函数就会回传上述的数值。

而上述的这些情况，都是在使用 ReadFile()函数时所需注意到的情形。

11.4.3 传送特性报告给设备——HidD_SetFeature()函数

为了将 HID 特有的特性报告(Feature Report)传送给设备，可以调用 HidD_SetFeature()函数。而这个函数将会通过控制传输来送出 Set_Feature()要求。

下面列出这个函数的声明范例：

```
Public Declare Function HidD_SetFeature _
    Lib "hid.dll"
    (ByVal HidDeviceObject As Long, _
    ByRef ReportBuffer As Byte, _
    ByVal ReportBufferLength As Long) _
    As Long
```

下面列出调用这个函数的程序代码范例：

```
Result = HidD_SetFeature _
    (HidDevice, _
    SendBuffer(0), _
    CLng(Capabilities.FeatureReportByteLength))
```

11.4.4 从设备读取特性报告给——Get_Feature()函数

为了从设备读取特性报告，可以在应用程序中使用 HidD_Feature() API 函数。通过这个函数的应用，主机将会以控制传输来送出 Get_Feature()要求，并在数据阶段中，设备回传这个报告。

下面为这个函数的声明范例：

```
Public Declare Function HidD_FetFeature _
    Lib "hid.dll"
    (ByVal HidDeviceObject As Long, _
    ByRef ReportBuffer As Byte, _
    ByVal ReportBufferLength As Long) _
    As Long
```

下面列出调用这个函数的程序代码范例：

```
Result = HidD_GetFeature _
    (HidDevice, _
    RendBuffer(0), _
    CLng(Capabilities.FeatureReportByteLength))
```

11.5 关闭通信——CloseHandle()函数

当应用程序结束与 HID 设备的通信后，它必须释放所有之前所保留的资源。这些资源的释放包含了 3 种 API 函数：

- CloseHandle()函数。
- SetupDiDestroyDeviceInfoList()函数。
- HidD_FreePreparsedData()函数。

这些函数的声明与调用是相当简洁的。每一个函数都会从互补的功能中，传回一个从此函数所取得的单一参数。

而非零的传回值说明已经成功地执行此函数。但最重要的是，在结束整个应用程序之前一定要执行这些释放资源的函数。

因此，在应用程序完成与设备的通信工作后，会调用 CloseHandle()函数来关闭通信的程序。此外，当应用程序不再使用 SetupDiGetClassDevs()函数传回的 hDevInfo 数组时，应该调用 SetupDiDestroyDeviceInfoList()函数来释放此数组。而当应用程序不再使用 HidD_GetPreParsedData()函数传回的 PreparsedData 缓冲区时，就应该调用 HidD_FreePreparesedData()函数来释放此缓冲区。

这就有点类似当用户打开一个文件，取得系统所配置的资源，再做完文件的存储后，就应该释放这个资源。

总而言之，用户使用了哪些资源，在应用程序结束前，就要释放所有之前所保留的资源。这样，可避免不必要的错误发生。

下面是 CloseHandle()函数的声明范例：

```
Public Declare Function CloseHandle _
    Lib "kernel32" _
    (ByVal hObject As Long) _
As Long
```

下面是 SetupDiDestroyDeviceInfoList()函数的声明范例：

```
Public Declare Function SetupDiDestroyDeviceInfoList _
    Lib "setupapi.dll" _
```

```
    (ByVal DeviceInfoSet As Long) _
As Long
```

下面是 HidD_FreePreparsedData() 函数的声明范例：

```
Public Declare Function HidD_FreePreparsedData _
    Lib "hid.dll" _
    (ByRef PreparsedData As Long) _
As Long
```

下面列出调用 CloseHandle() 函数的范例：

```
Result = CloseHandle_ (HidDevice)
```

下面列出调用 SetupDiDestroyDeviceInfoList() 函数的范例：

```
Result = SetupDiDestroyDeviceInfoList_ (DeviceInfoSet)
```

下面列出调用 HidD_FreePreparsedData() 函数的范例：

```
Result = HidD_FreePreparsedData_ (PreparsedData)
```

本章已经说明了主机与 HID 设备通信传输与控制的三个步骤的各个函数。而稍后的章节将整合这些步骤所需的 API 函数，并将它们放入一个新增的对象模块文件中。

第 12 章

Visual Basic USB 接口程序设计

有了第 11 章的 PC 主机与 HID 设备执行通信所需的 API 函数的基本概念后,紧接着就要介绍如何来引用与链接这些 API 函数。然后,将说明如何设计一个 USB 的 Visual Basic 应用程序。

12.1 HID API 函数的引用

根据前两章 API 函数的介绍,在此首先列出执行 HID 群组设备所需的各个 API 函数。

而一开始,从 98ddk\inc\win98\setupapi.h 中,找出所定义的相关 GUID 的参数数值:

```
Public Const DIGCF_PRESENT = &H2
Public Const DIGCF_DEVICEINTERFACE = &H10
Public Const FORMAT_MESSAGE_FROM_SYSTEM = &H1000
Public Const GENERIC_READ = &H80000000
Public Const GENERIC_WRITE = &H40000000
Public Const FILE_SHARE_READ = &H1
Public Const FILE_SHARE_WRITE = &H2
```

然后定义报告描述符的常数。在此定义 HidP_Report_Type 为一组整数常数以及声明这些常数为整型(16 位)。

```
Public Const HidP_Input = 0
```

```
Public Const HidP_Output = 1
Public Const HidP_Feature = 2
Public Const OPEN_EXISTING = 3
```

以下列出相关所需结构的声明以及 API 函数调用的用户定义，在此按照字母顺序加以列出：

(1) GUID 结构的声明

```
Public Type GUID
    Data1 As Long
    Data2 As Integer
    Data3 As Integer
    Data4(7) As Byte
End Type
```

(2) HIDD_ATTRIBUTES 结构的声明

```
Public Type HIDD_ATTRIBUTES
    Size As Long
    VendorID As Integer
    ProductID As Integer
    VersionNumber As Integer
End Type
```

(3) HIDP_CAPS 结构的声明

```
Public Type HIDP_CAPS
    Usage As Integer
    UsagePage As Integer
    InputReportByteLength As Integer
    OutputReportByteLength As Integer
    FeatureReportByteLength As Integer
    Reserved(16) As Integer
    NumberLinkCollectionNodes As Integer
    NumberInputButtonCaps As Integer
    NumberInputValueCaps As Integer
    NumberInputDataIndices As Integer
    NumberOutputButtonCaps As Integer
    NumberOutputValueCaps As Integer
    NumberOutputDataIndices As Integer
    NumberFeatureButtonCaps As Integer
    NumberFeatureValueCaps As Integer
    NumberFeatureDataIndices As Integer
```

End Type

(4) HID 数值能力结构的声明

HID 数值能力的定义：HidP_Value_Caps。

如果 IsRange 为"假"，即没有范围，UsageMin 是 Usage，则 UsageMax 并未使用。如果 IsStringRange 为"假"，StringMin 是字符串索引值，则 StringMax 并未使用。如果 IsDesignatorRange 为"假"，DesignatorMin 是 designator 索引，则 DesignatorMax 并未使用。相关的定义请参阅 HID 报告描述符的内容。

```
Public Type HidP_Value_Caps
    UsagePage As Integer
    ReportID As Byte
    IsAlias As Long
    BitField As Integer
    LinkCollection As Integer
    LinkUsage As Integer
    LinkUsagePage As Integer
    IsRange As Long
    IsStringRange As Long
    IsDesignatorRange As Long
    IsAbsolute As Long
    HasNull As Long
    Reserved As Byte
    BitSize As Integer
    ReportCount As Integer
    Reserved2 As Integer
    Reserved3 As Integer
    Reserved4 As Integer
    Reserved5 As Integer
    Reserved6 As Integer
    LogicalMin As Long
    LogicalMax As Long
    PhysicalMin As Long
    PhysicalMax As Long
    UsageMin As Integer
    UsageMax As Integer
    StringMin As Integer
    StringMax As Integer
    DesignatorMin As Integer
    DesignatorMax As Integer
```

```
    DataIndexMin As Integer
    DataIndexMax As Integer
End Type
```

(5) SP_DEVICE_INTERFACE_DATA 结构的声明

```
Public Type SP_DEVICE_INTERFACE_DATA
    cbSize As Long
    InterfaceClassGuid As GUID
    Flags As Long
    Reserved As Long
End Type
```

(6) SP_DEVICE_INTERFACE_DETAIL_DATA 结构的声明

```
Public Type SP_DEVICE_INTERFACE_DETAIL_DATA
    cbSize As Long
    DevicePath As Byte
End Type
```

(7) SP_DEVINFO_DATA 结构的声明

```
Public Type SP_DEVINFO_DATA
    cbSize As Long
    ClassGuid As GUID
    DevInst As Long
    Reserved As Long
End Type
```

下面再列出各个所需使用到的 API 函数的声明内容。关于这一部分的函数说明，用户可以参考上一章的部分内容。

(1) 关闭通信——CloseHandle 函数

```
Public Declare Function CloseHandle _
    Lib "kernel32" _
    (ByVal hObject As Long) _
As Long
```

(2) 取得设备的标示代号——CreateFile 函数

```
Public Declare Function CreateFile _
    Lib "kernel32" _
    Alias "CreateFileA" _
    (ByVal lpFileName As String, _
    ByVal dwDesiredAccess As Long, _
    ByVal dwShareMode As Long, _
```

```
    ByRef lpSecurityAttributes As Long, _
    ByVal dwCreationDisposition As Long, _
    ByVal dwFlagsAndAttributes As Long, _
    ByVal hTemplateFile As Long) _
As Long
```

(3) 用来显示若干信息所需的声明格式

通常用来回传一些上一次 Windows 检测到的错误信息- FormatMessage 函数。

```
    Public Declare Function FormatMessage _
    Lib "kernel32" _
    Alias "FormatMessageA" _
    (ByVal dwFlags As Long, _
    ByRef lpSource As Any, _
    ByVal dwMessageId As Long, _
    ByVal dwLanguageZId As Long, _
    ByVal lpBuffer As String, _
    ByVal nSize As Long, _
    ByVal Arguments As Long) _
As Long
```

这个函数通常也使用以下系统常数：

```
Public Const FORMAT_MESSAGE_FORM_SYSTEM = &H1000
```

用户可以在 Visual Basic 中使用这个函数来回传一些错误的字符串信息。这个函数尤其是在侦错时，特别好用。用户可以在调用 API 函数后，显示其错误，或在列表盒中显示相对应的信息。此外，用户可以使用该函数在 Visual Basic 实时运算的窗口做检测。下面列出显示错误信息的一个函数——GetErrorString()：

```
Private Function GetErrorString _
    (ByVal LastError As Long) _
As String

Dim ErrorString As String
ErrorString = String $ (129,0)
Bytes = FormatMessage _
    ( FORMAT_MESSAGE_FORM_SYSTEM, _
    0&, _
    LastError, _
    0, _
    ErrorString $ , _
```

```
128, _
0)
'将两个位,CR 与 LF 从错误信息中减去
IF Bytes > 2 Then
    GetErrorString = Left $ ( ErrorString, Bytes – 2 )
End IF
End Function
```

(4) 释放由 HidD_GetPreParsedData() 函数所传回的 PreparsedData 缓冲区资源——HidD_FreePreparesedData() 函数

```
Public Declare Function HidD_FreePreparsedData _
    Lib "hid.dll" _
    (ByRef PreparsedData As Long) _
As Long
```

(5) 取得厂商与产品 ID——HidD_GetAttributes() 函数

```
Public Declare Function HidD_GetAttributes _
    Lib "hid.dll" _
    (ByVal HidDeviceObject As Long, _
    ByRef Attributes As HIDD_ATTRIBUTES) _
As Long
```

(6) 取得 HID 群组的 GUID——HidD_GetHidGuid() 函数

```
Public Declare Function HidD_GetHidGuid _
    Lib "hid.dll" _
    (ByRef HidGuid As GUID) _
As Long
```

(7) 取得包含设备能力的缓冲区指针——HidD_GetPreparsedData() 函数

```
Public Declare Function HidD_GetPreparsedData _
    Lib "hid.dll" _
    (ByVal HidDeviceObject As Long, _
    ByRef PreparsedData As Long) _
As Long
```

(8) 取得设备的能力——HidP_GetCaps() 函数

```
Public Declare Function HidP_GetCaps _
    Lib "hid.dll" _
    (ByVal PreparsedData As Long, _
    ByRef Capabilities As HIDP_CAPS) _
As Long
```

8051 单片机 USB 接口 Visual Basic 程序设计

(9) 取得数值的能力——HidP_GetValueCaps()函数

```
Public Declare Function HidP_GetValueCaps _
    Lib "hid.dll" _
    (ByVal ReportType As Integer, _
    ByRef ValueCaps As Byte, _
    ByRef ValueCapsLength As Integer, _
    ByVal PreparsedData As Long) _
    As Long
```

(10) 从设备读取输入报告——ReadFile()函数

```
Public Declare Function ReadFile _
    Lib "kernel32" _
    (ByVal hFile As Long, _
    ByRef lpBuffer As Byte, _
    ByVal nNumberOfBytesToRead As Long, _
    ByRef lpNumberOfBytesRead As Long, _
    ByVal lpOverlapped As Long) _
    As Long
```

(11) 将位于 PreparsedData 的数据复制到字节数组中——RtlMoveMemory()函数

```
Public Declare Function RtlMoveMemory _
    Lib "kernel32" _
    (dest As Any, _
    src As Any, _
    ByVal Count As Long) _
    As Long
```

这个 API 函数将一系列的字节从内存的一个位置移到另一个位置中。而当用户要把一组原始数据复制至数组或结构之间时特别好用。其中，除了须声明数据地址 (src) 与目的 (dest) 为特定的形态外，这些数值是以 As Any 来声明的，以允许在使用这函数时能增加其便利性。此外，Count 则是所要复制的数目。下面列出一个范例，通过 RtlMoveMemeory() 函数将 4 字节从结构中复制至字节数组中。这个字节数组的地址将会以调用 SetupDiGetDeviceInterfaceDetail() 函数来加以传递。

```
Call RtlMoveMemory _
    (DetailDataBuffer(0), _
    MyDeviceInterfaceDetailData, _4)
```

(12) 释放调用 SetupDiGetClassDevs() 函数传回的 hDevInfo 数组资源——SetupDi-DestroyDeviceInfoList()函数

```
Public Declare Function SetupDiDestroyDeviceInfoList _
```

```
        Lib "setupapi.dll" _
        (ByVal DeviceInfoSet As Long) _
    As Long
```

(13) 识别每一个 HID 接口——SetupDiEnumDeviceInterfaces()函数

```
Public Declare Function SetupDiEnumDeviceInterfaces _
        Lib "setupapi.dll" _
        (ByVal DeviceInfoSet As Long, _
        ByVal DeviceInfoData As Long, _
        ByRef InterfaceClassGuid As GUID, _
        ByVal MemberIndex As Long, _
        ByRef DeviceInterfaceData As SP_DEVICE_INTERFACE_DATA) _
    As Long
```

(14) 取得所有 HID 信息的结构数组——SetupDiGetClassDevs()函数

```
Public Declare Function SetupDiGetClassDevs _
        Lib "setupapi.dll" _
        Alias "SetupDiGetClassDevsA" _
        (ByRef ClassGuid As GUID, _
        ByVal Enumerator As String, _
        ByVal hwndParent As Long, _
        ByVal Flags As Long) _
    As Long
```

(15) 取得设备的路径——SetupDiGetDeviceInterfaceDetail()函数

```
Public Declare Function SetupDiGetDeviceInterfaceDetail _
    Lib "setupapi.dll" _
    Alias "SetupDiGetDeviceInterfaceDetailA" _
    (ByVal DeviceInfoSet As Long, _
    ByRef DeviceInterfaceData As SP_DEVICE_INTERFACE_DATA, _
    ByVal DeviceInterfaceDetailData As Long, _
    ByVal DeviceInterfaceDetailDataSize As Long, _
    ByRef RequiredSize As Long, _
    ByVal DeviceInfoData As Long) _
As Long
```

(16) 传送输出报告(Output Report)给设备——WriteFile()函数

```
Public Declare Function WriteFile _
        Lib "kernel32" _
        (ByVal hFile As Long, _
        ByRef lpBuffer As Byte, _
        ByVal nNumberOfBytesToWrite As Long, _
```

```
        ByRef lpNumberOfBytesWritten As Long, _
        ByVal lpOverlapped As Long) _
As Long
```

　　对于这些所要使用的 API 函数,用户就须加以整合在一起。若在 Visual Basic 的开发环境下使用这些 API 函数,用户就必须在项目总管窗口中,除了使用原有的窗体文件(*.frm)外,并须另外新增模块(以*.bas 附加模块文件来加以存储)文件。如图 12.1 所示,这个程序可以通过主窗口的项目功能加以选取。

或通过项目总管窗口中,直接产生:

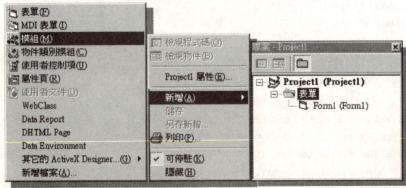

图 12.1　对象类别模块的引用

因此,在项目总管的窗口下同时包含了一个窗体和一个模块。

有了这个 HIDAPI 的模块文件,对于与 HID 设备的 PC 主机的通信程序,已经成功了一半。紧接着,就要进入 VB 程序的窗体程序的设计,进一步做人机接口的通信连接部分。

在尚未介绍 EZ-USB FX 单片机的设计与使用方式之前,为了测试以下的 USB Visual Basic 应用程序,我们先采用 Cypress 半导体公司推出的 CY7C63101 USB 专用单片机所设计的 USB 简易控制模块,如图 12.2(a)与(b)所示。关于这个 CY7C63101 USB 专用单片机的相关数据,用户可以参阅著作《USB 外围设备的设计与应用——使用 CY7C63 系列》(全华科技图书出版)。由于这个模块已烧录了 HID 群组的固件程序代码,所以可以直接来应用。用户可以到 www.USBLAB.IDV.TW 网站查询。用户也可直接使用稍后各实验范例章节的硬件电路,再回来测试本章的应用程序。

(a) USB 简易控制模块一（含一个LED输出接口与指拨开关输入接口）

(b) USB 简易控制模块二

图 12.2　USB 简易控制模块

8051 单片机 USB 接口 Visual Basic 程序设计

12.2 打开 HID 设备的通信步骤

有了上述函数的基本介绍后,以下介绍设计 USB HID 设备应用程序的流程与步骤。

当设备正确地处理完 USB 规范第 9 章的设备以及 HID 特定的参数设置后,剩下的工作就是依赖应用程序本身来加以完成了。下面将按照步骤来介绍如何在 Windows 操作系统下,实现一个 USB 通信应用程序的设计流程。而这个步骤与流程也适用于 Linux 与 MacOS 操作系统。

基本上,这个应用程序必须能够开启一个用来作为通信之用的 USB 设备。但这是一个相当严谨与繁琐的过程,且缺一不可。如图 12.3 所示,打开设备并与之用来作为通信的应用程序的基本步骤共有七个。下面分别加以介绍。

① 通过 HidD_GetHidGuid() 函数来取得列在登录编辑器中的 HID 设备的 Win-

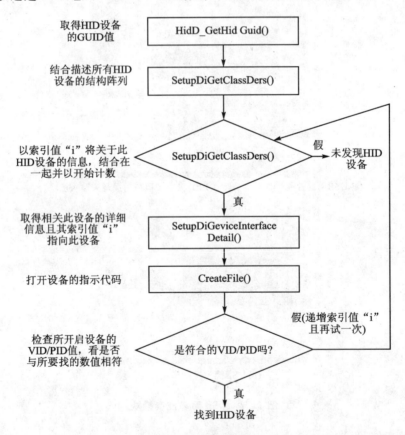

图 12.3 USB HID 设备的通信流程与设计步骤

dows GUID（整体且唯一的 ID 码）。

② 利用 SetupDiGetClassDevs() 函数取得包含这个刚连接上的 HID 设备的所有相关信息的结构数组。在这个步骤中，将会使用到在上个步骤中所取得的 HID GUID。而这个 GUID 码是用来设置一个唯一且单独存在的 HID 设备，否则就无法对刚连接上的 HID 设备来加以控制了。

③ 使用 Windows SetupDiEnumDeviceInterfaces() 函数来取得关于此设备的相关信息。用户需要按部就班地检查各个列出的设备信息，一直到用户找到一个正确的 VID/PID 码。如果传回"假"值，这就表示已经搜寻到最后，仍未发现所要寻找的设备。

④ 利用 SetupDiGetDeviceInterfaceDetail() 函数的调用程序，回传前一个步骤所索引的设备的详细数据。想要使用这个设备路径来开启下一个步骤的设备。

⑤ 调用 CreateFile() 函数来开启在上一个步骤中所已取得路径的设备。如果 Windows API 调用 CreateFile()，将会回传一个有效的 Handle。此时，用户即可检查 VID 与 PID 码，以决定是否这设备就是用户想要开启的设备。

⑥ 比较所开启设备的 VID/PID 码，以决定这个设备是否是用户所想要的设备。如果已找到，此时用户应会回传此设备的 Handle，以及"真"值的状况。

⑦ 如果 VID/PID 码是正确，用户需要去关闭此设备的 Handle，并且回到步骤③来检查下一个所列表出的设备。

此外，更严谨的过程是，HID 应用程序必须处理设备的连接与脱离的识别。Windows USB 系统可以送出 WM_DEVICECHANGE 信息给应用程序，来表示 USB HID 设备是否被连接上系统，或从系统中拔离出来。

而在 Windows DDK 中，提供了一系列的函数来让用户发觉出此设备所具备的能力，以及取回此 USB 设备的一些数据。当然，这些函数是相当多的。用户可以在 http://msdn.microsoft.com，MSDN 网站中，寻找"HID Support Routines for Clients"文件数据。

除了上序的步骤外，一个 USB HID 设备还须能够去读取输入报告，并且也能写入输出报告。为了执行这些工作，应用程序必须分别使用 ReadFile() 与 WriteFile() 函数。这些函数都须使用由 CreateFile() 所传回的设备 Handle。稍后的章节将介绍这些步骤的 Visual Basic 应用程序的设计步骤与流程。

12.3　Visual Basic 窗体程序的设计

在该窗体程序中，将执行与 HID 群组设备的通信工作。其中，包含了寻找所连接

的设备是否与特定的 VID/PID 码相吻合,并取出这个设备的能力。稍前的章节曾提及过,HID 群组设备是通过报告描述符来执行数据的输入与输出的工作的。因此,报告描述符的相关定义就特别的重要。为了取得最大的数据输出/输入量,在此报告描述符中都设置为 8 字节。而在稍后的章节实验范例中,再依据实际的需求取出其所需的数值。在这个程序代码中,使用输入报告来送出 8 字节给设备。相对地,以输出报告从设备接收 8 字节。而对于相关的固件程序代码的详细介绍,用户可以参阅前一系列书本的介绍。以下,将根据第 11 章的 API 函数,依序地构建出一个完整的 USB Visual Basic 应用程序的设计。

首先,声明一些第 11 章 API 函数所需使用到的基本变量形态:

```
Option Explicit
Dim Capabilities As HIDP_CAPS
Dim DataString As String
Dim DetailData As Long
Dim DetailDataBuffer() As Byte
Dim DeviceAttributes As HIDD_ATTRIBUTES
Dim DevicePathName As String
Dim DeviceInfoSet As Long
Dim ErrorString As String
Dim HidDevice As Long
Dim LastDevice As Boolean
Dim MyDeviceDetected As Boolean
Dim MyDeviceInfoData As SP_DEVINFO_DATA
Dim MyDeviceInterfaceDetailData As SP_DEVICE_INTERFACE_DETAIL_DATA
Dim MyDeviceInterfaceData As SP_DEVICE_INTERFACE_DATA
Dim Needed As Long
Dim OutputReportData(7) As Byte
Dim PreparsedData As Long
Dim Result As Long
Dim Timeout As Boolean
```

然后再设置 VID/PID 码以符合设备固件程序代码与 INF 安装文件信息文件的内容:

```
Const MyVendorID = &H1234
Const MyProductID = &H5678
```

该 VID/PID 码(0x1234/5678)值是已内建烧录在 USB 简易 I/O 控制模块中,所以在 Visual Basic 应用程序中也须设置同样的数值。

而为了能够观察第 11 章各个 API 函数调用或使用的结果,在此应用一个列表盒

(ListBox)来显示相关的信息或错误的信息。因此，先建立一个列表盒，如图12.4所示，而其引用方式是在工具箱中加以取出。

整个列表盒的大小可依用户所要的信息，通过鼠标的拖曳来直接变更。有了这个列表盒的对象后，重点是如何将数据显示于其中。用户可以利用下列的方式来建立列表盒内的数据或字符串。

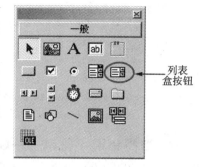

图12.4　列表盒

对象名称.AddItem = text[,index]

其中，text即是所要显示的字符串或数据，其后即为其索引值。该索引值一开始设置为1，然后往上递增。但是该index索引值可以省略，只不过此时的数据将放于列表数据项的最后一个项目；反之，如果设置index索引值，则根据索引值来放置数据项。如果用户所要显示的列表盒中的对象名称是lstResults，则如下的指令（AddItem）将"GUID for system HIDs："字符串数据加入列表盒目前数据项的最后一个。

```
lstResults.AddItem "GUID for system HIDs："
```

依此类推，用户可以将所要显示于列表盒内的数据项加入。

而有了显示的动作，那么相对的就有清除的动作。用户可以通过下列的方法来清除：

```
lstResults.Clear
```

此外，对于在测试一些API函数时，所需用到的子程序以及函数，下面再做进一步的介绍。

1. 取得数据字符串——etDataString

在这个函数中，将从内存中取回以字节为单位的一连串的字符串，且以所设置的地址为起始处。

```
Private Function GetDataString _
    (Address As Long, _
    Bytes As Long) _
As String
'采用 Dan Appleman's "Win32 API Puzzle Book"的范例程序
Dim Offset As Integer
Dim Result $
Dim ThisByte As Byte
For Offset = 0 To Bytes - 1
    Call RtlMoveMemory(ByVal VarPtr(ThisByte), ByVal Address + Offset, 1)
```

```
    If (ThisByte And &HF0) = 0 Then
        Result $ = Result $ & "0"
    End If
    Result $ = Result $ & Hex $ (ThisByte) & " "
Next Offset
GetDataString = Result $
End Function
```

2. 取得错误字符串——GetErrorString

在 GetErrorString()函数中,将取得一连串的错误字符串信息。

```
Private Function GetErrorString _
    (ByVal LastError As Long) _
As String
'传回上一个错误信息
Dim Bytes As Long
Dim ErrorString As String
ErrorString = String $ (129, 0)
Bytes = FormatMessage _
    (FORMAT_MESSAGE_FROM_SYSTEM, _
    0&, _
    LastError, _
    0, _
    ErrorString $ , _
    128, _
    0)
'从信息中跳过 CR 与 LF 字符,因此减去 2 个字符
If Bytes > 2 Then
    GetErrorString = Left $ (ErrorString, Bytes - 2)
End If
End Function
```

3. 对象名称——cmdOnce,事件名称——Click

当按下 cmdOnce 功能按钮时,执行清除列表盒的操作,以及调用 FindTheHid()函数,来寻找新的符合 VID/PID 码的 HID 设备。

```
Private Sub cmdOnce_Click()
lstResults.Clear
Call FindTheHid
End Sub
```

4. 用来显示调用 API 函数结果的子程序：DisplayResultOfAPICall

通过 DisplayResultOfAPICall 子程序，将所有调用 API 函数的结果显示出来。

```
Private Sub DisplayResultOfAPICall(FunctionName As String)
Dim ErrorString As String
lstResults.AddItem ""
ErrorString = GetErrorString(Err.LastDllError)
lstResults.AddItem FunctionName
lstResults.AddItem "   Result = " & ErrorString

End Sub
```

5. 对象名称——Form，事件名称——Load

当执行程序时，即执行此事件。

```
Private Sub Form_Load()
frmMain.Show
tmrDelay.Enabled = False

End Sub
```

有了这些初步的认识后，紧接着就可以进入 USB Visual Basic 应用程序设计步骤。用户可以按照下列的步骤，Step-by-Step 依序来测试，即可了解应用程序的设计概念。

12.3.1 取得 HID 群组的 GUID——HidD_GetHidGuid()函数

应用程序在与 HID 设备通信之前，必须先取得此 HID 群组设备的 GUID(Globally Unique Identifier)，并注册它的所有设备对象。因此，这个函数必须先加以引用。在 HidD_GetHidGuid 函数中：

① 将会取得所有连接上的 HID 设备的 GUID 值。
② 传回值：HidGuid 内的 GUID。
③ 该函数不会回传 Result 数值。
④ 但是该函数会以函数的方式来声明，以使得可以与其他的 API 函数兼容。

在此，设计一个 FindTheHid() 函数来引用该 API 函数以及稍后介绍的数个函数：

```
Function FindTheHid() As Boolean
'执行一系列的 API 函数调用，以找到所需的 HID 群组设备
'如果检测到 HID 设备，就传回"真"值，反之就传回"假"值

Dim Count As Integer
Dim GUIDString As String
```

```
Dim HidGuid As GUID
Dim MemberIndex As Long
LastDevice = False
MyDeviceDetected = False

'HidD_GetHidGuid()函数
Result = HidD_GetHidGuid(HidGuid)
Call DisplayResultOfAPICall("GetHidGuid")    '调用一个显示 API 函数所调用的结果子程序
'==== 显示  GUID ====
GUIDString = _
    Hex $ (HidGuid.Data1) & " - " & _
    Hex $ (HidGuid.Data2) & " - " & _
    Hex $ (HidGuid.Data3) & " - "
For Count = 0 To 7
    '根据 GUID 声明的格式,需确保每一个 GUID 的 8 字节显示 2 个字符
    If HidGuid.Data4(Count) > = &H10 Then
        GUIDString = GUIDString & Hex $ (HidGuid.Data4(Count)) & " "
    Else
        GUIDString = GUIDString & "0" & Hex $ (HidGuid.Data4(Count)) & " "
    End If
Next Count

lstResults.AddItem "   GUID for system HIDs:"  '于列表盒中显示这字符串
lstResults.AddItem "   " & GUIDString           '于列表盒中显示这字符串

End Function
```

紧接着,将一个 USB 简易 I/O 控制模块或稍后所要介绍的 DMA – USB FX 开发系统(使用 EZ – USB FX,CY7C64613 单片机)连接至 PC 主机的 USB 端口来测试。如图 12.5 所示,为 HidD_GetHidGuid()函数的测试结果。其中,显示了 HID 设备的

图 12.5 HidD_GetHidGuid( )函数的测试界面

GUID 码是：4D1E55B2-F16F-11CF-88 CB 00 11 11 00 00 30。这也符合根据 HID-CLASS.H 中所声明且定义的：

DEFINE_GUID(GUID_CLASS_INPUT，0x4D1E55B2L，0xF16F，0x11CF，0x88，0xCB，0x00，0x11，0x11，0x00，0x00，0x30);

12.3.2 取得所有 HID 信息的结构数组——SetupDiGetClassDevs()函数

通过 HidD_GetHidGuid()函数所取得的 GUID，来使能应用程序以取得相关系统的 HID 信息。在 SetupDiGetClassDevs()函数中：

① 回传：针对已安装的设备回传一个指向设备信息集的标示代码(Handle)。

② 需求：由前一个 API 函数 HidD_GetHidGuid()所回传的 HidGuid 码。

通过该指示代码 SetupDiGetClassDevs()函数的调用，可以取得系统所提供的一个指示代码，来作为这个刚接上的 USB HID 设备的一个重要指针。而稍后相关的 API 函数也都会再一次地引用该指示代码。这种观念就好像在文件管理一样，必须先打开一个文件，然后系统会传给用户一个关于此文件的指示代码。紧接着，即可再进行读取文件或写入文件与关闭文件等操作过程。

换而言之，在 PC 主机的系统中，对于每一个所连接上的 USB 设备的处理方式，就如同一个文件一样。

该部分的范例程序代码如下所列：

```
DeviceInfoSet = SetupDiGetClassDevs _
    (HidGuid, _
    vbNullString, _
    0, _
    (DIGCF_PRESENT Or DIGCF_DEVICEINTERFACE))
Call DisplayResultOfAPICall("SetupDiClassDevs")
DataString = GetDataString(DeviceInfoSet, 32)
lstResults.AddItem "  DeviceInfoSet:" & DeviceInfoSet
```

如图 12.6 所示为测试的结果。

从图 12.6(a)与图 12.6(b)中可以发现每一次执行 API 函数时，系统所提供的指示代码是不一样的。

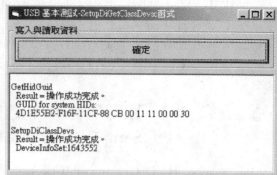

(a) 执行SetupDiGetClassDevs()函数的测试界面(一)　　(b) 执行SetupDiGetClassDevs()函数的测试界面(二)

图 12.6　测试的结果

12.3.3　识别每一个 HID 接口 ——SetupDiEnumDeviceInterfaces()函数

在 SetupDiEnumDeviceInterfaces()函数中,主要是取出指向一个用来识别接口结构的指针器。而这个接口位于上一个函数所取回的设备的 InfoSet 数组中。在调用该函数时,必须通过传递数组索引的方式来设置一个接口。为了取回关于所有接口的信息,可以在应用程序中,利用循环的方式,逐渐地递增数组的索引值以取得所有数组内的内容,直到整个函数传回一个零值。在 SetupDiEnumDeviceInterfaces()函数中:

① 回传:包含指向一个所检测到设备的 SP_DEVICE_INTERFACE_DATA 结构的指示代码。

② 需求:

● 从 SetupDiGetClassDevs()函数所回传的 DeviceInfoSet 指示代码。

● 从 GetHidGuid 所回传的 HidGuid。

● 设置此设备的索引值。

该部分的范例程序代码,如下所列:

```
'以 0 开始,递增直到没有设备被检测到为止 MemberIndex = 0
Do
    '在 MyDeviceInterfaceData 结构中的 cbSize 元素必须被设置
    '这个结构是以字节为计数数值,这个大小值是 28 字节
    MyDeviceInterfaceData.cbSize = LenB(MyDeviceInterfaceData)
    Result = SetupDiEnumDeviceInterfaces _
        (DeviceInfoSet, _
```

```
            0, _
            HidGuid, _
            MemberIndex, _
            MyDeviceInterfaceData)

        Call DisplayResultOfAPICall("SetupDiEnumDeviceInterfaces")
        If Result = 0 Then LastDevice = True

        '如果设备存在,显示回传的信息
        If Result <> 0 Then
            lstResults.AddItem "   DeviceInfoSet for device #" & CStr(MemberIndex) & ": "
            lstResults.AddItem "   cbSize = " & CStr(MyDeviceInterfaceData.cbSize)
            lstResults.AddItem _
                "   InterfaceClassGuid.Data1 = " & Hex $ (MyDeviceInterfaceData.Interface-
ClassGuid.Data1)
            lstResults.AddItem _
                "   InterfaceClassGuid.Data2 = " & Hex $ (MyDeviceInterfaceData.Interface-
ClassGuid.Data2)
            lstResults.AddItem _
                "   InterfaceClassGuid.Data3 = " & Hex $ (MyDeviceInterfaceData.Interface-
ClassGuid.Data3)
            lstResults.AddItem _
                "   Flags = " & Hex $ (MyDeviceInterfaceData.Flags)
```

如图 12.7 所示,为 SetupDiEnumDeviceInterfaces( )函数测试的结果。其中,InterfaceClassGuid.Data1、InterfaceClassGuid.Data2 与 InterfaceClassGuid.Data3 为关于此设备接口的相关信息。

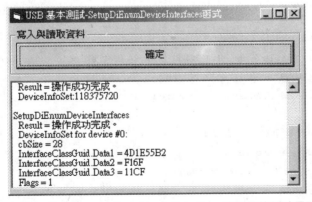

图 12.7　执行 SetupDiEnumDeviceInterfaces( )函数的测试界面

12.3.4 取得设备的路径——SetupDiGetDeviceInterfaceDetail()函数

在SetupDiGetDeviceInterfaceDetail()函数中,会传回另一个结构。而在这时,用户所取得的结构是与稍前一个函数识别的设备接口有关的。这个结构中的DevicePath部分是设备的路径名称,用户可以在应用程序中,打开与此设备的通信工作。在SetupDiGetDeviceInterfaceDetail()函数中:

① 回传:包含此设备信息的 SP_DEVICE_INTERFACE_DETAIL_DATA 结构。
② 为了取回相关的信息,调用此函数2次。
③ 第1次传回所需的结构大小。
④ 第2次传回 DeviceInfoSet 数据的指针器。
⑤ 需求:由 SetupDiGetClassDevs 所回传的 DeviceInfoSet 指示代码,以及由 SetupDiEnumDeviceInterfaces 所回传的 SP_DEVICE_INTERFACE_DATA 结构。

关于此函数的应用,用户需特别注意要将此函数调用2次。以下显示此函数的部分范例程序代码。

```
MyDeviceInfoData.cbSize = Len(MyDeviceInfoData)
    Result = SetupDiGetDeviceInterfaceDetail _
        (DeviceInfoSet, _
        MyDeviceInterfaceData, _
        0, _
        0, _
        Needed, _
        0)

    DetailData = Needed
    Call DisplayResultOfAPICall("SetupDiGetDeviceInterfaceDetail")
    lstResults.AddItem "   (OK to say too small)"
    lstResults.AddItem "   Required buffer size for the data: " & Needed

    '存储这个结构的大小值
    MyDeviceInterfaceDetailData.cbSize = _
        Len(MyDeviceInterfaceDetailData)

    '使用字节数组去声明 MyDeviceInterfaceDetailData 结构的内存
```

```
ReDim DetailDataBuffer(Needed)

'存储在数组的前 4 字节,cbSize
 Call RtlMoveMemory _
    (DetailDataBuffer(0), _
    MyDeviceInterfaceDetailData, _
    4)

'再一次调用 SetupDiGetDeviceInterfaceDetail 函数
'这一此,是传递 DetailDataBuffer 第一个元素的地址
'而此回传的是在 DetailData 所需的缓冲区大小

Result = SetupDiGetDeviceInterfaceDetail _
    (DeviceInfoSet, _
    MyDeviceInterfaceData, _
    VarPtr(DetailDataBuffer(0)), _
    DetailData, _
    Needed, _
    0)

Call DisplayResultOfAPICall(" Result of second call: ")
lstResults.AddItem "  MyDeviceInterfaceDetailData.cbSize: " & _
    CStr(MyDeviceInterfaceDetailData.cbSize)

'将字节数组转换成字符串
DevicePathName = CStr(DetailDataBuffer())
'转换成 Unicode 码格式
DevicePathName = StrConv(DevicePathName, vbUnicode)
'从开始处剔除 cbSize (4 字节)
DevicePathName = Right $ (DevicePathName, Len(DevicePathName) - 4)
lstResults.AddItem "  Device pathname: "
lstResults.AddItem "   " & DevicePathName
```

如图 12.8 所示为 SetupDiGetDeviceInterfaceDetail()函数测试的结果。其中,第 1 次调用传回了所需的结构大小值为 86；第 2 次调用传回了 DetailData 所需的缓冲区大小值为 5。此外,在最后一行中,传回接口结构中的 DevicePath 部分是设备的路径名称。

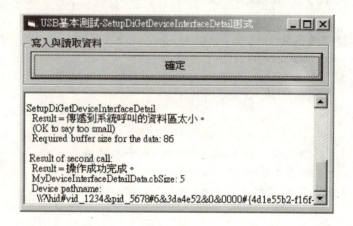

图 12.8 执行 SetupDiGetDeviceInterfaceDetail( )函数的测试界面

12.3.5 取得设备的标示代号——CreateFile( )函数

在上一个 API 函数调用后,我们已经拥有设备路径名称。现在,准备打开与该设备的通信工作。首先使用 CreatFile( )函数来打开一个文件或任何设备的标示代号。其中,这些设备的驱动程序必须支持 CreatFile( )函数。只有 HID 接口的设备是属于有支持的。

若成功地调用 CreatFile( )函数后,则所传回的数值是一个标示代码。而其他的 API 函数就可使用该标示代码来与该设备交换数据。在 CreateFile( )函数中:

① 回传:回传用来使能读取与写入此设备的指示代码。

② 需求:由 SetupDiGetDeviceInterfaceDetail( )函数所传回的 DevicePathName。

以下列出这一部分的范例程序代码:

```
HidDevice = CreateFile _
    (DevicePathName, _
    GENERIC_READ Or GENERIC_WRITE, _
    (FILE_SHARE_READ Or FILE_SHARE_WRITE), _
    0, _
    OPEN_EXISTING, _
    0, _
    0)
```

```
Call DisplayResultOfAPICall("CreateFile")
lstResults.AddItem "    Returned handle: " & Hex$(HidDevice) & "h"
```

在该程序正确执行后,用户已经找到正在寻找的 USB HID 设备了。如图 12.9(a) 与图 12.9(b)所示,为 CreatFile 函数的测试结果,其中,传回了用来使能读取与写入此设备的指示代码值。但每次执行时,系统所给予的指示代码几乎不同。

(a) 执行CreatFile()函数的测试界面一

(b) 执行CreatFile()函数的测试界面二

图 12.9 测试结果

12.3.6 取得厂商与产品 ID——HidD_GetAttributes()函数

用户进行到此步骤后,基本上就是一个分水岭,以作为找出所要寻找的 USB HID 设备的最后一个步骤。有了上述的各个 API 函数的执行测试后,真正用来识别一个用户所连接的 HID 设备的唯一方法,即是取得此设备的 VID/PID 码,并比较是否是相同的。在 HidD_GetAttributes()函数中:

① 需求:需要从设备的信息,以及从 CreatFile()函数所回传的指示代码。
② 回传:回传包含了贩售商 VID、产品 PID 以及产品版本码的 HIDD_AT-TRIBUTES 结构。

通过 HidD_GetAttributes()函数的执行,可以利用所回传的相关信息来决定是否该设备是用户所要寻找的。以下列出这一部分的范例程序代码。

```
'设置"Size"属性为在结构中的字节数值
DeviceAttributes.Size = LenB(DeviceAttributes)
Result = HidD_GetAttributes _
```

```
            (HidDevice, _
DeviceAttributes)

Call DisplayResultOfAPICall("HidD_GetAttributes")
If Result <> 0 Then
        lstResults.AddItem "   HIDD_ATTRIBUTES structure filled without error."
    Else
        lstResults.AddItem "   Error in filling HIDD_ATTRIBUTES structure."
    End If

lstResults.AddItem "    Structure size: " & DeviceAttributes.Size
lstResults.AddItem "    Vendor ID: " & Hex $ (DeviceAttributes.VendorID)
lstResults.AddItem "    Product ID: " & Hex $ (DeviceAttributes.ProductID)
lstResults.AddItem "    Version Number: " & Hex $ (DeviceAttributes.VersionNumber)

'找出是否该设备与用户正在寻找的设备吻合

If (DeviceAttributes.VendorID = MyVendorID) And _
   (DeviceAttributes.ProductID = MyProductID) Then
       lstResults.AddItem "   My device detected"
       MyDeviceDetected = True
Else
       MyDeviceDetected = False
       '如果不是用户所想要的设备,就关掉其指示代码
       Result = CloseHandle _
           (HidDevice)
       DisplayResultOfAPICall ("CloseHandle")
   End If
End If
'持续地寻找直到用户已发现此设备,或已经没有剩下的设备要检查

MemberIndex = MemberIndex + 1

Loop Until (LastDevice = True) Or (MyDeviceDetected = True)
```

如图12.10所示,为HidD_GetAttributes()函数的测试情形,其中,传回了HID USB设备的VID/PID码:0x1234/5678,符合所要寻找的USB HID设备。

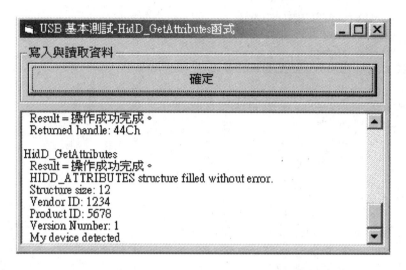

图 12.10 执行 HidD_GetAttributes()函数的测试界面

12.3.7 取得包含设备能力的缓冲区指针 ——HidD_GetPreparsedData()函数

HidD_GetPreparsedData()函数用来取得一个包含了设备能力信息的缓冲区指针,以了解设备的更多信息。在此,除了取得 HID 设备的 VID/PID 码外,另一个用来找出更多有关于此设备信息的方法,即是检查它所具备的能力或功能。当然,这个前题是用户已经通过 HidD_ Get Attributes()函数找到了符合 VID/PID 码的 HID 设备。在 HidD_GetPreparsedData()函数中:

① 回传:包含指向一个关于此设备能力信息的缓冲区的指针器。
② 需求:由 CreateFile()所回传的指示代码。

注意事项:在此不须直接处理缓冲区。但是 HidP_GetCaps()函数与其他的 API 函数则需要一个指向此缓冲区的指针器。

在整个范例程序中,将关于此 USB HID 设备的相关能力放在 GetDeviceCapabilities 子程序中。

```
Private Sub GetDeviceCapabilities()

Dim ppData(29) As Byte
Dim ppDataString As Variant

'被剖析的数据(PreparsedData)指针器是指向函数所声明的缓冲区
```

```
Result = HidD_GetPreparsedData _
    (HidDevice, _
    PreparsedData)
Call DisplayResultOfAPICall("HidD_GetPreparsedData")

'将位于 PreparsedData 的数据复制到字节数组
Result = RtlMoveMemory _
    (ppData(0), _
    PreparsedData, _
    30)

Call DisplayResultOfAPICall("RtlMoveMemory")
ppDataString = ppData()

'将数据转换成 Unicode 格式
ppDataString = StrConv(ppDataString, vbUnicode)
End Sub
```

如图 12.11 所示为 HidD_GetPreparsedData( )函数的测试情形,其中,被剖析的数据(PreparsedData)指针器指向函数所声明的缓冲区,紧接着再将位于 PreparsedData 的数据复制到字节数组中,以及将数据转换成 Unicode 格式。

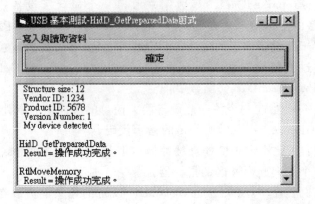

图 12.11　执行 HidD_GetPreparsedData( )函数的测试界面

12.3.8　取得设备的能力——HidP_GetCaps( )函数

在 HidP_GetCaps 函数中,将会传回一个包含了 HID 设备能力信息的结构。例如,对于 HID 鼠标来说,这个结构即包含了鼠标的用途、用途页、报告长度,以及许多按钮能力、数值能力等。此外，还包含存储在设备固件（相关于各种描述符的程序代码）内的输入报告、输出报告与特性报告的数据特性。在 HidP_GetCaps() 函数中，主要是求出设备的能力。对于标准 HID 的设备，如鼠标或摇杆等，都可以找到此设备特定的能力。

① 需求：涵盖这些信息的缓冲区的指针，这个指针器是由 HidD_GetPreparsedData() 函数所回传的。

② 回传：包含相关信息的能力的结构。

```
Result = HidP_GetCaps _
    (PreparsedData, _
    Capabilities)


Call DisplayResultOfAPICall("HidP_GetCaps")
lstResults.AddItem "Last error: " & ErrorString
lstResults.AddItem "Usage: " & Hex $ (Capabilities.Usage)
lstResults.AddItem "Usage Page: " & Hex $ (Capabilities.UsagePage)
lstResults.AddItem "Input Report Byte Length: " & Capabilities.InputReportByteLength
lstResults.AddItem "Output Report Byte Length: " & Capabilities.OutputReportByteLength
lstResults.AddItem "Feature Report Byte Length: " & Capabilities.FeatureReportByteLength
lstResults.AddItem "Number of Link Collection Nodes: " & Capabilities.NumberLinkCollectionNodes
lstResults.AddItem "Number of Input Button Caps: " & Capabilities.NumberInputButtonCaps
lstResults.AddItem "Number of Input Value Caps: " & Capabilities.NumberInputValueCaps
lstResults.AddItem "Number of Input Data Indices: " & Capabilities.NumberInputDataIndices
lstResults.AddItem "Number of Output Button Caps: " & Capabilities.NumberOutputButtonCaps
lstResults.AddItem "Number of Output Value Caps: " & Capabilities.NumberOutputValueCaps
lstResults.AddItem "Number of Output Data Indices: " & Capabilities.NumberOutputDataIndices
lstResults.AddItem "Number of Feature Button Caps: " & Capabilities.NumberFeatureButtonCaps
lstResults.AddItem "Number of Feature Value Caps: " & Capabilities.NumberFeatureValueCaps
lstResults.AddItem "Number of Feature Data Indices: " & Capabilities.NumberFeatureDataIndices
```

如图 12.12 所示，为 HidD_HidP_GetCaps() 函数的测试情形，其中，分别找出此设备的如下剖析数据：Usage, Usage Page, Input Report Byte Length, Output Report Byte Length, Feature Report Byte Length, Number of Link Collection Nodes, Number of Input Button Caps, Number of Input Value Caps, Number of Input Data Indices, Number of Output Button Caps, Number of Output Value Caps, Number of Output Data Indices, Number of Feature Button Caps Number of Feature Value Caps 与 Number of Feature Data Indices 等。

图 12.12　执行 HidD_HidP_GetCaps( ) 函数的测试界面

12.3.9　取得数值的能力——HidP_GetValueCaps( )函数

HidP_GetCaps( )函数所取得的设备能力，并非是用户可以从设备取到的全部信息。另外，用户也可以从设备中取得报告描述之中的每个数值与按钮的能力。当用户调用 HidP_GetValueCaps( )函数后，它会传回一个指到包含在报告描述中每一个数值信息的结构数组的指针器。在 HidP_Caps 结构中的 NumberInputValueCaps 项目特性代表了在这个接口中，存有多少数目的数值能力。在 HidP_GetValueCaps( )函数中，将传回一个包含 HidP_ValueCaps 结构数组的缓冲区。

```
'此字节数组维持在该结构中
Dim ValueCaps(1023) As Byte
Result = HidP_GetValueCaps _
    (HidP_Input, _
    ValueCaps(0), _
    Capabilities.NumberInputValueCaps, _
    PreparsedData)
Call DisplayResultOfAPICall("HidP_GetValueCaps")
```

如图 12.13 所示为 HidP_GetValueCaps( )函数的测试情形。其中，表示成功地执行此函数。

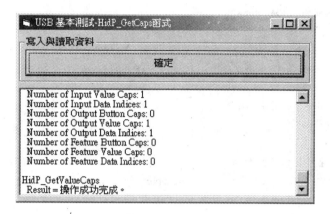

图12.13 执行HidP_GetValueCaps()函数的测试界面

12.3.10 传送输出报告给设备——WriteFile()函数

当应用程序取得 HID 群组设备的标示代码,并且知道此报告描述符的字节数目后,即可传送输出报告给此设备来进一步使用。这也是主机与设备通信的第一步。为了写入该数据,应用程序联合数据复制到所要送出的缓冲区内,并且调用 WriteFile()函数。而此缓冲区的大小应设置或等于由 HidP_ GetCaps()函数所回传的数据结构 HidP_Caps 中的 Output Repont Byte Length 的项目数值。这个大小值是以字节为单位的数值。此外,还须加一个放在缓冲区的第一个字节。而这个字节即是报告 ID。

在 WriteFile()函数中,将会送出报告给设备使用,且

① 传回:成功或失败。

② 需求:由 CreatFile()函数所回传的指示代码,以及由 HidP_GetCaps()函数传回输出报告的长度。

为了完整地将报告传给设备,在此另外设计一个子程序 WriteReport(),以便完整地将报告送给设备。以下列出这个子程序的范例代码:

```
Private Sub WriteReport()
'送出数据给设备

Dim Count As Integer
Dim NumberOfBytesRead As Long
Dim NumberOfBytesToSend As Long
Dim NumberOfBytesWritten As Long
Dim ReadBuffer() As Byte
```

8051 单片机 USB 接口 Visual Basic 程序设计

```
Dim SendBuffer() As Byte

'SendBuffer 数组是从 0 开始的, 所以须减去 1 字节的数目
ReDim SendBuffer(Capabilities.OutputReportByteLength - 1)

'第一个字节是 Report ID
SendBuffer(0) = 0

'下一个字节是相关的数据
For Count = 1 To Capabilities.OutputReportByteLength - 1
    SendBuffer(Count) = OutputReportData(Count - 1)
Next Count

NumberOfBytesWritten = 0

Result = WriteFile _
    (HidDevice, _
    SendBuffer(0), _
    CLng(Capabilities.OutputReportByteLength), _
    NumberOfBytesWritten, _
    0)
Call DisplayResultOfAPICall("WriteFile")

lstResults.AddItem " OutputReportByteLength = " & Capabilities.OutputReportByteLength
lstResults.AddItem " NumberOfBytesWritten = " & NumberOfBytesWritten
lstResults.AddItem " Report ID: " & SendBuffer(0)
lstResults.AddItem " Report Data:"

For Count = 1 To UBound(SendBuffer)
    lstResults.AddItem " " & Hex $ (SendBuffer(Count))
Next Count

End Sub
```

如图 12.14 所示为执行 WriteFile() 函数的测试情形。其中,当输入 0x55 给设备时,除了成功地送出 0x55 报告外,也同时在 USB 简易 I/O 控制模块上,发现每隔一个 LED 被点亮。这代表了本函数已成功地操作,并对 USB 设备送出一个 0x55 数值。当然,当输入 0x00 时,又可关闭所有的 LED。

Visual Basic USB 接口程序设计

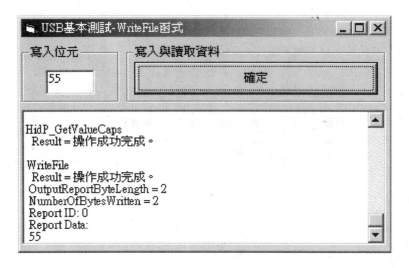

图 12.14　执行 WriteFile() 函数的测试界面

12.3.11　从设备读取输入报告——ReadFile() 函数

与 WriteFile() 函数功能上是互补的，则是 ReadFile() 函数。当应用程序已经掌握了 HID 接口，而且也知道在设备的输入报告中的字节数目，用户即可在应用程序中，使用 ReadFile() 函数来从设备读取报告描述符中的输入报告。

为了读取报告，应用程序就会声明用来掌握数据的缓冲区，以及调用 ReadFile() 函数。当然这时缓冲区的大小值就要等于由 HidP_GetCaps() 函数所回传的 HidP_Caps 结构中的 InputReportByteLength 的字段值。在 ReadFile() 函数中，应注意输入报告的长度是由 HidP_GetCaps 函数所回传的，且以字节为单位。此外：

① 传回：在 ReadBuffer 的报告描述符。
② 需求：由 CreateFile() 函数所传回的设备指示代码。

```
Private Sub ReadReport()
'Read data from the device.
Dim Count
Dim NumberOfBytesRead As Long
'Allocate a buffer for the report.
'Byte 0 is the report ID.
Dim ReadBuffer() As Byte
Dim UBoundReadBuffer As Integer
```

8051 单片机 USB 接口 Visual Basic 程序设计

```
'ReadFile 是区块调用
'这个应用程序会"挂"住,直到设备送出所需的数据量为止
'为了避免"挂"了,必须确定设备总是有数据来加以送出

Dim ByteValue As String

'ReadBuffer 数组是从 0 开始的,因此须将字节的数目减去 1
ReDim ReadBuffer(Capabilities.InputReportByteLength - 1)
    '传读取缓冲区的第一个字节的地址
Result = ReadFile _
    (HidDevice, _
    ReadBuffer(0), _
    CLng(Capabilities.InputReportByteLength), _
    NumberOfBytesRead, _
    0)
Call DisplayResultOfAPICall("ReadFile")

lstResults.AddItem " Report ID: " & ReadBuffer(0)
lstResults.AddItem " Report Data:"

txtBytesReceived.Text = ""
For Count = 1 To UBound(ReadBuffer)
    'Add a leading 0 to values 0 - Fh.
    If Len(Hex$(ReadBuffer(Count))) < 2 Then
        ByteValue = "0" & Hex$(ReadBuffer(Count))
    Else
        ByteValue = Hex$(ReadBuffer(Count))
    End If
    lstResults.AddItem " " & ByteValue
    '将所接收到的字节放置在文本框内
    'txtBytesReceived.SelStart = Len(txtBytesReceived.Text)
    'txtBytesReceived.SelText = ByteValue & vbCrLf
    txtBytesReceived.Text = ByteValue
Next Count
End Sub
```

如图 12.15 所示为执行 ReadFile()函数的测试情形。其中,通过读取报告的方式,读取了 USB 设备的指拨开关的数值,即 0xF0。

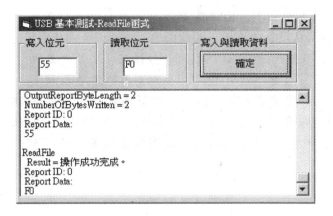

图 12.15　执行 ReadFile( )函数的测试界面

12.4　完整的应用程序

稍前单步执行的 API 函数的测试程序,用户都可在光盘的附录\CH12\中找到。当然,用户若要测试这些程序可以使用 EZ-USB FX 系列的单片机所设计的电路板,或使用 USB 简易 I/O 控制模块。

通过单步地测试每一个 Visual Basic USB 应用程序的步骤后,用户即可编写出与 USB HID 设备通信的完整 Visual Basic 应用程序。如图 12.16 所示,为完整的 USB HID 设备测试程序的执行情况。只要单击"确定"按钮,即可执行从设备读取或写入至设备的工作。

图 12.16　完整的 USB HID 设备测试程序的执行情况

有了本章所介绍的 Visual Basic USB HID 设备的通信测试程序,用户即可应用至各种 USB HID 设备上。当然,只要符合 USB HID 设备的标准,不论是使用什么 USB 专用单片机或接口单片机,都可加以使用。而如同第 6 章所介绍过的,用户可以使用如 EZ-USB FX 系列或 CY7C63101 等 USB 单片机,也可以使用如 Philips D11 或 D12 等接口单片机所设计而成的电路板。当然,前提是其符合 USB HID 设备的标准群组。

对于稍后的第 16 章~23 章,若实现一个 USB 输出实验,用户就可利用 Writefile( )函

数来将数据送出至设备中。相对地,若实现一个 USB 输入实验,用户就可利用 Readfile()函数来将数据从设备中读出。而前面的几个相关步骤或引用的函数,则都是一样的。

此外,用户在熟悉这些 API 函数的应用后,可以根据实际的应用加以整合或修改。当然,关于这些 API 函数的引用,可以通过本章所介绍的 HID API 模块的方式来加以设计。此外,也可通过改良成一个 DLL 动态链接文件的方式来加以引用。为了简化起见,在稍后的实验章节中,都会应用由 HID API 模块所设计的 USB HID.DLL 文件。至于如何产生一个动态链接文件,在此因限于篇幅不再详述,用户可以参阅相关的书籍。

第 13 章

EZ – USB FX 简介

本章将要切入外围设备的 Visual Basic 应用程序的设计。而在此,先以 EZ – USB FX 系列单片机为基础,作为 USB 外围设备设计的核心。因此,以下的重点就是学习 EZ – USB FX 系列单片机的硬件架构与内部的相关特性,而后再来介绍如何加以应用。

在介绍 EZ – USB FX 系列之前,首先列出 Cypress 半导体公司所开发的一系列全速 USB 芯片,如表 13.1 所列。

表 13.1 Cypress 的各种全速 USB 芯片类型

特 性	CY7C64013/113	EZ – USB(AN21XX)	EZ – USB FX(CY7C646XX)
单片机	8 位 RISC (M8)	增强版 8051	增强版 8051
单片机速度/MHz	12	12,24	24,48
I/O 数	19~36	16~24	16~40
最大的 I/O 速率	64 KB/s	2 MB/s	96 MB/s
固件的内存	8K EPROM	4K 或 8K RAM	4K 或 8K RAM
数据路径/位	8	8	8 或 16
数据转换模式	微指令	Turbo Mode	DMA
接口	HAPI	标准的 8 位 I/F	可程序化
端点数	9	31	31
批量端点最大的字节大小	32	64	64
等时端点最大的字节大小	32	1 024	1 024
封装	28 SOIC 28 PDIP 48 SSOP	44 PQFP 48 TQFP 80 PQFP	52 PQFP 80 PQFP 128 PQFP
开发工具组	CY3654	AN2131-DK001	CY3671

从表 13.1 中可以知道除了 CY7C64013/113 系列是以 M8 核心为主外，其他都是利用 8051 增强版核心来设计的 USB 芯片类型。其中，前一系列是 Cypress 半导体公司向 Anchor 公司购并后，再加以重新生产的。而在 EZ-USB 相关的技术手册中，有时也将这种旧的 EZ-USB 版本称之为 2100 系列。虽然它们之间存在若干差异，但基本上还是有诸多类似的架构或特性。因此，在稍后的几个章节中，即以此来依序介绍 EZ-USB 与 EZ-USB FX 芯片的特性。

在叙述这两种类型时，若同时具有的某特性，就以 EZ-USB FX 来标示；反之，则分别叙述，或单独标上 FX 系列来加以区别。

13.1 USB 特性概述

USB 的优点与其特性在前几章中已详尽地介绍了，在此只稍微列举其特性。例如：

- 即使当计算机是在开机的情况下，USB 设备仍可以在任何时间连接至 PC 上。
- 当计算机发觉 USB 设备已经插入后，它会自动地询问设备，去了解其功能与请求。从这个信息中，PC 主机会自动地下载设备的驱动程序至操作系统中。当设备被拔离后，操作系统会自动地停止加载驱动程序。
- USB 设备无须使用 DIP 开关、Jumper 或配置程序。因此，USB 设备不会与 IRQ、DMA、I/O 或内存有所冲突。
- USB 总线所延伸的集线器可使总线上同时连接数十个设备。
- USB 的快速传输足以满足打印机、CD 播放器以及扫描仪的使用。
- Cypress 半导体公司针对 USB 外围设备所推出的 EZ-USB FX 芯片，是具有高度集成的集成电路解决方案。

其中，EZ-USB FX 所涵盖的三个关键特性如下：

- EZ-USB FX 系列芯片提供"软件"(以 RAM 为主)的解决方案，允许无限的扩充以及更新。
- EZ-USB FX 系列芯片能推动完整的 USB 批量生产的工作。若用户使用 EZ-USB FX 来设计，对于端点、缓冲区大小或传输速度限制最少。
- EZ-USB FX 系列芯片在 EZ-USB FX 核心做许多内部的管理作业，简化了程序代码以及加速了 USB 的学习过程。

13.2　EZ–USB FX 硬件框图

Cypress 半导体公司所推出的 EZ–USB FX 芯片将 USB 外围接口所需的各种功能包装成一个精简的集成电路。如图 13.1 所示，集成的 USB 收发器连接到 USB 总线中的 D+ 及 D− 差动数据线。此外，SIE（串行接口引擎）执行了串行数据的译码与编码以及错误纠正、位填塞与 USB 所需的信号水平，最后再从 USB 外围接口传送与接收数据位。

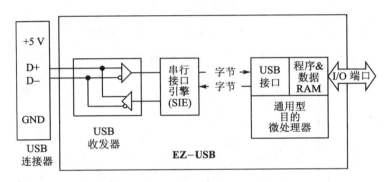

图 13.1　AN2131S(44 Pin) 简化的硬件框图

其中，内部的微处理器以更快的执行速度与所添加的功能来增强 8051。它利用内部 RAM 作为程序及数据存储之用，并驱动 EZ–USB FX 系列具有"软件"解决方案。USB 主机可经过 USB 总线来下载 8051 程序代码及设备的描述符至 RAM 中，以及当 EZ–USB FX 芯片再重新连接时，以所加载的程序代码所定义的自定义设备呈现出来。

此外，EZ–USB FX 系列使用增强的 SIE/USB 外围接口（以下简称为 USB 核心），即使在 8051 执行前，也可以视为具有全功能的 USB 设备。增强的核心可通过实现许多的 USB 协议，来简化 8051 程序代码。对于硬件的外围设备，EZ–USB FX 芯片工作在 3.3 V 电源下。由于用户可以直接应用 USB 连接器上的 5 V 电源（根据 USB 规范，最低可达 4.4 V）去驱动 3.3 V 电压调整器去驱动隔离电源到 EZ–USB FX 芯片上。这样，即可简化总线供电的 USB 设备设计。

AN2131Q、80 引脚的 EZ–USB FX 系列架构简化的硬件框图，如图 13.2 所示。除了附加的 24 个 I/O 引脚外，为了扩充外部内存，它还包含了 16 位地址总线以及 8 位数据总线。

一个特别的快速传输模式，可以在外部逻辑与内部 USB FIFO 之间直接传送数据。这种快速的传输模式，再加上充足的端点资源，可以为 EZ–USB 系列提供超过 USB 规范 1.1 版中所需的最大的传输带宽。

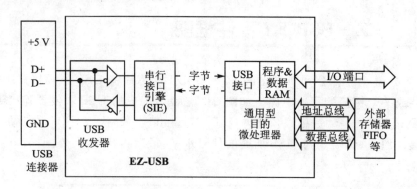

图 13.2　AN2131Q(80 Pin)简化的硬件框图

此外,在图 13.3 中显示了 EZ – USB FX 系列 CY7C646x3 – 80NC (80 Pin)的简化框图。

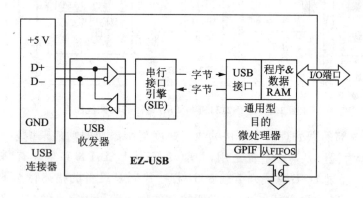

图 13.3　CY7C646x3 – 80NC(80 Pin)简化的硬件框图

另一种 EZ – USB FX 系列是 CY7C646x3 – 128NC(128 Pin),如图 13.4 所示。除了附加的 40 个 I/O 引脚外,为了扩充外部内存,它还包含 32 位地址总线以及 8 位数据总线。此外,FX 系列比 2100 系列的芯片还多了"从"接口 FIFO 以及通用型可程序化接口(General Programmable Interface,简称 GPIF)控制器,用来提供给外部的逻辑一个可调整性与高带宽的接口。

此外,也包含了用来唤醒应用于 EZ – USB 2100 系列的快速传输模式的 DMA EX- TFIFO 寄存器,其提供了迟滞时间的支持。这样,可允许数据能够直接在外部逻辑电路与内部 USB FIFO 之间相互地传递。而伴随着丰富的端点资源,即可允许 EZ – USB FX 系列提供传输带宽给外部的逻辑电路来使用,而此传输带宽可以超过 USB 传递或消耗的传输率。

EZ-USB FX 简介 13

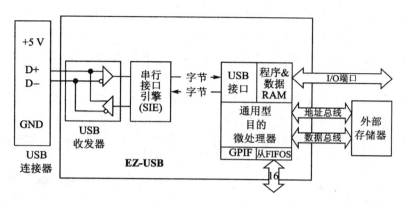

图 13.4 CY7C646x3-128NC(128 Pin)简化的硬件框图

13.3 USB 核心

在第 6 章曾提及过,每一个 USB 设备都具有 SIE(串行接口引擎)。简单地说,SIE 是连接到 USB 的数据线 D+和 D−以及从 USB 设备来送出或接收字节的数据。如图 13.5 所示,说明 USB 批量传输的基本特性,随着时间从左至右地移动。如果 SIE 在数据里遇到错误,将自动指示出无响应来代替握手封包 PID。这样,会指示主机在稍候片刻后,再传送数据。

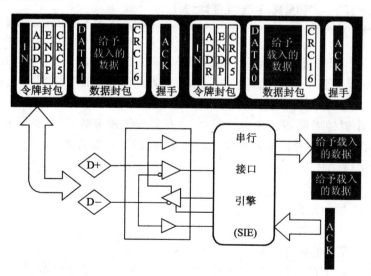

图 13.5 SIE 所执行的操作

·291·

8051 单片机 USB 接口 Visual Basic 程序设计

批量传输是一种不等时（同步）传输，意指其包含了使用 ACK 及 NAK 握手封包的 PID 码来传送控制机制。而 SIE 可以送出 NAK 握手封包给主机，表示目前正在忙碌中。当外围设备已成功地传送数据后，它会命令 SIE 送出 ACK 握手封包，来表示数据传送成功。

为了传送数据至主机，SIE 从 USB 设备接收字节及控制信号，并为 USB 传输做格式化，且通过 2 条 USB 传输数据线（D+ 与 D-）传送数据。因为 USB 使用了自我时钟数据格式（NRZI），为了确保在串行数据中某些传输品质，SIE 会在适当的地方插入位。这个动作，称之为位填塞，也很明显地是由 SIE 所控制。

EZ-USB FX 系列中最重要的特点是以"软件"为主，而取代某些需要 ROM 或其他固定内存的需求。它包含了内部程序/数据 RAM，且可通过 USB 总线本身来加以下载，并给予设备独特的基本特性。这样，就可以修订规范以及更新程序代码。

当内部的 8051 维持 RESET 状态时，EZ-USB FX 系列能连接 USB 设备以及下载程序代码至内部的 RAM 中。这能够通过增强的 SIE 来完成。当然，它包含了使用内部描述符表的外部逻辑来执行完整的设备列举。此外，它也会根据制造商特定的"固件下载"设备请求，下载至内部 RAM 中。当然，所增加的 SIE 功能，也能够用于 8051。这样设计，就可以节省 8051 程序代码以及相对的处理时间。

在本书中，SIE 和它增强的部分都可视为"USB 核心"。

13.4 EZ-USB FX 单片机

EZ-USB FX 单片机是一个增强的 8051 核心。就这种与 8051 兼容的单片机的使用而言，在市面上一般的软件开发工具即可立即应用在 EZ-USB FX 的设计上。这种增强的 8051 核心具有下列的特点：

- 4 个时钟周期，若参照标准 8051 的 12 个时钟周期，则增加了 10 倍的提升速度。
- 对于快速的内存至内存之间的传输，提供了双指针器。
- 2 个 UART。
- 3 个计数器。
- 扩充的中断系统。
- 24 MHz 时钟与 48 MHz 时钟（FX 系列）。
- 256 字节的内部计数寄存器 RAM。
- 标准的 8051 指令设备，若了解 8051 指令，就能轻松地掌握 EZ-USB FX 系列的指令。

这种增强的 8051 核心使用内建 RAM 作为程序与数据存储器，并赋予 EZ-USB

FX"软件"特性。此外，8051 与 SIE 的通信，使用了一组寄存器，其占用了内建 RAM 地址空间的顶端。

　　EZ - USB FX 8051 有两个职责。首先（第一个），它必须负责在 USB 规范 1.1 中"第 9 章 USB 设备固件"中所定义的协议。而幸好对于 SIE 与 USB 接口之间，EZ - USB FX 具有增强的架构。这样对于与 USB 所连接的 8051 固件的负荷就能够加以减轻，并将程序代码的空间与带宽的部分留给 8051。而最主要的职责（第二个），就是实现用户的设备设计。在设备侧，用户可以运用丰富的输入/输出资源，其中包含了 I/O 端口、UART 以及 I^2C 总线主控制器。

13.5　EZ - USB FX 端点

　　对于端点的概念，在前面几章已有介绍过。而在 USB 规范 1.1 版中，定义了端点就像是数据的来源器或者是数据的接收器。由于 USB 是串行总线，因此，设备的端点实际看来就像是以 USB 字节数据连续地加以取空或填满的 RAM 缓冲区。此外，主机也可通过 4 位地址以及方向位来选择设备端点。因此，USB 能够设计特定的 32 个端点：IN0～IN15 以及 OUT0～OUT15。从 EZ - USB FX 的观点来看，端点是一个通过 USB 总线来传送与接收字节的数据缓冲区。所以，8051 可从 OUT 缓冲区读取端点数据，或要从 USB 总线传送至主机的端点数据，写入到 IN 缓冲区中。

　　在此，定义了 4 种 USB 端点类型：批量、控制、中断以及等时端点。以下，描述其基本的特性与意义。

13.5.1　EZ - USB FX 批量端点

　　批量端点是单向的，每一个方向使用一个端点地址。所以，端点 IN2 与 OUT2 所寻址的地址不同。在批量端点中，所使用的最大封包大小（缓冲区大小）有 8、16、32 或 64 字节。此外，EZ - USB FX 提供了 14 个批量端点，并划分为 7 个 IN 端点（端点 IN1 至 IN7），以及 7 个 OUT 端点（端点 OUT1～OUT7）。这 14 个端点都具有 64 字节的缓冲区。

　　对于 8051 的使用上，批量数据可以是以 RAM 格式，或使用特殊的 EZ - USB FX 自动指针器作为 FIFO 数据来使用。

13.5.2　EZ-USB FX 控制端点 0

控制端点用来传输重要的控制信息至 USB 设备或从 USB 设备取得重要的控制信息。在 USB 规范 1.1 版本中,说明了所有的 USB 设备都需要一个控制端点,即端点 0。当设备第一次连接上 USB 总线时所执行的设备列举过程,就是通过端点 0 来作起始与处理的。再者,控制端点是双向的,如果用户设置了端点 IN0 控制端点,即可自动地拥有端点 OUT0 控制端点。控制端点可独立地接收 SETUP PID。而在第 3 章曾详述设备列举的步骤,可知在控制传输中含有 2 个或 3 个顺序的阶段:

- 设置,SETUP;
- 数据,DATA(对于无数据传输省略此阶段);
- 握手,HANDSHAKE。

在控制传输的 SETUP 封包后所定义的 8 字节数据非常重要,其定义在 USB 规范 1.1 的第 9 章中。USB 设备必须适当地响应在第 9 章所详述的请求,从而通过 USB 兼容的测试。端点 0 是 EZ-USB FX 芯片中唯一的控制端点。8051 会针对主机通过端点 0 所送出的设备请求,适当地加以响应。为了服务这些设备请求,EZ-USB FX 核心特别地加以增强来简化 8051 程序代码。

13.5.3　EZ-USB FX 中断端点

中断端点几乎与批量端点完全相同。14 个 EZ-USB FX 端点(EP1~EP7,IN 以及 OUT)也可以使用中断端点。中断端点拥有 64 字节的最大封包大小,以及在它们的描述符中包含了一个"查询间隔"字节,用来告知主机多久去服务设备。而在 8051 中会用同样的方法通过中断端点与批量端点来传送数据。

13.5.4　EZ-USB FX 等时端点

等时端点用来通过 USB 来传送高带宽以及对时间有严格请求的数据。例如,从主机送至如音频 DAC 设备的数据流,或从如视频用的 CCD 设备接收数据流,都可利用等时端点来实现。对于时间的保证是最重要的需求,而等时端点就是为了适应这个请求。

一旦由主机允许了设备等时带宽,即可确保每一个帧能够传送或接收它的数据。EZ-USB FX 包含了 16 个等时端点,其编号为 8~15(IN8~IN15 以及 OUT8~OUT15)。1 024 字节的 FIFO 内存可供这 16 个端点来使用,而且这些 FIFO 内存能使用双缓冲区。若使用双缓冲区,8051 会读取等时端点 FIFO 中的 OUT 数据,在该

FIFO 中包含了当主机将目前的帧数据写入到其他缓冲区的前一个帧数据。同样，8051 也会将 IN 数据加载到等时端点 FIFO 中。这样，当主机从其他的缓冲区读取目前的帧数据时，也会在下一个帧期间，通过 USB 来传输该 IN 数据。

13.6 硬件规范与引脚

相关的硬件规范请参阅相关的技术手册，而单片机的引脚图可以参阅附录 A。

第 14 章

USB 开发工具组的使用与操作

第 13 章已介绍了 EZ-USB FX 系列单片机的基本结构,本章将介绍其开发工具组,让用户了解开发 USB I/O 外围设备时需要具备的工具组。所谓"功欲善其事,必先利其器",不外乎是这个道理。因此,本章分为两个重要部分:硬件工具组和软件工具组。

14.1 工具组的介绍

一个完整的 USB 设备的开发过程,需要同时具备硬件和软件工具组。只有硬件工具组是无法发挥其功能的,用户必须要再搭配特定的软件工具组,才能将整体的设计步骤与流程完整地整合在一起。

当然对于用户或一般的开发设计人员在开发过程中所需的工具,不外乎是电源供应器、示波器等仪器。但是若要开发 USB 的外围设备,仍还需具备特定的硬件与软件工具组。其中,对于硬件部分,包含了 EZ-USB FX 开发系统、电路板实验模块、RS-232 缆线、USB 缆线以及个人电脑。而软件部分就是操作系统(Microsoft Windows 系列,98 第二版以上)、驱动程序与测试工具(控制平台,control panel)、应用程序(Microsoft Visual Basic)、编辑器或编译器及除错套装软件(Keil 套装软件)。在本章节中,将以图 14.1 所示的软件工具组即控制平台与编译器除错套装软件组(Keil 套装软件)以及硬件工具组来构建出整体实验的架构。

而所需的开发工具为:
- DMA-USB FX 开发系统(使用 EZ-USB FX、CY7C64613 单片机)。

USB 开发工具组的使用与操作

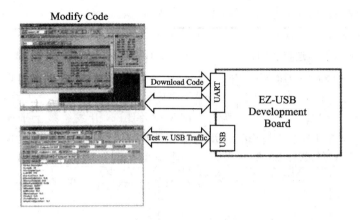

图 14-1　软体工具组与硬体工具组所整合的架构示意图

- DMA – USB 2131 控制单板(使用 EZ – USB、AN2131QC 单片机)。
- 目标板实验器：PRO-OPEN USB 通用实验器或 USB 简易 I/O 实验板(二选一)。

除了选择目标板实验器外，用户也可以利用 DMA – USB FX 开发系统上与 8051 I/O 端口相容所扩增的 40 引脚来拉至面包板或电路板上练习。

而以下将对 DMA – USB FX 开发系统以及其所搭配的 PRO-OPEN USB 通用实验器与 USB 简易 I/O 实验板来分别加以介绍。稍后的实验范例也将以 PRO-OPEN USB 通用实验器来做练习。

此外，在软件工具组中，将以 Cypress 公司所推出的控制平台应用程序以及 Keil C Complier 等两个工具组为主。但其中，Keil C Complier 软件工具组是应用至固件程序的开发，因此本书将不再探讨。固件程序开发的部分请参阅：《USB 接口设计完全解决方案系列：8051 单片机 USB 接口程序设计(上)与(下)》。

14.2　DMA – USB FX 开发系统

DMA – USB FX 开发系统是以 Cypress 的 CY7C64613128Pin 芯片为主体，并配合 I^2C 接口、IDE 接口、并行接口、芯片外部扩充存储器(64 KB RAM)接口、串行接口组合而成的 USB 开发系统。此外，为了考虑在开发期间外围电路对本系统的影响，特别在系统 I/O 与外围电路之间设计了一组保护电路以确保系统运行正常，并且避免由于不正常运行而烧坏 CY7C64613 芯片。在此，将 CY7C64613 单片机上的 I/O 端口(PA、PB、PC 与 PD)引脚用 40 Pin 插槽通过排线方式连接到目标实验板上，一方面节省用户

8051 单片机 USB 接口 Visual Basic 程序设计

开发时的焊接时间,另一方面可缩小实际硬件面积。

此外,DMA - USB FX 板上的 CY7C64613 单片机是由增强型的 USB 核芯以及高速的 8051 内核、4 倍速的 PLL 回路、4 KB/8 KB(RAM)、DMA 引擎、GPIF 接口与 I^2C 接口等电路单元所组成的。图 14.2 为 DMA - USB FX 开发系统上各种单片机与连接器的位置配置图;图 14.3 为 DMA - USB FX 开发系统上,4 个扩充槽(P1、P2、P3 与 P4)的各种信号引脚图;图 14.4 为在 DMA - USB FX 开发系统上来模拟 8051 的 40Pin 扩充脚座图(PA、PB、PC 与 PD 以及电源和接地)。

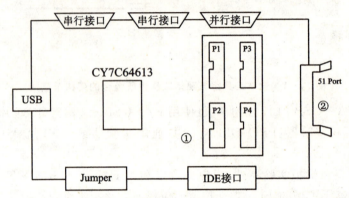

图 14.2 DMA - USB FX 开发系统上,各种单片机与连接器的位置配置图

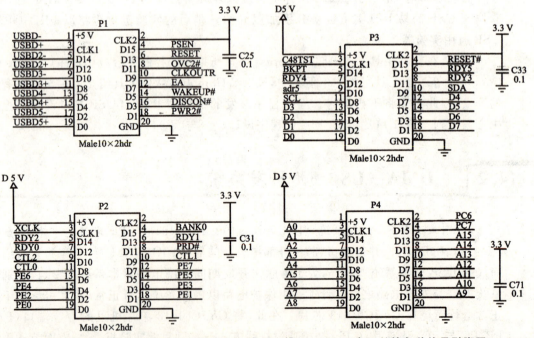

图 14.3 DMA - USB FX 开发系统上,4 个扩充槽(P1、P2、P3 与 P4)的各种信号引脚图

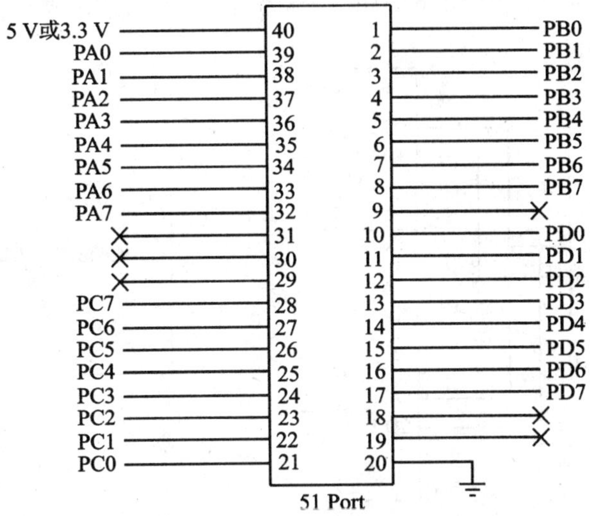

```
5 V或3.3 V ——         40  1         —— PB0
          PA0 ——    39  2         —— PB1
          PA1 ——    38  3         —— PB2
          PA2 ——    37  4         —— PB3
          PA3 ——    36  5         —— PB4
          PA4 ——    35  6         —— PB5
          PA5 ——    34  7         —— PB6
          PA6 ——    33  8         —— PB7
          PA7 ——    32  9         —×  PD0
              ×—    31  10        —— PD1
              ×—    30  11        —— PD2
              ×—    29  12        —— PD3
          PC7 ——    28  13        —— PD4
          PC6 ——    27  14        —— PD5
          PC5 ——    26  15        —— PD6
          PC4 ——    25  16        —— PD7
          PC3 ——    24  17        —×
          PC2 ——    23  18        —×
          PC1 ——    22  19        —×
          PC0 ——    21  20        ─┴─
                     51 Port
```

图 14.4　DMA－USB FX 开发系统上,模拟 8051 的 40Pin 扩充脚座图
(PA、PB、PC 与 PD 以及电源和接地)

注意:由于 CY7C64613 单片机为 3.3 V,为配合支持一般 5 V 的 I/O 外围设备的控制问题,特别将 DMA－USB FX 开发系统设计成两种选项以供用户选择。其中,一种是依 CY7C64613 芯片规范于控制及 I/O 引脚直接以 3.3 V 电压作输入/输出的工作;另一种则是将 CY7C64613 单片机的 PA、PB、PC 与 PD I/O 引脚由 3.3 V 提升到 5 V,并由 DMA－USB FX 上的 51Port(简易牛角)扩充槽输入/输出。这两种唯一不同的是,此选择须用手动的方式来调整 DMA－USB FX 上的 SW1(指拨开关,外壳上的 input/output 字样地方)来切换输出或输入(on 为输入,off 为输出;1 对应到 PA,2 对应到 PB,3 对应到 PC,4 对应到 PD)。倘若用户设计 CY7C64613 单片机的第 PC.6 与 PC.7 脚做控制信号的读取与写入功能时,可自行由 DMA－USB FX 之 P4(扩充槽)的第 2、4 脚引出信号来。

1. DMA－USB FX 开发系统上的 I^2C 接口

I^2C 是串行多工的 I/O 接口规范,从图 14.5 可以看到 CY7C64613 芯片具备符合 I^2C 规范的接口 BUS。可以配合 DMA－USB FX 电路板上 U9 与 U11 的 I^2C 规范的接口 IC 芯片(编号为 Philips,PCF8574IC)作串行 I/O 控制。而每一 I^2C 接口 IC 芯片可有 8 位的输入/输出端口可供应用开发。依照 I^2C 的规范书,可知在 DMA－USB FX 开发系统上最多可同时接 8 颗 I^2C 接口 IC(即 CY7C64613 芯片只要利用 SCL 与 SDA 两引脚就可最多扩充到 64 位 I/O 端口)。不过在本系统上只接两颗 I^2C 接口 IC(U9 与 U11)提供给用户执行测试使用。而 CY7C64613 与 I^2C 接口 IC 连接请参考图 14.5。

如图 14.6 所示，用户可由 USB-FX 板上的 J3 引线出来自行做 I^2C 接口控制。

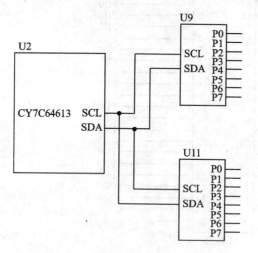

图 14.5 CY7C64613 与 I^2C 接口 IC
(Philips,PCF8574IC)简易连接示意图

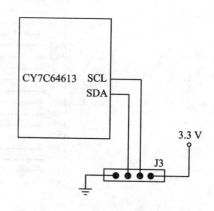

图 14.6 用户可由 USBFX 板上的
J3 引线执行 I^2C 接口控制

2. DMA-USB FX 开发系统的集成开发环境(IDE)接口

CY7C64613 单片机芯片内提供 GPIF 接口(通用型可程序化接口,General Programmable Interface)。而 DMA-USB FX 开发系统为了配合与 GPIF 接口作连接控制,配置了 IDE 接口提供给用户用来连接 IDE 设备(如硬盘和光驱等)。

3. DMA-USB FX 开发系统的并行接口

由 DMA-USB FX 开发系统上的并行接口 P8(DB25Pin 接头)与 PC 并行接口连接以执行并行传输。

4. DMA-USB FX 开发系统的串行接口

在 DMA-USB FX 开发系统上分别设备了两个 DB9pin 的接头(P10 与 P9)。其中,P10 为支持 Keil 软件做除错用;另外,P9 则可经过 RS-232 接口直接与 PC 做一般的串行传输。关于 Keil 与 DMA-USB FX 系统除错部分,将在稍后的章节中介绍。

5. DMA-USB FX 开发系统的扩充存储器(RAM)

在 DMA-USB FX 开发系统上,设计了有 64 KB 的存储器空间作为 CY7C64613 单片机外部存储器扩充用。用户可以通过 PLD(U5)来解码出 BANK0 的控制信号,并有高达 128 KB 的扩充存储空间,使整体系统的存储空间大幅度地提升。

在 Cypress 的 CY7C64613 单片机内只有 4 KB/8 KB 的 RAM 可编程存储器空间。

14.2.1 DMA-USB FX 开发系统及外围整体环境介绍

如图 14.7 所示,显示了 DMA-USB FX 开发系统与外围连接的示意图。基本上,本系统的硬件连接架构是由 PC 主机→USB Cable→本系统。也就是当用户在安装好出厂的系统驱动程序后,即可通过 USB 缆线执行 PC 与本系统连接的测试工作。例如:利用控制平台系统软件将用户编译好的 *.hex 文件,经过 USB 缆线下载到本系统上执行。然后,再由各种不同用途的目标实验板做执行后的验证工作;其次,也可利用 RS-232 缆线执行 PC 与本系统连接及开发工作。例如:可以利用 Keil 软件进行编译后,由 RS-232 缆线下载到系统上进行除错、单步、中断或执行等工作。

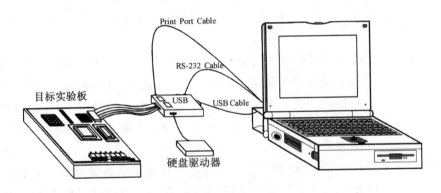

图 14.7 系统与外围连接示意图

14.2.2 DMA-USB FX 开发系统与 PC 连接软件介绍

用户在利用 DMA-USB FX 开发系统开发的过程中,会使用到的软件大致上有 Cypress 公司的控制平台和 Keil 集成窗口开发软件。以下,将介绍各软件的功能及用途。

- 控制平台:本控制平台应用程序可将用户开发好的固件由 USB 缆线下载到 DMA-USB FX 开发系统上去执行;其次,可于线上执行串行 EEPROM 的烧录功能。也可将此控制平台当作一般的应用程序做 CY7C64613 单片机的基本功能测试,如:批量、等时、GPIF、I/O 等测试项目。
- Keil 集成窗口开发软件:用户可由此开发软件,执行 CY7C64613 单片机程序编辑与编译动作;更可通过 RS-232 缆线将编辑好的固件程序码下载到 DMA

-USB FX 开发系统上进行侦错、单步、中断、执行等开发环境工作。

但在此仅介绍 DMA-USB FX 开发系统与控制平台应用程序的整合使用方式。

14.2.3 DMA-USB FX 硬件功能介绍

图 14.8 为本系统各个单元位置分配图。以下分别介绍各个部分的功能。

J1： USB 连接器。

S1： CY7C64613 芯片远程唤醒功能按钮。

Q1： 提供 CY7C64613 芯片重新设备列举功能的晶体。

Q2： 电压调整芯片(即 5 V→3.3 V Regurator)。

J2： 外部电源输入端,由于 USB 接口提供的 2 条传输线、2 条电源线只到 500 mA,用户通过此端点外加自己的电源,但 JP3 的 2 和 3 端必须短路。

JP3： USB FX 系统电源供应的选择端。当 1、2 Pin 短路时,系统电源为 USB 缆线 2 条电源线供应。当 2、3 Pin 短路时,系统电源由外加电源输入端(J2)提供。当 1、2、3 Pin 完全开路时,则系统的电源可由 USB FX 板上的 51 Port(简易牛角)的 40 Pin 输入,原则上是要用户由目标实验板上电源来供应。

JP1： 其用途在于区分 CY7C64613 芯片在重置状态时是否对 PC 做重新设备列举的功能。例如:当 JP1 的 1、2 Pin 短路时,用户在按下 Reset 按钮时,一方面重置 CY7C64613 芯片,一方面会对 PC 做重新设备列举,用户可从 PC 画面上看到鼠标的执行动作;反之,JP1 的 2、3 Pin 短路时,当按下 USB FX 系统上的 Reset 按钮时,只会重置 CY7C64613 芯片而已。

JP6： 其用途在于区分系统的 Reset 按钮是用在 RC 重置方式或施密特电路重置方式(可防止按钮弹跳)。例如:JP6 的 1、2 Pin 短路时是施密特电路重置方式;2、3 Pin 短路则是 RC 重置方式。

JP11： 其用途是配合 USBFX 板上 U15(IC)设置串行传输端口(P10、P9)是否有传输功能,即当 JP11 的 4 组排针的 1、2 Pin 全部短路表示系统上的两个串行传输端口皆可与 PC 做串行传输用;反之开路则无法有串行传输的功能。

JP8： 其功能是设置系统的串行式(EEPROM)内存的容量大小。例如:JP8 的 1、2 Pin 短路时是可接 24LC01 或 24LC02 的 EEPROM;若开路则是

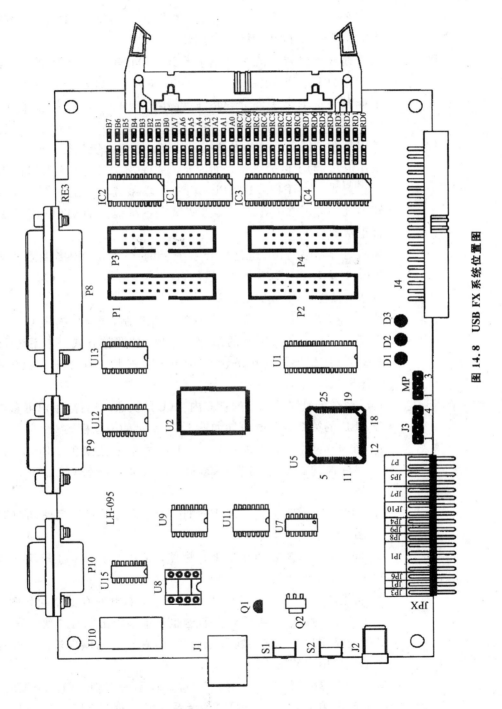

图 14.8 USB FX 系统位置图

供应 24LC64 的 EEPROM(而本系统采用 24LC64 的 8 KB 容量,所以 JP8 须开路),可参考系统上的 U8。

JP9： 其用途在于设置系统是否使用 EEPROM 串行式内存(系统上的 U8),当 JP9 的 1、2 Pin 短路表示系统会使用 EEPROM;反之开路时,则系统不能使用。注：系统的 U8 是可作为单独执行存储控制方式或做 CY7C64613 芯片的 USB 核心协议控制用。

JP4： 其用途在于区分系统的电源指示功能。由于系统执行+5 V 或+3.3 V 工作电压,为了区分系统是否有+5 V 或 3.3 V 进入系统可由 JP4 来调整。例如：将 JP4 的 1、2 Pin 开路时,本系统无法正常工作;反之,短路则系统才可正常工作。这样可测试出系统板上的 Q2 电压调整芯片是否正常动作。

JP10： 为两组排针座,其用途是配合系统上的 25 Pin DB 接头使其与 PC 的 Print Port(SPP、EPP 模式)使能调整。一般若将 JP10 两组的 1、2 Pin 短路会使能 EPP 模式的选择。

JP7： 其功能在调整 CY7C64613 芯片的时钟控制,用户可参考 Cypress 网站 CY7C64613 Data Sheet 的第 39、38 Pin 的调整方式。本系统 JP7 两组的 1、2 Pin 短路的动作是让 CY7C64613 芯片工作在正常工作模式,而除能测试模式。

JP5： 其用途在于设置系统上的扩充内存(U1)映像的选择,用户可参考 U5 部分 PLD 的第 7、9 Pin,可知如图 14.9 所示的内存框图。

① 当 JP5 两组排针之左边第 1、2 Pin 短路,右边第 1、2 Pin 短路时使用可映像的存储空间为 0x0000～0x2000,存储空间如图 14.9 的①所示。

② 同理,当 JP5 左边 1、2 Pin 打开,右边 1、2 Pin 短路,存储空间如图 14.9 的②所示。

③ 同理,当 JP5 左边 1、2 Pin 短路,右边 1、2 Pin 打开,存储空间如图 14.9 的③所示。

④ 同理,左边 1、2 Pin 打开,右边 1、2 Pin 打开时存储空间如图 14.9 的④所示,可到达 64 KB 空间,这也是本系统出厂时的默认值。

P7： 其用途是用户在外接实验目标板时,作为 5 V 的供应端点。在此,原则上不建议用户使用。

J3： 其用途在提供用户自行扩接 I^2C 接口控制的引脚。但由于 USB FX 系统上已占用了 2 个 I^2C 地址(参考系统板上的 U9、U11),所以用户在实

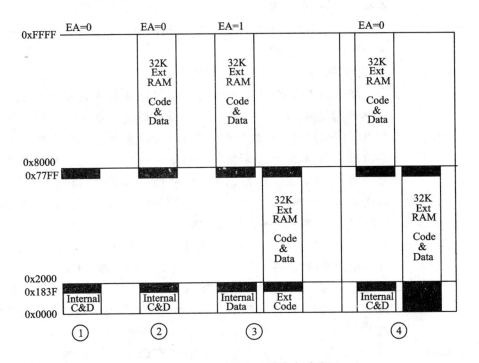

图 14.9　JP5 配置与系统内存映像图

验扩充板上只能最多有 6 个 I^2C 接口 IC,这样才不会与系统地址冲突。

MP：其功能是设置本系统位于系统板上的 51 Port(简易牛角)的第 40 Pin 引脚是否有电压输出。基本预设上,会以 5 V 供应(用户也可自行设置在 3.3 V),此用意在于当用户的实验目的板是 8051 系统,并且确定实验板上的耗电率低时,可通过此引脚由系统提供 +5 V 或 +3.3 V 的工作电压。用户也可选择不供应,只要在 MP 部分开路即可。

D1、D2、D3：为系统初始执行的指示灯。D1 是 3.3 V 指示灯,当亮起时,表示系统上的 3.3 V 工作电压正确。D2 是 5 V 指示灯,当亮起时,表示系统上的 5 V 工作电压正确。D3 是系统固件侦错用指示灯,也就是当系统与 PC 端的 Keil 侦错驱动程序连接时,此指示灯会亮起;若不亮则表示系统无法执行固件侦错等系统功能。

J4：为 40 Pin 简易牛角座,其作为 USB FX 系统与外围如 IDE 接口等外接的实验连接座。用户可经过此接口配合固件的设计,达成较具体的控制及验证。

51Port：为 40 Pin 简易牛角座,其用途是考虑用户在开发过程中把大量时间耗费在焊接部分，特别将 CY7C64613 芯片的 PA、PB、PC 与 PD 直接并联到 51 Port，且只要利用 40 Pin 排线接到用户的实验目标板上即可。而此设计刚好与 8051 的 I/O Port 是一致的。

P1、P2、P3、P4：各为 20 Pin 简易牛角，同样为 CY7C64613 芯片直接并联出来的脚位。其中包含有控制及 I/O 脚。而整个加起来的脚位数，再配合 51 Port 的脚位数，就可完全包含 CY7C64613 芯片的 128 Pin 脚位。

P10：为串行传输端口。此端口作为系统与 PC 进行固件侦错用。也就是 PC 端执行 Keil 集成开发环境时，经过 RS-232 缆线对系统执行下载固件及侦错用。注：PC 与系统的传输率设置在 38 400 bps。

P9：同样为串行传输端口，只不过系统提供此串行端口是让用户验证及测试 CY7C64613 芯片的串行传输功能。

P8：并行传输端口。此端口为系统提供与 PC Print Port 接口连接的信道。可供用户通过固件的设计与 PC 做并行式的传输与验证。

IC1、IC2、IC3、IC4：为本系统特别设计的 CY7C64613 芯片的 I/O 电压提升电路，每一 IC 提供 8 位电压转换。不过唯一不同的是此设计需配合系统板上的 SW1 开关作手动的 Input、Output 的调整。

U2：为 USBFX 系统的核心控制芯片（CY7C64613），详细内容请参考 Cypress 网站的相关内容。

U1：为 128 KB 内存芯片，配合 U5（PLD）让 CY7C64613 芯片可设计到 128 KB 的存储空间。

U10：此空间可由用户接上共阳极的七段显示器做 I^2C 接口 I/O 控制设计。

注：由于 USB 缆线所提供的电流有限（依规范书，大约 500 mA），除了供给系统本身的电源之外，剩下的可以供给外部设备使用的电源甚为有限。因此，若用户在自行开发目标电路板时，会有超过负载使用的情形，建议用户使用外部变压器电源输入 5 V，即 JP3 之 2 与 3 脚短路（JP3 之 1 与 2 脚短路，电源由 PC USB 缆线提供电源；JP3 之 2 与 3 脚短路，电源由系统提供之＋9 V 变压器提供电源；JP3 之 1、2 与 3 都为开路，则由目标电路板提供＋5 V 电源，且可由 40 Pin 牛角的电源接线输入），以免因电流不足而影响整体系统的运行情形。所以若用户在使用本开发系统时，建议谨慎地设置电源，以免把开发系统烧坏。

若用户须由自己的目标电路板提供电源＋5 V 给本系统时，须将 JP3 的 Jumper 拿开（开路）。而本系统在出厂时，JP3 是设置在 1 与 2 脚短路（即使用 USB 缆线提供的＋5 V 的电源）。而在稍后的章节中，将介绍与本系统搭配的目标电路板模块。

14.2.4 DMA – USB FX 开发系统配件及硬件需求

本 DMA – USB FX 开发系统须配置下面所列的设备：
- USB 主机一部。
- RS – 232 缆线一条。
- USB 缆线一条。
- 20 Pin 测试排线一条。
- 40 Pin 传输排线一条。
- 系统驱动光盘一片。

本 DMA – USB FX 开发系统于 PC 上的操作系统建议使用 Windows 98 第二版以上版本。而其余建议使用的工具有：
- 用于 PC 驱动器侦错的 Numega Softice。
- CATC USB 协议分析仪。
- USB 规范参考书籍。

14.3 USB 通用实验器系统介绍

有了 DMA – USB FX 开发系统后,紧接着,将介绍其所连接的实验器。

PRO – OPEN USB 通用实验器是针对 EZ – USB FX 系列(Cypress CY7C64613,以下简称 FX 芯片)的应用而设计的。如图 14.10 所示,整个系统不但提供了如何使用 DMA – USB FX 开发系统的应用实例,且包括了各种常用 I/O 元件,包括 LED、七段显示器、4×4 键盘、文字型及绘图型 LCD、8×8 点矩阵 LED、ADC、DAC、温度传感器、喇叭、直流电机、步进电机、数字输入点、数字输出点、ATAPI 接口控制以及 RS – 232 串行控制等实验单元。用户在学习 EZ – USB FX 单片机的同时,也能够学习各种常用的 I/O 及接口芯片的使用方法。当然,本书的目的是通过 Visual Basic 应用程序来控制 USB 外围设备上的 I/O 动作。

1. 实验器俯视图(见图 14.10)
2. 系统开关、可变电阻和 JMP 功能说明(见表 14.1)

8051 单片机 USB 接口 Visual Basic 程序设计

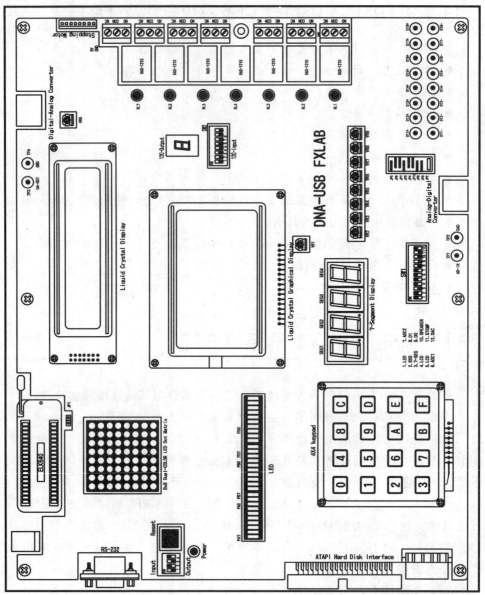

图 14.10 PRO-OPEN USB 通用实验器的零件配置图

表 14.1　系统开关、可变电阻和 JMP 功能说明

项　目	功　　能
开关功能	
SW1-1	使能 LED 电路
SW1-2	使能 8×8 点矩阵 LED 电路
SW1-3	使能七段显示器显示电路
SW1-4	使能绘图型 LCD 电路
SW1-5	使能文字型 LCD 电路
SW1-6	使能 A/D 转换电路
SW1-7	使能 A/D 转换电路
SW1-8	使能数位输入电路
SW1-9	使能数位输出电路
SW1-10	使能喇叭电路
SW1-11	使能步进电机电路
SW1-12	使能 D/A 转换电路
SW2	I^2C 开关输入
SW3-1	Port A Input/Output
SW3-2	Port B Input/Output
SW3-3	Port C Input/Output
SW3-4	Port D Input/Output
可变电阻功能说明	
VR1	绘图型 LCD
VR2	A/D 参考电压调整
VR3	电桥输入 A/D 电压调整
VR4	输入电桥之阻抗匹配调整
VR5	输入电桥之阻抗匹配调整
VR6	电桥输入 A/D 电压调整
VR7	电桥输入 A/D 电压调整
VR8	输入电桥之阻抗匹配调整
VR9	D/A 参考电压电压调整
系统 JMP 功能说明	
JP1	IC 测试座 PIN40 电源开关
JP2	电桥输入开关
JP3	输入电桥之阻抗匹配调整选择开关(20K)
JP4	输入电桥之阻抗匹配调整选择开关(500K)
JP5	电桥输入 A/D 电压调整开关(10K)
JP6	电桥输入 A/D 电压调整开关(500K)
JP7	电桥输入 A/D 电压调整开关(100K)
JP8	输入电桥之阻抗匹配调整选择开关
JP9	输入电桥之阻抗匹配调整选择开关(1K)
JP10	输入电桥之阻抗匹配调整选择开关

注意：本实验器各项传感器元件是经过平衡电桥再输入 A/D 转换电路。在此，由于本实验器设计是综合各项传感器元件的阻抗匹配加以设计的，因此各项传感器元件的输入阻抗匹配是完全不相同的。这样，在不同的传感器元件输入下，会产生不同的输入阻抗匹配的情形。所以在操作 A/D 实验时，应先详阅所要操作的电路图的阻抗匹配调整。

3. 实验器接头引脚图

如图 14.11 所示为 PRO‑OPEN USB 实验器接头的引脚图。

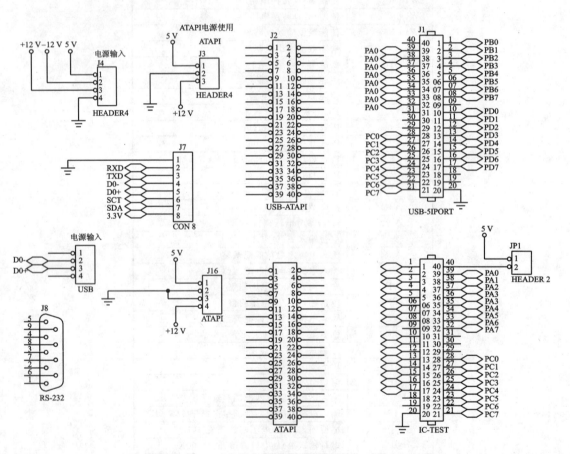

图 14.11　PRO‑OPEN USB 实验器接头的引脚图

14.4 USB 简易 I/O 实验板系统

除了上述完整的实验器外,用户也可以应用 USB 简易 I/O 实验板(LH096)来做简易实验的练习。这个 USB 简易 I/O 实验板是针对 DMA-USB FX 开发系统(LH095)的应用所设计的。整个系统简易的 I/O 应用实例单元,包括 LED、七段显示器、文字型 LCD 与按键输入或指拨开关输入,可让用户能快速了解 DMA-USB FX 开发系统的 I/O 应用。在同时使用本实验板前,应先以指拨开关(SW10)将所需应用到的电路予以适当选择外,尚须了解各部零件 IC 的使用说明。此外,本实验板可由 DMA-USB FX 开发系统(LH095)第 40 Pin 输出供电 5 V,亦可由外部电源供电。在使用外部电源时,DMA-USB FX 开发系统的电源输出须除能(将内部的 MP 排针短路帽盖拔除即可),否则外部电源将倒灌至 DMA-USB FX 开发系统上,并可能导致系统损坏。以下,分别说明各个零件的配置以及相关开关的使用说明。此外,相关的系统开关说明如下。

1. SW10

    1:LCD 模块使能。   2:七段显示器模块使能。

    3:LED 模块使能。   4:输入模块使能。

2. JP1

    1-2:设置指拨开关(SW1)输入功能。   2-3:设置按键开关输入功能(SW2SW9)。

而相关的 USB 简易 I/O 实验板系统的实验器引脚如图 14.12 所示。

如图 14.13 所示,为 USB 简易 I/O 实验板系统的零件配置俯视图。

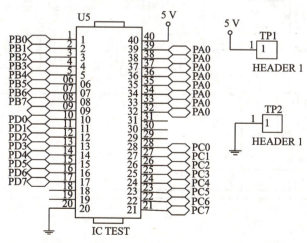

图 14.12 USB 简易 I/O 实验板系统的实验器引脚图

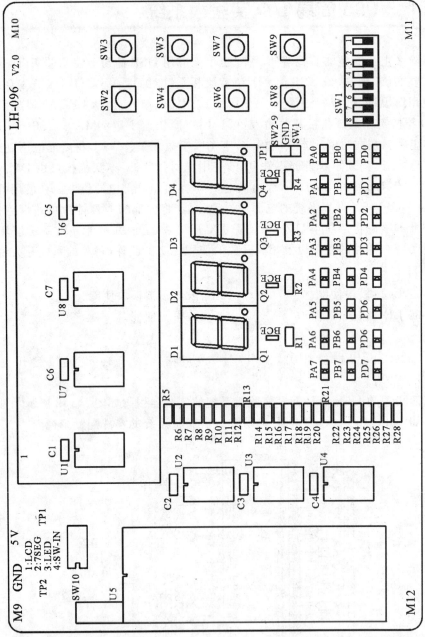

图 14.13 USB 简易 I/O 实验板系统的零件配置俯视图

14.5 DMA-USB 2131 控制单板

除了上述具备模拟器侦错功能的 DMA-USB FX 开发系统外，用户也可以使用简易的 DMA-USB 2131 控制单板来做简易的固件程序码设计与实验。DMA-USB 2131 控制单板是以 Cypress 的 EZ-USB AN2131QC、80 Pin 单片机为主体，以最精简的 USB 接口控制器再加上可外接的地址线、数据线与 I/O 引脚。通过这种组合而成的 DMA-USB 2131 控制单板，使用户简易地进行 I/O 控制与存储器模块扩充。在此控制单板中，将 AN2131QC 芯片的 I/O Port(PA、PB 与 PC)引脚用 40 Pin 插槽通过排线方式连接到目标实验板上(如 USB 简易 I/O 实验板系统)，一方面除了节省用户开发时的焊接时间，更可缩小实际硬件面积。

根据前几章所介绍的 EZ-USB 单片机的内容，可知 DMA-USB 2131 控制单板上的 AN2131QC 单片机乃包括了增强型的 USB 内核及高速的 8051 内核与 I²C 接口等架构。如图 14.14 所示，为 AN2131QC 单片机引脚图以及单片机在 DMA-USB 2131 控制单板上与插槽的对应引脚图。至于单片机的详细数据请参考前几章的相关部分。

注意：由于 AN2131QC 单片机为 3.3 V，为配合支持一般 5 V 的 I/O 外围设备的控制问题，特别将 DMA-USB 2131 控制单板设计成两种选项以供用户选择，一种是依 AN2131QC 单片机规范于控制及 I/O 引脚部分直接 3.3 V 输入/输出，另一种是将 AN2131QC3 单片机的 PA、PB 与 PC I/O 引脚部分由 3.3 V 提升到 5 V，并由 DMA-USB 2131 控制单板上的 8051 Port(简易牛角)扩充槽来作输入/输出。而唯一不同的是此选择须用手动的方式来调整 DMA-USB 2131 控制单板上的 SW2(指拨开关，外壳上的 input/output 字样地方)来切换输出或输入(on 为输出，off 为输入；1 对应 PA、2 对应 PB 以及 3 对应 PC)。

14.5.1 DMA-USB 2131 控制单板外围整体环境介绍

DMA-USB 2131 控制单板与外围连接如图 14.15 所示。该 DMA-USB 2131 控制单板连接 USB 简易 I/O 实验板来执行简易的实验范例。基本上，该控制单板的基础硬件连接架构也是通过 PC 主机的 USB 缆线，将程序码下载至控制单板中。也就是当用户在安装好系统驱动程序后，即可通过 USB 缆线做 PC 与本系统连接测试。用户可以利用稍后所要介绍的软件工具组将用户编译好的 .hex 文件，由 USB 缆线下载到系统上执行，再由各种不同用途的目标实验板来做执行后的验证工作。

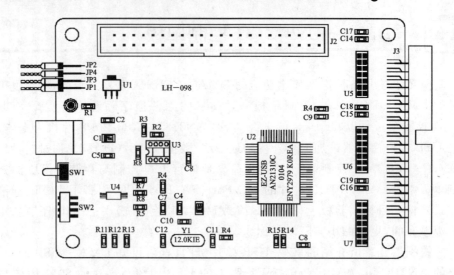

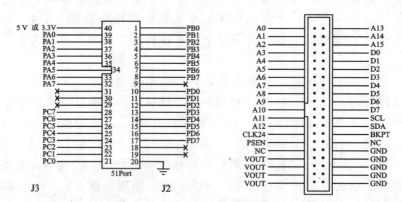

图 14.14　AN2131QC 单片机在控制单板及电板上扩充槽之对应脚位图

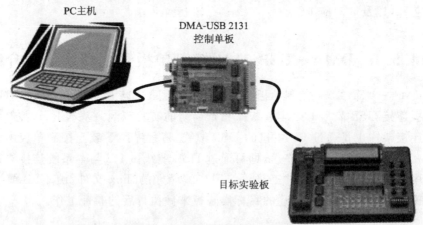

图 14.15　控制单板与外围连接示意图

14.5.2　DMA－USB 2131 控制单板硬件功能介绍

图 14.16 为本系统功能位置分配图,以下分别列出各部分的功能。

J1：　　USB 连接头。

J2：　　引脚扩充,包括数据线(A0～A15)、地址线(D0～D7)、I^2C(SCL、SDA)、USB 电源输出(5 V)、接地、PSEN、CLK24、BKPT。

J3：　　DMA－USB 2131 控制单板的 I/O 引脚对应 8051 引脚(PA 对应 P0、PB 对应 P1 以及 PC 对应 P2),第 20 Pin 为接地与第 40 Pin 为电源输出。

Q1：　　提供 AN2131QC 单片机重新设备列举功能的电晶体。

U1：　　电压调整芯片(即 5 V→3.3 V Regulator)。

U2：　　AN2131QC 单片机,为整个开发板的主要核心。

U3：　　24LC64 IC,提供 DMA－USB 2131 控制单板存储 VID/PID 码,亦可提供 DMA－USB 2131 控制单板独立运行。

U4：　　IC SN75240,为 USB 接口保护 IC。

U5～U7：IC74LCX245,为 3.3 V 输入/5 V 输出或 5 V 输入/3.3 V 输出 IC。

SW1：　DMA－USB 2131 控制单板的 RESET 按键。

SW2：　当 IO 输出为 5 V 时,SW2 乃是切换 PA、PB 与 PC 之输入或输出(on 为输出,off 为输入),(1 对应 PA、2 对应 PB 以及 3 对应 PC)。

D1：　　USB 电源指示灯。

JP1：　　J2 电压输出。当 JP1 为 1－2 时,表示输出电压 3.3 V;2－3 时,表示输出电压 5 V。

JP2：　　选择使能 24LC64 IC。当 JP2 为 1－2 时,表示使能 24LC64 IC;2－3 时,表示除能 24LC64 IC。

JP3：　　J3 第 40 Pin 电压输出。当 JP3 为 1－2 时,表示输出电压 3.3 V;2－3 时,表示输出电压 5 V。

JP4：　　选择使能 J3 第 40 Pin 电压输出。当 JP4 为 1－2 时,表示使能输出电压;2－3 时,表示除能输出电压。这样,可让用户选择自己电路板供电或外接电源。

通过本章所介绍硬件工具组,将可整合应用于各种实验单元范例中。但由于本书稍后所应用的实验范例,都须更改 EEPROM 内容,因此都须涉及硬件部分。在此,建议用户使用下列的实验器的组合:

DMA－USB FX 开发系统＋目标板实验器(PRO－OPEN USB 通用实验器)。

DMA－USB 2131 控制单板＋USB 简易 I/O 实验板。

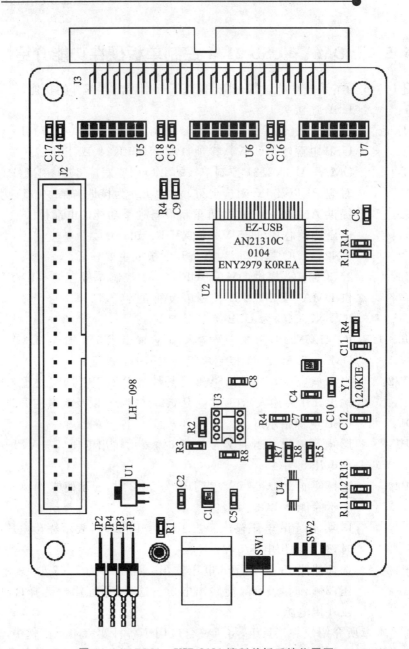

图 14.16　DMA - USB 2131 控制单板系统位置图

　　而在稍后的章节,将会进一步介绍软件工具组的应用。这样,用户可完整地学习 USB 应用程序的基础练习,以及延伸至 USB I/O 接口设计的完整训练。以下将以控制平台应用程序为主要的介绍内容。

14.6 EZ – USB FX 驱动程序安装

当用户要使用本书所附的光盘时,可以看到一个 Cypress Lab 的目录名称。这即是控制平台的安装目录。这个应用程序是由 Cypress 半导体公司为配合 USB 单片机的开发所研发出来的。当用户一进入该目录后,即可选择 setup.exe 执行程序来加以执行。当执行后,如图 14.17 所示,可以看到驱动程序的安装画面,此时用户选择"INSTALL PRODUCTS"选项。

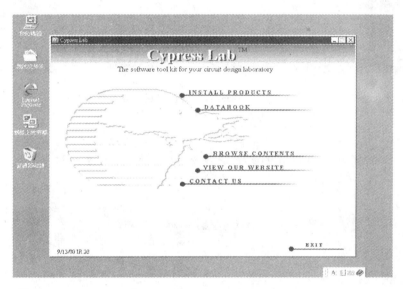

图 14.17 DMA – USB FX 软件工具的安装界面一

然后,紧接着请在图 14.18 中选择 USB 项目。

当用户选择上述执行后,再选择"EZ – USB Development Kit"项目,即可完成 DMA – USB FX 驱动程序的安装,如图 14.19 所示。

一旦用户安装成功后,即可在 C:\Cypress\USB 的目录下,发现不同功能的各个子目录,如图 14.20 所示。此外,也可产生控制平台的应用程序。

在 Cypress 目录的文件夹的路径中,包含:

- Cypress\Usb\Example\EZ – USB\…子目录:为本系统的测试软件。在本书中,将以这些软件作为测试与解说的范例。
- Cypress\Usb\Bin\…子目录:为开发时所需的工具软件应用程序执行文件。
- Cypress\Usb\Hardware\…子目录:为相关的硬件线路图。

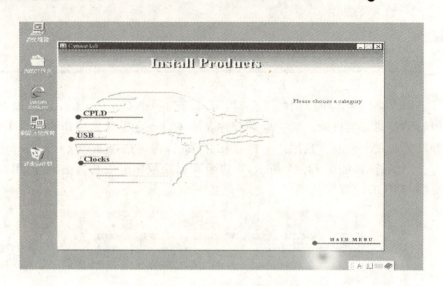

图 14.18　DMA – USB FX 软件工具的安装界面二

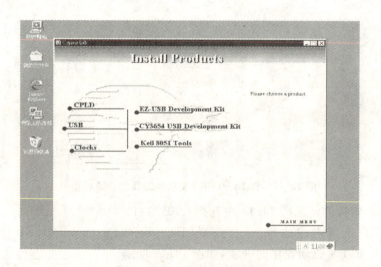

图 14.19　DMA – USB FX 软件工具的安装界面三

- Cypress\Usb\Doc\…子目录：为各种相关的文件说明文件及数据手册。
- Cypress\Usb\Drivers\…子目录：为开发 USB 设备所需的驱动程序。
- Cypress\Usb\Target\…子目录：为开发 USB 设备所需的各种链接的固件架构与包含文件等来源文件。
- Cypress\Usb\Util\…子目录：为 Bin 子目录下的各个执行文件的完整文件。

USB 开发工具组的使用与操作 14

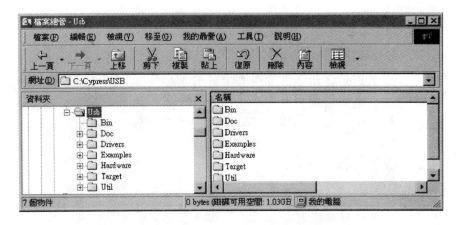

图 14.20 DMA-USB FX 软件工具的安装界面四

通过这些 Cypress 半导体公司所提供的资源,将为用户在开发 USB 外围设备时,提供最大的便利性,并减轻用户的负担。

14.7 控制平台应用环境基本操作

当用户在安装好 DMA-USB FX 驱动程序后,可以在"开始\程序\ Cypress\Usb\ EZ-USB Control Panel"直接执行或直接执行 C:\Cypress\usb\bin\EzMr.exe 执行文件。

这样即可开启控制平台应用程序了。不过若尚未连接 DMA-USB FX 开发系统,则无法进入控制平台应用程序,此时会显示如图 14.21 所示的界面。

倘若用户正确安装好 DMA-USB FX 硬件后,即可顺利进入控制平台应用程序。此时,在"我的电脑"的设备管理器中,即可发现本设备。

如图 14.22 所示,必须在操作系统中显示"Cypress EZ-USB Development Board"才可确保控制平台应用程序能正常运行。反之,若操作系统显示的是如图 14.23 所示的界面,即显示"Cypress EZ-USB(2235)EEPROM missing"项目名称,则表示 DMA-USB FX 开发系统上所连接的 EEPROM(24LC64)发生了错误。

此时,则很有可能是 DMA-USB FX 开发系统上的 EEPROM 发生问题了。其中,有可能是未放置 EEPROM IC,或此颗 EEPROM 损坏。若内码更改过,也有可能发生这种情形。但是基本上,若干的操作仍可运行。如果经更改还是无法正常时,就须查看一下 Jumper 的调整方式。在稍后的章节,将再详述如何更改 EEPROM 内码方式。

当用户正确地进入控制平台后,即可对 DMA-USB FX 开发系统执行测试、下载以

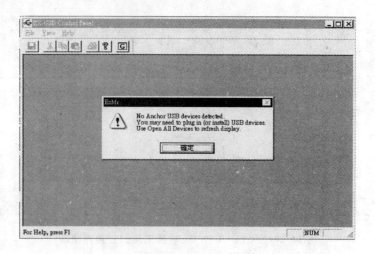

图 14.21　DMA-USB FX 开发系统硬件未安装成功的界面

图 14.22　DMA-USB FX 在设备
管理器所呈现的项目

图 14.23　EEPROM 连接发生
错误所产生的界面

及烧录 EEPROM 等的功能。以下将介绍控制平台的基本操作与功能,如图 14.24 所示。

当用户一拿到 Cypress USB 仿真器时,首先就必须验证硬件是否工作正常。以下,按照所述的内容,依序测试相关的固件程序代码。

USB 开发工具组的使用与操作

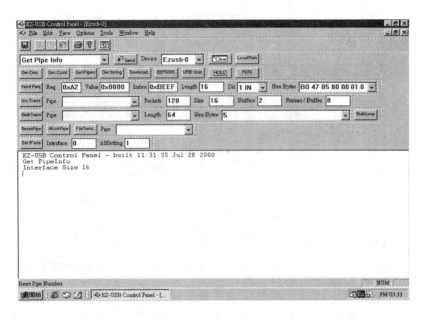

图 14.24 控制平台的操作界面

14.8 EZ-USB 控制平台总览

在 EZ-USB 控制平台中,允许用户能够对具有 USB 驱动器所支持的 EZ-USB FX 芯片产生 USB 的设备请求。这些所提供的标准 USB 请求与 EZ-USB 所定义的标准是一样的。而相关的标准 USB 设备的请求可参阅 USB 规范书的第 9 章。

在控制平台之中,提供下列操作功能:
- 取得描述符;
- 下载程序代码;
- 从屏幕或文件中,送出或接收批量(bulk)数据;
- 送出或接收等时(isochronous,ISO)数据;
- 以循环测试。

经过操作系统所检测到的可使用的 USB 设备,将会被确认并呈现给用户。用户可以选择这些设备来作为 USB 操作的目标。而所提供的 USB 设备可能含有数个 USB 管线与一些可使用的端点。相对地,由 EZ-USB FX 芯片所设计的设备,会立即以预设的 12 个管线与一些端点来加以连接。当应用程序第一次开始执行时,它将会检查连接在 USB 总线上可用的 EZ-USB 设备。每一个被确认的设备将会在应用程序下拥有自己的窗口。此时,用户能够键入相关的命令并且观察设备的输出结果。

8051 单片机 USB 接口 Visual Basic 程序设计

此外，所有可以使用的设备，也可由图 14.25 所示的 Clear 按钮左边的下拉列表框中加以选择并确认。

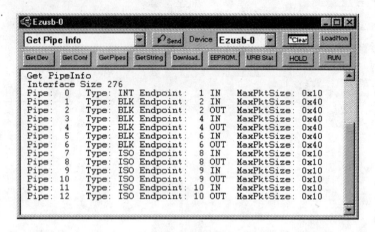

图 14.25　控制平台的操作主界面

如果要执行控制平台，用户可以选择 Send 按钮左边的下拉列表框内的各项操作命令。若加以选择后，即可以直接单击 Send 按钮，并通过 USB 总线来执行该命令。这样，就可以观察到应用程序在接收到该命令后，所呈现的各种信息。

14.8.1　主界面

在主界面中，显示了包含各种标准 USB 请求的下拉菜单（如图 14.26 所示，显示了"Get Pipe Info"）以及用来启动命令传输的 Send 按钮的工具栏。在这个主要的"操作"工具栏中，也包含连接至 USB 设备的各种设备与接口确认后的字符串信息（如 Get Dev 或 Get Con 等）。此外，它还包含用来清除输出缓冲区的 Clear 按钮，以及通过 LoadMon 按钮来下载用来对 USB 设备作监测的监督程序代码。当开发 8051 程序时，这个监督程序代码就允许用户通过 RS-232 来作除错之用。

请注意，如果屏幕上仍无包含"EZ-USB-0"窗口，可以参考稍后的 14.8.4 小节。如图 14.26 所示显示了"EZ-USB-0"窗口。

在这个"操作"的工具栏之下，是一个文字窗口。其中，显示了在检测 USB 传输后所产生的各种输出信息。一旦用户在送出或接收各项命令后，一些侦错的文字就会增加在该文字窗口中。该文字窗口与一般的可作文字编辑的窗口是一样的，可以执行查找、存储以及打印等工作。因此，对于所送出与接收的各种命令与参数，都可打印出来，以供进一步的深入了解。当用户从下拉菜单的命令列中，选择 USB 的操作命令后，另一个工具栏就会显示，并允许用户针对此 USB 命令，键入相关的参数。

USB 开发工具组的使用与操作

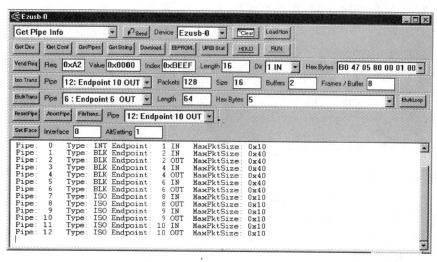

图 14.26 "EZ – USB – 0"窗口

14.8.2 热插拔新的 USB 设备

当用户一开始操作控制平台时，将会检查 USB 总线的设备。如果 EZ – USB 设备是在此应用程序执行后才插入 USB 端口，它将无法立即识别，就会如图 14.27 所示。

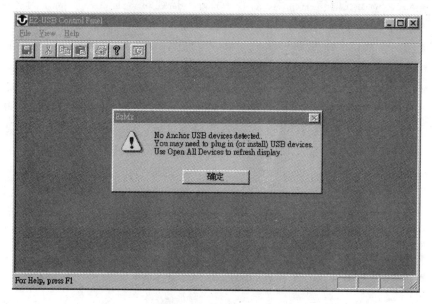

图 14.27 控制平台无法检测到 USB 设备的界面

此时，为了能让应用程序识别此新设备，就必须：

① 选择执行 File\Update All Devices。此时，新设备将会加入所能识别到的设备列内。

② 然后，执行 File\Open All Devices，以新选择的设备来打开新窗口，并且准备接收命令。

14.8.3 各种工具栏的使用

1. Unary 操作工具栏

Unary 操作无需任何参数（除了可能的目标文件的选择外）。Unary 操作工具栏包含以下数种操作选项：

- Get Dev（取得设备描述符）：取得设备描述符的标准调用。
- Get Conf（取得配置描述符）：取得配置描述符的标准调用。
- Get Pipes（取得管线）：从驱动程序中，使用"Get Pipe Info" IOCTL 命令，以取得管线/端点的配置信息。而驱动器将会把这个信息维持在内存中。因此，不会针对这个命令，真正地产生 USB 的交换。
- Get String（取得字符串）：取得字符串描述符。通常是厂商字符串索引与制造商字符串索引（当用户以 USB 缆线插入设备时可以观察到）。
- Reset 端口：重置 USB 端口的标准调用。
- EEPROM：选择 EEPROM 文件，并将其文件的内容加载到 EEPROM 中。
- URB Stat（URB 状态）：取得最近 USB 错误的状态报告。多个 USB 错误（经过一般性的"Endpoint Error"来显示）会对应到单一个 IOCTL 错误。这种 IOCTL 错误通常直接通过控制平台来显示，但是这样的 USB 错误都以"Endpoint Error"说明来取代。而单击 USB Stat 按钮将会以手动的方式请求最后一个 URB（USB request block）错误。但是，许多类型的错误（例如，IOCTL 错误的参数）在取得传至 USB 总线之前就已经失效了，因此这样所获得的错误一点意义也没有。单击 URB Stat 按钮将可看到最后一个 USB 的错误，如果可能，还可将此错误译码。
- HOLD：将 8051 重置进入"维持"的状态。
- RUN：将 8051 重置进入"释放"的状态。

2. 制造商请求工具栏

用户可在此工具栏中,键入各种制造商请求所要设置的各种参数。而针对制造商请求的参数的详细数据,可以查阅 EZ – USB GPD(General Purpose Driver,通用的驱动器)规范。这些制造商请求的参数是根据执行于目标设备的范例程序而定的。

例如,\Anchor\Examples\Vend_Ax.hex 程序可以被加载到开发电路板。这样,将会完成数种不同的制造商特定的请求(请参考位于该路径下的 readme 文件)。一旦将 Vend_Ax.hex 程序加载后,用户就可修改 Req 字段,以便送出不同的请求。例如,读取位于开发电路板上的 EEPROM 的内容。

各种参数的定义如下所列:
- Req:所呈现请求类型的 ID。
- Value:Hex 数值
- Index:索引值。
- Length:长度的字段。
- Dir:0=Out;1=In。
- Hex Bytes:数据的字节字段。

3. 等时传输工具栏

用户可在此工具栏中,键入各种等时传输所要设置的各种参数。等时传输的总容量大小,仅限制在 1 MB 以内。

当用户要使用 Iso Trans 按钮,将数据传送出去时,不断累加的 ISO 数据就会填入缓冲区中。此外,若要将一特定数据的文件通过等时传输传送出去,就要使用位于管线操作工具栏上中的 File Trans 按钮。而对于等时传输更详细的数据,可以参考"EZ – USB General Purpose Driver Spec"。

各种参数的定义,如下所列:
- Pipe(管线):用户可选择管线或端点来操作。
- Packets(封包的数量):这个数值是用户要从设备读取的等时数据的帧数目。而每一次 USB 帧(1 ms)发生时,就会产生一次等时传输。例如,若设置 Pkt-Count 为 3000,用户将可等时传输 3 s 的数据。这个参数必须符合:Packet-Countmod(FramesPerBuffer * BufferCount)必须为 0。
- Size(封包大小):以字节来表示封包的大小。这是在每一帧中,所要读取的等时数据的大小。通常这个数值,是与等时端点的最大封包值相符合的,但也可

8051 单片机 USB 接口 Visual Basic 程序设计

小于最大的封包值。
- Buffers(缓冲区数量)：所要使用的缓冲区的大小。针对这个传输动作,所要使用于传输 URB(USB 请求的区块)的数值。2 是较佳的默认值。
- Frames/Buffer(每一缓冲区的帧数)：这个数值即是在单一 URB 中,所要传输的 USB 帧数据的数目。10 是较佳的默认值。

4. 批量传输工具栏

用户可在此工具栏中,键入各种批量传输(字节模式)所要设置的各种参数。而各种参数的定义,如下所列：
- Pipe/End(管线/端点)：可以分别选择管线/端点来加以操作。
- Length(长度)：所传输数据量的大小。
- Bulk Loop(批量循环测试)：用户可以经过 OUT 端点送出数据并且经过 IN 端点来加以读取的方式,执行循环的测试。这个操作需要先在 EZ-USB 设备上,执行特定的程序,使得在一个循环中能先将端点连在一起(因此,目前这个操作将会与 C:\Anchor\USB_Ctrl\Examples\ep_pair.hex 文件一起执行,而这个文件即是将管线与端点连在一起)。但应注意,用户必须先加载这个文件。
- Hex Bytes(十六进制字节)：十六进制的数据字节。

5. 管线操作工具栏

用户可在此工具栏中,键入各种批量传输(字节模式)所要设置的各种参数。而各种参数的定义,如下所列：
- Pipe/End(管线/端点)：用户可以分别选择管线或端点来加以操作。
- Op(操作模式)：允许用户设置管线的操作。
- File Trans(文件传输)：通过这个文件传输的操作,用户可以选择等时或批量端点来作为文件传输所依据的模式。当按下这个按钮时,应用程序将会询问文件名。如果用户选择了 OUT 管线,将会打开这个文件并会通过 OUT 管线将文件传输出去。同样地,如果用户选择了 IN 管线,也将会打开这个文件并通过 IN 管线(有时候,这个管线必须由 8051 产生)来接收数据。在这应用程序中,提供了一个范例程序：C:\Anchor\EZ-USB\TARGET\Test\64_Count。它是一个十六进制(hex)的文件格式,用户可以选择这个文件并以 OUT 端点传输出去。很简单地,先下载 ep_pair 范例程序,即可通过 USB 总线将 64_count. hex 文件传输出去。这个所使用的 hex 文件,能够以一般标准的编辑器(如 DOS 下的 EDIT 或 Windows 的附属应用程序/记事本)来阅览。

6. 设置接口工具栏

用户可在此工具栏中,键入各种设置接口的参数。而各种参数的定义,如下所列:
- Interface(接口):选择接口索引值。
- Alt Setting(切换设置):选择切换接口索引值。

14.8.4 故障排除

(1) 为何无法看到 EZ-USB0 的窗口呢?

如果程序打开后,仅呈现简化的窗口,且其中没有任何的工具栏,那就表示仍未有 USB 设备被连接安装。由于 USB 是一种即插即用的设备,所以用户必须立即将设备插入 USB 端口,并且选择执行 file/update_all_devices,然后再执行 file/open_all_devices,就可以看到 EZ-USB0 的窗口了。

(2) 如果用户不断地插拔 EZ-USB 开发电路板数次,并且执行 file/open_all_devices 后,仍无法看到 EZ-USB0 的窗口。

这表示设备(EZ-USB 开发板)的驱动程序仍未加载。其中可能的原因有:
- 设备未接上电源。此时,请检查靠近 USB 接头的 Jumper,JP3 是否切至"BUS"的位置。也就是端点 1 与 2 须短路在一起。
- 驱动程序仍未加载。此时,跳至 Windows 控制平台,选择 System/usb devices/anchor dev board。然后设置 update driver,重新配置所注册过的驱动程序。
- USB 连接器并未适当地连接至 EZ-USB 开发板上。也就是烧录至 EEPROM (U9)的设备类型并不符合 EZ-USBw2k.inf 文件。如果重新烧录 EEPROM, 而没有回复,用户可以将 EEPROM 拔离开,使得开发电路板的 VID/PID 回复到 547/2131。

(3) 如果控制平台显示程序已经加载,但仍无法执行。
- 请确认加载的文件为十六进制(hex)的格式。这是系统首先参考的格式。如果用户使用 *.bix 附加文件的格式,仅能加载到低于 8K 内存的地址内(0~1FFF)。而对于较大的文件,用户是使用十六进制(hex)的格式。

- 内存的映像开关(JP5)并未切至适当的位置。指拨开关 3 设置为 ON 以及指拨开关 4 设置为 OFF，以使用外部的内存。

(4) 当用户将 EZ – USB 开发电路板经过 USB 端口连接至 PC,但是系统仍以 unknown device 的信息来反应。

请依序执行下列的步骤：
① 将开发电路板自 PC 的 USB 端口拔离开来。
② 移除(或重新命名)C:\Windows\System\Inf\Drvidx.bin 文件。
③ 移除(或重新命名)C:\Windows\System\Inf\Drvdata.bin 文件。(上述两个文件放置于 C:\Windows\INF 的目录下。)
④ 当用户将 EZ – USB 开发板重新通过 USB 端口,插回至 PC 后,它将会重新识别并且自动地下载。

14.8.5 控制平台的进阶操作

本小节仅接触到控制平台的所有操作。也就是在此并不仔细地介绍每一个特性,相对地,将会以最快速的方法,简单地显示其基本的操作。

控制平台中包含了许多控制工具栏,针对每一个设备是以跨过文字显示框的上方,并以水平的方式排列出来。这个开发板拥有本身标名为 Ezusb – 0 的窗口。

注意,此时将可阅览到 Ezusb – 0 窗口内的文字显示框。为了让用户能拥有更大的屏幕区域来阅览输出的文字,用户可以将 Ezusb – 0 窗口的底端往下拖曳(拉长它,以阅览更多的文字输出列)。相对地,也可以利用鼠标直接按下左上方的标准放大按钮(也即是右上角"×"按钮的旁边),这样可使得 Ezusb – 0 窗口可以填满整个主要的应用程序窗口。而仅当有一个 USB 设备是在控制平台中被观看时,这是非常便利的方法。同样地,如果用户选择 Options\Properties\General tab 以及 Pop up Command ToolBars (每一次一个)的设置,对于在非常小的窗口下工作,是较为便利的。

为了提供完整的内容,因此本小节的介绍最好是一次显示所有的控制工具栏。此外,许多章节中的内容都假设在控制平台的控制字段中,都设置为预设的状态(正如当用户第一次起始这个应用程序时的状态)。

14.9 DMA – USB FX 开发系统测试软件及工具

以下以 Cypress\usb\Example\EZ – USB\ep-pair 范例程序,来测试系统上 CY7C64613 单片机的回路以及脱离功能,以此验证整个系统的 USB 传输是否正确。

当用户下载程序 ep_pair.hex 后,程序会重新启动 Windows 操作系统下的"我的电脑\设备管理器\通用串行总线控制卡\…"看到"Cypress EZ - USB Sample Device"等项目。这样,即表示 DMA - USB FX 开发系统上的 CY7C64613 单片机已对 PC 执行了重新脱离与再连接的功能(这即是重新设备列举的过程)。这样,即可执行重新 USB 通信协议。

用户可在图 14.28 中的 DownLoad 按钮下选择其子目录下的 ep_pair.hex 范例程序代码,等到重新设备列举执行完毕后(鼠标闪烁停止后),再单击 GetPipes 按钮,即可得知控制平台应用程序与 DMA - USB FX 开发系统连接的画面,如图 14.28 所示。

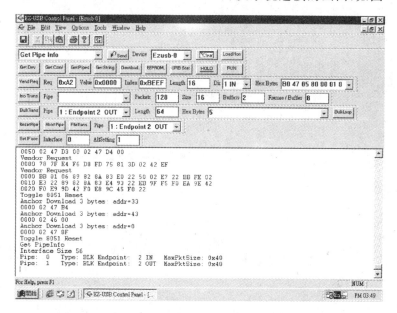

图 14.28　控制平台应用程序与 DMA - USB FX 开发系统连接的界面

现在用户可依图 14.28 界面对 CY7C64613 单片机做回路测试了,若单击 BulkTrans 按钮,则是表示将 64 笔数据(05)给 CY7C64613 单片机。若将 BulkTrans Pipe "1:Endpoint 2 OUT"改成 BulkTrans Pipe"0:Endpoint 2 IN"后,再单击 BulkTrains 按钮即可完成测试界面,如图 14.29 所示。

经过这样的测试后,即可确定整个开发系统是完全正常工作的。至于这个程序的范例程序是如何编写的,用户可以参考本系列的前两本图书——《8051 单片机 USB 接口程序设计(上)(下)》。

在本章所介绍的软件开发工具中,包含两个工具组——控制平台以及 Keil C Complier。用户必须加以利用,并且加以整合测试。这样,在稍后的应用范例中,才可驾轻就熟地操作以及了解整个 USB 外围设备的设计步骤与技巧。

8051 单片机 USB 接口 Visual Basic 程序设计

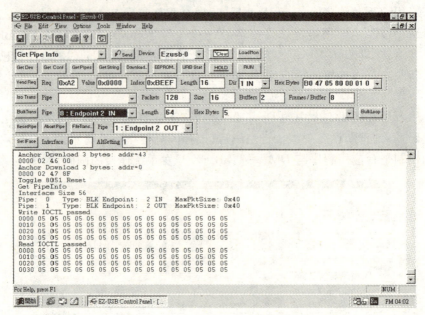

图 14.29　EP – PAIR 范例测试画面

第15章

EZ-USB FX 设备列举与重新设备列举

本章将针对 EZ-USB FX 系列中非常重要的特性——"设备列举与重新设备列举"来加以介绍。通过这种特性,用户可通过 Visual Basic 应用程序来控制各种 USB 范例实验。此外,也将以上一章所介绍的软件工具组和控制平台应用程序来作进一步的测试。

15.1 设备列举与重新设备列举概述

从前面的介绍中,可以知道 EZ-USB FX 芯片是一个以"软件"为主的架构。其中的 8051 程序代码与数据存放在内部的 RAM 中,且主机可通过 USB 总线将程序代码与数据加载。使用 EZ-USB FX 芯片来开发外围设备,无须使用 ROM、EPROM 或 FLASH 内存,既可缩短产品上市时间,也能很轻易地更新固件。为了提供软件特性,EZ-USB FX 芯片能自动以"无固件"USB 设备来加以设备列举,这样 USB 接口能够自己用来加载 8051 程序代码与描述符表。

当 8051 维持重置时,USB 核心就会执行初始(打开电源)设备列举以及程序代码加载。这个初始 USB 设备,可以支持程序代码的加载,称之为"预设 USB 设备"。当程序代码描述符表已经从主机下载至 EZ-USB FX RAM 中,8051 就会跳离重置状态,并且开始执行设备的程序代码。此时,EZ-USB FX 设备就会以加载后的设备,再作一次设备列举(称之为第二次设备列举)。

这种第二次设备列举称之为重新设备列举(ReNumeration)。EZ-USB FX 芯片可通过电子式的仿真来加以实现实际的脱离与重新连接至 USB 接口的情况。由于 EZ

-USB FX 系列的芯片组具备了这种特性,除了减轻使用者的负担外,还可缩短使用者的开发时间。

在图 15.1 中,说明了一般设备列举的过程,其中只作一次设备列举。而图 15.2 则显示了所谓的重新设备列举的过程。

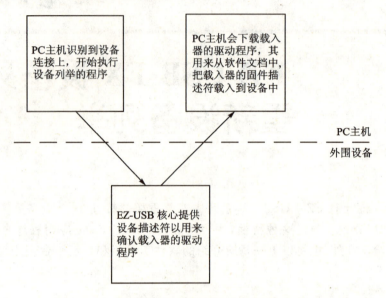

图 15.1 一般设备列举的程度

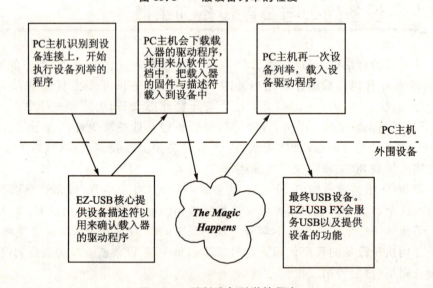

图 15.2 重新设备列举的程序

EZ-USB FX 设备列举与重新设备列举

在 EZ-USB FX 控制位中,有一个称之为 ReNum 位(表示被重新设备列举),用来决定哪一个主体,是核心或 8051 通过端点 0 来处理设备请求。当电源一接上时,ReNum 位(USBCS.1)就设置为 1,用来表示 USB 核心能够自动处理设备请求。表 15.1 所列为与设备列举相对应的各种动作。

表 15.1 设备列举的相对动作

设备列举	处理设备请求	ReNum	8051 动作
第一次设备列举	USB 核心	ReNum=0	8051 重置 CPUCS.0=1
第二次设备列举	8051	ReNum=1	8051 重置 CPUCS.0=0

一旦 8051 开始执行,它就会设置 ReNum=1 来表示用户的 8051 程序代码能够使用它所下载过的固件进一步地处理紧接着而来的设备请求。此外,对于 8051 而言,也有可能使用 ReNum=0,以及具有 USB 核心处理某个端点请求来加以执行(请参阅 15.2 节"预设的 USB 设备")。而本章中,将处理不同的 EZ-USB FX 起始的模式以及描述在最初设备列举所打开的预设 USB 设备。

EZ-USB FX 芯片之所以在电源一供应后,设立一个预设的 USB 设备的目的,是为了提供一个能下载固件至 EZ-USB FX RAM 的 USB 设备。此外,这种预设 USB 设备的另一种有用的特性是,能编写 8051 程序代码来支持已经配置好的通用型 USB 设备。而在 8051 脱离重置状态之前,USB 核心将会使能某些特定的端点,并且以描述符响应给主机。经过这种预设 USB 设备的机制(保持 ReNum=0),8051 就能使用这些预设的端点,以非常少的程序代码来执行有用的 USB 传输工作。这样,即可加速与缩短 USB 学习的过程。因此,当把 DMA-USB FX 开发系统以 USB 缆线接至 PC 主机时,即可在设备管理器窗口中发现到预设的 USB 设备——"Cypress EZ-USB Development Board",如图 15.3 所示。这是第一次设备列举的过程。

若通过稍前所介绍的 EZ-USB FX 开发系统的测试章节,利用控制平台应用程序来下载 ep_pair.hex 范例程序代码,即可在设备管理器窗口中,显示"Cypress EZ-USB Sample Device"项目,如图 15.4 所示。这是第二次设备列举的过程。

这种第二次设备列举的功能提供了在设计 USB 外围设备的最佳的便利性。而 "Cypress EZ-USB Development Board"与"Cypress EZ-USB Sample Device"设备名称之所以能加以切换,主要是根据其驱动程序所分别设置的。用户可以至\USB\Drivers\ezusbw2k.inf 安装说明文字文件中,观察到这两者的 PID/VID 码的设置,如下所示:

8051 单片机 USB 接口 Visual Basic 程序设计

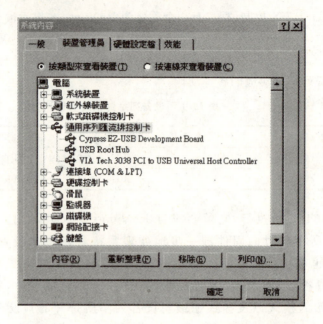

图 15.3 预设的 USB 设备，显示"Cypress EZ–USB Development Board"

图 15.4 第二次设备列举，显示"Cypress EZ–USB Sample Device"

USB\VID_0547&PID_0080.DeviceDesc="Cypress EZ-USB Development Board"
USB\VID_0547&PID_1002.DeviceDesc="Cypress EZ-USB Sample Device"

当然,在第二次设备列举中的固件程序代码设计中,也须在设备描述符里设置 VID/PID 码为 0547/1002,才能达到第二次设备列举的功能。0547 数值是 Cypress 半导体公司的制造商码值。图 15.5 显示了在控制平台应用程序下的第二次设备列举的三种核心技术的变化情形。

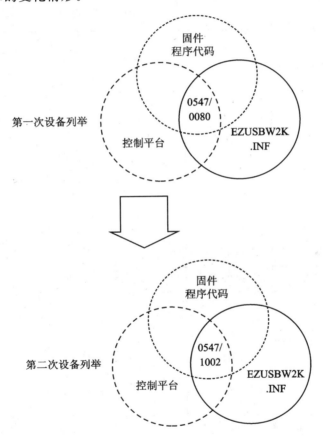

图 15.5　EZ-USB FX 芯片组的第二次设备列举的三种核心技术变化情形

其中,这三种核心技术包含:应用程序(控制平台)、固件程序代码以及安装信息文件(ezusbw2k.inf)。而随着 VID/PID 码的变化,即可从第一次设备列举切换至第二次设备列举。但须注意到,这两个 VID/PID 码都须列在 ezusbw2k.inf 安装信息文件中。因此,随着 VID/PID 码的改变,这三种核心技术也须随着作若干的更改。

15.2 预设的 USB 设备

在预设的 USB 设备中,包含了单一的 USB 配置,其中涵盖了具有 3 个切换设置 0、1 与 2 的单一接口(接口 0)。如表 15.2 所列,针对预设的 USB 设备,列出各种切换的端点大小。请注意,切换设置 0 没有中断或等时带宽,这是根据 USB 规范所建议的。

表 15.2 EZ – USB FX 预设端点

端点	类型	切换设置		
		0	1	2
		最大封包大小/字节		
0	CTL	64	64	64
1-IN	INT	0	16	64
2-IN	BULK	0	64	64
2-OUT	BULK	0	64	64
4-IN	BULK	0	64	64
4-OUT	BULK	0	64	64
6-IN	BULK	0	64	64
6-OUT	BULK	0	64	64
8-IN	ISO	0	16	256
8-OUT	ISO	0	16	256
9-IN	ISO	0	16	16
9-OUT	ISO	0	16	16
10-IN	ISO	0	16	16
10-OUT	ISO	0	16	16

为了达到下载 8051 程序代码的目的,预设的 USB 设备请求仅有控制端点 0。虽然这样,USB 预设的机制为了支持其余的端点还是有所增强(请注意切换设置 1 与 2)。这种所支持的增强特性,将允许 USB 外围设备的开发者去取得产生 USB 数据流的最开始的程序步骤,除了易于切入外,还可学习 USB 接口的基本特性。此外,所有的描述符能自动地通过 USB 核心来加以处理。这样,开发的工程师能够通过使用这些预先配置端点的 USB 接口,立即迅速地开始写入程序代码以传输数据。

至于,如何去观看这些切换的设置内容呢? 用户可以利用 USB 官方网站 www. usb.org 中所提供的测试工具 USBcomp.exe Ver 5.0 版本。再经解压缩且安装后,即可使用 USBCheck.exe 应用执行程序来测试。在这里,使用前一章的硬件工具即 DMA-USB FX 开发系统来测试各项结果。其中,本书是利用其中的一个测试项目 View Descriptor 来测试的。如图 15.6～图 15.8 所示,分别显示了表 15.2 的预设设备之切换设置 0、1 与 2。可以发现切换设置 0,仅有一个端点 0;而切换设置 1 与 2 则各有 13 个端点。

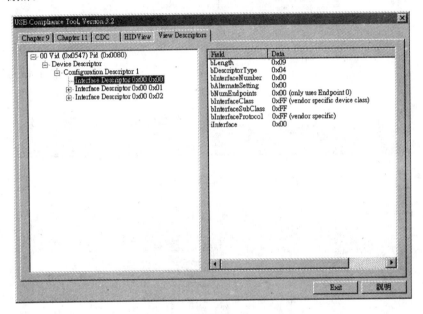

图 15.6　预设设备切换设置 0

此外,用户也可以利用稍前所介绍的开发软件工具组即控制平台的应用程序来加以测试。如图 15.9 所示,使用控制平台测试预设端点的切换设置 1 的端点状态。而操作的步骤,如下所列:

① 当一接上 DMA-USB FX 开发系统后,检查 AltSetting 对话框内的数值为 1 或设置为 1。

② 单击 SetIFace 按钮,可以发现主机中设置接口的设备要求,因此在文字窗口的第一行显示这个信息。

③ 可以单击 GetPipes 按钮,即可显示如表 15.2 所列的切换设置 1 的预设端点配置情形。

当然,用户也可以重新设置 AltSetting 对话框内的数值为 2 后,再单击 SetIFace 按钮,然后单击 GetPipes 按钮,即可显示如表 15.2 所列的切换设置 2 的预设端点配置情形。

8051 单片机 USB 接口 Visual Basic 程序设计

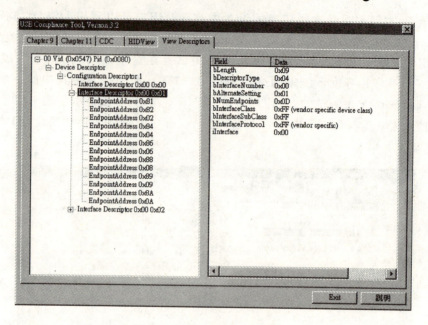

图 15.7 预设设备切换设置 1

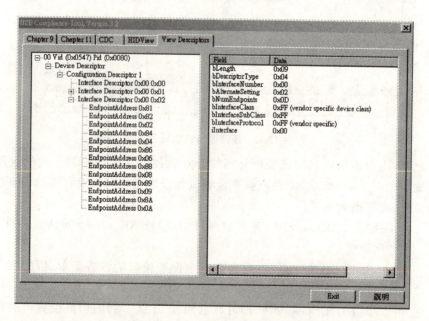

图 15.8 预设设备切换设置 2

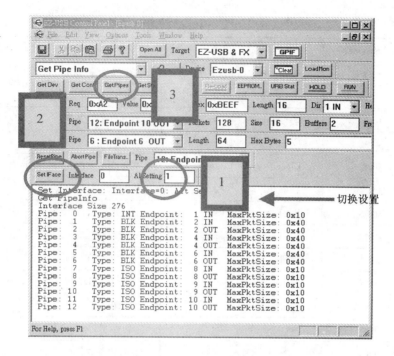

图 15.9　使用控制平台测试预设端点的切换设置 1 的端点状态

15.3　USB 核心对于 EP0 设备请求的响应

在表 15.3 中，列出了当 ReNum=0 状态时，USB 核心如何根据端点 0 的请求做出适当的反应；而这即是 USB 规范中，所制定的 PC 主机与设备之间的标准设备请求。当然，唯一的不同是在此多了用来作下载与上传的制造商的请求部分。

USB 主机可通过送出下列的设备请求来执行设备列举：
- Set_Address；
- Get_Descriptor；
- Set_Configuration（设为 1）。

而如表 15.3 所列，在设备列举后，USB 核心会根据下列的主机请求做出适当的动作。

表 15.3 当 ReNum=0 时，USB 核心如何处理 EP0 请求

bRequest	名 称	当 ReNum=0 时的动作
0x00	Get Status/Device	传回 2 个 0 字节
0x00	Get Status/Endpoint	对指定的 EP 提供 Stall 位
0x00	Get Status/Interface	传回 2 个 0 字节
0x01	Clear Feature/Device	无
0x01	Clear Feature/Endpoint	清除所指定的 EP 的 Stall 位
0x02	保留	无
0x03	Set Feature/Device	无
0x03	Set Feature Endpoint	设置所指定的 EP 的 Stall 位
0x04	保留	无
0x05	Set Address	更新 FNADD 寄存器
0x06	Get Descriptor	提供内部表
0x07	Set Descriptor	无
0x08	Get Descriptor	传回内部数值
0x09	Get Configuration	设置内部数值
0x0A	Get Interface	传回内部数值(0～3)
0x0B	Set Interface	设置内部数值(0～3)
0x0C	Sync Frame	无
制造商特定请求		
0xA0	固件下载	上传/下载 RAM
0xA1～0xAF	保留	由 Cypress 半导体公司保留
其余		无

- 设置或清除端点停滞（设置/清除特性端点，Set/Clear- Feature-Endpoint）；
- 读取端点的停滞状态（取得状态端点，Get_Status_ Endpoint）；
- 设置/读取 8 位配置数目（设置/取得配置，Set/Get_ Configuration）；
- 设置/读取 2 位接口切换设置（设置/取得接口，Set/Get_ Interface）；
- 下载或上传 8051 RAM。

15.4 固件下载

在 USB 规范中,提供了经过控制端点 0 所送出的制造商特定请求。而 EZ-USB FX 芯片使用了这个特性来传输主机与 EZ-USB FX RAM 之间的数据。在表 15.4 与表 15.5 中列出了,USB 核心根据"固件下载"与"固件上传"请求所做出的各种动作。

表 15.4 固件下载

字节	字段	数值	意义	8051 响应
0	bmRequest	0x40	制造商请求,IN	
1	bRequest	0xA0	固件下载	
2	wValueL	AddrL	起始地址	
3	wValueH	AddrH		不需要
4	wIndexL	0x00		
5	wIndexH	0x00		
6	wLenghtL	LenL	字节的数值	
7	wLenghtH	LenH		

表 15.5 固件上传

字节	字段	数值	意义	8051 响应
0	bmRequest	0xC0	制造商请求,OUT	
1	bRequest	0xA0	固件下载	
2	wValueL	AddrL	起始地址	
3	wValueH	AddrH		不需要
4	wIndexL	0x00		
5	wIndexH	0x00		
6	wLenghtL	LenL	字节的数值	
7	wLenghtH	LenH		

这些请求总是由 USB 核心(ReNum=0 或 1)来加以处理。这意味着,0xA0 是由 EZ-USB FX 所保留的,因此对于制造商请求是不会被加以使用的。Cypress 半导体公司也保留从 0xA1~0xAF 之间的 bRequest 数值。这样用户的系统不可使用这些 bRequest 数值。

此外,主机下载器程序通常会将 0x01 写入到 CPUCS 寄存器,用来将 8051 带至重置状态。此时,下载所有的 8051 程序代码至 EZ-USB FX RAM 中。最后,再以 0 值重新下载到 CPUCS 寄存器,用来将 8051 带离重置状态。这个 CPUCS 寄存器仅为 USB 寄存器,其能通过固件下载命令的使用来写入。而固件的下载是受限于内部的 EZ-USB FX 存储器的容量中。

在电源打开,接上后,这个 ReNum 位通常设置为 0,以致 EZ-USB FX 能够过控制端点 0 来处理设备请求。这样,即可允许 USB 核心下载 8051 固件程序代码,然后再以目标设备来重新连接。同样,在电源打开,接上后,USB 核心也会检查 I^2C 接口上是否有 EEPROM 的存在。如果发现了,且其 EEPROM 的第一个字节是 0xB0(对 FX 系列是 0xB2),核心将会把 EEPROM 的内容复制至 EZ-USB FX 内部的 RAM 中,并且设置 ReNum 位为 1,将 8051 重置除能。而 8051 将被唤醒,准备好执行在 RAM 里的固件。针对这个下载模式的数据格式,本书将在稍后章节中详细地加以描述。

15.5 设备列举模式

当 EZ-USB FX 芯片跳离重置状态后,USB 核心将会以连接在 I^2C 总线上的外部 EEPROM 内的内容为主,来决定如何执行设备列举的程序。如表 15.6,列出了 EZ-USB 2100 系列与 EZ-USB FX 系列的选择模式,PID 码意味着制造商 ID 码;VID 意味着产品 ID 码;DID 意味着设备 ID 码。

表 15.6 EZ-USB 2100 与 FX 系列,在电源打开后,USB 核心的动作

第一个 EEPROM 字节		USB 核心的动作
2100 系列	FX 系列	
不是 0xB0 或 0xB2	不是 0xB4 或 0xB6	从 USB 核心中提供 PID/VID/DID 码 设置 ReNum=0
0xB0	0xB4	从 USB 核心中提供描述符 PID/VID/DID 码是从 EEPROM 取得 设置 ReNum=0
0xB2	0xB6	将 EEPROM 加载至 EZ-USB FX RAM 中 设置 ReNum=1;因此由 8051 提供描述符 以及 PID/VID/DID 码

根据表 15.6 的内容,可以划分 3 种操作模式:

① 如果没有存在 EEPROM,或已存在,但第一个字节并非是 0xB0 或 0xB2(0xB4

或 0xB6, FX 系列), USB 核心就会以存在于内部的描述符数据, 也即是 Cypress 半导体公司的 VID、PID 与 DID 码来执行设备列举的程序。而这些 ID 字节将会通知主机的操作系统去下载 Cypress 半导体的设备驱动程序。USB 核心也会同时建立预设 USB 设备。当然, 这种模式仅使用在程序代码的开发与侦错的开发过程, 也就是在使用仿真器时。

② 如果将一个 EEPROM 连接到 I²C 总线, 且其第一个字节是 0xB0(0xB4, FX 系列) 时, USB 核心还是会以无 EEPROM 情形, 同样以存于内部的描述符数据来加以设备列举。但其中, 具有一点不同的是, USB 核心会使用放置于外部 EEPROM 所存在的前 6 个 PID/VID/DID 数据, 而非再从 USB 核心所取得的 PID/VID/DID 数据来执行设备列举。这存于 EEPROM 的自定义 VID/PID/DID 码数据, 会导致主机操作系统(Windows)下载与 EEPROM 的 VID/PID/DID 码相符的设备驱动程序。而这 EZ – USB FX 操作模式会使用重新设备列举(ReNumeration)提供一个"软件"的 USB 设备。

③ 如果将一个 EEPROM 连接到 I²C 总线, 且其第一个字节是 0xB2(0xB6, FX 系列) 时, USB 核心会将 EEPROM 的内容传输至内部的 RAM 中。USB 核心也会设置 ReNum 位为 1, 用来表示 8051(不是 USB 核心)会通过控制端点 0 来对设备请求加以反应。因此, 所有的描述符数据, 包含了 VID/DID/PID 码的数值是由 8051 固件所提供的。从 EEPROM 所下载的最后的字节(会下载至 CPUCS 寄存器中)将会释放 8051 的重置信号。这样, 就会使得 EZ – USB FX 芯片以放置于 RAM 内的固件, 呈现出全新的自定义设备。

稍后, 将详细地介绍各种设备列举的模式。

15.6 不存在 EEPROM

上述的 3 种模式中, 最简单的情形就是在 I²C 总线上没有连接上任何串行 EEPROM, 或虽然存在 EEPROM, 但其第一个字节却不是 0xB0 或 0xB2(0xB4 或 0xB6, FX 系列)。此时, 描述符的数据是由内建在 USB 核心中的表所提供的。也就是, EZ – USB 2100 系列与 FX 系列芯片会使用如表 15.7 所列的 ID 字节的 USB 预设设备来加以呈现。而在设备列举的期间, USB 主机会轮询设备, 读取设备描述符, 并且使用表 15.7 的字节数据来决定哪一个软件驱动程序下载至操作系统中。这也是 USB 的最主要的特性之一, 就是当设备被连接至 USB 总线时, 驱动程序能动态地符合设备, 并且自动地加载。这种无 EEPROM 情形, 是一种最简单的配置, 但也具有最大的限制。这

种模式在程序代码开发的过程中仅使用符合了表15.7所使用的ID码值的Cypress控制台工具。

表15.7 EZ – USB 2100 与 FX 系列设备特性,没有存在串行 EEPROM

特 性	2100 系列	FX 系列
VID	0x0547(Cypress 半导体公司)	0x0547(Cypress 半导体公司)
PID	0x2131(EZ – USB)	0x2235(EZ – USB FX)
设备修订版本	0xXXYY(根据版本)	0xXXYY(根据版本)

再次提醒读者,仅有当ReNum位为0时,USB核心才会使用表15.7的数据来执行设备列举。如果ReNum=1时,设备列举的数据是由8051程序代码所提供的。

15.7 存在EEPROM,第一个字节是0xB0(0xB4, FX系列)

如果打开电源后,USB核心检测到连接至I2C端口的EEPROM的第一个字节是0xB0(0xB4,FX系列),USB核心就会将制造商ID(VID)码、产品ID(PID)码以及设备ID(DID)码(表15.8和表15.9)从EEPROM中拷贝至内部的RAM。然后,USB核心提供这些字节给主机,以作为取得描述符Get_Descriptor设备请求。这6字节仅用来替换位于预设USB设备描述符的VID/PID/DID字节。

这样,就会导致符合位于EEPROM内的VID/PID/DID数值,而并不是符合位于USB核心的VID/PID/DID数值的驱动程序会下载至操作系统中。

表15.8 2100 系列,0xB0 加载的 EEPROM 数据格式

EEPROM 地址	内 容
0	0xB0
1	制造商 ID(VID)低字节
2	制造商 ID(VID)高字节
3	产品 ID(PID)低字节
4	产品 ID(PID)高字节
5	设备 ID(DID)低字节
6	设备 ID(DID)高字节
7	未使用

表15.9 FX 系列,0xB4 加载的 EEPROM 数据格式

EEPROM 地址	内 容
0	0xB4
1	制造商 ID(VID)低字节
2	制造商 ID(VID)高字节
3	产品 ID(PID)低字节
4	产品 ID(PID)高字节
5	设备 ID(DID)低字节
6	设备 ID(DID)高字节
7	配置 0
8	保留(设置为 0x00)

在最初的设备列举后,驱动程序会下载 8051 程序代码与 USB 描述符至 EZ-USB FX RAM 里,并且起始 8051。然后,在重新设备列举后,这个程序代码会以完全新的自定义设备来加以呈现(执行第二次设备列举)。

而用户可以使用 Microchip 公司所推出的 24LC00(16 字节)串行 EEPROM。当然,24LC01(128 字节)或 24LC02(256 字节)也能够替代 24LC00,但就如同 24LC00 一样,仅有前 7 字节会使用到。

15.8 存在 EEPROM,第一个字节是 0xB2(0xB6,FX 系列)

如果电源一接上后,USB 核心检测到有一个 EEPROM 正连接到 I^2C 总线,且其第一个字节是 0xB2(0xB6,FX 系列)时,USB 核心会将 EEPROM 的内容传输至内部的 RAM 中。USB 核心也会设置 ReNum 位为 1,这样即会导致不再由 USB 核心,而是 8051 来处理各种设备请求。表 15.10 与表 15.11 中列出了 EEPROM 数据格式。

表 15.10 2100 系列,0xB2 加载的 EEPROM 数据格式

EEPROM 地址	内容	EEPROM 地址	内容
0	0xB2	—	—
1	制造商 ID(VID)低字节	—	长度(高字节)
2	制造商 ID(VID)高字节	—	长度(低字节)
3	产品 ID(PID)低字节	—	起始地址(低字节)
4	产品 ID(PID)高字节	—	起始地址(高字节)
5	设备 ID(DID)低字节	—	数据区块
6	设备 ID(DID)高字节	—	
7	长度(高字节)		0x80
8	长度(低字节)		0x01
9	起始地址(低字节)		0x7F
10	起始地址(高字节)		0x92
—	数据区块	最后地址	00000000

在表 15.10 和表 15.11 中,用户可以发现,第一个字节(0xB2,0xB6,FX 系列)会告诉 USB 核心,将 EEPROM 复制到 RAM 中。而紧接着的 6 字节(1~6),用户可以忽略(请参阅稍后的描述)。

表 15.11　FX 系列，0xB6 加载的 EEPROM 数据格式

EEPROM 地址	内容	EEPROM 地址	内容
0	0xB6	12	起始地址(高字节)
1	制造商 ID (VID) L	—	数据区块
2	制造商 ID (VID) H	—	长度(高字节)
3	产品 ID (PID) L	—	长度(低字节)
4	产品 ID (PID) H	—	起始地址(低字节)
5	设备 ID(DID) L	—	起始地址(高字节)
6	设备 ID(DID) H	—	数据区块
7	配置 0	—	0x80
8	保留(设置为 0x00)	—	0x01
9	长度(高字节)	—	0x7F
10	长度(低字节)	—	0x92
11	起始地址(低字节)	最后	00000000

此外，一个或更多的数据记录流程是在 EEPROM 的第 7 个地址开始的(对 FX 系列是第 9 个地址开始的)。其中，长度高字节的最大数值是 0x03，也即是每一个记录最大具有 1 023 字节。每一个数据记录包含了长度、起始地址、数据字节的区块。而最后的数据记录必须将长度高字节的 MSB 设置为 1。最后的数据记录中包含了用来下载至 0x7F92 地址的 CPUCS 寄存器的单一字节。

这个字节的 LSB 位特别重要：将寄存器 8051RES (CPUCS.0)位设置为 0，用来将 8051 带离重置状态。

而串行 EEPROM 数据仅能下载至两个 EZ－USB FX RAM 区间里：
- 在 0x0000～0x1B40 地址的 8051 程序/数据 RAM；
- 在 0x7F92 地址的 CPUCS 寄存器(仅当位 0，8051 RESET，是主机可加载的)。

如图 15.10 所示，显示了通过应用程序所列出的 B6 格式的内容。

如果某些时刻，用户需要以 ReNum＝0(USB 核心掌握了设备请求)来执行 8051 程序时，B2(B6，FX 系列)EEPROM 的第 1～6 字节能够使用 VID/PID/DID 字节的数据来加载。此时，用户使用 EEPROM 的 VID/PID/DID 数值，而非是内建于 USB 核心中的 Cypress 半导体公司的数值。

```
00000000h: B6 47 05 31 21 00 00 04 00 03 FF 00 00 02 00 36 ; ¶G.1!....
00000010h: A9 07 AE 0F AF 10 8F 82 8E 83 A3 E0 64 03 70 17 ;
00000020h: AD 01 19 ED 70 01 22 8F 82 8E 83 E0 7C 00 2F FD ; .甑."
00000030h: EC 3E FE AF 05 80 DF 7E 00 7F 00 22 53 D8 EF 32 ; .€腆."
00000040h: 02 00 2F 78 7F E4 F6 D8 FD 75 81 3E 02 03 ED 22 ; ../x口觥怒u
00000050h: 02 07 00 90 7F E9 E0 70 03 02 02 92 14 70 03 02 ; ... .€p..
00000060h: 03 0E 24 FE 70 03 02 03 85 24 FB 70 03 02 02 8C ; ..$ ...
00000070h: 14 70 03 02 02 86 14 70 03 02 02 7A 14 70 03 02 ; .p... p...
00000080h: 02 80 24 05 60 03 02 03 D9 12 09 A0 40 03 02 03 ; .€$.`...
00000090h: E5 90 7F EB E0 24 FE 60 20 14 60 4C 24 E1 70 03 ; 口鋨$ .
000000a0h: 02 01 BB 24 21 60 03 02 02 70 E5 0A 90 7F D4 70 ; ...口..p
000000b0h: E5 0B 90 7F D5 F0 02 03 E5 90 7F EA E0 FF 12 08 ;  渣  [
000000c0h: 90 AA 06 A9 07 7B 01 8B 32 8A 33 89 34 EA 49 60 ; . (.[
000000d0h: 0D EE 90 7F D4 F0 EF 90 7F D5 F0 02 03 E5 90 7F ; . 口猍 渣
000000e0h: B4 E0 44 01 F0 02 03 E5 90 7F EA E0 FF 12 00 03 ; 毯D. . 口
000000f0h: AA 06 A9 07 7B 01 8B 32 8A 33 89 34 EA 49 70 03 ; .(.
00000100h: 02 01 B1 AB 32 8B 39 8A 3B 8C 12 07 58 F5 3C ; ..口?2
00000110h: 90 7F EE E0 FF E5 3C D3 9F 40 03 E0 F5 3C E5 3C ; 鋳y @.
00000120h: 70 03 02 01 A3 E4 F5 38 F5 37 F5 36 F5 35 E5 3C ; p...
00000130h: C3 94 40 50 04 AF 3C 80 02 7F 40 E4 FC FD FE AB ; @P. €.口
00000140h: 38 AA 37 A9 36 A8 35 C3 12 07 9E 50 32 E5 3B 25 ; 8     .
00000150h: 38 F5 82 E5 3A 35 37 F5 83 E0 FF 74 00 25 38 F5 ; 8         57
00000160h: 82 E4 34 7F F5 83 EF F0 E5 38 24 01 F5 38 E4 35 ; 4口 激
00000170h: 37 F5 37 E4 35 36 F5 36 E4 35 35 F5 35 80 AF E5 ; 7         6 激
00000180h: 3C C3 94 40 50 04 AF 3C 80 02 7F 40 90 7F B5 EF ; < @P. €.口
00000190h: F0 E5 3C C3 94 40 50 04 AF 3C 80 02 7F 40 C3 E5 ; 聪< @P. €
......
00000840h: 7F B9 F0 90 7F C9 74 40 F0 53 91 EF 90 7F AB 74 ; 口屦 佘 燮
00000850h: 10 F0 D0 03 D0 02 D0 01 D0 00 D0 D0 82 D0 83 ; .墼
00000860h: D0 E0 32 E4 90 7F 93 F0 90 7F 9C 74 FF F0 E4 90 ; 荨2
00000870h: 7F 94 F0 90 7F 9D 74 FF F0 90 78 43 F0 90 7F DE ; 口 y
00000880h: E0 44 04 F0 90 7F DF E0 44 04 F0 90 7F AD E0 44 ; 触 口酸D.
00000890h: 04 F0 90 7F AC E0 44 04 F0 75 13 01 90 7F 9C 74 ; . 口叹 口聚D.
000008a0h: FF F0 D2 00 22 AD 07 E4 FC AE 0C AF 0D 8F 82 8E ; y禈." 嗷
000008b0h: 83 A3 E0 64 02 70 2A AB 04 0C EB B5 05 01 22 8F ; 翘.p* .
000008c0h: 82 8E 83 A3 A3 E0 FA A3 E0 8A 3D F5 3E 62 3D E5 ;
000008d0h: 3D 62 3E E5 3E 62 3D 2F FB E5 3D 3E FE AF 03 80 ; =b> b=/
000008e0h: CC 7E 00 7F 00 22 C0 E0 C0 83 C0 82 90 7F B9 E5 ; 怅.O."椿
000008f0h: 12 F0 53 91 EF 90 7F A9 74 04 F0 D0 82 D0 83 D0 ; . 瞿 孤 腮
00000900h: E0 32 90 7F D6 E0 30 E7 12 E0 44 01 F0 7F 14 7E ; 2 林 醮
00000910h: 00 12 09 37 90 7F D6 E0 54 FE F0 22 C0 E0 C0 83 ; ...7 林T
00000920h: C0 82 D2 01 53 91 EF 90 7F AB 74 01 F0 D0 82 D0 ;  S  咨
00000930h: 83 D0 E0 32 C0 E0 C0 83 C0 82 D2 03 53 91 EF 90 ;  椿
00000940h: 7F AB 74 08 F0 D0 82 D0 83 E0 32 8E 33 8F 34 ; 口容.墼
00000950h: E5 34 15 34 AE 33 70 02 15 33 4E 60 05 12 06 E4 ; .4 p..3
00000960h: 80 EE 22 C0 E0 C0 83 C0 82 53 91 EF 90 7F AB 74 ; €  椿  S
00000970h: 04 F0 D0 82 D0 83 D0 E0 32 C0 E0 C0 83 C0 82 53 ; .墼
00000980h: 91 EF 90 7F AB 74 02 F0 D0 82 D0 83 D0 E0 32 90 ;   容.墼
00000990h: 7F 00 E5 14 F0 90 7F B5 74 01 F0 D3 22 90 7F 00 ; 口. 咽
000009a0h: E5 11 F0 90 7F B5 74 01 F0 D3 22 90 7F EA E0 F5 ; 口咽.
000009b0h: 11 D3 22 D3 22 D3 22 D3 22 D3 22 D3 22 32 ; .
000009c0h: 32 32 32 32 32 32 32 32 32 80 01 7F ; 2222222222
000009d0h: 92 00 ;
```

图 15.10 B6 格式文件的内容

15.9 重新设备列举

如图 15.11 所示，3 个位于 USBCS 寄存器的 EZ-USB FX 控制位分别控制了重新设备列举的过程：DISCON、DISCOE 与 RENUM。

USBCS				USB 控制与状态					7FD6
b7	b6	b5	b4	b3	b2	b1	b0		
WAKESRC	—	—	—	DISCON	DISCOE	RENUM	SIGRSUME		
R/W	R	R	R	R/W	R/W	R/W	R/W		
0	0	0	0	0	1	0	0		

图 15.11 USB 控制与状态寄存器

图中，DISCON 的相反值即是 EZ-USB FX DISCON# 引脚所呈现状态。当 DISCOE=0 时，DISCOE 引脚驱使 DISCON# 引脚为三态变化。

如图 15.12 中，显示了 DISCON 与 DISCOE 位的逻辑简图。为了仿真 USB 的脱离动作，8051 将 00001010 值写入到 USBCS 寄存器中。这样，将使得 DISCON# 引脚浮接，以及提供一个内部的 DISCON 信号至 USB 核心中，进而导致 USB 核心去执行脱离的整理工作。

为了重新连接至 USB 总线，8051 将 00000110 值写入到 USBCS 寄存器中。这样，将使得 DISCON# 引脚呈现 HI 逻辑状态，使能输出的缓冲端口，以及设置 ReNum 位为 "HI" 来表示目前的 USB 传输是由 8051（并非是 USB 核心）来控制的。如图 15.13 所示，这项的安排，将可允许 1 500 Ω 电阻直接连接到通过 DISCON# 引脚与 USB D+ 数据线之间。

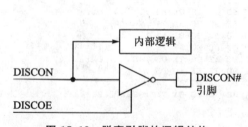

图 15.12 脱离引脚的逻辑结构

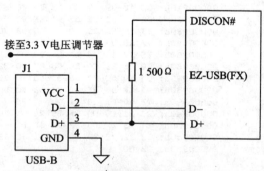

图 15.13 典型的脱离电路（DISCOE=1）

15.10 控制平台的制造商要求测试

为了了解连接至 EZ-USB FX 芯片组的第一个字节格式,硬件工具组的控制平台应用程序中,提供了制造商要求工具列来加以测试。相对地,在 Cypress\usb\Examlpe\EZ Usb\Vend_Ax 子目录中,也提供了测试的相关程序代码。用户可以通过这个程序代码来测试连接 EZ-USB(FX)芯片组的 EEPROM,并通过芯片内部的 I^2C 接口对 EEPROM 执行写入或读取数据的范例程序。以下,需注意到各个步骤间,若是以 EZ-USB 2100 系列测试的,第一个字节是 0xB0;反之,若是以 FX 系列测试的,则第一个字节是 0xB4。紧接着,依序地描述这些操作的步骤。在以下的步骤①~⑳中,主要是说明如何以开发系统电路板,来执行第二次设备列举的工作。此外,也请用户了解 VID/PID 码在 USB 设备所扮演的角色。

① 如果此时用户简单地单击 Vend Req 按钮,设备将不会有任何反应。这是由于预设的设备无法对 Vendor Specific Requests 所定义的内容做出反应。因此,送出一个制造商请求时,将使得驱动器会"挂"在这里。这样,用户必须首先下载一些能对 Vendor Specific Requests 定义以及反应的 8051 程序代码。其中,Vend_Ax 范例程序是一个值得用户测试的例子。

它之所以称之为 Vend_Ax,则是因为它定义了如下命令:

0xA2:EEPROM 读/写。

0xA3:外部的内存读/写。

② 使用 Download 按钮下载 Vend_Ax.hex。

③ 使用 Req = 0xA2(为默认值),单击 Vend Req 按钮。

此时,在图 15.14 中的最后一行,用户将可看到位于开发板上的 EEPROM 所传回的 16 字节。其中,最重要的就是前 7 字节:"B0 47 05 80 00 01 00"。而"B0"值(FX 系列是 B4)表示其后所跟随的即为制造商 ID 码与产品 ID 码。

```
0050 83 3A F5 83 E8 F0 22 50 06 E9 25 82 C8 F6 22 BB
0060 FE 05 E9 25 82 C8 F2 22 BB 01 10 E5 82 29 F5 82
0070 E5 83 3A F5 83 E0 F5 F0 A3 E0 22 50 09 E9 25 82
0080 F8 86 F0 08 E6 22 BB FE 0A E9 25 82 F8 E2 F5 F0
0090 08 E2 22 E5 83 2A F5 83 E9 93 F5 F0 A3 E9 93 22
00A0 EB 9F F5 F0 EA 9E 42 F0 E9 9D 42 F0 E8 9C 45 F0
00B0 22
Toggle 8051 Reset
Vendor Request
0000 B0 47 05 80 00 01 00 80 01 7F 92 00 00 E9 00 05
```

图 15.14 Vend_Ax 范例程序测试窗口图一

8051 单片机 USB 接口 Visual Basic 程序设计

0x0547：是 Anchor Chips 所使用的 USB 制造商 ID 码。

0x0080：是针对 EZ-USB 开发电路板所赋予的产品 ID 码。

其中，每两字节须将高低位切换成为一个正确的字符组。用户也可以注意到在工具栏右边的下拉列表中，呈现了预设的前 7 字节。这是当用户在选择 Dir = OUT 以及单击 Vend Req 按钮后，以开发电路板预设的方式烧录至 EEPROM 中。

④ 更改长度字段为 7，并再一次单击 Vend Req 按钮。

在图 15.15 中，显示了此次仅取得前 7 字节。

```
0070 E5 83 3A F5 83 E0 F5 F0 A3 E0 22 50 09 E9 25 82
0080 F8 86 F0 08 E6 22 BB FE 0A E9 25 82 F8 E2 F5 F0
0090 08 E2 22 E5 83 2A F5 83 E9 93 F5 F0 A3 E9 93 22
00A0 EB 9F F5 F0 EA 9E 42 F0 E9 9D 42 F0 E8 9C 45 F0
00B0 22
Toggle 8051 Reset
Vendor Request
0000 B0 47 05 80 00 01 00 80 01 7F 92 00 00 E9 00 05
Vendor Request
0000 B0 47 05 80 00 01 00
```

图 15.15　Vend_Ax 范例程序测试窗口图二

⑤ 若单击 Get Dev 按钮，同样地，用户也可得到 idVendor 为 0x547，以及 idProduct 为 0x80。

⑥ 将 Value 字段设置为 0x001，并单击 Vend Req 按钮。这个字段值是用来作为 0xA2 制造商特定请求的地址，但是通常实际在使用时，还是由固件的程序设计者来决定。

在图 15.16 中，显示了所传回的数值以 0x47 为起始（也就是从地址 1 处开始读取）。

```
0090 08 E2 22 E5 83 2A F5 83 E9 93 F5 F0 A3 E9 93 22
00A0 EB 9F F5 F0 EA 9E 42 F0 E9 9D 42 F0 E8 9C 45 F0
00B0 22
Toggle 8051 Reset
Vendor Request
0000 B0 47 05 80 00 01 00 80 01 7F 92 00 00 E9 00 05
Vendor Request
0000 B0 47 05 80 00 01 00
Vendor Request
0000 47 05 80 00 01 00 80
```

图 15.16　Vend_Ax 范例程序测试窗口图三

⑦ 重新设置 Value 字段值为 0x0000。

请注意，由 Vend_Ax 所定义的制造商特定请求的命令中，并未使用到 Index 字段值。因此，不论如何设置，都没有任何差异。

⑧ 在 Dir 下拉列表框中，选择"0 OUT"。现在，用户将可重新烧录到 EEPROM 中，并更改回来。

⑨ 在 Hex Bytes 字段中，选择第三个提供的设置选项"B0 47 05 02 10 01 00"。这就是位于 C:\Windows\System\ezusbw2k.inf 驱动程序内，所设置的 USB Sample device。而当用户要从架构程序（FW.C）范例中，驱动一个新的项目时，其为所提供的预设 ID 码。

此外，如果用户要设置第二个选项时，将以 Anchor Chips EzLink 设备重新烧录至开发电路板上。这样，一旦当用户拔离 USB 缆线，再插上时，就不再看到这个设备。这是因为在 ezusbw2k.inf 文件中，并没有定义 0x2710 设备。如果真的要测试，就必须将 0x2710 设备加到 ezusbw2k.inf 中，让 PC 辨识出这个新设备。

在这里需注意的是，Value 字段值重新设置为 0x0000。

⑩ 单击 Vend Req 按钮，重新烧录至 EEPROM 中。

在图 15.17 图的文字输出窗口中，显示了新的数值。

```
00A0 EB 9F F5 F0 EA 9E 42 F0 E9 9D 42 F0 E8 9C 45 F0
00B0 22
Toggle 8051 Reset
Vendor Request
0000 B0 47 05 80 00 01 00 80 01 7F 92 00 00 E9 00 05
Vendor Request
0000 B0 47 05 80 00 01 00
Vendor Request
0000 47 05 80 00 01 00 80
Vendor Request
0000 B0 47 05 02 10 01 00
```

图 15.17　Vend_Ax 范例程序测试窗口图四

⑪ 在 Dir 下拉列表框中，选择"1 IN"。此时，用户可以使用 Vend_Ax 命令，重新读回新的数值。

⑫ 单击 Vend Req 按钮，执行读取新值的工作。

在图 15.18 中，显示了数值已被更改过了。

⑬ 在控制平台中，单击 Get Dev 按钮。此时注意，idProduct 仍为 0x80。这是因为虽然已经烧录至 EEPROM 中，但是仍未更改 8051 内存内的产品 ID 码。而当 8051 接收到取得设备描述符的请求时，将会从 RAM 内存中，将产品 ID 码取

```
Toggle 8051 Reset
Vendor Request
0000 B0 47 05 80 00 01 00 80 01 7F 92 00 00 E9 00 05
Vendor Request
0000 B0 47 05 80 00 01 00
Vendor Request
0000 47 05 80 00 01 00 80
Vendor Request
0000 B0 47 05 02 10 01 00
Vendor Request
0000 B0 47 05 02 10 01 00
```

图 15.18　Vend_Ax 范例程序测试窗口图五

出。通常在重置时,将会从 EEPROM 中取得产品 ID 码,因此,每当用户烧录新的产品 ID 码进去后,且在程序执行之前,用户必须重新重置开发电路板。换句话说,Vend_Ax 程序将会直接读取本身的 EEPROM。

⑭ 在开发电路板上,按下 Reset 键。此时,在 PC 屏幕上的鼠标指针会转变成沙漏的形状。这是因为 PC 正对此 USB 设备执行设备列举的程序。而当用户一按下 Reset 键后,操作系统注意到有一个新的 USB 设备刚被接上,并花费一段时间取得这个新设备的相关信息(例如各种的描述符),而后再配置至系统中。在这里需注意,绿色的 LED 即 Bkpt/Monitor 不会再一次地点亮。这是因为开发电路板已经更改其属性,并成为一个 USB Sample device 的设备。

⑮ 单击 Get Dev 按钮。

请注意,idProduct 值已更改为 0x1002,如图 15.19 所示。

```
0000 B0 47 05 02 10 01 00
Device Descriptor:
bLength:    18
bDescriptorType:   1
bcdUSB:    256
bDeviceClass:   0xff
bDeviceSubClass:   0xff
bDeviceProtocol:   0xff
bMaxPacketSize0:   0x40
idVendor:   0x547
idProduct:   0x1002
bcdDevice:   0x1
iManufacturer:   0x0
iProduct:   0x0
iSerialNumber:   0x0
bNumConfigurations:   0x1
```

图 15.19　Vend_Ax 范例程序测试窗口图六

⑯ 选择在 Hex Bytes 字段的第一个预先支持的选项。用户将重新烧录 EEP-ROM,使之重新配置成 Anchor Chips EZ-USB 开发电路板。

⑰ 在 Dir 下拉列表框中,选择"0 OUT"。

⑱ 使用 Download 按钮,下载 Vend_Ax.hex 文件。

请注意,用户必须加载 Vend_Ax,重新烧录至 EEPROM 中。因为 Vend_Ax 程序在重置后,就不存在内存中。

⑲ 单击 Vend Req 按钮,重新烧录至 EEPROM。

| Vend Req | Req | 0xA2 | Value | 0x0000 | Index | 0xBEEF | Length | 7 | Dir | 0 OUT | Hex Bytes | B0 47 05 80 00 01 00 |

⑳ 按下开发电路板上的 Reset 键。注意到,绿色的 LED 即 Bkpt/Monitor 将会再一次地点亮。这是因为这个开发电路板又回复到原先的设置 idProduct = 0x80。

从上述的①~⑳步骤中,读者可以了解到如何应用控制平台的开发工具,更改 EEPROM 的前 7 个字节,然后再执行第 2 次设备列举的步骤。

第 16 章

LED 显示器输出实验

本章将以第 14 章所介绍的硬件工具组 EZ-USB FX 开发系统以及 PRO-OPEN USB 万用实验器来进行一系列的实验。其中,以最简单的 LED 显示输出实验来通过 VB 程序执行 USB 接口的传输与控制。而根据第 8 章的叙述,可以了解人工接口设备 (HID)在 Windows 系统下的驱动程序的支持是最为完整的,也是最容易构建的设备群组。因此,也将此 USB I/O 接口实验器仿真成一个人工接口设备(HID),并作为稍后各个实验章节的基础范例。

此外,本章将同时修改 Windows 应用程序(VB),以及 INF 驱动程序文件来达到控制 USB 设备的目的。

16.1 硬件设计与基本概念

以下,首先针对发光二极管 LED 的基本特性作简单的介绍。

发光二极管 LED(Light Emitting Diode)为一种能够发光的半导体组件,常被用来当做电源指示灯或状态指示器。LED 的实体图及电路符号如图 16.1 所示。

LED 和二极管一样具有极性(长脚为阳极,短脚为阴极),当施以正向偏压时会发光,施以反向偏压时则不会发光;发光亮度与通过电流

图 16.1 LED 实体图及电路符号

成正比，特性曲线如图 16.2 所示。一般 LED 的工作电流在 15～20 mA，若电流过大时会损坏 LED，必须串联一个限流电阻，如图 16.3 所示。当 $V_{CC}=5$ V，二极管正向电压 $V_{LED}=1.7$ V，二极管正向电流 $I=15$ mA，则限流电阻 R 值计算如下：

$$R=(V_{CC}-V_{LED})/I=(5\text{ V}-1.7\text{ V})/15\text{ mA}=220\ \Omega$$

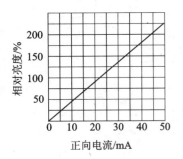
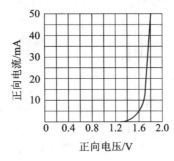
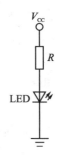

图 16.2　LED 特性曲线

图 16.3　串联限流电阻

这个范例实验是通过控制平台以 USB 接口来传输数据，并输出至 3 个 LED 列上，其分别与 PA、PB 与 PD 端口连接。其电路图如图 16.4 所示。但请用户注意，若要测试这个实验，请在 PRO - OPEN USB 通用实验器的指拨开关 SW1 上，调整 LEDSW 的选择为使能（接至 5 V）状态。

16.2　固件程序代码的下载程序

为了减低用户学习 USB 设备设计的负担，在此将固件程序代码予以事先编译后，并产生了 hex 文件。这样，用户就可以将重点放在 VB 程序的设计上。

为了将固件程序代码下载至 EZ - USB FX 系列单片机中，用户可以根据 EEPROM 第一个字节来区分下列两种方式：

- B4(B0，EZ - USB 2100 系列)。
- B6(B2，EZ - USB 2100 系列)。

其中，B4 形态是将贩售商与产品 ID 码（VID/PID 码）烧录在连接 I²C 接口的 EEPROM 上的前几个字节中。而 B6 形态是直接将 hex 文件转换成 B6 格式文件，然后再烧录至 I²C 接口的 EEPROM 中。这样，就可以产生自定义的 USB 设备。对于本范例的 B6 格式文件 USB_LED.B6，放在本书所附光盘目录（CH16）下。

当然用户也可于控制平台的应用程序中，直接下载光盘所附的文件（CH16），并且选择具备 HID 群组特性的 USB_LED.HEX 程序代码。在下载后，对于这个 DMA -

8051 单片机 USB 接口 Visual Basic 程序设计

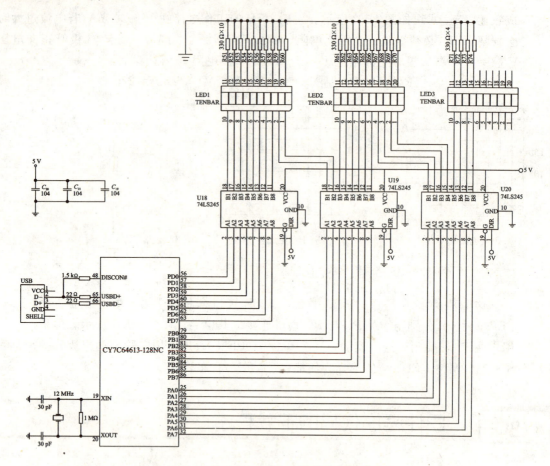

图 16.4　EZ–USB FX 与 LED 输出实验电路图

USB FX 开发系统而言,已经是一个包含 VIP/PID 码为 0x1234/0x0001 的 HID 群组设备,而不再是原先 VIP/PID 码为 0x0547/0x2131(FX 系列,0x0547/0x2235)的 Cypress 设备。如图 16.5 所示,即为 HID 设备第二次设备列举的三种技术变化情形。

- B0 与 B4 的自动下载程序:\CH16\B0_4\USB_LED.B0 或 USB_LED.B4。
- B2 与 B6 的烧录格式:\CH16\B2_6\USB_LED.B2 或 USB_LED.B6。

此时,在执行第二次设备列举后,在设备管理器中,即可发现如图 16.6、图 16.7 所示的"USB HID LED 输出设备"设备项目名称。此时,此设备不再备有任何控制平台应用程序的任何功能。换而言之,即不能再使用 EZUSBW2K.INF 安装信息文件了。

因此,若要于原先已在执行的控制平台应用程序中,再一次地下载另一个已编译后的 HEX 文件时,就会在控制平台应用程序下方文字窗口中发生错误的信息。在此,用户就须重新插拔 USB 缆线,或重新执行控制平台应用程序,或按下仿真器上的 Reset

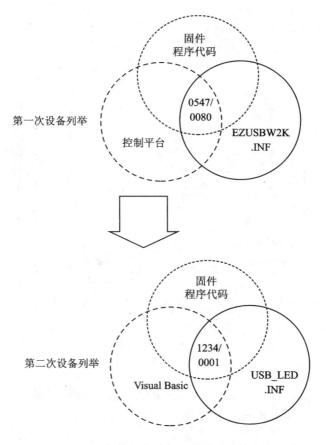

图 16.5　HID 设备第二次设备列举的三种技术变化情形

(重置)按键,才可不断地下载与测试固件程序代码。

这样的步骤程序在开发 USB 设备的初期或许还可以接受。但对于一个已开发完成的 USB 设备或固件程序代码来说,就稍嫌累赘。因此,就须将此 USB 设备转变成为一个独立的自定义设备,让用户可以通过 VB 应用程序来加以测试。

此外,为了分别制定每一个 USB HID 设备的个别 VID/PID 码,按照稍后不同章节的实验单元内容,分别配置一个独立的 VID/PID 码值:

- LED 显示与指拨开关输出实验:0x1234/0x0001。
- 七段 LED 显示器输出实验:0x1234/0x0002。
- LCD 液晶显示器输出实验:0x1234/0x0004。
- 8×8 LED 点矩阵显示器输出实验:0x1234/0x0003。
- 步进电机输出实验:0x1234/0x0006。
- I^2C 输入/输出实验:0x1234/0x0007。

8051 单片机 USB 接口 Visual Basic 程序设计

图 16.6　在设备管理器下，呈现"USB HID LED 输出设备"的项目名称
（操作于 Windows 98 SE/ME 版本的操作系统下）

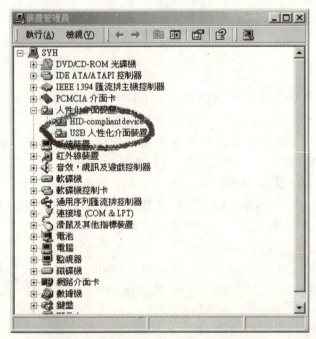

图 16.7　在设备管理器下，呈现"USB 人性化接口设备"的项目名称
（操作于 Windows 2000/XP 版本的操作系统下）

- A/D 与 D/A 输入/输出实验：0x1234/0x0008(0x1234/0x0009)。
- LCG 输出实验：0x1234/0x0005。
- RS-232 输入/输出实验：0x1234/000A。

这样，用户即可进一步地了解这些 VID/PID 码所扮演的角色与功能。以下将进一步叙述如何烧录程序代码于 I²C 接口所连接的 EEPROM 上。

16.3 固件程序代码的 EEPROM 烧录程序

为了让 EZ-USB FX 系列产品变成为一个自定义的独立设备，用户就必须将已经测试无误、编译后的 HEX 文件直接烧录至 I²C 接口的 EEPROM 中。而如何将 HEX 文件变成为可烧录至 EEPROM 的文件(B6 格式)，就须依照以下描述的执行步骤。

16.3.1 B6(或 B2)格式文件

如果将一个 EEPROM 连接到 I²C 总线，且其第一个字节是 0xB2(0xB6，FX 系列)时，USB 核心会将 EEPROM 的内容传输至内部的 RAM 中。USB 核心也会设置 ReNum 位为 1，用来表示 8051(不是 USB 核心)会通过控制端点 0 来对设备要求加以反应。因此，所有的描述符数据，包含 VID/DID/PID 码的数值是由 8051 固件所提供的。从 EEPROM 下载的最后字节(会下载至 CPUCS 缓存器中)将会释放 8051 的重置信号。这样，就可以使得 EZ-USB FX 单片机利用放置在 RAM 内的固件程序代码来呈现出全新的自定义设备。

当然，用户在此须注意所使用的单片机种类属于 2100(AN21XX)系列或 FX 系列。也即是，2100(AN21XX)系列单片机须烧录成 *.B2 的附加文件，FX 系列则须烧录成 *.B6 的附加文件。

而将 HEX 文件转成 B2 或 B6 文件的通用程序放置在目录 C:\cypress\usb\util\hex2bix\hex2bix.exe 中。在这目录下的 readme.txt 说明了此应用程序的相关设置。如下所列：

- B6：HEX2BIX-i-f 0xb6-o 输出文件名.b6 输入文件名.hex。
- B2：HEX2BIX-i-f 0xb2-o 输出文件名.b2 输入文件名.hex。

当 B6(或 B2)文件产生后，用户可以使用如 Ultraedit-32 等通用程序，来观看此文件的内容。

例如，产生后的前 16 字节：B6 47 05 31 21 00 00 04 00 00 03 00 00 02 41 DC…

从这些字节可以知道，在 B6 字符组后放置的是 EZ-USB FX 系列的 VID/PID

码。当 EEPROM 读取到第一个字节是 B6 时，VID/PID 码则由固件程序代码提供。

而至于如何去下载此 B6（或 B2）文件呢？用户就可以通过如下所示的软件工具组的控制平台应用程序来实现。

首先，用户须下载 Vend_Ax.hex 范例程序代码。如图 16.8 所示，用户可以在 cypress\usb\examples\Vend_Ax 目录下，找到 Vend_Ax.hex 程序代码文件加以下载。

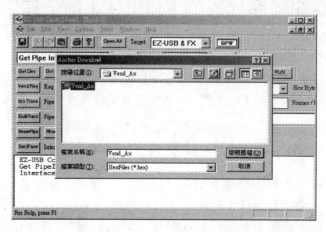

图 16.8　下载 Vend_Ax.Hex 固件程序代码文件

紧接着，单击控制平台应用程序界面中的 EEPROM 按钮，就可以选择新产生的 B6 文件来加以下载，如图 16.9 所示。

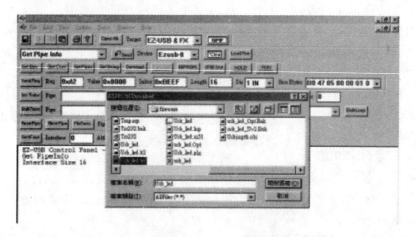

图 16.9　通过 EEPROM 按钮下载 B6 格式文件

LED 显示器输出实验

图 16.9 下载的是 USB_LED.B6 固件程序代码。值得注意的是，DMA-USB FX 开发系统在烧录时须等待一阵时间，而并非是当机。若此时用户任意按 DMA-USB FX 电路板上 Reset 钮，将造成系统当机，此时就须拔起 EEPROM IC，然后重新再烧录一次。而当在控制平台的文字窗口中，显示一系列的下载程序代码后，就表示烧录完毕了。

16.3.2　EEPROM 数据的回复

此外，在下载此 B6 格式的文件后，用户已经无法再使用控制平台应用程序了。若要再重新操作控制平台的应用程序，就须依照表 15.8(2100 系列)与 15.9(FX 系列)的字节格式，利用支持 I^2C 的 EEPROM(如 24LC64 系列)的通用烧录器，将下列所示的前 7 个字节烧录进去。

- FX 系列：B4 47 05 80 00 01 00。
- 2100 系列：B0 47 05 80 00 01 00。

以下说明如何以 CAT-48 通用烧录器(长高科技公司)来烧录前 7 个字节的方式。当用户一进入后，可以发现除了包含一般的菜单外，还具备了如下的快速工具栏。因此，除了特定的设置与选择外，基本上，这些快速的功能按钮足以应付一般的需要。

步骤一：单击 Select 按钮，选择 Microchip 公司的 24LC64 EEPROM IC，如图 16.10 所示。

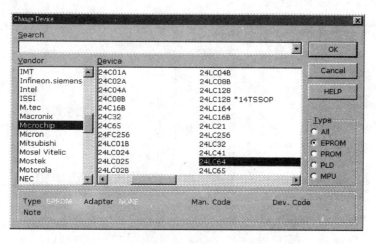

图 16.10　选择所要烧录 IC 的厂牌与型号

当选择好后，在主窗口中即可显示如图 16.11 所示的 EEPROM IC 型号。

8051 单片机 USB 接口 Visual Basic 程序设计

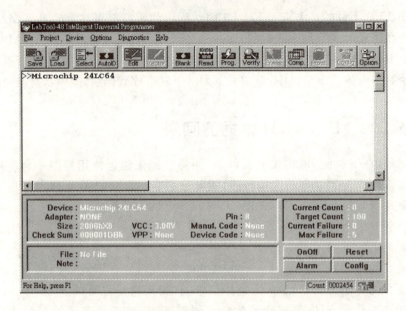

图 16.11　正确地选择 EEPROM IC – 24LC64

步骤二：根据 EZ – USB 系列，分别填入前 7 个字节。

首先，单击 Edit 的按钮或选择在工具栏 Device 下拉列表框中的 Edit 功能，即可进入编辑窗口。当用户一进入 Buffer Edit 编辑窗口中，即可键入前 7 个字节，直接加以编辑。应注意到，字节的顺序不要搞混或颠倒了。如图 16.12 所示，显示了编辑窗口中所要编辑的 7 字节的内容。

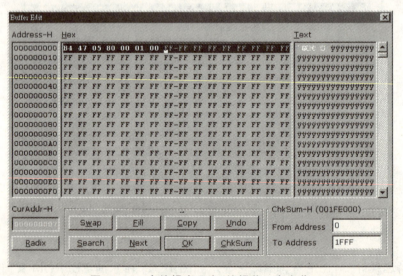

图 16.12　在编辑窗口中，编辑前 7 个字节

单击 OK 按钮后,即可在快速的工具栏中,单击 Prog 按钮,进行清除与烧录。其中,应用程序会开启一个对话框,询问用户此 IC 并非是空白的,是否仍要加以烧录。此时,当然单击"确定"钮。

步骤三:验证 EEPROM IC 的数据是否相符。

在快速的工具栏中,单击 Read 按钮后,再单击 Edit 按钮,即可再一次进入编辑窗口。如图 16.13 所示,显示用户已烧录正确的字节数据。

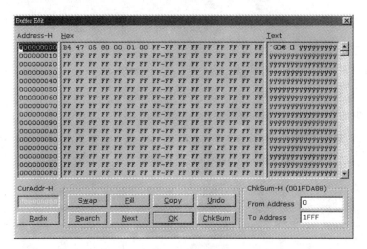

图 16.13 以 Read 功能验证所编辑的前 7 个字节

步骤四:将此 EEPROM IC 重新插入 EEPROM IC 的脚座上。

这样,就可以重新使用控制平台应用程序。但须注意到,在做这个动作时,切记电源须拔离掉,再放置此烧录好的 EEPROM,才不会产生不必要的误动作。

16.3.3 第一个字节为 B4(或 B0)

此外,若用户不想长时间地烧录 B6(或 B2)格式文件,也可通过另一种方式来达到设计自定义 USB 设备的方式。就是稍前所介绍的,通过在 EEPROM 第一个字节是 B4(或 B0)的方式来加以实现。而根据表 15.8 所列的内容,已经说明 0xB4 或 0xB0 加载的 EEPROM 数据格式。

在第 15 章已经介绍过如何更改 EEPROM 的前几个字节的方式。在此,用户也可以通过同样的步骤来加以设置。

步骤一:下载 Vend_Ax.hex 范例程序代码。

与稍前的步骤一样,如图 16.8 所示。

步骤二:更改端点方向以及前 7 个字节。

将原先的端点方向 1 IN 更改为 0 OUT，以及将 Hex Bytes 左边的字节数据 B4 47 05 80 00 01 00 更改为 B4 34 12 01 00 01 00，如图 16.14 所示。

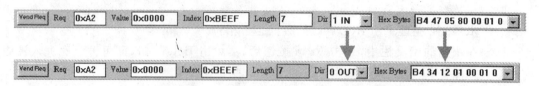

图 16.14　更改端点方向与前 7 个字节数据

步骤三：测试所烧录的数值。

在 Dir 下拉列表框中，选择"1 IN"。此时，可以使用 Vend_Ax 命令，重新读回新的数值。单击 Vend Req 按钮，执行读取新值的工作。如图 16.15 所示，在文字窗口的最后一行显示所烧录的 7 个数值。

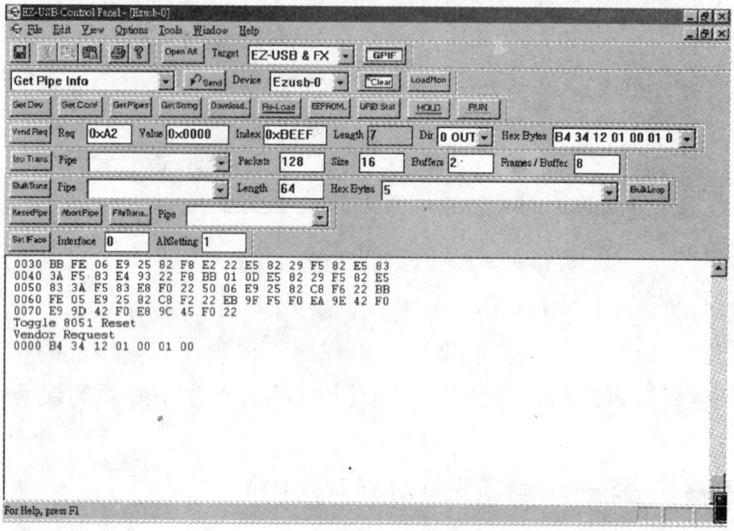

图 16.15　在文字窗口的最后一行显示所烧录的 7 个数值

步骤四：热插拔 USB 缆线。

当用户重新插拔 USB 缆线后，即可下载与 INF 安装信息文件中相符的驱动程序。而此设备的 INF 安装信息文件放置在光盘的目录\C16\inf\b0_4\usb_led.inf 下。然后此设备即通过第二次设备列举，转变成 HID 人工接口设备。

通过上述各个步骤的执行后，驱动程序就会下载 8051 程序代码与 USB 描述符至 EZ-USB FX RAM 里，并且起始 8051。然后，再通过重新设备列举后，这个程序代码会以完全新的自定义设备来加以呈现（执行第二次设备列举）。此时，就需要设计自己特定的驱动程序,其中包括了驱动程序文件(∗.SYS)与安装信息文件(∗.INF)。也即是,用户不能再使用控制平台应用程序所提供的 EZUSBW2K.INF 安装信息文件了。为了实现这个步骤,Cypress 半导体公司特别提供 EZ - Loader 驱动程序的设计方式来加以实现。关于这一部分的内容,由于限于篇幅,用户可以参阅 EZLOADER Design Notes 的文件说明。

此时 PC 主机就会寻找具有相同 VID/PID 码的安装信息文件,并且找到其中所列的驱动程序来加以执行。这样,也可达到自定义设备的目的。

同样地,用户也可以在设备管理器下,发现与图 16.6、图 16.7 所示一样的项目名称。当然,用户也无法再使用控制平台的应用程序了。因此,也须利用支持 I^2C 的 EEPROM(如 24LC64 系列)的通用烧录器,将稍前所示的前 7 个字节烧录进去。因此,这种方式的好处是,仅须使用较为便宜的 24LC00(16 字节)、24LC01(128 字节)或 24LC02(256 字节)的 IC 即可,且烧录的时间也较短。

这两种自定义 USB 设备方式所需的各种文件,都附在光盘的 CH15 路径下。用户可以根据实际需求,下载 B6(B2)格式文件或更改 B4(B0)后 7 个字节。

16.4 Visual Basic 程序设计

有了上述所产生的自定义 USB 设备,紧接着就可编写相关的控制或数据传输应用程序。

为了测试该 HID 群组的数据传输与设置,在此将第 12 章所介绍的 Windows HID API 函数包装成一个 USBHID.DLL 链接程序文件,以供调用、测试使用。在这个 HIDUSB.DLL 中,简化了复杂的 HID API 函数,化简成 4 个可以直接调用的 API 函数:

- Opendevice:打开 HID 设备,开始通信。
- Writedevice:传送数据到 HID 设备。
- Readdevice:从 HID 设备接收数据。
- Closedevice:结束与 HID 设备通信。

以下列出程序代码的内容:

```
Public hid As New USBHID
Const MyVendorID = &H1234           ;贩售商 ID 码
Const MyProductID = &H0001          ;产品 ID 码
Dim Timeout As Boolean
Private Sub Command1_Click()
Dim hiddevice As Boolean
```

```
Dim send(7) As Byte
Dim recevice() As String
hiddevice = hid.opendevice(MyVendorID, MyProductID)        ;判断是否含有 HID 设备
Text1.Text = hiddevice
If hiddevice = True Then
send(0) = Val("&H" + Text2.Text)        ;如果含有人工接口设备,就送出一个字节数据
hid.Writedevice send()
Timeout = False
Timer1.Enabled = True
Timer1.Interval = 50
Do
DoEvents
Loop Until Timeout = True
recevice() = hid.Readdevice        ;接收一个字节数据
Text3.Text = recevice(0)
End If
hid.closedevice
End Sub

Private Sub text2_KeyPress(KeyAscii As Integer)
If (Chr$(KeyAscii) Like "[!A-Fa-f0-9]") Then KeyAscii = 0
End Sub
Private Sub timer1_Timer()
Timeout = True
Timer1.Enabled = False
End Sub
```

图 16.16 显示了程序执行后的测试情况。

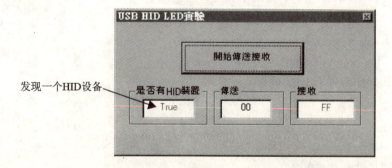

图 16.16 USB LED 实验的 VB 应用程序执行界面

从图 16.16 中,可以看见已经发现一个 HID 设备显示出来,单击"开始传送接收"按钮,开始执行 USB I/O 外围设备的输入与输出。但是,其中仅显示一个传送的对话框而已。

通过这个简单范例的介绍,用户可以很简单地执行 USB I/O 接口的输出实验。

16.5 INF 文件的编写设计

在此,要再次强调一个重要的观念,在图 16.6 的图标中,曾说明了 INF 文件与固件设备描述符的 PID/VID 码一致时,才会在设备管理器找到对应的 USB 设备。可是,若还要在 Windows 操作系统下,执行相关的控制与测试时,就需在 Visual Basic 应用程序中,设置相同的 PID/VID 码,如图 16.17 所示。唯有这样,才能真正做到 USB I/O 接口的控制。因此,在上一个 VB 程序代码的 Const MyVendorID = &H1234 与 Const MyProductID = &H0001 程序中,设置了同样的 PID/VID 程序代码。

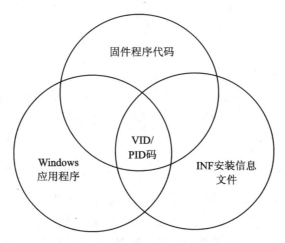

图 16.17　固件程序代码、Windows 应用程序与 INF 安装信息文件之间的关联性

或许,用户有个疑问:到目前为何没有更改 INF 文件内容呢?当然,在第 8 章已经有提及过,只要固件的程序代码符合标准的 HID 群组的特性与规范,就可以直接引用 Windows 的 HIDDEV.INF 驱动程序,无须再更改 INF 文件内容。但是若要自我设置设备于设备管理器下的显示项目,才须进一步更改 INF 文件内容。

根据稍前的 INF 安装信息文件的介绍,在此将其修改为 USB_LED.INF:

[DMAUSB]
;Uses the DMAUSB Vendor ID (1234)

```
;Uses the Product ID 0001
% USB\VID_1234&PID_0001.DeviceDesc % = IOHID, USB\VID_1234&PID_0001

[PreCopySection]
HKR,,NoSetupUI,,1

[DestinationDirs]
USBHID.CopyList = 11                    ; LDID_SYS
;------------------------------------------------;
[IOHID]
CopyFiles = IOHID.CopyList
AddReg = IOHID.AddReg


[IOHID.AddReg]
HKR,,DevLoader,,*ntkern
HKR,,NTMPDriver,,"hidusb.sys"


[IOHID.CopyList]
hidusb.sys
hidclass.sys
hidparse.sys
;------------------------------------------------;
[Strings]
Provider = "DMAUSB"
MfgName = "DMAUSB"
USB\VID_1234&PID_0001.DeviceDesc = "USB HID LED 输出设备"
```

当然，用户可以更改项目的"USB HID LED 输出设备"字符串内容，符合自定义的需求。而在这新的 INF 文件的使用上，应注意，在主机第一次发现新硬件时，必须安装这个新的 USB_LED.INF 文件，而不再是 Windows 针对 HID 设备所提供的 INF 文件。如图 16.6 所示，显示本设备于设备管理器下所显示的画面。

在此，应特别注意的是，若要更改这个 INF 文件，再重新安装新 INF 文件，就须同时删除登录编辑器的 HKEY_LOCAL_MACHINE\Enum\HID 与 USB 项目下的 PID/VID 码都为 1234/0001 的项目。再者，还应删除在 Windows/INF/other/目录下，所产生的 INF 复制文件。这样，才会完全删除干净。当然，在重新安装时，用户的手边最好是准备好 Windows 原版的光盘，以便能重新安装。

但在此应注意，这个项目名称的显示仅限于 Windows 98/ME 的操作系统下。对于 Windows 2000/XP，永远仅显示出"人性化接口设备"的项目名称。这样，去更改

INF 安装信息文件是没有差别的。

对于另一个 B0 或 B4 自动下载格式的 INF 文件的编写方式,大致是一样的,不同的是引用的群组以及使用 Cypress 所提供的驱动程序。当然,这个部分也就无须再更改 INF 文件。但是若用户利用 B0 或 B4 自动下载格式时,由于本 USB 外围设备设计并模拟成一个 HID 设备,因此,用户须同样引用 USB_LED.INF 安装信息文件。

16.7 结 论

根据图 16.17,可以了解到一个 USB I/O 外围设备的开发与设计所需的专业背景知识,涵盖了三个部分:微处理器固件程序代码、Visual Basic 高级应用程序(API)以及 INF 安装信息文件的编写。因此,其技术层次与困难度也相对地提高。所以,本书的编写与设计的目标,都将重点或范围缩小并锁定在 Visual Basic 高级应用程序的开发上。这样,用户仅须针对所要设计的 USB 外围电路加以控制或驱动即可。稍后几章都按这个架构模式来开发,而用户可以直接引用或调用本书所提供的固件程序代码以及 INF 安装信息文件,直接修改、设计与控制。

16.8 问题与讨论

1. 请读者分别执行 B2(或 B6)格式以及 B0(或 B4)格式的固件程序代码的下载方式。

2. 请设计 VB 程序更改为 3 个输出对话框,并测试其输出状态。

3. 请自定义一个新的 PID/VID 码,并同时更改 VB 应用程序代码,使其能达到控制 LED 输出的目的。

4. 请修改 INF 文件,并于 Windows 98/ME 操作系统下的设备管理器中显示"USB HID 测试设备"的项目。

5. 同上一题,请于 Windows 2000/XP 操作系统下操作,并观察设备管理器的项目。

第 17 章

USB 输出实验范例一

本章将延续前一章节,通过一些外围来执行作为输出的实验范例。其中,包括七段显示器与 8×8 点矩阵等输出显示。通过本章所附的固件程序代码,以及利用前一章所介绍的 B6(FX 系列)文件格式来烧录至 USB 单片机的 EEPROM 中。这样,即可让用户所设计的 USB 设备就如同一个 USB 的自定义设备。以下,将首先介绍如何以七段显示器来执行 DMA-USB FX 开发系统的输出实验步骤。此外,分别介绍七段显示器与 8×8 点矩阵等输出实验范例。

17.1 七段显示器

17.1.1 硬件设计与基本概念

七段显示器由 8 个 LED 组合而成,分成 2 种类型:共阳型、共阴型。共阳型就是 8 个 LED 的阳极全部接在一起,而共阴型就是 8 个 LED 的阴极全部接在一起。其内部结构图如图 17.1 所示;外部结构图如图 17.2 所示。

市面上驱动七段显示器的 IC 有 IC7447(驱动共阳极)、IC7448(驱动共阴极)。但本实验器的七段显示器电路,则是由 USB 芯片的 PA0~PA7 接至七段显示器的 8 个输入点,再由 PB2~PB3 控制 IC74LS139 的一组二对四译码来切换 4 个七段显示器的 ON/OFF 状态。在表 17.1 中,显示了共阳极与共阴极的译码数值,其中,有底纹的代表共阳极的译码数值。

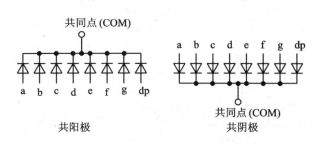

图 17.1 七段显示器的内部结构图

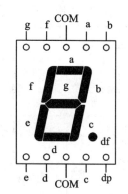

图 17.2 七段显示器的外部结构

表 17.1 共阳极与共阴极的七段显示器的译码值

显示	共阳型七段显示器码/共阴型七段显示器码								
	dp	g	f	e	d	c	b	a	HEX
0	1	1	0	0	0	0	0	0	C0h
	0	0	1	1	1	1	1	1	3Fh
1	1	1	1	1	1	0	0	1	F9h
	0	0	0	0	0	1	1	0	06h
2	1	0	1	0	0	1	0	0	A4h
	0	1	0	1	1	0	1	1	5Bh
3	1	0	1	1	0	0	0	0	B0h
	0	1	0	0	1	1	1	1	4Fh
4	1	0	0	1	1	0	0	1	99h
	0	1	1	0	0	1	1	0	66h
5	1	0	0	1	0	0	1	0	92h
	0	1	1	0	1	1	0	1	6Dh
6	1	0	0	0	0	0	1	0	82h
	0	1	1	1	1	1	0	1	7Dh
7	1	1	1	1	1	0	0	0	F8h
	0	0	0	0	0	1	1	1	07h

续表 17.1

显示	dp	g	f	e	d	c	b	a	HEX
8	1	0	0	0	0	0	0	0	80h
	0	1	1	1	1	1	1	1	7Fh
9	1	0	0	1	0	0	0	0	90h
	0	1	1	0	1	1	1	1	67h
A	1	0	0	0	1	0	0	0	88h
	0	1	1	1	0	1	1	1	77h
b	1	0	0	0	0	0	1	1	83h
	0	1	1	1	1	1	0	0	7Ch
C	1	1	0	0	0	1	1	0	C6h
	0	0	1	1	1	0	0	1	39h
d	1	0	1	0	0	0	0	1	A1h
	0	1	0	1	1	1	1	0	5Eh
E	1	0	0	0	0	1	1	0	86h
	0	1	1	1	1	0	0	1	79h
F	1	0	0	0	1	1	1	0	8Eh
	0	1	1	1	0	0	0	1	71h
不显示	1	1	1	1	1	1	1	1	FFh

这个输出范例实验以 USB 接口来传输数据输出至 4 个共阴极七段显示器上，并以 4×4 扫描按键来输入。图 17.3 显示了其设计的电路图。但请用户注意，若要测试这个实验，请在 DMA – USB FX 实验器指拨开关 SW1 上，调整 7 – SEG 选择为使能（接至 5 V）状态。

17.1.2 固件程序代码的 EEPROM 烧录程序

根据第 16 章所描述的内容，将这个程序代码烧录至 EEPROM 中。其中，在固件程序代码的烧录过程中，设计 USB 外围设备七段显示器的输出实验的 VID/PID 码为 0x1234/0x0002。而根据第 16 章的 EEPROM 的烧录过程，可以选择 0xB2 与 0xB6（针对 FX 系列）烧录格式或选择 0xB0 与 0xB4（针对 FX 系列）的自动下载烧录格式。

但若用户已经执行过第 16 章的范例后，整个 USB 的实验设备就已变成一个自定

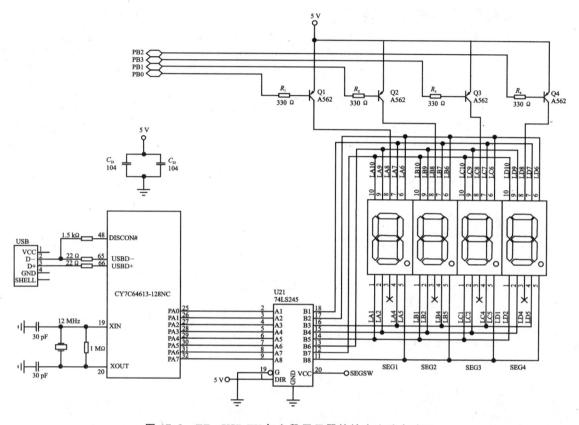

图 17.3　EZ-USB FX 与七段显示器的输出实验电路图

义的 USB HID 设备。因此,就必须先执行 EEPROM 数据的回复步骤。这样才可以再使用 Cypress 控制平台的软件开发工具。至于烧录的过程请参考第 16 章。

最重要的是用户须针对需要烧录格式,加以下载与烧录。以下列出固件程序代码放置的位置：

- B0 与 B4 的自动下载格式：\CH17\7SEG\B0_4\USB_7SEG.B0 或 USB_7SEG.B4。
- B2 与 B6 烧录格式：\CH17\7SEG\B2_6\USB_7SEG.B2 或 USB_7SEG.B6。

当然在烧录的过程中,用户切勿随意拔开 USB 缆线,以免造成不必要的错误情形。当烧录完毕后,切勿立即做 USB 缆线插拔的动作。因为,还要紧接着修改 INF 安装信息文件。

17.1.3　INF 安装信息文件的编写

根据第 16 章 INF 安装信息文件内容,可以知道这个 USB 七段显示器设备被设计

8051 单片机 USB 接口 Visual Basic 程序设计

并仿真成一个 HID 人工接口设备。若用户不去更改这个安装信息文件，依然可以使用 Windows 下所支持的驱动程序以及 HID 群组的安装信息文件。

若用户烧录的是 B2（或 B6）格式，则可以根据这个七段显示器的 VID/PID 码的设计，分别加以设置为 0x1234/0x0002。因此，用户可以在光盘中的\Ch17\7SEG\b2_6\USB_7SEG.INF 中，去更改这两个数值。

```
[DMAUSB]
;Uses the DMAUSB Vendor ID (1234)
;Uses the Product ID 0002
%USB\VID_1234&PID_0002.DeviceDesc% = IOHID, USB\VID_1234&PID_0002

[PreCopySection]
HKR,,NoSetupUI,,1

[DestinationDirs]
USBHID.CopyList = 11                    ; LDID_SYS
;----------------------------------------------------------;
[IOHID]
CopyFiles = IOHID.CopyList
AddReg = IOHID.AddReg


[IOHID.AddReg]
HKR,,DevLoader,,*ntkern
HKR,,NTMPDriver,,"hidusb.sys"

[IOHID.CopyList]
hidusb.sys
hidclass.sys
hidparse.sys
;----------------------------------------------------------;
[Strings]
Provider = "DMAUSB"
MfgName = "DMAUSB"
USB\VID_1234&PID_0002.DeviceDesc = "USB HID 七段显示器输出设备"
```

此时，若用户更改完毕，或直接使用这个 INF 文件，即可将烧录好的 DMA－USB FX 开发系统接上 USB 缆线。此时，Windows 98 SE 或 Windows ME 操作系统就会发现新增硬件，并要求安装其驱动程序。用户可选择这个 USB_7SEG.INF 文件，这样即可得到如图 17.4 所示的设备管理器项目。

若用户烧录的是 B0 或 B4 自动下载格式,则请用户选择在光盘中的\Ch17\7SEG\b0_4\AL_USB_7SEG.INF 安装信息文件。

图 17.4　七段显示器输出实验的人工接口设备

用户安装完毕后,可以至第 5 章所提到的登录编辑器中,查看是否包含这个 0x1234/0x0002 的 VID/PID 码。

17.1.4　Visual Basic 应用程序设计

当设备管理器已经包含了如图 17.4 所示的人工接口设备,以及在登录编辑器中显示了用户所安装的 VID/PID 码后,即可开始编写 Visual Basic 应用程序。

上一章已经介绍由 Windows HID API 函数所包装而成的一个 VB DLL 链接程序文件。在此根据外围所连接的电路包含了 4 个七段显示器,共 2 个字节,因此,稍加改变,拉出 2 个输出对话框即可。

以下列出七段显示器的输出 Visual Basic 范例程序代码:

```
'USBHID'有 4 个 api
'opendevice:开始与 HID 设备通信
'Writedevice:传送数据到 HID 设备
'Readdevice:从 HID 设备接收数据
'closedevice:结束与 HID 设备通信
```

8051 单片机 USB 接口 Visual Basic 程序设计

```
Public hid As New USB_HID
Const MyVendorID = &H1234
Const MyProductID = &H2
Dim Timeout As Boolean
```

'对象名称:Command1   事件名称:Click
'单击"开启传送数据"按钮
'打开一个符合 VID/PID 码的 HID 设备,并将"传送－0 字节"与"传送－1 字节"文本框中的数值加以送出
'每 50 ms 间隔,激活一次定时器

```
Private Sub Command1_Click()
Dim hiddevice As Boolean
Dim send(7) As Byte
Dim recevice() As String

hiddevice = hid.opendevice(MyVendorID, MyProductID)
Text1.Text = hiddevice
If hiddevice = True Then
send(0) = Val("&H" + Text2.Text)
send(1) = Val("&H" + Text4.Text)

hid.Writedevice send()
Timeout = False
Timer1.Enabled = True
Timer1.Interval = 50
Do
    DoEvents
Loop Until Timeout = True
recevice() = hid.Readdevice
'Text3.Text = recevice(0)
End If
hid.closedevice
End Sub
```

'对象名称:Text1   事件名称:Change
'显示"是否有 HID 设备"的文本框(Text1)内的状态
'当发现到一个我们所要寻找的 HID 设备,则显示"True",否则显示"False"

```
Private Sub Text1_Change()

End Sub
```

'对象名称:text2   事件名称:KeyPress
'"传送-0字节"与"传送-1字节"之文本框
'限制文字方块输入范围 a~f, A~F, 0~9

```
Private Sub text2_KeyPress(KeyAscii As Integer)
If (Chr$(KeyAscii) Like "[!A-Fa-f0-9]") Then KeyAscii = 0
End Sub
```

'对象名称:timer1   事件名称:Timer
'设置每隔50 ms激活定时器
'激活USB设备的传送与接收的时间间隔

```
Private Sub timer1_Timer()
Timeout = True
Timer1.Enabled = False
End Sub
```

该范例程序代码放在光盘目录的\Ch17\7SEG\路径下。而程序执行后,即可产生如图17.5所示的VB应用程序的执行界面。

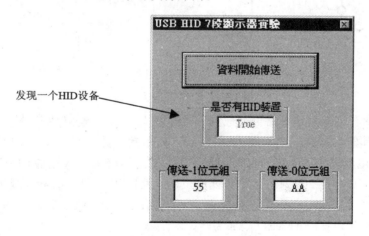

图17.5 USB七段显示器输出实验的VB应用程序执行界面

17.2 8×8 点矩阵

紧接着,将上个七段显示器的输出实验范例,再加以应用至 8×8 三色的点矩阵中。

17.2.1 硬件设计与基本概念

LED 点矩阵在广告牌、字幕机及路况标示等中经常应用。常用的点矩阵规范有 5×7、5×8 及 8×8 等。LED 点矩阵系由许多 LED 组合而成。5×7 的 LED 点矩阵有 7 列,每列有 5 行 LED,总共有 35 个 LED,有列阳行阴与列阴行阳两种型号。以列阳行阴 5×7 LED 点矩阵为例,其外观结构、引脚图及内部结构如图 17.6 所示,编号不同其引脚安排方式也不相同,使用前最好先用三用电表测试比较妥当,以免烧坏。

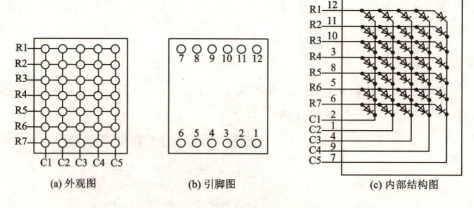

图 17.6 5×7 LED 点矩阵

LED 点矩阵驱动电路可分成列驱动电路与行驱动电路两部分。以列阳行阴点矩阵为例,其驱动电路框图如图 17.7 所示。列驱动电路提供电流,行驱动电路主要作沉入(sink)电流以控制 LED 的亮与暗。一般使用能沉入较大电流的 IC,如 2803、2003、74245 与 7407 等。当列的信号为低电位(0)时,PNP 型晶体管导通提供电流,相对该列的 LED 亮与暗则由行驱动电路决定;当列的信号为高电位(1)时,PNP 型晶体管截止切断电流,相对该列的 LED 全部为暗。

LED 点矩阵显示数据时,每次只能显示一列,因此必须使用扫描方式轮流显示,利用视觉暂留效应让点矩阵所显示的数据不会有闪烁的现象。以显示数字"0"为例,其 5×7 点矩阵的造型及各列的字形码如图 17.8 所示。

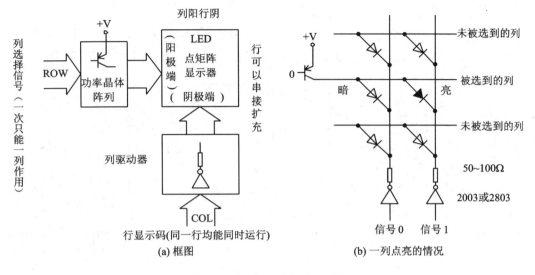

(a) 框图

(b) 一列点亮的情况

图 17.7 列阳行阴点矩阵驱动框图

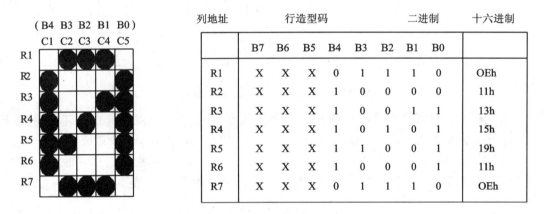

列地址	行造型码								二进制	十六进制
	B7	B6	B5	B4	B3	B2	B1	B0		
R1	X	X	X	0	1	1	1	0		0Eh
R2	X	X	X	1	0	0	0	0		11h
R3	X	X	X	1	0	0	1	1		13h
R4	X	X	X	1	0	1	0	1		15h
R5	X	X	X	1	1	0	0	1		19h
R6	X	X	X	1	0	0	0	1		11h
R7	X	X	X	0	1	1	1	0		0Eh

图 17.8 显示 "0" 字形码图

在实验器中设计一组 8×8 双色点矩阵。双色点矩阵与上述的单色点矩阵驱动方式一样,只是双色点矩阵多了一组列(或行)信号,8×8 单色点矩阵总共有 16 只引脚,而 8×8 双色点矩阵则有 24 只引脚。实验器所使用的 8×8 双色点矩阵为列阳行阴类型,总共有 28 只引脚,一组(8只)列信号及两组行信号。一组(8只)行信号控制显示红色,而另外一组(8只)行信号控制显示绿色。假如红色与绿色同时显示则会呈现橙色。

一般驱动电路可以如图 17.9 所示,列驱动电路由 1 只 IC 74LS138 及 8 只 2SA562 晶体管组合而成,而行驱动电路由 2 只 IC 74HC245 组合而成。

8051 单片机 USB 接口 Visual Basic 程序设计

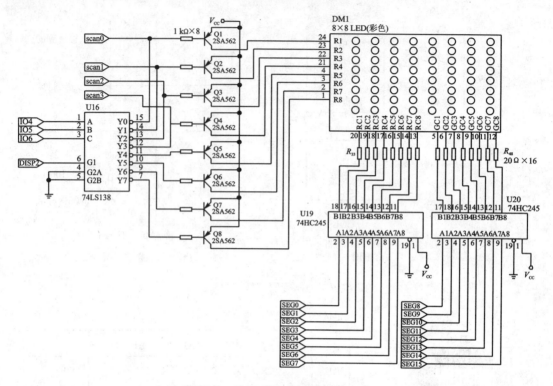

图 17.9 8×8 双色点矩阵驱动电路

这个输出实验范例以 USB 接口来传输数据,并输出双色点矩阵在 LED 显示器上,以 PA 设置红色,PB 设置绿色,以及利用 PD0～PD2 经过 74LS138 译码后选择扫描的行列。图 17.10 显示了其电路设计图。但请用户注意,若要测试这个实验,请在 USB I/O 实验器的指拨开关 SW1 上,调整"8×8"的选择为使能(接至 5 V)状态。

17.2.2 固件程序代码的 EEPROM 烧录程序

根据第 16 章所描述的内容,再将这个程序代码烧录至 EEPROM 中。只不过用户必须先回复 EEPROM 的前 7 个符合 Cypress 所预设的数值。在回复后,才可再把 DMA‑USB FX 开发系统连接至 PC 主机上。

在固件程序代码的烧录过程中,设计 USB 外围设备 8×8 点矩阵输出实验的 VID/PID 码为 0x1234/0x0003。根据前一章的 EEPROM 的烧录过程,用户也可以选择 0xB2 与 0xB6(针对 FX 系列)烧录格式或选择 0xB0 与 0xB4(针对 FX 系列)的自动下载烧录格式。

USB 输出实验范例一 **17**

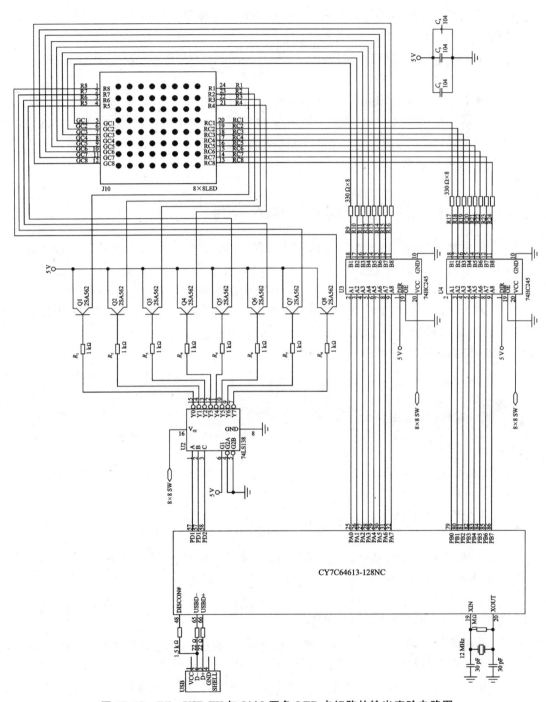

图 17.10　EZ-USB FX 与 8×8 双色 LED 点矩阵的输出实验电路图

用户可以针对所要烧录格式,分别加以下载与烧录。以下列出固件程序代码放置的位置:
- B0 与 B4 的自动下载格式:\CH17\8x8\B0_4\USB_7SEG.B0 或 USB_7SEG.B4。
- B2 与 B6 烧录格式:\CH17\8x8\B2_6\USB_7SEG.B2 或 USB_7SEG.B6。

当然在烧录的过程中,用户切勿随意地插拔 USB 缆线,以免造成不必要的错误情形。当烧录完毕后,切勿立即做 USB 缆线插拔的动作。这也是因为紧接着即要进行修改 INF 安装信息文件的工作。

17.2.3 INF 安装信息文件的编写

根据第 16 章的 INF 安装信息文件内容,可以知道该 USB 七段显示器设备被设计并仿真成一个 HID 人工接口设备。若用户不去更改该安装信息文件,依然可以使用 Windows 下所支持的驱动程序以及 HID 群组的安装信息文件。

若用户烧录的是 B2(或 B6)格式,则可以根据该七段显示器的 VID/PID 码的设计,分别加以设置为 0x1234/0x0002。因此,用户可以在光盘中的\Ch17\8x8\b2_6\USB_7SEG.INF 中,去更改这两个数值。

```
[DMAUSB]
;Uses the DMAUSB Vendor ID (1234)
;Uses the Product ID 0003
%USB\VID_1234&PID_0002.DeviceDesc% = IOHID, USB\VID_1234&PID_0003
⋮
[Strings]
Provider = "DMAUSB"
MfgName = "DMAUSB"
USB\VID_1234&PID_0003.DeviceDesc = "USB HID LED 点矩阵输出设备"
```

此时,若用户更改完毕,或直接使用该 INF 文件,则即可将烧录好的 DMA – USB FX 开发系统接上 USB 缆线。此时,Windows 98 SE 或 Windows ME 操作系统就会发现新增硬件,并要求安装其驱动程序。用户可选择 USB_8x8.INF 文件,这样,即可得到如图 17.11 所示的设备管理器项目。

若用户烧录的是 B0 或 B4 自动下载格式,则请用户选择在光盘中的\Ch17\8x8\b0_4\AL_USB_8x8.INF 安装信息文件。

用户安装完毕后,可以到第 5 章所提的登录编辑器中,查看是否包含这个 0x1234/0003 的 VID/PID 码。

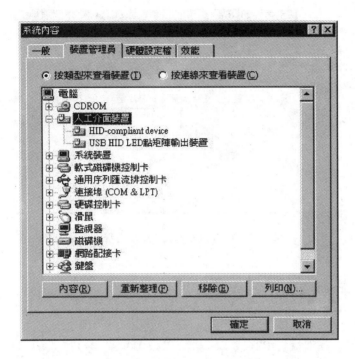

图 17.11　LED 点矩阵输出实验的人工接口设备

17.2.4　Visual Basic 应用程序设计

当设备管理器已经包含如图 17.11 所示的人工接口设备，以及在登录编辑器中显示了用户所安装的 VID/PID 码后，即可开始编写 Visual Basic 应用程序。

第 16 章已经介绍由 Windows HID API 函数所包装而成的一个 VB DLL 链接程序文件。在此根据外围所连接的电路包含了两个输出对话框，分别是 PA 输出接口的红色设置，以及 PB 输出接口的绿色设置，因此，稍加改变，拉出 2 个输出对话框即可。这个程序代码与七段显示器输出的范例非常类似，但用户必须更改 VID/PID 码的数值为 0x1234/0003。

这个范例程序代码放在光盘目录的\Ch17\8x8\路径下。而程序执行后，即可产生如图 17.12 所示的 Visual Basic 应用程序执行界面。

8051 单片机 USB 接口 Visual Basic 程序设计

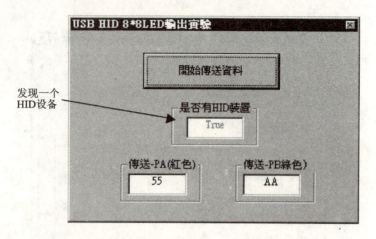

图 17.12 USB LED 点矩阵的 VB 应用程序测试情形

17.3 问题与讨论

1. 请用户分别执行 B2（或 B6）格式以及 B0（或 B4）格式的固件程序代码的下载方式。

2. 请设计 8×8 点矩阵显示的对话框，并可以根据所设置的输出位置与颜色，正确地显示出来。

3. 请更改本章的范例，多增加单一/连续输出的按钮的切换功能，使得整个应用可以单一或连续的方式来执行。

4. 请自定义一个新的 VID/PID 码，并同时更改 VB 应用程序代码，使其能达到控制七段显示器输出的目的。

5. 请自定义一个新的 VID/PID 码，并同时更改 VB 应用程序代码，使其能达到控制 8×8 点矩阵输出的目的。

6. 请修改 INF 文件，并于 Windows 98/ME 操作系统下的设备管理器中显示"USB HID 测试设备"的项目。

7. 同上一题，请于 Windows 2000/XP 操作系统下操作，并观察设备管理器的项目。

第 18 章

USB 输出实验范例二

本章将延续第 17 章内容,通过各种外围来执行作为输出的实验范例。其中,包括 LCD 与 LCG 等输出显示的实验范例。通过本章所附的固件程序代码,以及利用第 16 章所介绍的 B6(FX 系列)文件格式来烧录至 USB 单片机的 EEPROM 中。这样,即可让用户所设计的 USB 设备就如同一个 USB 的自定义设备。以下,将介绍以 LCD 显示器来执行 DMA - USB FX 开发系统的输出实验步骤。

18.1 液晶显示器(LCD)输出实验范例

接下来,将七段显示器与 8×8 点矩阵的输出实验范例,延伸至 LCD 的液晶显示器的输出实验范例中。

18.1.1 硬件设计与基本概念

液晶显示器 LCD(Liquid Crystal Display)具备低耗电量、价格低廉等优点,目前已逐渐取代传统的显示设备,在办公、机械、居家生活等电化设备上都有应用。为了方便和微电脑联机使用,通常将 LCD 和驱动电路组合成模块,因此又称为 LCM 或 LCDM (LCD Module)。

LCM 根据显示方式可分成文字型、绘图型及混合型三种型号。文字型 LCM 采用字符映像(character map)的方式显示,内部已经存放显示字形码供用户选择。虽然也提供用户创造字形的空间,但毕竟空间有限。绘图型 LCM 采用控制显示板上的点为 ON 或 OFF 的方式显示图案。混合型则具备显示字形及绘图两种功能。

文字型 LCM 通常以 $m \times n$ 表示其分辨率,m 代表每一列的字数,n 代表 LCM 的列数。市面上以 16×1、16×2、16×4、20×2、20×4、40×2 等型号较多。虽然分辨率不相同,但驱动控制芯片都是以 HITACHI 公司生产的 HD44780 为主。图 18.1 为 16×2 LCM 内部框图。在该图中,可看出芯片 HD44780 提供 16 条列驱动信号及 40 条行(segment)驱动信号,若串接行驱动芯片,则可再扩充 40 条成为 80 条行驱动信号。LCM 有 14 条引脚,引脚安排成单排或双排,如图 18.2 所示;其引脚名称及功能如表 18.1 所列。

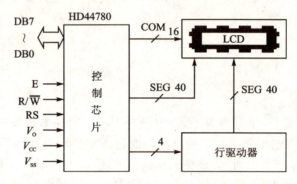

图 18.1　16×2 LCM 内部框图

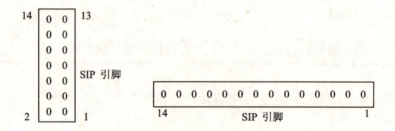

图 18.2　LCM 引脚排列

图 18.3 则为 HD44780 内部框图。

这个范例实验以 USB 接口来传输数据输出至文字型 LCD 上,并分别以 PA 端口连接至 DB7~DB0,以及以 PB4~PB6 连接至 Enable(E)、R/$\overline{\text{W}}$ 与 RS 控制线上。其中,接口数据长度应用 8 位的规划方式。图 18.4 显示了其设计的电路图。

但请用户注意,若要测试这个实验,请在 PRO - OPEN USB 通用实验器的指拨开关 SW1 上,调整"LCD"的选择为使能(接至 5 V)状态。

USB 输出实验范例二

表 18.1　LCM 引脚名称及功能

引脚编号	信号名称	方向	名称及功能
1	V_{SS}		电源接地：0 V
2	V_{CC}		电源正端：+5 V
3	V_o		LCD 亮度调整电压输入
4	RS	I	寄存器选择(register select)信号 0：选择指令寄存器(write)，选择忙碌标志与地址计数器(read) 1：选择数据寄存器(read/wite)
5	$R/\overline{W}$	I	读/写信号线 0：写入(write) 1：读取(read)
6	E		LCD 使能(enable)信号，高电位时，读取或写入的数据有效
7~14	DB0~DB7	I/O	数据总线(data bus)，当使用 8 位数据总线时，DB0~DB7 都有效；而使用 4 位数据总线时，仅 DB4~DB7 有效

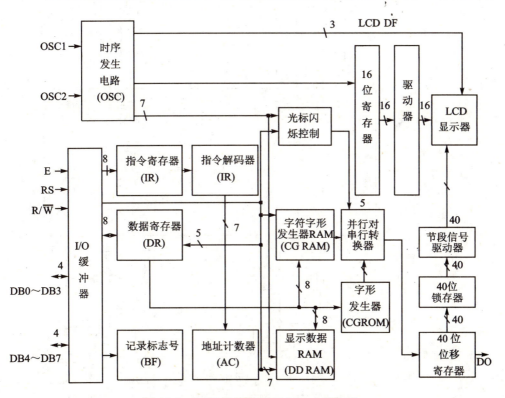

图 18.3　LCD 控制器 HD44780 内部框图

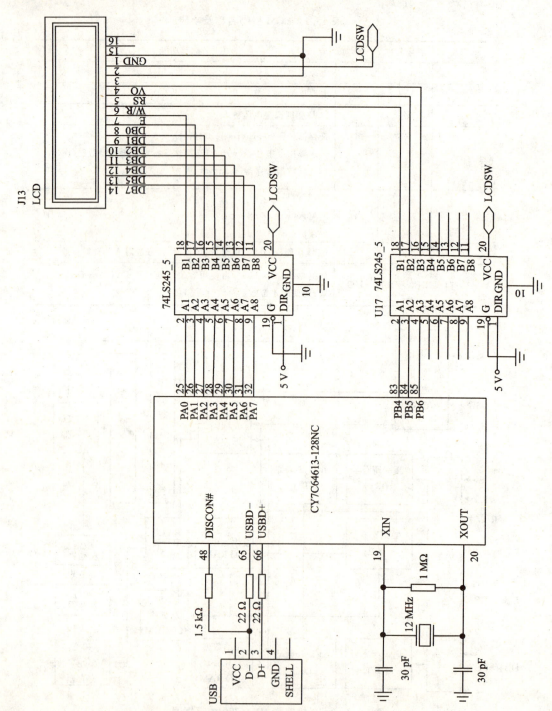

图 18.4　EZ-USB FX 与 LCD 文字型输出实验电路图

18.1.2 固件程序代码的 EEPROM 烧录程序

同样地,根据稍前的实验范例所描述的内容,须将这个程序代码烧录至 EEPROM 中。当然,用户还是必须先回复 EEPROM 的前 7 个符合 Cypress 所预设的数值。在回复后,才可再把 DMA-USB FX 开发系统连接至 PC 主机上。

在固件程序代码的烧录过程中,规划 USB 外围设备 LCD 液晶显示器的输出实验的 VID/PID 码为 0x1234/0x0004。而根据前一章 EEPROM 的烧录过程,也可以选择 0xB2 与 0xB6(针对 FX 系列)烧录格式或选择 0xB0 与 0xB4(针对 FX 系列)的自动下载烧录格式。

用户可以针对所要烧录格式,分别加以下载与烧录。以下列出固件程序代码放置的位置:

- B0 与 B4 的自动下载格式:\CH18\LCD\B0_4\USB_LCD.B0 或 USB_LCD.B4。
- B2 与 B6 烧录格式:\CH18\LCD\B2_6\USB_LCD.B2 或 USB_LCD.B6。

当然在烧录的过程中,用户切勿随意地插拔 USB 缆线,以免造成不必要的错误情形。当烧录完毕后,切勿立即做 USB 缆线插拔的动作。这也是因为紧接着就要进行修改 INF 安装信息文件的工作。

18.1.3 INF 安装信息文件的编写

根据第 17 章的 INF 安装信息文件的内容,可以知道 USB LCD 输出设备被设计并仿真成一个 HID 人工接口设备。若用户不去更改这个安装信息文件,依然可以使用 Windows 下所支持的驱动程序以及 HID 群组的安装信息文件。当然用户可以稍微去更改一下,以了解这个 INF 安装信息文件与整个开发 USB 外围设备过程的关联性。

若用户烧录的是 B2(或 B6)格式,则可以根据 LCD 液晶显示器的 VID/PID 码的规划,分别加以设置为 0x1234/0x0004。因此,用户可以在光盘中的\Ch18\LCD\b2_6\USB_LCD.INF 中,去更改这两个数值。

```
[DMAUSB]
;Uses the DMAUSB Vendor ID (1234)
;Uses the Product ID 0004
% USB\VID_1234&PID_0002.DeviceDesc % = IOHID, USB\VID_1234&PID_0004

[PreCopySection]
HKR,,NoSetupUI,,1
```

8051 单片机 USB 接口 Visual Basic 程序设计

```
:
[Strings]
Provider = "DMAUSB"
MfgName = "DMAUSB"
USB\VID_1234&PID_0004.DeviceDesc = "USB HID LCD 输出设备"
```

此时，若用户更改完毕，或直接使用这个 INF 文件，则可将烧录好的 DMA – USB FX 开发系统接上 USB 缆线。此时，在 Windows 98 SE 或 Windows ME 操作系统就会发现新增硬件，并要求安装其驱动程序。用户即可选择该 USB_LCD.INF 文件。这样，就可得到如图 18.5 所示的设备管理器的项目。

如果用户烧录的是 B0 或 B4 自动下载格式，则请用户选择在光盘中的\Ch18\LCD\b0_4\AL_USB_LCD.INF 安装信息文件。

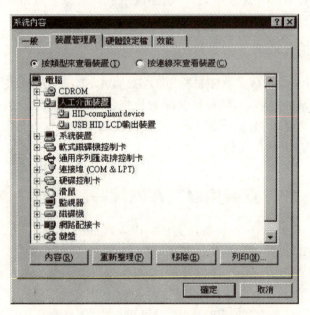

图 18.5　USB LCD 输出实验的人工接口设备

用户安装完毕后，可以执行登录编辑器应用程序来查看是否已包含了这个 0x1234/0x0004 的 VID/PID 码。

18.1.4　Visual Basic 应用程序设计

当用户的设备管理器已经包含了如图 18.5 所示的人工接口设备，以及在登录编辑器中显示了用户所安装的 VID/PID 码后，用户即可以开始编写 Visual Basic 应用程序的工作。

第 17 章已经介绍由 Windows HID API 函数所包装成的一个 VB DLL 链接程序文件。用户可以直接调用该文件。在此须根据固件程序代码的设计，规划 8 个输出对话框，分别是 8 字节的输出设置。因此，用户稍加改变拉出 8 个输出对话框即可。

以下列出 LCD 显示器输出的 Visual Basic 范例程序代码：

```
'USB CH18 范例程序——LCD 液晶显示器的输出测试
'USBHID 有 4 个 api 函数
1. 'opendevice：开始与 HID 设备通信
2. 'Writedevice：传送数据到 HID 设备
3. 'Readdevice：从 HID 设备接收数据
4. 'closedevice：结束与 HID 设备通信
5. Public hid As New USBHID
6. Const MyVendorID = &H1234
7. Const MyProductID = &H0004
8. Dim Timeout As Boolean

'对象名称:Command1              事件名称:Click
'单击"开启传送数据"按钮
'打开一个符合 VID/PID 码的 HID 设备,并将"传送-0 字节"至"传送-7 字节"文本框中的数值加以送出
'每 50 ms 间隔,激活一次定时器

Private Sub Command1_Click()
Dim hiddevice As Boolean
Dim send(7) As Byte
Dim recevice() As String

hiddevice = hid.opendevice(MyVendorID, MyProductID)
Text1.Text = hiddevice
If hiddevice = True Then
send(0) = Val("&H" + Text2.Text)    '共 8 个输出对话框
send(1) = Val("&H" + Text4.Text)
send(2) = Val("&H" + Text5.Text)
send(3) = Val("&H" + Text6.Text)
send(4) = Val("&H" + Text7.Text)
send(5) = Val("&H" + Text8.Text)
send(6) = Val("&H" + Text9.Text)
send(7) = Val("&H" + Text10.Text)
```

```
        hid.Writedevice send()
        Timeout = False
        Timer1.Enabled = True
        Timer1.Interval = 50
        Do
            DoEvents
        Loop Until Timeout = True
        recevice() = hid.Readdevice
        'Text3.Text = recevice(0)
        End If
        hid.closedevice
End Sub


'对象名称:Frame1              事件名称:DragDrop
'"显示"是否有 HID 设备"的文本框(Text1)内的状态
'当发现到一个用户所要寻找的 HID 设备,则显示"True",否则显示"False"
Private Sub Frame1_DragDrop(Source As Control, X As Single, Y As Single)

End Sub


'对象名称:text2               事件名称:KeyPress
'"传送-0字节"至"传送-7字节"之文本框
'限制文字方块输入范围   a~f, A~F, 0~9

Private Sub text2_KeyPress(KeyAscii As Integer)
If (Chr $ (KeyAscii) Like "[!A-Fa-f0-9]") Then KeyAscii = 0
End Sub


'对象名称:timer1              事件名称:Timer
'设置每隔 50 ms 激活定时器
'激活 USB 设备的传送与接收的时间间隔

Private Sub timer1_Timer()
Timeout = True
Timer1.Enabled = False
End Sub
```

　　该范例程序代码放在光盘目录的\Ch18\LCD\路径下。而程序执行后,即可产生如图 18.6 所示的 Visual Basic 应用程序。

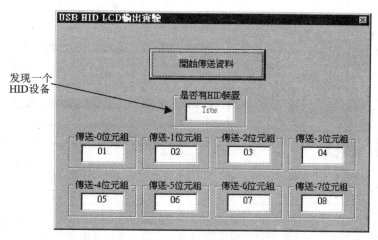

图 18.6　USB LCD 输出实验的 VB 应用程序执行界面

18.2　绘图型 LCD 显示器输出实验范例

接下来,将文字型 LCD 液晶显示器的输出实验,加以延伸应用至绘图型 LCD 液晶显示器中。

18.2.1　硬件设计与基本概念

绘图型 LCD 在显示数据时,用户可以直接控制每一点的显示,而有别于文字型 LCD;文字型 LCD 在显示信息时,必须将欲显示的字形码写入显示数据 RAM,再通过字符发生 ROM 或字符发生 RAM 的方式,将字形显示出来。因此,使用绘图型 LCD 显示数据时,用户将有更大的设计弹性,以显示一些复杂的图形或者是中文字形。

本实验所使用的 LCG-12864 为横向有 128 点、纵向有 64 点的矩阵显示器,其外形如图 18.7 所示;其内部基本的结构框图如图 18.8 所示。

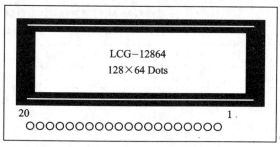

图 18.7　LCG-12864 绘图型 LCD 外观

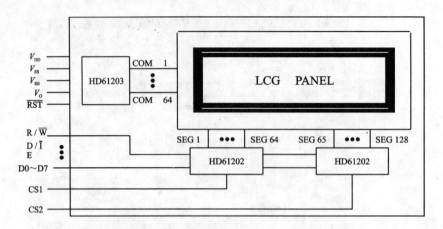

图 18.8　绘图型 LCD 内部基本结构框图

由图 18.8 可知 LCG-12864 的纵向显示是通过 HD61203 芯片，它是点矩阵液晶驱动器；而横向显示，则通过两颗具有 64 个段驱动输出的 HD 61202 芯片。因此当用户欲显示的数据位于左半部的 64×64 点矩阵时，则必须使能 CS1；反之，若欲显示的数据位于右半部的 64×64 点矩阵，必须使能 CS2。

此绘图型 LCD 接口共有 20 只引脚，各引脚的功能及说明如表 18.2 所列。

表 18.2　LCG-12864 引脚名称与功能说明

引脚编号	信号名称	动作准位	功能说明
1	V_{SS}		电源接地：0 V
2	V_{DD}		电源正端：+5 V
3	V_O		LCD 亮度调整电压输入端，可直接与第 18 脚 V_{EE} 相连
4	$D/\bar{I}$	H/L	数据寄存器/指令寄存器 0：指令寄存器 1：数据寄存器
5	$R/\bar{W}$	H/L	读/写线 0：数据写入，MPU 将数据写入绘图型 LCD 1：数据读取，MPU 读取绘图型 LCD 数据
6	E	H，H→L	数据使能脚：E 脚由高变低，数据才能有效转移
7～14	DB0～DB7	H/L	数据总线
15	CS1	H	芯片选择脚 1；高电位时，将使能第一颗 HD61202，即可显示左边 64×64 点

USB 输出实验范例二　18

续表 18.2

引脚编号	信号名称	动作准位	功能说明
16	C2	H	芯片选择脚 2：高电位时，将使能第二颗 HD61202，即可显示右边 64 ×64 点
17	$\overline{RST}$	L	重置引脚：低电位时，可重置 HD61202
18	V_{EE}		LCD 驱动电压，约 -10 V。本实验所用模块已附有负电压产生电路，不必由外部再供应电压到此引脚
19,20	N.C.		此两引脚未用(No Connected)

　　这个输出范例实验以 USB 接口来传输数据输出在绘图型显示器 LCG 上，并以 PA 设置数据，以 PB 设置相关的控制线。图 18.9 显示了其电路图，其中：PB0 设置 D/I，PB1 设置 R/W，PB2 设置 E，PB3 设置 CS1，PB4 设置 CS2 以及 PB5 设置 RESET。但请用户注意，若要测试这个实验，请在指拨开关 SW1 上，调整"LCG"的选择为使能(接至 5 V)状态。

18.2.2　固件程序代码的 EEPROM 烧录程序

　　同样地，根据稍前的实验范例所描述的内容，须将该程序代码烧录至 EEPROM 中。当然，用户还是必须先回复 EEPROM 的前 7 个符合 Cypress 所预设的数值。在回复后，用户才可再把 DMA－USB FX 开发系统连接至 PC 主机上。

　　在固件程序代码的烧录过程中，设计 USB 外围设备 LCD 液晶显示器的输出实验的 VID/PID 码为 0x1234/0x0005。根据前一章的 EEPROM 的烧录过程，也可以选择 0xB2 与 0xB6(针对 FX 系列)烧录格式或选择 0xB0 与 0xB4(针对 FX 系列)的自动下载烧录格式。

　　用户可以针对所要烧录格式，分别加以下载与烧录。以下列出固件程序代码放置的位置：
- B0 与 B4 的自动下载格式：\CH18\LCG\B0_4\USB_LCG.B0 或 USB_LCG.B4。
- B2 与 B6 烧录格式：\CH18\LCG\B2_6\USB_LCG.B2 或 USB_LCG.B6。

18.2.3　INF 安装信息文件的编写

　　根据第 17 章 INF 安装信息文件的内容，可以知道 USB LCG 显示器输出设备被仿真成一个 HID 人工接口设备。若用户不去更改这个安装信息文件，依然可以使用 Windows 下所支持的驱动程序以及 HID 群组的安装信息文件。当然用户可以稍微去

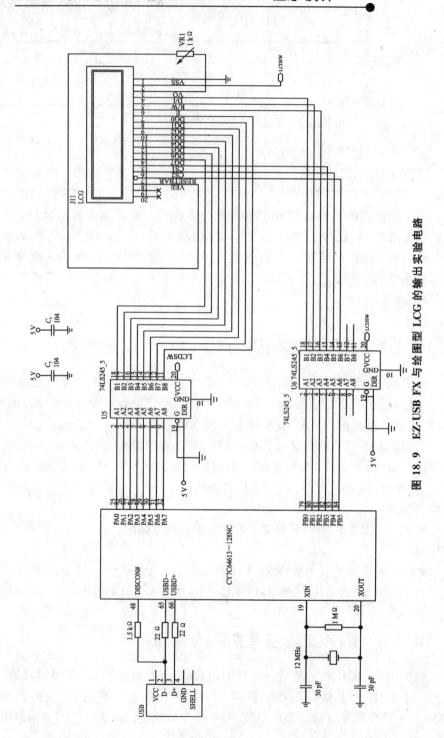

图 18.9 EZ-USB FX 与绘图型 LCG 的输出实验电路

更改一下，以了解 INF 安装信息文件与整个开发 USB 外围设备过程的关联性。

若用户烧录的是 B2(或 B6)格式，则可以根据 LCD 液晶显示器的 VID/PID 码的规划，分别设置为 0x1234/0x0005。因此，用户可以在光盘中的\Ch18\LCG\b2_6\USB_LCD.INF 中，去更改这两个数值。

```
[DMAUSB]
;Uses the DMAUSB Vendor ID (1234)
;Uses the Product ID 0005
%USB\VID_1234&PID_0002.DeviceDesc% = IOHID, USB\VID_1234&PID_0005

      ⋮

[Strings]
Provider = "DMAUSB"
MfgName = "DMAUSB"
USB\VID_1234&PID_0004.DeviceDesc = "USB HID LCG 输出设备"
```

此时，若用户更改完毕，或直接使用该 INF 文件，即可将烧录好的 DMA－USB FX 开发系统接上 USB 缆线。此时，在 Windows 98 SE 或 Windows ME 操作系统就会发现新增硬件，并要求安装其驱动程序。用户即可选择这个 USB_LCG.INF 文件。这样，就可得到如图 18.10 所示的设备管理器的项目。

图 18.10　USB LCG 输出实验的人工接口设备

8051 单片机 USB 接口 Visual Basic 程序设计

若用户烧录的是 B0 或 B4 自动下载格式，请用户选择在光盘中的\Ch18\LCG\b0_4\AL_USB_LCG.INF 安装信息文件。

用户安装完毕后，可以执行登录编辑器应用程序来查看是否已包含这个 0x1234/0005 的 VID/PID 码。

18.2.4　Visual Basic 应用程序设计

当用户的设备管理器已经包含如图 18.10 所示的人工接口设备，以及在登录编辑器中显示了用户所安装的 VID/PID 码后，用户即可开始编写 Visual Basic 的工作。

该程序代码与 LCD 输出的部分几乎一样，唯一变更的是 VID/PID 码改为 0x1234/0005。

这个范例程序代码放在光盘目录的\Ch18\LCG\路径下。而程序执行后，即可产生如图 18.11 所示的 Visual Basic 应用程序的执行界面。

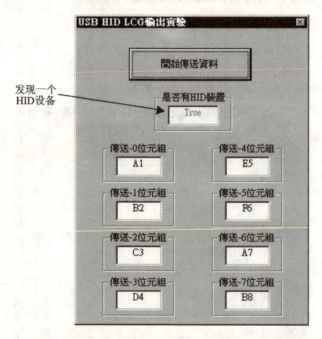

图 18.11　USB LCG 输出实验的 VB 应用程序执行界面

18.3 问题与讨论

1. 请用户分别执行 B2（或 B6）格式以及 B0（或 B4）格式的固件程序代码的下载方式。

2. 请自定义一个新的 VID/PID 码，并同时更改 VB 应用程序代码，使其能达到控制 LCD 液晶显示器输出的目的。

3. 请更改本章的范例，并多增加单一/连续输出按钮的切换功能。

4. 请自定义一个新的 VID/PID 码，并同时更改 VB 应用程序代码，使其能达到控制 LCG 液晶显示器输出的目的。

5. 请修改 INF 文件，并于 Windows 98/ME 操作系统下的设备管理器中显示"USB HID 测试设备"的项目。

6. 同上一题，请于 Windows 2000/XP 操作系统下操作，并观察设备管理器的项目。

第 19 章

步进电机输出实验

本章将延续前几章 Visual Basic 的应用程序设计,另以步进电机作为输出实验范例来介绍。

19.1 硬件设计与基本概念

步进电机是利用输入数字信号转换成机械能量的电机设备。在计算机外设如打印机、磁盘驱动器均使用步进电机当做动力。每输入一个脉冲信号(pulse),步进电机固定旋转一个步进角(step angle)。步进角视步进电机规格而定,一般为 $0.9°\sim1.8°$。市面上以 $1.8°$ 步进角较为普遍。若输入 200 个脉冲信号,步进电机就会旋转 200 个步进角,且刚好转一圈($200\times1.8°=360°$)。由于步进电机旋转角度和输入脉冲数目成正比,只要控制输入的脉冲数目便可控制步进电机转动角度;因此,适合开回路控制,且常用于精密定位和精确定速的应用上。

本实验设备采用 2 相双绕组步进电机,其电路符号如图 19.1 所示,线圈被分为 A、$\overline{A}$、B 及 $\overline{B}$ 四相。因此有些制造厂商或书籍把这种 2 相双绕组步进电机称为 4 相步进电机。由于 A 相及 $\overline{A}$ 相(或 B 相及 $\overline{B}$ 相)线圈都绕在相同的磁极上,而这两组线圈所绕的方向相反,用户只须对其中的

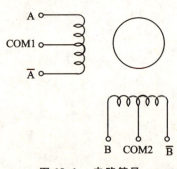

图 19.1 电路符号

一组线圈激磁,便可改变定子磁场的极性;因此,不可将 A 相及 $\overline{A}$ 相(或 B 相及 $\overline{B}$ 相)线圈同时激磁。

2 相双绕组步进电机共有 6 条信号线,其辨认方法为以三用电表的 Ω 档分别两两测试,如图 19.1 所示。仅 A－COM1－$\overline{A}$ 或 B－COM2－$\overline{B}$ 能两两导通,但 A－$\overline{A}$ 之间的阻抗稍大于 A－COM1 及 COM1－$\overline{A}$ 之间的阻抗,B－COM2－$\overline{B}$ 亦然。用此方法即可轻易辨认出这 6 条信号线。

步进电机的旋转,是利用线圈磁感应的原理,由缠绕在定子上的线圈吸引转子转动,而达到控制的目的。而将 DC 电流通过定子线圈以建立磁场的方式,便称为激磁。当欲控制步进电机做正确的定位与控制,则必须依一定的顺序对各相线圈进行激磁。2 相式步进电机其线圈激磁的方式,可分为 1 相激磁、2 相激磁及 1-2 相激磁三种。

步进电机激磁顺序:
① 1 相激磁的顺序;
② 2 相激磁的顺序;
③ 1-2 相激磁的顺序。

19.1.1　1 相激磁

1 相激磁为任何时间,只有一组定子线圈激磁,如图 19.2 所示。图(a)中激磁相序若依 A(Φ_1)→B(Φ_2)→$\overline{A}$(Φ_3)→$\overline{B}$(Φ_4)顺序,则步进电机顺时钟(CW)转动;图(b)中激磁相序 $\overline{B}$(Φ_4)→$\overline{A}$(Φ_3)→B(Φ_2)→A(Φ_1)顺序,则步进电机逆时钟(CCW)转动。使用 1 相激磁方式所驱动的步进电机其输出转矩(torque)较小。

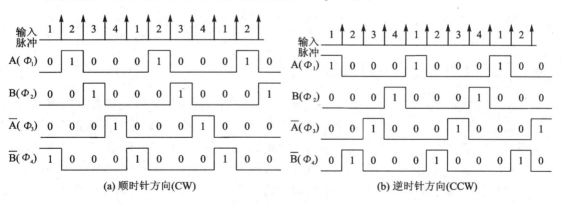

图 19.2　1 相激磁相序

19.1.2 2 相激磁

2 相激磁为任何时间,同时有两组定子线图激磁,如图 19.3 所示。图(a)中激磁相序依(A, B)→(B, $\overline{A}$)→($\overline{A}$, $\overline{B}$)→($\overline{B}$, A)→(A, B)顺序,每次均有两相同时激磁,波形前沿依 A→B→$\overline{A}$→$\overline{B}$ 顺序变动,则步进电机依顺时钟方向转动;图(b)中激磁顺序依($\overline{B}$, $\overline{A}$)→($\overline{A}$, B)→(B, A)→(A, $\overline{B}$)→($\overline{B}$, $\overline{A}$)顺序,每次均有两相同时激磁,波形前沿依 $\overline{B}$→$\overline{A}$→B→A顺序变动,步进电机为逆时钟方向转动。使用2相激磁方式驱动,步进电机的输出转矩比1相激磁大。4相步进电机通常使用这种方式驱动。

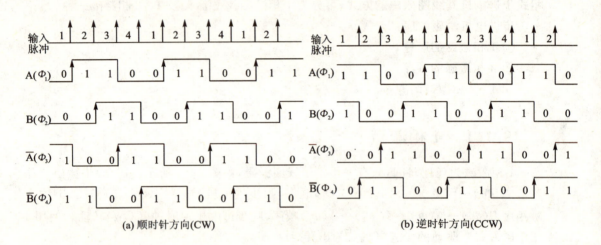

图 19.3 2 相激磁相序

19.1.3 1-2 相激磁

1-2 相激磁为 1 相激磁与 2 相激磁交替使用。此种方式驱动步进电机可达到半步控制以增加步进电机的定位分辨率。例如,每转一圈为 200 步(步进角 1.8°)的步进电机,若采用 1-2 相激磁方式驱动,则旋转一圈变成 400 步,步进角变成 0.9°。图 19.4(a)中激磁相序为($\overline{B}$, A)→(A)→(A, B)→(B)→(B, $\overline{A}$)→($\overline{A}$)→($\overline{A}$, $\overline{B}$)→($\overline{B}$)顺序,每 8 步一循环,步进电机依顺时钟方向转动。图 19.4(b)为逆时钟转动,激磁相序相反。

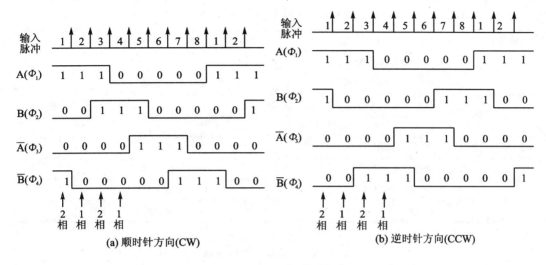

图 19.4　1-2 相激磁相序

19.1.4　PMM8713 介绍

PMM8713 是 3 相/4 相步进电机专用控制 IC。由于它是以 CMOS 技术做成的 IC,因此可使用 4～18 V 范围的工作电压,具有激磁监视的功能。图 19.5 为其引脚图,各引脚说明如表 19.1 所列。在 3 相或 4 相步进电机中,其 1 相激磁、2 相激磁或 1-2 相激磁,可由 Φ_C、E_A 和 E_B 的输入来设置,其详细情形请参阅表 19.2 所列。

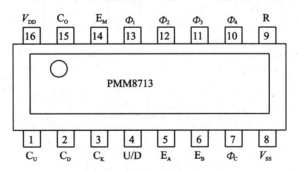

图 19.5　PMM8713 引脚图

PMM8713 脉冲的输入方式,有个别方向脉冲输入和脉冲与方向切换输入两种,如图 19.6 所示。用户可根据需要选择其中的一种方式,配合 E_A、E_B 的激磁模式设置,可使输出 $\Phi_1 \sim \Phi_3$(3 相)或 $\Phi_1 \sim \Phi_4$(4 相)依输入脉冲的频率与旋转的方向产生用户需要的激磁顺序。

8051 单片机 USB 接口 Visual Basic 程序设计

表 19.1   PMM8713 引脚说明

引脚编号	符号	说明	引脚编号	符号	说明
1	C_U	脉冲输入 UP CLOCK	9	R	Reset
2	C_D	脉冲输入 DOWN CLOCK	10	Φ_4	输出 引脚编号 10～13（4 相）
3	C_K	脉冲输入 CLOCK	11	Φ_3	输出 引脚编号 11～13（3 相）
4	U/D	旋转方向切换（0）DOWN（1）UP	12	Φ_2	输出
5	E_A	激磁模式切换	13	Φ_1	输出
6	E_B	激磁模式切换	14	E_M	激磁监视
7	Φ_C	3/4 相切换	15	C_O	输入时钟监视
8	V_{SS}	GND	16	V_{DD}	电源输入 4～18 V

表 19.2   PMM8713 的功能

激磁方式		Φ_C	E_A	E_B	C_U	C_D	C_K	U/D	R	C_O	E_M	Φ_1	Φ_2	Φ_3	Φ_4
		输入								输出					
3 相	1-2 激磁	0	1	1	×	×	×	×	0	—	1	1	0	1	0
	2 激磁	0	0	0	×	×	×	×	0	—	1	1	0	1	0
	1 激磁	0	0,1,1,0	×	×	×	×	×	0	—	0	1	0	0	0
4 相	1-2 激磁	1	1	1	×	×	×	×	0	—	1	1	0	0	1
	2 激磁	1	0	0	×	×	×	×	0	—	1	1	0	0	1
	1 激磁	1	0,1,1,0	×	×	×	×	×	0	—	0	1	0	0	0

注：×表示不必关心；—表示不定。

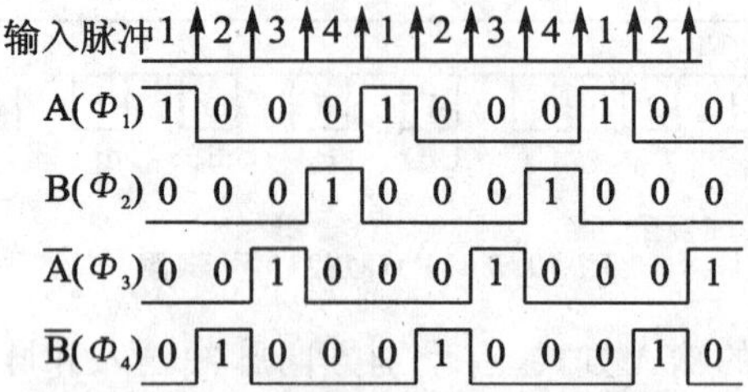

```
输入脉冲 1↑2↑3↑4↑1↑2↑3↑4↑1↑2↑
A(Φ₁)   1 0 0 0 1 0 0 0 1 0 0
B(Φ₂)   0 0 0 1 0 0 0 1 0 0 0
Ā(Φ₃)   0 0 1 0 0 0 1 0 0 0 1
B̄(Φ₄)   0 1 0 0 0 1 0 0 0 1 0
```

图 19.6   PMM8713 脉冲输入方式

步进电机输出实验

当电源电压为 5 V 时,PMM8713 理论上可输入 1 MHz 脉冲,其交流特性如图 19.7 所示。用户在使用时,应先查阅其特性(见表 19.3),以便获得完善的结果。

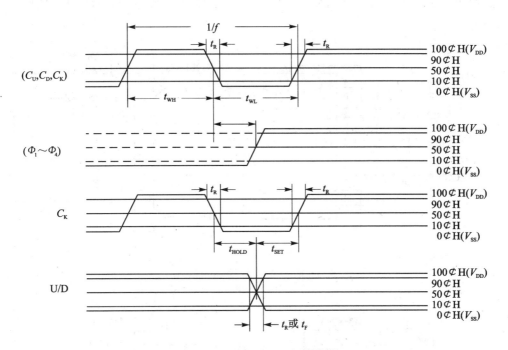

图 19.7　PMM 8713 交流特性

表 19.3　特性参数

项　目	符　号	V_{DD}/V	条　件	规格值			单　位
				最小	标准	最大	
最大时钟频率	f_{MAX}	5	$t_R = t_R = 20$ ns	1			MHz
		15	$C_L = 50$ pF	2			
最小时钟频率	t_{WL}	5	$t_R = t_R = 20$ ns			500	
	t_{WH}	15	$C_L = 50$ pF			250	
最小重置脉宽	t_{WR}	5	$t_R = t_R = 20$ ns			1 000	
		15	$C_L = 50$ pF			500	
延迟时间	t_{PD}	5	$t_R = t_R = 20$ ns			2 000	
		15	$C_L = 50$ pF			1 000	
设置时间	t_{SET}	5	$t_R = t_R = 20$ ns	0			
		15	$C_L = 50$ pF	0			
保持时间	t_{HOLD}	5	$t_R = t_R = 20$ ns	250			
		15	$C_L = 50$ pF	125			

PMM8713 实际的应用电路如图 19.8 和 19.9 所示,其为 4 相步进电机,使用 1-2 相激磁方式,采用个别脉冲输入。其中 $\Phi_1 \sim \Phi_4$ 各项的输出电流可达 20 mA,因此可直接驱动一般晶体管,至于 C_O 端子的脉冲监视及 E_M 激磁监视,则视需求而定。

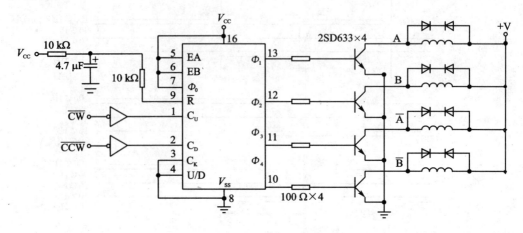

图 19.8　PMM 8713 应用实例

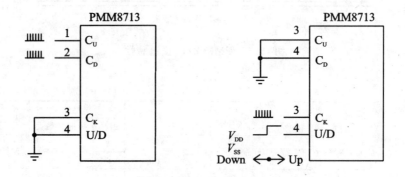

图 19.9　PMM8713 脉冲输入方法

这个输出实例实验以 USB 接口来传输数据,并选择正转或反转的步进角。图 19.10 为电路设计图。其中,PA5 接 E_B,PA4 接 E_A,PA3 接 U/D,P2 接 C_K,PA1 接 C_D,PA0 接 C_U。但请读者注意,若要测试这个实验,请在 USB I/O 实验器指拨开关 SW1 上,调整"Step"的选择为使能(接至 5 V)状态。

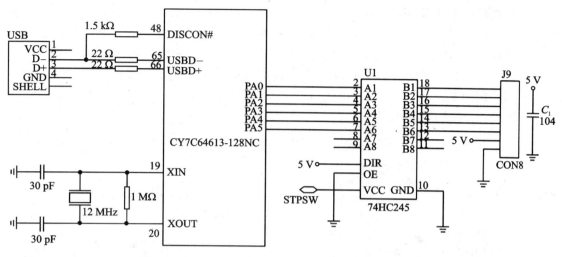

图 19.10　EZ-USB FX 与步进电机的输出实验电路图

19.2　固件程序代码的 EEPROM 烧录程序

同样地,根据稍前的实验范例所描述的内容,须将该程序代码烧录至 EEPROM 中。当然,用户还是必须先回复 EEPROM 的前 7 个符合 Cypress 所预设的数值。在回复后,用户才可再把 DMA-USB FX 开发系统连接至 PC 主机上。

在固件程序代码的烧录过程中,设计 USB 外围设备即步进电机的输出实验的 VID/PID 码为 0x1234/0x0006。根据第 18 章的 EEPROM 的烧录过程,也可以选择 0xB2 与 0xB6(针对 FX 系列)烧录格式或选择 0xB0 与 0xB4(针对 FX 系列)的自动下载烧录格式。

用户可以针对所要烧录格式,分别加以下载与烧录。以下列出固件程序代码放置的位置:

- B0 与 B4 的自动下载格式:\CH19\B0_4\USB_MOTOR.B0 或 USB_MO-TOR.B4。
- B2 与 B6 烧录格式:\CH19\B2_6\USB_MOTOR.B2 或 USB_MOTOR.B6。

19.3　INF 安装信息文件的编写

根据第 18 章的 INF 安装信息文件的内容,可以知道 USB 步进电机设备被设计并仿真成一个 HID 人工接口设备。若用户不去更改该安装信息文件，依然可以使用 Windows 下所支持的驱动程序以及 HID 群组的安装信息文件。当然用户可以稍微去更改一下，以了解 INF 安装信息文件与整个开发 USB 外围设备过程的关联性。

若用户烧录的是 B2（或 B6）格式，则可以根据步进电机的 VID/PID 码的设计，分别设置为 0x1234/0x0006。因此，用户可以在光盘中的 \Ch19\b2_6\USB_MOTOR.INF 中，更改这两个数值。

```
[DMAUSB]
;Uses the DMAUSB Vendor ID (1234)
;Uses the Product ID 0006
%USB\VID_1234&PID_0006.DeviceDesc% = IOHID, USB\VID_1234&PID_0006
…
[Strings]
Provider = "DMAUSB"
MfgName = "DMAUSB"
USB\VID_1234&PID_0004.DeviceDesc = "USB HID 步进电机输出设备"
```

此时，若用户更改完毕，或直接使用这个 INF 文件，则可将烧录好的 DMA－USB FX 开发系统接上 USB 缆线。此时，Windows 98 SE 或 Windosw ME 操作系统就会发现新增硬件，并要求安装其驱动程序。用户即可选择这个 USB_MOTOR.INF 文件。这样，就可得到如图 19.11 所示的设备管理器的项目。当然，如果用户使用的是 Win-

图 19.11　USB HID 步进电机输出实验的人工接口设备

dows 2000 或 Windows XP 操作系统，则不会显示这个定义项目名称。

若用户烧录的是 B0 或 B4 自动下载格式，则请用户选择在光盘中的\Ch19\b0_4\AL_USB_MOTOR.INF 安装信息文件。

用户安装完毕后，可以执行登录编辑器的应用程序来查看是否包含这个 0x1234/0006 的 VID/PID 码。

19.4 Visual Basic 程序代码设计

根据稍前步进电机的基本介绍，在固件程序代码的部分，用户仅须设置 PA 为输出来驱动步进电机的正反转，以及所要转动的角度。因此，可以依此通过 Visual Basic 来加以设计与测试。其中，外围接口 PA，在第一个送出的字节中，以 0x10 来设置正转，而 0x20 则设置为反转。

以下列出步进电机的输出 Visual Basic 范例程序代码：

```
'USB CH19 范例程序——步进电机的输出测试
'USBHID 有四个 API 函数
'opendevice：开始与 HID 设备通信
'Writedevice：传送数据到 HID 设备
'Readdevice：从 HID 设备接收数据
'closedevice：结束与 HID 设备通信
Dim ct
Public hid As New newdll
Const MyVendorID = &H1234
Const MyProductID = &H6
Dim Timeout As Boolean
'对象名称:Command1           事件名称:Click
'单击"开启传送数据"按钮
'打开一个符合 VID/PID 码的 HID 设备，并将"传送－步进角"文本框中的数值加以送出
'每 50 ms 间隔，激活一次定时器

Private Sub Command1_Click()
Dim hiddevice As Boolean
Dim send(7) As Byte
Dim recevice() As String

hiddevice = hid.opendevice(MyVendorID, MyProductID)
Text1.Text = hiddevice
```

```
If hiddevice = True Then '若有设备,则进传送接收
send(0) = ct
send(1) = Text2.Text
hid.Writedevice send()
Timeout = False
Timer1.Enabled = True
Timer1.Interval = 50
Do
    DoEvents
Loop Until Timeout = True
recevice() = hid.Readdevice
Text3.Text = recevice(0)
Else '若没有设备则延时
DoEvents
End If
hid.closedevice
End Sub
```

'对象名称:Command2   事件名称:Click
'"单击"正转"按钮
'设置步进电机的正反转

```
Private Sub Command2_Click()
If ct = 0 Then
Command2.Caption = "反转"
'send(0) = 0
ct = 1
Else
Command2.Caption = "正转"
'send(0) = 1
ct = 0
End If
End Sub
```

'对象名称:Frame1   事件名称:DragDrop
'"显示"是否有HID设备"的文本框(Text1)内的状态
'若发现一个用户所要寻找的HID设备,则显示"True",否则显示"False"
Private Sub Frame1_DragDrop(Source As Control, X As Single, Y As Single)

End Sub

'对象名称:text2　　　　　事件名称:KeyPress
'"传送－步进角"之文本框
'限制文字方块输入范围　a～f, A～F, 0～9

Private Sub text2_KeyPress(KeyAscii As Integer)
If (Chr$(KeyAscii) Like "[!A-Fa-f0-9]") Then KeyAscii = 0
End Sub

'对象名称:timer1　　　　　事件名称:Timer
'设置每隔 50 ms 激活定时器
'激活 USB 设备的传送与接收的时间间隔

Private Sub timer1_Timer()
Timeout = True
Timer1.Enabled = False
End Sub

这个范例程序代码放在光盘目录的 \Ch19\ 路径下。而程序执行后,即可产生如图 19.12 所示的 Visual Basic 应用程序的执行情况。

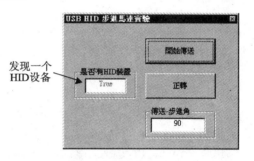

图 19.12　USB 步进电机 VB 应用程序测试情形

19.5　问题与讨论

1. 请用户分别执行 B2(或 B6)格式以及 B0(或 B4)格式的固件程序代码的下载方式。

2. 请自定义一个新的 VID/PID 码,并同时更改 VB 应用程序代码,使其能达到控制步进电机输出的目的。

3. 请更改本章的范例,多增加单一/连续输出按钮的切换功能。

4. 请修改 INF 文件,并于 Windows 98/ME 操作系统下的设备管理器中显示"USB HID 测试设备"的项目。

5. 同上一题,并于 Windows 2000/XP 操作系统下操作,并观察设备管理器的项目。

第 20 章

I²C 接口输入/输出实验

本章将直接应用 EZ-USB FX 芯片所具备的 I²C 总线来执行 USB 接口的输入与输出实验。以下将详细地介绍 I²C 接口的基本特性与功能,并以 I²C 总线的扩充 IC,即 PCF8574 来执行输入与输出的控制。

20.1 硬件设计与基本概念

I²C 是 Inter-Integrated Circuit 的英文缩写,也就是 IC 与 IC 之间沟通的一种总线架构。由于传统的并行端口总线采用了平行的架构,所以 IC 之间接线较多,且需要相对的译码电路,这样也就更难以去控制存取与使用。在具备 I²C 总线功能的组件中,由于其地址已内建在组件里,因此只需要两条引脚(SDA、SCL)就能传送数据,其可靠性和安全性都较佳;此外,每个具有 I²C 总线的 IC 均可视为独立的模块。

数字 IC 的 I/O 一般可分为图腾极(totem-pole)、开极集和三态三种方式。I²C 接口本身则为开泄极或开极集的构造,因此需要外加电源,并且加上提升电阻才能够使用;若直接连接则是无法使用的。I²C 总线包括两条引脚,一条为 SCL(Serial Clock),另一条则为 SDA(Serial Data)。而每一个连接在 I²C 总线上的组件,不论是微处理器、LCD 驱动器、内存或其他的组件均有其各自独立的地址,且这些地址在组件出厂时就已经决定。因此,各组件在总线上的存取动作均会通过地址的设置来加以进行。此外,I²C 总线也允许多重主控者(multi-主控者)的操作模式,也即是,只要有主控者能力的组件,均可取得总线上的主控制权或仲裁权。

Cypress EZ-USB FX 系列包含一组通用型的 I^2C 接口,可经过 8051 去存取以 SCL 与 SDA 引脚所连接的标准 I^2C 设备。而 I^2C 接口实际上是双用途的,除了在设备列举期间,作为 ID/激活加载器外,一旦 8051 开始执行,也可作为一般目的之用的 8051 接口。

在这个范例中,使用了两个 Philips PCF8574 I/O 扩展芯片,分别连接至 I^2C 总线以及供给 8 个通用的输入/输出位:一个连接 8 位指拨开关,另一个连接七段显示器。

对于 PCF8574 组件的相关细节,请参阅 Philips 网站的详细内容。以下仅简单地列出其大致的内容。

1. I^2C 总线远程 8 位扩展器,Philips PCF8574

(1) 特　点

① 工作电压范围 2.5～6 V。

② 低 standby 电流消耗,最大可至 10 μA。

③ I^2C 至并行端口的扩充。

④ 开路泄极中断输出。

⑤ I^2C 总线的 8 位远程 I/O 端口。

⑥ 可与大部分的控制器兼容。

⑦ 具有高电流驱动的锁存输出,能直接驱动 LED。

⑧ 能通过 3 个硬件地址的引脚扩充寻址至 8 个设备(PCF8571A 可达 16 个)。

⑨ DIP 16 或节省空间的 SO16 或 SSOP 20 封装。

图 20.1 是 PCF8574 的基本框图。

(2) 引　脚

PCF8574 的引脚如图 20.2 所示。

(3) 引脚定义

PCF8574 是一个由硅做成的 CMOS 电路,可通过 I^2C 总线,提供给大多数的控制器一般用途的 I/O 端口。这个设备是由 8 位伪-双向端口和 I^2C 总线接口所组成的。PCF8574 具有低电流消耗的特性,并且包含具有能直接驱动 LED 的高电流驱动能力的锁存输出。PCF8574 引脚的相关定义如表 20.1 所列。

此外,它也能够连接至电脑中断逻辑的中断引线(INT#),并通过此引线可送出一个中断信号。如果此时在其端口上有数据进来,则无须经过 I^2C 总线来通信,而用远程 I/O 就能通知微处理器做进一步的控制与操作。

这意味着,PCF8574 仍能维持一个简单的"从"设备。

PCF8574 与 PCF8574A 版本的不同之处,在如图 20.3 所示的"从"地址。

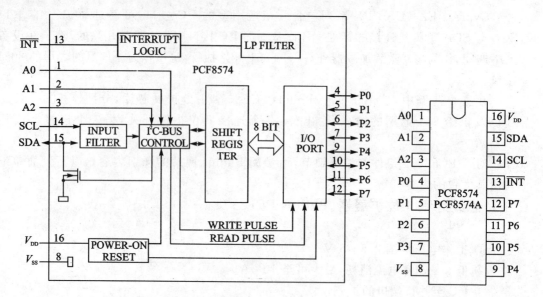

图 20.1　PCF8574 的基本框图　　　　图 20.2　PCF8574 的引脚图

表 20.1　PCF8574 引脚的相关定义

引脚符号	DIP16；SO16封装	SSOP20封装	描　述	引脚符号	DIP16；SO16封装	SSOP20封装	描　述
A0	1	6	输入地址 0	P6	11	19	准双向 I/O Port 6
A1	2	7	输入地址 1	P7	12	20	准双向 I/O Port 7
A2	3	9	输入地址 2	INT	13	1	中断输出(active LOW)
P0	4	10	准双向 I/O Port 0	SCL	14	2	串行时钟线
P1	5	11	准双向 I/O Port 1	SDA	15	4	串行数据线
P2	6	12	准双向 I/O Port 2	V_{DD}	16	5	电源
P3	7	14	准双向 I/O Port 3	n. c.	—	3	无连接
V_{SS}	8	15	接地	n. c.	—	8	无连接
P4	9	16	准双向 I/O Port 4	n. c.	—	13	无连接
P5	10	17	准双向 I/O Port 5	n. c.	—	18	无连接

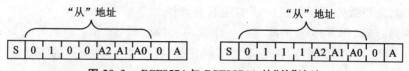

图 20.3　PCF8574 与 PCF8574A 的"从"地址

(4) 设置地址

PCF8574 组件的 I²C 外围端口使用了表 20.2 所列的字段来寻址：

① "从"地址（0100 是针对 PCF8574 所配置的）。

② 次地址由 PCF8574 的 A0～A2 脚位，根据所连接的高电位或低电位来设置。

③ 方向位（b0），0 表示写入，1 表示读取。

"命令字节"则表示字节值使用在地址 U9 及 U11。因此，作为输出（写入）的七段显示器的地址是 0x21，而作为输入（读取）的指拨开关的地址是 0x20。相对地，I²C 串行数据处理的第一个字节若分为写入与读出两种模式，则其可分别设定为 0x42 和 0x41。

表 20.2　EZ–USB FX PCF8574 I/O 扩充菜单

PCF8574	地址	次地址	方向	用途	注意
U13	0100	001	0	七段显示器	b=0 设置为写入
U12	0100	000	1	指拨开关	b=1 设置为读取
	命令字节				

这个范例实验以 USB 接口来传输数据，并通过 I²C 总线所连接的 I²C 扩充 IC 即 PCF8574 输入/输出至七段显示器和指拨开关。图 20.4 显示了其电路图。注意，若要测试这个实验，就无须调整 PRO-OPEN USB 通用实验器指拨开关 SW1，都可执行 I²C 的总线控制。

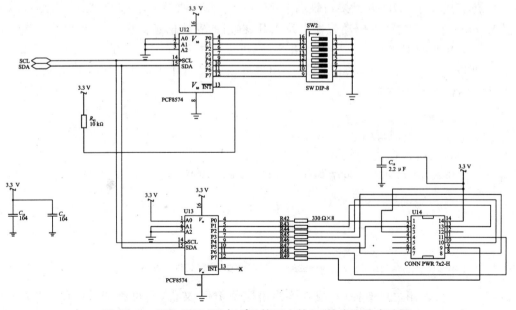

图 20.4　EZ–USB FX 与 I²C 接口之输入/输出实验电路图

20.2 固件程序代码的 EEPROM 烧录程序

根据稍前的实验范例所描述的内容，须将这个程序代码烧录至 EEPROM 中。当然，用户还是必须先回复 EEPROM 的前 7 个符合 Cypress 所预设的数值。在回复后，用户才可再把 DMA - USB FX 开发系统连接至 PC 主机上。

在固件程序代码的烧录过程中，设计 USB 外围设备即 I^2C 输入/输出实验的 VID/PID 码为 0x1234/0x0007。根据第 19 章 EEPROM 的烧录过程，也可以选择 0xB2 与 0xB6（针对 FX 系列）烧录格式或选择 0xB0 与 0xB4（针对 FX 系列）的自动下载烧录格式。

用户可以针对所要烧录格式，分别加以下载与烧录。以下列出固件程序代码放置的位置：

- B0 与 B4 的自动下载格式：\CH20\B0_4\USB_I2C.B0 或 USB_I2C.B4。
- B2 与 B6 烧录格式：\CH19\B2_6\USB_I2C.B2 或 USB_I2C.B6。

20.3 INF 安装信息文件的编写

根据第 19 章 INF 安装信息文件的内容，可以知道 USB I^2C 输入/输出设备被设计并仿真成一个 HID 人工接口设备。若用户不去更改该安装信息文件，依然可以使用 Windows 下所支持的驱动程序以及 HID 群组的安装信息文件。

若用户烧录的是 B2（或 B6）格式，则可以根据该步进电机的 VID/PID 码的设计，分别设置为 0x1234/0x0007。因此，用户可以在光盘中的 \Ch20\b2_6\USB_I2C.INF 中，更改这两个数值。

```
[DMAUSB]
;Uses the DMAUSB Vendor ID (1234)
;Uses the Product ID 0007
% USB\VID_1234&PID_0007.DeviceDesc % = IOHID, USB\VID_1234&PID_0007
⋮
[Strings]
Provider = "DMAUSB"
MfgName = "DMAUSB"
USB\VID_1234&PID_0007.DeviceDesc = "USB HID I²C 输出入设备"
```

此时，若用户更改完毕，或直接使用这个 INF 文件，则可将烧录好的 DMA - USB FX 开发系统接上 USB 缆线。此时，Windows 98 SE 或 Windows ME 操作系统就会发现新增硬件,并要求安装其驱动程序。用户即可选择这个 USB_I2C.INF 文件。这样,就可得到如图 20.5 所示的设备管理器的项目。

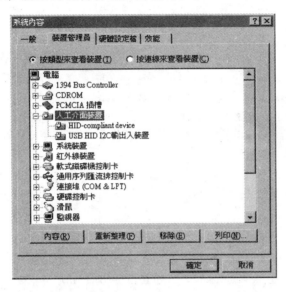

图 20.5　USB I²C 输入/输出实验的人工接口设备

若用户烧录的是 B0 或 B4 自动下载格式,则请用户选择在光盘中的\Ch20\b0_4\AL_USB_I2C.INF 安装信息文件。

用户安装完毕后,可以执行登录编辑器应用程序来查看是否包含这个 0x1234/0007 的 VID/PID 码。

20.4　Visual Basic 程序代码设计

根据稍前的 I²C 的基本介绍,在固件程序代码部分,用户仅须分别设置一个输入/输出的对话框,依序传输与接收 I²C 接口的数值。同样地,也可直接引用 USB_HID.DLL 动态链接文件。

以下列出 I²C 的输入/输出的 Visual Basic 范例程序代码:

```
'USB CH20 范例程序——I²C 输入/输出测试
'USBHID 有四个 API 函数
'opendevice：开始与 HID 设备通信
'Writedevice：传送数据到 HID 设备
'Readdevice：从 HID 设备接收数据
```

8051 单片机 USB 接口 Visual Basic 程序设计

'closedevice：结束与 HID 设备通信

```
Public hid As New USBHID
Const MyVendorID = &H1234
Const MyProductID = &H7
Dim Timeout As Boolean
```

'对象名称:Command1   事件名称:Click
'单击"开启传送数据"按钮
'打开一个符合 VID/PID 码的 HID 设备,并将"传送 – I²C"文本框中的数值加以送出
'每 50 ms 间隔,激活一次定时器

```
Private Sub Command1_Click()
Dim hiddevice As Boolean
Dim send(7) As Byte
Dim recevice() As String

hiddevice = hid.opendevice(MyVendorID, MyProductID)
Text1.Text = hiddevice
If hiddevice = True Then
send(0) = Val("&H" + Text2.Text)
hid.Writedevice send()
Timeout = False
Timer1.Enabled = True
Timer1.Interval = 50
Do
    DoEvents
Loop Until Timeout = True
recevice() = hid.Readdevice
Text3.Text = recevice(0)
End If
hid.closedevice
End Sub
```

'对象名称:Frame1   事件名称:DragDrop
'"显示"是否有 HID 设备"的文本框(Text1)内的状态
'若发现一个用户所要寻找的 HID 设备,则显示"True",否则显示"False"

```
Private Sub Frame1_DragDrop(Source As Control, X As Single, Y As Single)
```

End Sub

'对象名称:text2   事件名称:KeyPress
'"传送－步进角"之文本框
'限制文字方块输入范围　a～f, A～F, 0～9

Private Sub text2_KeyPress(KeyAscii As Integer)
If (Chr $ (KeyAscii) Like "[! A－Fa－f0－9]") Then KeyAscii = 0
End Sub

'对象名称:text3   事件名称:KeyPress
'"接收－I²C"之文本框
'限制文字方块输入范围　a～f, A～F, 0～9

Private Sub Text3_KeyPress(KeyAscii As Integer)
If (Chr $ (KeyAscii) Like "[! A－Fa－f0－9]") Then KeyAscii = 0,
End Sub

'对象名称:timer1   事件名称:Timer
'设置每隔 50 ms 激活定时器
'激活 USB 设备的传送与接收的时间间隔

Private Sub timer1_Timer()
Timeout = True
Timer1.Enabled = False
End Sub

这个程序代码范例放在光盘目录的\Ch20\路径下。而程序执行后,即可产生如图 20.6 所示的 Visual Basic 应用程序执行界面。

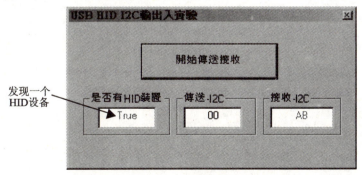

图 20.6　USB I²C 应用程序测试的状况

20.5　问题与讨论

1. 请用户分别执行 B2（或 B6）格式以及 B0（或 B4）格式的固件程序代码的下载方式。

2. 请自定义一个新的 VID/PID 码，并同时更改 VB 应用程序代码，使其能达到控制 I^2C 输出入的目的。

3. 请更改本章的范例，多增加单一/连续输出按钮的切换功能。

4. 请修改 INF 文件，并于 Windows 98/ME 操作系统下的设备管理器中显示"USB HID 测试设备"的项目。

5. 同上一题，请于 Windows 2000/XP 操作系统下操作，并观察设备管理器的项目。

第 21 章

USB A/D 与 D/A 转换器实验

本章以 A/D 与 D/A 转换器作为简易输入/输出实验。通过本章所编译后的固件程序代码,即可让所设计的硬件电路可以如同 8051 单片机一样可以单独运行。以下将介绍如何以 A/D 与 D/A 转换器来执行 EZ-USB FX 芯片组接口的输出实验步骤。其中,通过直流电机作为 D/A 转换器输出实验范例,并以 A/D 转换器输出至 LED 列的方式来显示 A/D 转换的数值。

21.1 A/D 转换器

21.1.1 硬件设计与基本概念

1. ADC0804 芯片介绍

ADC0804 是一颗 8 位渐近式 CMOS 型 A/D 转换器,能够将输入的模拟电压信号转换为数字信号输出。其主要特性如下:

- 分辨率为 8 位。
- 转换时间约为 100 μs。
- 误差值最大为 ±1 LSB。
- 差动式模拟电压输入。
- 内置脉冲发生器。

- 可与 TTL 或 MOS 直接匹配。

图 21.1 为 ADC0804 的引脚图,按其功能将引脚分为以下几类:

(1) 电源线

① V_{CC}:电源输入端,接 +5 V,若第 9 引脚 ($V_{REF}/2$)悬空,则参考电压 V_{REF} 的值等于 V_{CC}。亦即,此引脚可当做参考电压的输入端。

② DGND:数字信号接地端。

③ AGND:模拟信号接地端。

(2) CPU 接口信号

① DB0~DB7:三态控制数据输出总线,DB7 为 MSB,DB0 为 LSB。当芯片选择信号($\overline{CS}$)与读取控制信号($\overline{RD}$)为低电位时,数据输出总线被使能,送出数据。

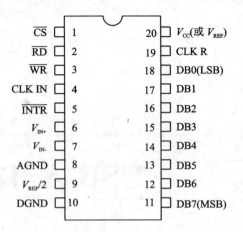

图 21.1 ADC0804 的引脚图

② $\overline{CS}$:芯片选取信号,低电位有效。

③ $\overline{WR}$:写入控制信号,低电位有效。当 $\overline{CS}=0$ 且 $\overline{WR}=0$ 时,ADC0804 内部重置,此时中断请求信号 $\overline{INTR}$ 变成高电位,ADC0804 在 $\overline{WR}$ 信号前沿时激活 A/D 转换。

④ $\overline{RD}$:读取控制信号,低电位有效。当 $\overline{CS}=0$ 且 $\overline{RD}=0$ 时,数据输出总线(DB7~DB0)使能,读取 A/D 转换数据,同时中断请求信号被设置为 1。

⑤ $\overline{INTR}$:中断请求信号,低电位有效。$\overline{INTR}$ 信号平时为高电位,当 A/D 转换完毕后,$\overline{INTR}$ 信号降为低电位,直到 A/D 转换数据被读取或重新激活 A/D 转换为止。

(3) 模拟信号线

① $V_{REF}/2$:1/2 参考电压输入端。参考电压值决定模拟信号的电压范围。若参考电压为 5 V,表示模拟信号的电压上限为 5 V。ADC0804 的参考电压设置有两种方式:一种由 ADC0804 的内部分压电路提供,则必须将 $V_{REF}/2$ 引脚浮接,此时模拟信号的电压上限为 5 V。另一种由外部设置,使用 $V_{REF}/2$ 引脚设置参考电压。参考电压为 $V_{REF}/2$ 引脚电压的 2 倍。当 $V_{REF}/2$ 引脚电压为 2.5 V 时,参考电压为 5 V。图 21.2 为参考电压的接法。

② V_{IN+}/V_{IN-}:模拟信号输入端。模拟信号的输入方式可分为差动输入方式及单端输入方式。差动输入方式可使两信号共同存在的噪声(共模噪声)减少到最低程度。图 21.3 为模拟电压的输入方式。

USB A/D 与 D/A 转换器实验

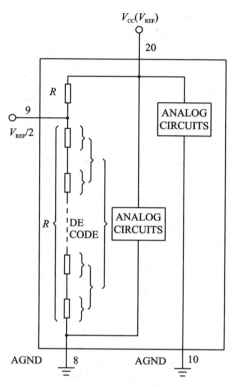

(a) 内部参考电压接法

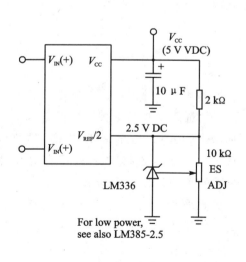

(b) 使用参考电压元件

(c) 外加调整电压

图 21.2 参考电压接法

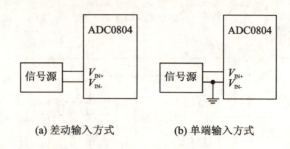

(a) 差动输入方式　　　　(b) 单端输入方式

图 21.3　模拟电压的输入方式

(4) 时钟信号线

① CLK IN:时钟输入端。ADC0804 的时钟信号可由外部供应,外部时钟频率范围约为 100~800 kHz。时钟信号由时钟输入端(CLK IN)输入,或由 ADC0804 内部自激振荡产生,但必须和时钟输出端(CLK R)配合,其接法如图 21.4 所示,振荡频率为:$f_{CLK}=1/(1.1RC)$。若 $R=10$ kΩ,$C=150$ pF,则振荡频率 $f_{CLK}=606$ kHz。

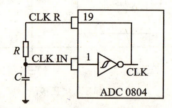

图 21.4　使用 ADC0804 内部时钟发生器电路图

② CLK R:时钟输出端。

2. 控制 ADC0804 的方法

(1) ADC0804 的写入时序

ADC0804 的写入时序图如图 21.5 所示。当芯片选择信号($\overline{CS}$)及写入控制信号($\overline{WR}$)为低电位时,ADC0804 内部重置将中断请求信号($\overline{INTR}$)设置为高电位。$\overline{WR}$ 信号由低电位升至高电位(前沿)时,ADC0804 进行 A/D 转换,转换时间为 1~8 个振荡周期($1/f_{CLK}$)。当 A/D 转换完毕后,会将数字数据存在输出锁存器中,并将 $\overline{INTR}$ 信号设置为低电位,以通知 CPU 来读取数据。$\overline{INTR}$ 信号持续保持低电位,直到 CPU 读取数据或下一次重置时,$\overline{INTR}$ 信号才会由低电位转换成高电位。

(2) ADC0804 读取时序图

ADC0804 读取时序图如图 21.6 所示。当 ADC0804 执行 A/D 转换完毕后,其中断请求信号($\overline{INTR}$)会降为低电位以请求 CPU 读取数据。CPU 下达控制信

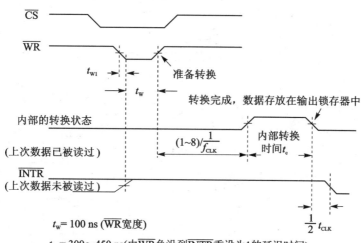

图 21.5 ADC0804 写入时序图

号 $\overline{CS}=0$ 及 $\overline{RD}=0$ 时,$\overline{INTR}$ 信号由低电位升至高电位,数字数据由数据输出总线输出。

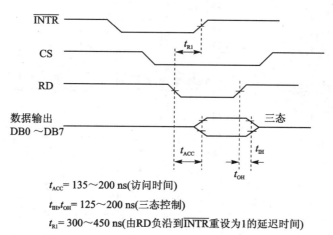

$t_{ACC}= 135\sim200$ ns(访问时间)

$t_{IH},t_{OH}= 125\sim200$ ns(三态控制)

$t_{R1}= 300\sim450$ ns(由 RD 负沿到 $\overline{INTR}$ 重设为1的延迟时间)

图 21.6 ADC0804 读取时序图

这个输入/输出范例实验以 EZ-USB FX 接口来读取或写入数据到 A/D 转换器中。如图 21.7 所示,为 A/D 转换器的电路设计图。但请读者注意,若要测试这个实验,请在 USB I/O 实验器的指拨开关 SW1 上,调整"ADC1"以及"ADC2"(同时)的选择为使能(接至5 V)状态。

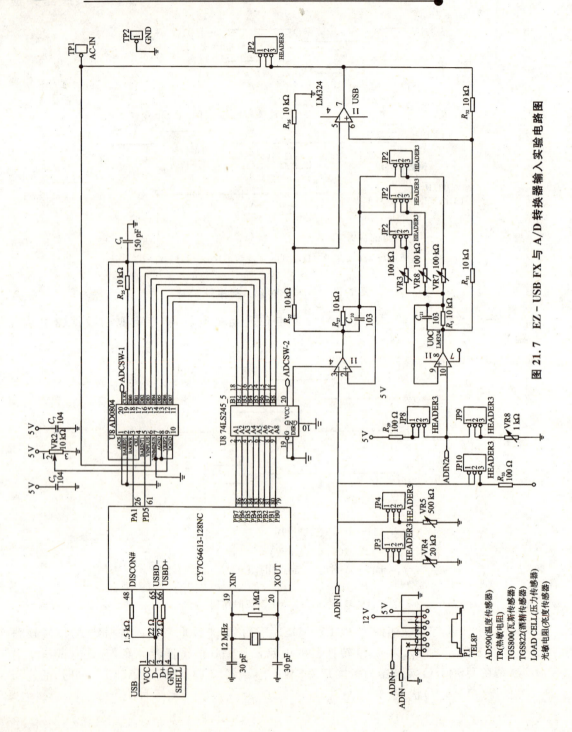

图 21.7 EZ-USB FX 与 A/D 转换器输入实验电路图

USB A/D 与 D/A 转换器实验 21

 21.1.2 固件程序代码的 EEPROM 烧录程序

根据稍前的实验范例所描述的内容,须将这个程序代码烧录至 EEPROM 中。当然,用户还是必须先回复 EEPROM 的前 7 个符合 Cypress 所预设的数值。在回复后,用户才可再把 DMA - USB FX 开发系统连接至 PC 主机上。

在固件程序代码的烧录过程中,设计 USB 外围设备即 A/D 转换器的输入实验的 VID/PID 码为 0x1234/0x0008。根据第 20 章的 EEPROM 的烧录过程,也可以选择 0xB2 与 0xB6(针对 FX 系列)烧录格式或选择 0xB0 与 0xB4(针对 FX 系列)的自动下载烧录格式。

用户可以针对所要烧录格式,分别加以下载与烧录。以下列出固件程序代码放置的位置:

- B0 与 B4 的自动下载格式:\CH21\AD\B0_4\USB_AD.B0 或 USB_AD.B4。
- B2 与 B6 烧录格式:\CH21\AD\B2_6\USB_AD.B2 或 USB_AD.B6。

 21.1.3 INF 安装信息文件的编写

根据 INF 安装信息文件的内容,可以知道 USB A/D 输入设备也被设计并仿真成一个 HID 人工接口设备。若用户不去更改该安装信息文件,依然可以使用 Windows 下所支持的驱动程序以及 HID 群组的安装信息文件。

若用户烧录的是 B2(或 B6)格式,则可以根据该 A/D 转换器的 VID/PID 码的设计,分别设置为 0x1234/0x0008。因此,用户可以在光盘中的\Ch21\AD\b2_6\USB_AD.INF 中,更改这两个数值。

```
[DMAUSB]
;Uses the DMAUSB Vendor ID (1234)
;Uses the Product ID 0008
% USB\VID_1234&PID_0008.DeviceDesc % = IOHID, USB\VID_1234&PID_0008
 ⋮
[Strings]
Provider = "DMAUSB"
MfgName = "DMAUSB"
USB\VID_1234&PID_0008.DeviceDesc = "USB HID A/D 输入设备"
```

此时,若用户更改完毕,或直接使用这个 INF 文件,则可将烧录好的 DMA - USB

·427·

8051 单片机 USB 接口 Visual Basic 程序设计

FX 开发系统接上 USB 缆线。此时，Windows 98 SE 或 Windows ME 操作系统就会发现新增硬件，并要求安装其驱动程序。用户即可选择这个 USB_AD.INF 文件。这样，就可得到如图 21.8 所示的设备管理器的项目。

若用户烧录的是 B0 或 B4 自动下载格式，则请用户选择在光盘中的\Ch21\AD\b0_4\AL_USB_AD.INF 安装信息文件。

图 21.8 USB A/D 输入实验的人工接口设备

用户安装完毕后，可以执行登录编辑器应用程序来查看是否包含这个 0x1234/0008 的 VID/PID 码。

21.1.4 Visual Basic 程序代码设计

根据稍前几章的基本介绍，在固件程序代码的部分，仅须设置一个输入对话框来接收 A/D 转换器的数值。而前几章已经介绍由 Windows HID API 函数所包装成的一个 VB DLL 链接程序文件，用户可直接调用该文件。在此不再加以介绍。

这个范例程序代码放在光盘目录的\Ch21\AD 路径下。而程序执行后，即可产生如图 21.9 所示的 Visual Basic 应用程序。用户可以通过所连接上的 AD590 温度传感器的变化,在该应用程序上采集相对应变化的数值。同等,也可在 LED 列上,观察该数值的变化情形。

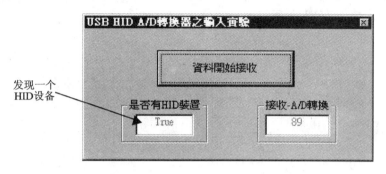

图 21.9　USB A/D 转换器实验的 VB 应用程序执行界面

21.2　D/A 转换器

21.2.1　硬件设计与基本概念

1. DAC0800 芯片介绍

当用户使用电脑来控制外界的 I/O 设备时,由于电脑仅能输出数字信号,而外界的 I/O 设备常需要模拟信号,故需要一个 D/A 转换器,将电脑的数字信号转换为控制用的模拟信号。

DAC0800 为电流输出型 8 位 D/A 转换器,数字输入信号每增加一个位(LSB),模拟输出电流则增加满刻度值的 1/256。当数字输入信号为 FFH(255)时,模拟输出电流为满刻度值的 255/256;当数字输入信号为 80H(128)时,则模拟输出电流为满刻度值的 128/256。DAC0800 主要特性如下:

- 稳定时间为 100 ns。
- 满刻度误差为 ±1 LSB。
- 工作温度范围内非线性误差为 ±1% 满刻度(FS)。
- 满刻度电流漂移率 $\pm 10 \times 10^{-6}/℃$。
- 可与 TTL、CMOS 或 PMOS 直接匹配。
- 工作电压范围为 ±(4.5~18)V。

● 低功耗（工作电压为±5 V）为 33 mW。

DAC0800 引脚如图 21.10 所示。典型应用电路图如图 21.11 所示。DAC0800 各引脚功能说明如表 21.1 所列。

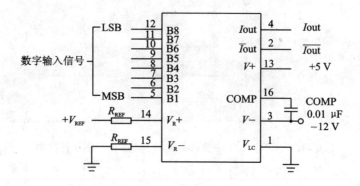

图 21.10　DAC0800 引脚图

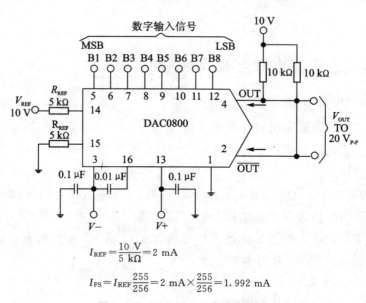

$$I_{REF} = \frac{10\ V}{5\ k\Omega} = 2\ mA$$

$$I_{FS} = I_{REF} \frac{255}{256} = 2\ mA \times \frac{255}{256} = 1.992\ mA$$

图 21.11　DAC0800 应用电路图

表 21.1 各引脚名称及功能说明

引脚编号	信号名称	方向	功能说明
5~12	B1~B8	输入	数字信号输入端,B1 为 MSB,而 B8 为 LSB
4,2	$I_{out} \cdot \bar{I}_{out}$	输出	模拟电流输出:I_{out} 与 $\bar{I}_{out}$ 之和为定值,其关系为 $I_{out}+\bar{I}_{out}=I_{FS}$(满刻度电流)
14,15	V_R+ V_R-	输入	参考电压输入:用来调整满刻度输出电流的大小,其中 $I_{REF}=\dfrac{+V_{REF}}{R_{REF}}$ $I_{FS}=I_{REF}\times\dfrac{255}{256}$ $0.2\text{ mA}\leqslant I_{REF}\leqslant 4\text{ mA}$
13	$V+$	输入	正电源输入:其范围 $4.5\text{ V}\leqslant V+\leqslant 18\text{ V}$
3	$V-$	输入	负电源输入:其范围为 $-1.8\text{ V}\leqslant V+\leqslant -4.5\text{ V}$
16	COMP	输入	频率补偿:接电容成为补偿电路以防止高频振荡
1	V_{LC}	输入	逻辑临界电压:由于不同的逻辑关系有不同的输出电压,因此将这些不同的输出电压作为 DAC0800 的数字输入,则须将电压作一个调整。V_{LC} 即用来作电压的调整。DAC0800 的信号来源为 TTL 的输出,此引脚要接地

2. DAC0800 模拟电压输出接口电路

DAC0800 输出为电流信号,为了要将电流信号转换成电压信号,通常外接 OP 放大器。以 OP 放大器的输出电压极性来区分,可分成单极性(unipolar)及双极性(bipolar)两种,以下简单说明两种接线方法。

(1) 单极性模拟电压输出接口电路

DAC0800 单极性模拟电压输出接口电路如图 21.12 所示。参考电压输入端 V_R+(14),V_R-(15)各接 5 kΩ 的电阻 R_1、R_2,分别连接 +5 V 电源及接地端,因此 DAC0800 的参考电流 I_{REF} 为

$$I_{REF}=\frac{V_{CC}}{R_{REF}}=\frac{V_{CC}}{R_1}=\frac{5\text{ V}}{5\text{ k}\Omega}=1\text{ mA}$$

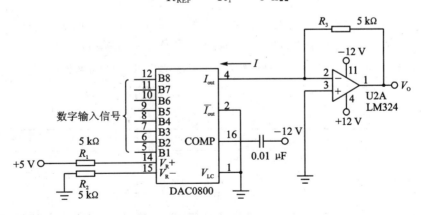

图 21.12 单级性模拟电压输出接口电路

DAC0800 的模拟输出信号 $\bar{I}_{out}$(2)接地,I_{out}(4)接 OP 放大器(LM324)的反相(-)

输入端。由于 I_{out} 及 $\bar{I}_{out}$ 的电流方向由外往内流,因此 LM324 的输出端压 V_O 为

$$V_O = I_{out} \times R_3 = I_{REF} \times \frac{N}{256} \times R_3 = 1\text{ mA} \times 5\text{ k}\Omega \times \frac{N}{256} = 5 \times \frac{N}{256}\text{ V}$$

N 值为 DAC0800 的输入数字信号值。模拟输出电压 V_O 和输入数字信号值的关系如表 21.2 所列。

表 21.2 模拟电压输出和数字输入关系表(单极性)

数字输入								模拟电流输出	模拟电压输出
B1	B2	B3	B4	B5	B6	B7	B8	I_{out}/mA	V_O/V
0	0	0	0	0	0	0	0	0.000	0.00
0	0	0	0	0	0	0	1	0.004	0.02
0	0	0	0	0	0	1	0	0.008	0.04
1	0	0	0	0	0	0	0	0.500	2.50
1	1	1	1	1	1	1	0	0.992	4.96
1	1	1	1	1	1	1	1	0.996	4.98

(2) 双极性模拟电压输出接口电路

双极性模拟电压输出接口电路如图 21.13 所示,则有

$$V_O = (I_{out} - \bar{I}_{out}) \times R, \quad R = R_3 = R_4$$

$$I_{out} + \bar{I}_{out} = I_{FS}, \quad I_{FS} = \frac{255}{256} I_{REF} = \frac{255}{256} \times 1\text{ mA} = 0.966\text{ mA}$$

$$I_{out} = \frac{N}{256} \times I_{REF}$$

模拟输出电压 V_O 和输入数字信号值的关系如表 21.3 所列。由表中看出模拟电压输出具有正、负两种极性,故图 21.13 电路称作双极性模拟电压输出接口电路。

表 21.3 模拟电压输出和数字输入关系表(双极性)

数字输入								模拟电流输出		模拟电压输出
B1	B2	B3	B4	B5	B6	B7	B8	I_{out}/mA	$\bar{I}_{out}$/mA	
0	0	0	0	0	0	0	0	0.000	0.996	-4.98
0	0	0	0	0	0	0	1	0.004	0.992	-4.94
0	1	1	1	1	1	1	1	0.496	0.500	-0.02
1	0	0	0	0	0	0	0	0.500	0.496	+0.02
1	1	1	1	1	1	1	0	0.992	0.004	+4.94
1	1	1	1	1	1	1	1	0.996	0.000	+4.98

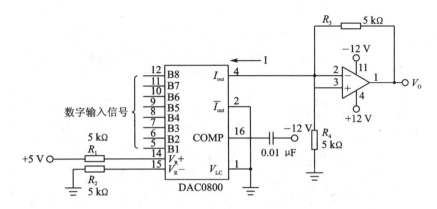

图 21.13　双极性模拟电压输出接口电路

这个输入/输出范例实验以 EZ-USB FX 接口来读取或写入数据到 D/A 转换器中。如图 21.14 所示，为 D/A 转换器的电路设计图。但请用户注意，若要测试这个实验，请在实验器的指拨开关 SW1 上，调整"DAC"的选择为使能（接至 5 V）状态。

21.2.2　固件程序代码的 EEPROM 烧录程序

根据稍前的实验范例所描述的内容，须将这个程序代码烧录至 EEPROM 中。当然，用户还是必须先回复 EEPROM 的前 7 个符合 Cypress 所预设的数值。在回复后，用户才可再把 DMA-USB FX 开发系统连接至 PC 主机上。

在固件程序代码的烧录过程中，设计 USB 外围设备即 D/A 转换器输出实验的 VID/PID 码为 0x1234/0x0009。根据第 20 章的 EEPROM 的烧录过程，也可以选择 0xB2 与 0xB6（针对 FX 系列）烧录格式或选择 0xB0 与 0xB4（针对 FX 系列）的自动下载烧录格式。

用户可以针对所要烧录格式，分别加以下载与烧录。以下列出固件程序代码放置的位置：

- B0 与 B4 的自动下载格式：\CH21\DA\B0_4\USB_DA.B0 或 USB_DA.B4。
- B2 与 B6 烧录格式：\CH21\DA\B2_6\USB_DA.B2 或 USB_DA.B6。

21.2.3　INF 安装信息文件的编写

根据第 20 章的 INF 安装信息文件的内容，可以知道该 USB D/A 输出设备被设计并仿真成一个 HID 人工接口设备。若用户不去更改这个安装信息文件，依然可以使用 Windows 下所支持的驱动程序以及 HID 群组的安装信息文件。

8051 单片机 USB 接口 Visual Basic 程序设计

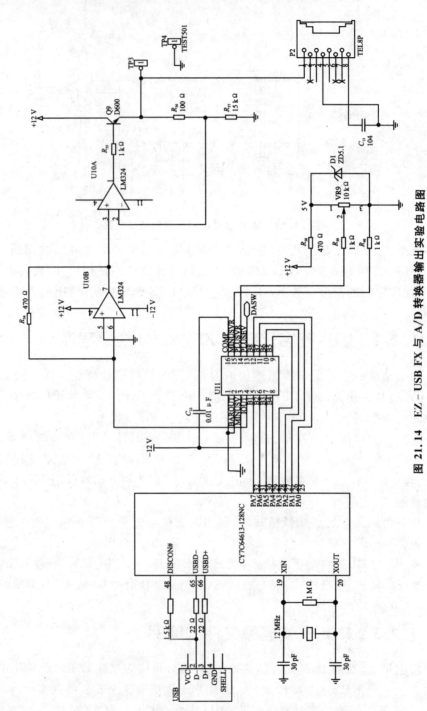

图 21.14 EZ-USB FX 与 A/D 转换器输出实验电路图

若用户烧录的是 B2(或 B6)格式,则可以根据该 D/A 转换器的 VID/PID 码的设计,分别设置为 0x1234/0x0009。因此,用户可以在光盘中的\Ch21\DA\b2_6\USB_DA.INF 中,更改这两个数值。

```
[DMAUSB]
;Uses the DMAUSB Vendor ID (1234)
;Uses the Product ID 0009
%USB\VID_1234&PID_0009.DeviceDesc% = IOHID, USB\VID_1234&PID_0009
：

[Strings]
Provider = "DMAUSB"
MfgName = "DMAUSB"
USB\VID_1234&PID_0009.DeviceDesc = "USB HID D/A 输出设备"
```

此时,若用户更改完毕,或直接使用这个 INF 文件,则可将烧录好的 DMA – USB FX 开发系统接上 USB 缆线。此时,Windows 98 SE 或 Windows ME 操作系统就会发现新增硬件,并要求安装其驱动程序。用户即可选择这个 USB_AD.INF 文件。这样,就可得到如图 21.15 所示的设备管理器的项目。

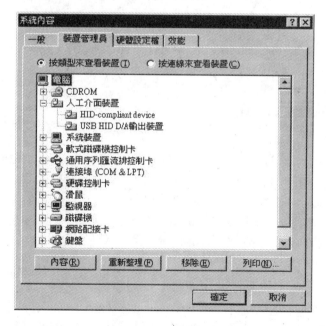

图 21.15　USB D/A 输入实验的人工接口设备

若用户烧录的是 B0 或 B4 自动下载格式,则请用户选择在光盘中的\Ch21\DA\b0_4\AL_USB_DA.INF 安装信息文件。

用户安装完毕后，可以执行登录编辑器应用程序来查看是否包含这个 0x1234/0009 的 VID/PID 码。

21.2.4　Virsual Basic 程序代码设计

根据稍前的 D/A 转换器的基本介绍，在固件程序代码的部分，仅须分别设置一个输出的对话框，依序传输所要输出的数值即可。

这个范例程序代码放在光盘目录的\Ch21\DA 路径下。该 VB 程序代码与上一个类似。在此不再进一步讨论。图 21.16 为 D/A 转换器输出应用程序的执行界面。

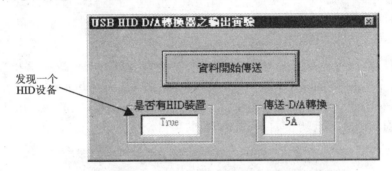

图 21.16　USB D/A 转换器实验的 VB 应用程序执行界面

21.3　问题与讨论

1. 请用户分别执行 B2(或 B6)格式以及 B0(或 B4)格式的固件程序代码的下载方式。

2. 请自定义一个新的 VID/PID 码，并同时更改 VB 应用程序代码，使其能达到控制 D/A 转换器输出的目的。

3. 请更改本章的范例，并多增加单一/连续输出按钮的切换功能。

4. 请更改本章的范例，并且将所读取的 A/D 转换后的数值以绘图的方式来加以呈现。

5. 请自定义一个新的 VID/PID 码，并同时更改 VB 应用程序代码，使其能达到控制 A/D 转换器输入的目的。

6. 请修改 INF 文件，并于 Windows 98/ME 操作系统下的设备管理器中显示 "USB HID 测试设备"的项目。

7. 同上一题，请于 Windows 2000/XP 操作系统下操作，并观察设备管理器的项目。

第 22 章

USB 与 RS-232 串行通信

本章将以 EZ-USB FX 单片机的串行接口作为输入/输出实验,并通过 Visual Basic 应用程序与 USB HID 设备执行 USB 转换 RS-232 串行通信。因此,在本章可以实现一个 USB 转换 RS-232 的设备,如图 22.1 所示。本章将依序介绍并实现 USB 转换 RS-232 串行传输的功能。其中,也介绍了 RS-232 串行接口 Visual Basic 的设计方式,再加以整合成一个完整的应用程序。

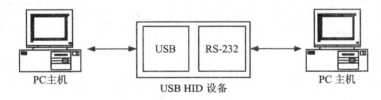

图 22.1 USB 转换 RS-232 的设备

22.1 通信概念

一般来说,单片机与外围的通信可分为:串行通信和并行通信。

1. 串行通信

以位(bit)方式传送数据,具有低故障率、低成本的优点,但传输速率较慢。

2. 并行通信

以字节(byte)或字(word)方式来传送数据,具有高速率传输的优点,但成本高,故障率也较高。而不管是串行传输或并行传输,均包含下列三种方式:

(1) 单向传输(simplex)

数据只能由一个方向来传递。任何时间都不能改变其数据传输方向。

(2) 半双工传输(half duplex)

在同一时间内只能单向传递数据;但在不同时间内,其数据传输的方向可以改变。

(3) 全双工传输(full duplex)

数据于任何时间均可以以输入及输出来传递。

单片机通信的传输速率,通常以每秒能够传送的位数来计算(bps, bits per second),又称之为波特率(baud rate)。典型串行传输的波特率有 110、150、300、1 200、2 400、4 800、9 600、19 200、28 800、33 600。

22.2 传输设备

如图 22.2 所示为典型的传输系统。

图 22.2 典型的传输系统

一般常见的设备如下:

1. 数据终端设备(DTE, Data Terminal Equipment)

所谓的数据终端设备是数据的来源端或接收端,如打印机、终端机、PC 机等设备。

2. 数据通信设备(DCE, Data Communication Equipment)

所谓的数据通信设备是指两 DTE 间的桥梁,如 MODEM 等设备。

在一般的计算机中,也可以通过设备管理器来了解该计算机的通信资源。如图 22.3 所示,在设备管理器中的连接端口项目,包含一个打印机连接端口(LPT1)与通信连接端口(COM1)。以下的 Windows 操作画面会由于操作系统的差异,略有不同。

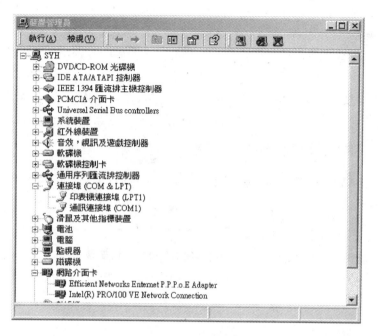

图 22.3 设备管理器中的通信连接端口的资源

可以看出该计算机仅有一个通信串行端口,而在以鼠标单击此通信串行端口的项目后,即可显示如图 22.4 所示的通信串行端口(COM1)内容。

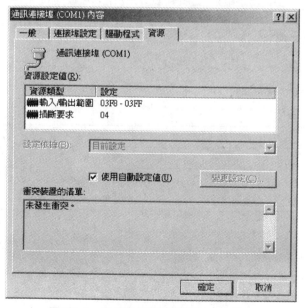

图 22.4 通信串行端口(COM1)的内容

其中,所使用的资源如下:
- 输入/输出范围:03F8～03FF。
- 插断要求:04。

通过这2个资源,用户或其他的程序就可以进一步地控制串行通信。

如果想要变更通信串行端口的预先设置值,可以单击取消"使用自动设置"的选项,并且按下"变更设置值"的按钮。但是,就会立即产生如图22.5所示的警告界面。

图 22.5　修改通信端口时的错误信息

所以也可以知道,这种系统所内定的串行接口资源是不可以随便加以更改的。

22.3　RS－232－C 接口

RS－232－C是一种电子工业协会(EIA,Electronic Industry Association)串行通信标准规范。目前在PC机上,更有广泛的应用,例如连接鼠标、串行打印机、数字板、终端机等。在8051 CPU中就有两个引脚(RXD 和 TXD)用来作为串行传输。而如表 22.1所列,为RS－232－C 的基本规范表。

通常用的 RS－232 接头(电脑端)为 25 Pin D 型接头或 9 Pin D 型接头,其引脚顺序如表 22.2 所列。

表 22.1　RS－232－C 的规范表

标　准	RS－232－C	标　准	RS－232－C
最大线长	15.24 cm	输入阻抗 Z_{in}	3～7 kΩ,2.5 nF
最大频率/长度	20 kHz/15.24 cm	输出阻抗 Z_{out}	—
I/O 操作模式	单端接地	输出电压摆率	30 V/μs
逻辑准位 V(0)	＋3～25 V	短路电流	500 mA
逻辑准位 V(1)	－3～－25 V	输出电压(max)	
最多线上接收器	1	驱动器最极大电压	±25 V

表 22.2 RS-232-C 的标准引脚名称与功用

	25 Pin 脚序	9 Pin 脚序	功能名称	交换名称	基本功能中文说明
接地	1	1	PGD	AA	保护接地
	7	5	GND	AB	信号地线
数据	2	3	TXD	BA	传送数据
	3	2	RXD	BB	接收数据
控制信号	4	7	RTS	CA	要求传送
	5	8	CTS	CB	线路畅通
	6	6	DSR	CC	数据设定(DCE)
	8		DCD	CF	载波检测
	20	4	DTR	CD	数据设定(DTE)
	22	9	RID	CE	铃响指示

22.4 RS-232-C 常用的接线方式

RS-232-C 常用的接线方式有 5 种方式,如图 22.6 所示。
① 简单三线式接线方式:用于 DTE 与 DCE 的连接。
② 虚拟 MODEM:用于 DTE 与 DTE 的连接。
③ 标准全双工接线方式:用于 DTE 与 DCE 的连接。
④ 控制信号返回的三线式接线方式 1:用于 DTE 与 DCE 的连接。
⑤ 控制信号返回的三线式接线方式 2:用于 DTE 与 DTE 的连接。

22.5 RS-232-C 数据格式

基本上,异步传输用于不具连续的数据传送,而且传送与接收的双端设备的处理速度不一致的情形下。而当传送端送出数据后,接收端在数据传输过程中并没有维持规律的情形时,是如何知道数据何时传送与接收?因此,必须在数据的前后加上几个位,使接收端能正确地接收数据。而在数据前面所加的位称之为起始位(start bit),在数据后面所加的位称之为停止位(stop bit)。此外,还须在结束位前,再加上校验位(parity bit),作错误检测之用,以确保所接收的数据正确无误。因此,完整的异步传输的数据格式包含了 4 个部分:起始位、数据位、校验位与停止位。

有了异步通信的基本概念后,以下就列出各个位的意义和使用方式。

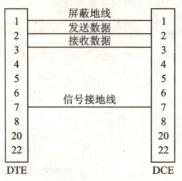
(1) 简单三线式

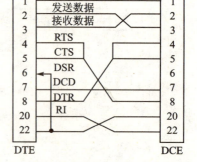
(2) 控制信号返回的虚拟Modem线

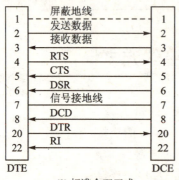
(3) 标准全双工式

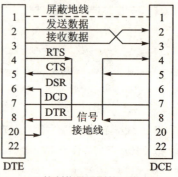
(4) 控制信号返回的三线式1

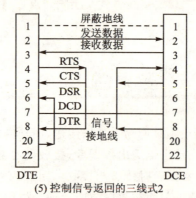
(5) 控制信号返回的三线式2

图 22.6　RS-232-C 接线方式

1. 起始位

该位用来通知接收端有数据即将送达,准备开始接收送来的数据。通常该位以 0 负电压来表示,且仅有一个位。

2. 数据位

一般数据位,包含了 7 个和 8 个位两种格式。一般的文字符号只需 0～127 就可表示,所以使用 7 个位的格式。而特殊符号则须以 128～255 之间的数字来表示,因此,须使用 8 个位的格式。

3. 校验位

该位用来检测传输的结果是否正确无误,这是最简单的数据传输的错误检测方法。但须注意校验位本身只是标志而已,并无法将错误更正。基本上,常用的校验位有 3 种形式:

- EVEN 校验位:将数据位与校验位中是 1 的位的数目加起来须为偶数。
- ODD 校验位:将数据位与校验位中是 1 的位的数目加起来须为奇数。
- NONE 校验位:表示不须传送校验位。

4. 停止位

该位用来标示数据传送的结束位置。基本上,该位常使用一个位。

在数据传输的过程中,难免会发生错误的情形,其中大致归纳为检查错误(parity error)、框错误(framing error)、接收超收错误(overflow error)以及接收超取错误(overrun error)等四大类。因限于篇幅,在此不加以介绍,请参阅相关书籍。此外,一般基本的通信功能至少须包含下列三项:

- 设置数据的传输协议。
- 读取字符。
- 传送字符。

RS-232-C 数据格式可分为以下几个部分:

① 数据长度:可以设置为 7 位或 8 位。

② 同位:奇同位、偶同位、无同位。

③ 传输速率:110、150、300、1 200、2 400、4 800、9.6k、14.4k、38.4k、57.6k 和 115.2k。

④ 停止位:正确的停止位有 1 位(预设值)、1.5 位和 2 位。

其传输信号波形如图 22.7 所示。

图 22.7　RS-232-C 传输信号图

对于 PC 主机所预设通信端口的基本设置,用户也可以通过选择"连接端口设置"

来了解,如图 22.8 所示。

图 22.8 连接端口设置对话框

其中,可以发现预设的串行接口设计为:
- 每秒传输位:9 600。
- 数据位:8。
- 同位校验:无。
- 停止位:1。
- 流量控制:无。

因此,在稍后的程序设计中也将以此基本设置来执行通信的工作。

22.6 UART 与 RS-232-C 的信号准位转换

  8051 的 UART 通过 TXD 引脚将串行数据传送到外面,且通过 RXD 引脚接收外面传送进来的串行数据,TXD 和 RXD 的电气信号是 TTL 准位信号。而 IBM/PC 上的 RS-232-C 接口其电气准位却是以+12 V 代表逻辑"1", -12 V 代表逻辑"0"。因此 8051 的 UART 若要与 IBM/PC 上的 RS-232-C 接口沟通,必须将 UART 的 TTL 准位信号转换成 RS-232-C 准位信号,才能互相连接(参考图 22.10)。

  TTL 与 RS-232-C 的准位转换方法有很多种,其中,以使用 RS-232-C 准位转换的专用 IC-ICL232 最为方便。

ICL232 IC 的内部提供了一组将+5 V电源转换成±10 V的DC-DC电源转换电路,因此外部只须提供+5 V电源,即可将TTL准位转成RS-232-C准位。图22.9为其引脚及内部框图。

由图22.9得知,ICL232内部有一组DC-DC的电源转换电路。用户必须在外部加上4个电容,才能发挥电压转换的功能。除了DC-DC电源转换电路之外,ICL232还提供了两组TTL→RS-232-C准位转换电路(T1,T2),以及两组RS-232-C→TTL准位转换电路(R1,R2)。

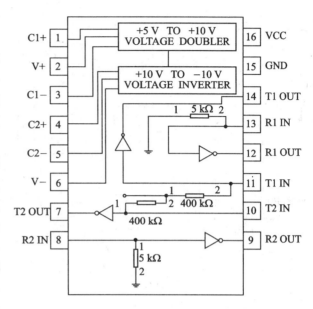

图22.9 ICL232的引脚及功能框图

22.7 硬件设计

虽然EZ-USB FX单片机包含两组UART:UART0与UART1,但DMA-USB FX开发系统使用串行接口1(UART1)作为Keil dScope monitor debugger来使用。因此,用户须使用串行接口0来测试UART0的串行传输功能。如图22.10所示,EZ-USB FX单片机通过一个ICL232兼容的单片机来获得USB转换RS-232串行接口的功能。

其中,设置EZ-USB FX串行接口0的传输波特率为9 600,起始位为1,8个数据位,1个停止位的传输格式。

22.8 固件程序代码的EEPROM烧录程序

同样地,根据稍前实验范例所描述的内容,须将这个程序代码烧录至EEPROM中。当然,首先必须回复EEPROM的前7个符合Cypress所预设的数值:B4 47 05 80 00 01 00(FX系列)。在回复后,才可再把DMA-USB FX开发系统连接至PC主机上。

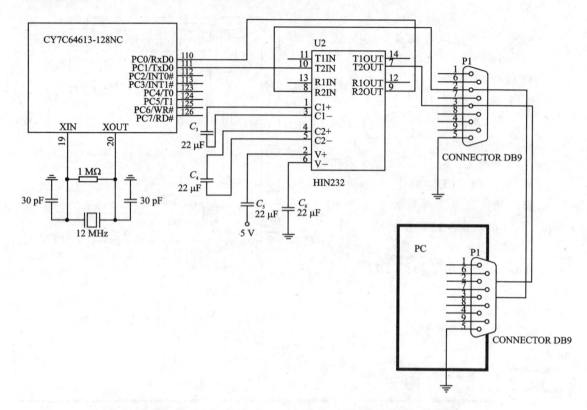

图 22.10　EZ－USB FX 与串行 RS－232 的输出实验电路图

在固件程序代码的烧录过程中,设计 USB 外围设备即 RS－232 的输入/输出实验的 VID/PID 码为 0x1234/0x000A。而根据第 16 章的 EEPROM 烧录过程,也可以选择 0xB2 与 0xB6(针对 FX 系列)烧录格式或选择 0xB0 与 0xB4(针对 FX 系列)的自动下载烧录格式。

用户可以针对所要烧录格式,分别加以下载与烧录。以下列出固件程序代码放置的位置:

- B0 与 B4 的自动下载格式:\CH22\B0_4\USB_RS232.B0 或 USB_RS232.B4。
- B2 与 B6 烧录格式:\CH22\B2_6\USB_RS232.B2 或 USB_RS232.B6。

22.9　INF 安装信息文件的编写

根据第 21 章 INF 安装信息文件的内容,可以知道 USB 转 RS－232 设备被设计并仿真成一个 HID 人工接口设备。若用户不去更改这个安装信息文件,依然可以使用

Windows 下所支持的驱动程序以及 HID 群组的安装信息文件。

若用户烧录的是 B2(或 B6)格式,则可以根据 RS-232 转换器的 VID/PID 码设计,分别加以设置为 0x1234/0x000A。因此,用户可以在光盘中的\Ch22\b2_6\USB_RS232.INF 中,更改这两个数值。

```
[DMAUSB]
;Uses the DMAUSB Vendor ID (1234)
;Uses the Product ID 000A
% USB\VID_1234&PID_000A.DeviceDesc % = IOHID, USB\VID_1234&PID_000A
  ⋮
[Strings]
Provider = "DMAUSB"
MfgName = "DMAUSB"
USB\VID_1234&PID_000A.DeviceDesc = "USB HID USB 转 RS-232 输出入设备"
```

若用户更改完毕,或要直接使用这个 INF 文件,则可将烧录好的 DMA-USB FX 开发系统接上 USB 缆线。此时,Windows 98 SE 或 Windows ME 操作系统就会发现新增硬件,并要求安装其驱动程序。用户即可选择这个 USB_RS232.INF 文件。这样,就可得到如图 22.11 所示的设备管理器项目。当然,也再次强调在 Windows 2000/XP 操作系统中,都只显示"人性化接口设备"而已,更改是无效的。

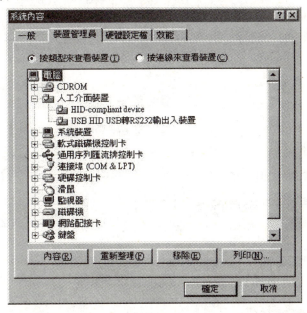

图 22.11　USB RS-232 接口转换实验的人工接口设备

8051 单片机 USB 接口 Visual Basic 程序设计

若用户烧录的是 B0 或 B4 自动下载格式，则请用户选择在光盘中提供的 USB_RS232.INF 安装信息文件。安装完毕即可以登录编辑器应用程序来查看是否包含这个 0x1234/000A 的 VID/PID 码。若用户已执行了前几个范例实验，即可在登录编辑器中发现 0x1234/0001～000A 的 VID/PID 码。

22.10　Visual Basic 程序代码设计

根据稍前 RS-232 串行接口的基本介绍，用户须要分别设置一个输入与输出的对话框，依序传输与接收 RS-232 串行接口的数值。而前几章已经介绍由 Windows HID API 函数所包装成的一个 Visual Basic USB_HID.DLL 链接程序文件，用户可以直接调用该文件。

这个范例程序代码放在光盘目录的\Ch22\路径下。而程序执行后，即可产生如图 22.12 所示的 Visual Basic 应用程序测试界面。这个 VB 程序代码类似前几章的相关部分。在此不再进一步讨论。

图 22.12　USB RS-233 串行转换实验的 VB 应用程序执行界面

在另一端的 PC 主机，用户可通过通信应用程序即终端机 Hypertrm 应用程序来测试这个固件程序代码。如图 22.13 所示，为 8051RS232 终端机联机文件所执行的界面。

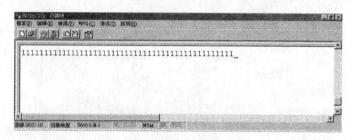

图 22.13　终端机文件执行情况

用户可以使用两台计算机分别执行 VB 程序与 Hypertrm 应用程序,来测试该 USB 设备是否能正常运作。若无法成功地执行,用户须进一步确认 PC 主机的连接端口是否连接正确。

22.11　RS-232 串行接口的程序设计

虽然在稍前的章节已能成功地测试 USB 与 RS-232 串行接口的互换工作,但是,用户或许会觉得很麻烦,必须在两台计算机上分别执行两个不同的应用程序。因此,在此有必要进一步加以整合成一个应用程序,方便测试使用。以下将说明如何以 Visual Basic 应用程序来设计串行接口的传输与接收。

22.11.1　通信工具组件的引用

通信应用程序的编写并非那么容易,因为用户必须先引用 MSComm 控件才能进一步地开始执行通信传输的工作。

一般来说,当在开始编写一个新的项目设计时,在 Visual Basic 工具列中就会存在许多预设的控件让程序设计者可以加以选用。而这些原本就出现在工具箱中的控件是内建的控件,它提供了一些基本的系统设计组件给设计者。不过,功能比较特别的控件就不会出现在其中,而用来设计通信功能的控件就不在其中。

由于 Visual Basic 的串行通信组件并不会主动出现在工具箱中,所以用户必须要通过通信盒(MSComm)控件,来使它出现在工具箱中。而其产生的步骤如下:

① 选择菜单上的"项目"。

② 在项目菜单中选择"设置使用组件",如图 22.14 所示。

③ 出现对话框后,在可勾选项目中选择 "Microsoft Comm Control 6.0",如图 22.15 所示。

图 22.14　"设置使用组件"的设置位置

④ 单击套用"或"确定"按钮后,即可在工具箱中见到"通信盒"的图标,如图 22.16

8051 单片机 USB 接口 Visual Basic 程序设计

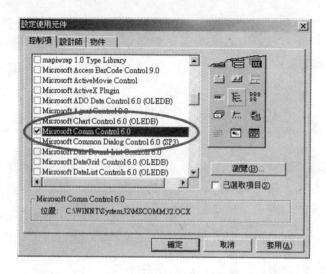

图 22.15　勾选"Microsoft Comm Control 6.0"项目

所示。用户即可使用此控件,并进行串行通信的工作。

如果用户在第③个步骤中,没有发现可以勾选的控件项目,则可在对话框中单击"浏览"按钮,并于 Windows\System 目录下选 MSComm32.ocx 文件。这样,即可在对话框中看到"Microsoft Comm Control 6.0"的可勾选项目了。

若在工具箱已包含此"通信盒"项目或开启的是旧项目文件,那么在项目中已包含 MSComm 控制的引用记录,就不需要以上步骤。

图 22.16　"通信盒"的图标

22.11.2　通信应用程序的编写

对于"通信盒"工具的引用就如同一般在使用工具箱中的组件一样容易。但在使用 Visual Basic 所提供的串行通信功能之前,必须对 Visual Basic 的通信盒(MSComm 控件)有个基本的了解。这是因为这个通信盒与 PC 外围的相关硬件设置有关。若设置错误或不正常的连接方式,就无法达到通信传输的目的。

由于 Visual Basic 具备了对象化的特性,因此在使用 MsComm 通信盒组件时,就须注意其相关的信息。当然,可以根据 Visual Basic 所具备的 4 个主要特性来加以切入:对象、属性、事件与方法。

1. MSComm 对象

用户可直接使用 MSComm 控件作为对象,以执行串行通信的工作。当在工具箱中单击下通信盒图标后,即可在窗体程序里显示一个通信盒的对象。

2. MSComm 属性

有了 MsComm 对象后,紧接着设置对象所具备的属性。当用户要使用在窗体窗口的对象时,可以在右边的"属性-MsComm1"属性窗口中,找到所有关于此 MSComm 控制组件的属性列表,如图 22.17 所示。

此外,也可右击"通信盒",选择弹出菜单中的"属性"功能,以引用"属性页"对话框,如图 22.18 所示。

在"属性页"对话框中,将 MSComm 控制组件的相关属性设计 3 个特性群组:一般、缓存器以及硬件。而在其中,皆可针对不同的属性来加以设置。用户可以发现,在这里所列出的属性数目要比图 22.17 所示属性窗口少。我们仅能作一些较基本与常用的设置而已。当然,在这里所列的属性类型也可以在属性窗口的列表中发现,只不过以不同的方式来加以呈现而已。

图 22.17　MSComm 控制组件的属性窗口

由于 MSComm 控件的属性甚多,因此,仅针对较重要以及须要更改的属性来加以介绍,其余的属性尽可能不去更改,都以预设的数值来使用。

(1) CommPort

属性的第一项,用来设置通信连接端口代号。一般在程序中,若要使用串行通信的功能时,一定要先开启所使用的连接接口的代码。在此所设置的通信端口代码是由 1 开始往上加以递增的。因此,如图 22.2 所示,在设备管理器中,就已列出本 PC 主机目前所提供的通信连接端口的数目。因此,可根据该数值来设置此代码值。但应注意,当在使用该数值所表示的串行通信端口时,主机外围的串行缆线也需同样连接在相对的 PC 主机后的串行端口连接器上。最后,还应注意,MSComm 控件的最大值是 16,所以用户设置时切勿超过该数值。若使用 COM1,其设置方式为:MSComm1.Commport=1。

(2) Settings

设置串行传输的标准。其中,包含传送速度、同位校验、数据位以及停止位等 4 个

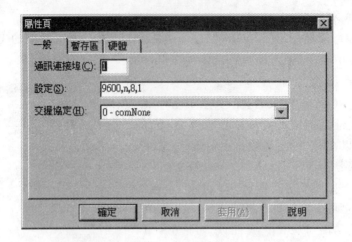

图 22.18 "属性页"对话框的相关设置项目

参数。整个格式以字符串来加以表示："BBBB,P,D,S"。其中,BBBB 为联机速度(波特率值),P 为同位检查方式,D 为数据位数,S 则为停止位数。而其默认值是"9600,n,8,1"。这个字符串表示所使用的通信端口波特率是以 9 600 b/s 的速度来传输,且不做同位检查,以及每次传输的数据是 8 位,且停止位是 1 位。这 4 项参数必须依照顺序,不可前后对调。一般常用的波特率值为 2 400、4 800、9 600 与 19 200 等。另外,同位、数据位以及停止位的介绍,请参考稍前的叙述。

传送与接收双方都必须遵守 Settings 属性所设置完成后的参数的协议值。要不然,就无法传送与接收了。而其设置方式为：MSComm1.Settings="9600,n,8,1"。

(3) PortOpen

在开始使用所设置的通信端口之前,必须先设置通信连接端口的状态,且在使用完毕之后,必须再执行关闭的动作。其打开应设置方式：MSComm1.PortOpen = True,关闭则设置 MSComm1.PortOpen = False。

(4) Input

从输入缓存区传回并移除字符。程序靠这个指令将从对方所传至输入缓存区的数据读进程序中,并清除于缓存区中已被读取的数据。例如：ByteIN $ = MSComm1.Input,表示将输入缓存区的字符读入 ByteIN 字符串变量中。

(5) Output

将欲传送的数据写入缓存区。当程序需要传输字符串至对方时,可将字符串使用此指令写入输出缓存区中,一般的数据均是在送达输出缓存区后随即被送出。例如：MSComm1.Output="1234",此即将 1234 等 4 个字符通过串行通信端口传送出去。

以上这些参数是在 Visual Basic 应用程序所必须加以设置的。而其余的属性参数就尽可能使用默认值。

3. MSComm 事件

通过串行传输的过程，Visual Basic 的 MSComm 控制组件会在适当的时候引发相关的事件；不同于其他控件的是，Visual Basic 的电话盒只有一个事件即 OnComm，所有可能发生的状况，全部集中在此一事件予以处理，且只要 CommEvent 属性的值产生变化，就会产生 OnComm 事件，这表示发生了一个通信事件或一个错误。通过事件的引发，CommEvent 属性值的数值便可明确了解所发生的错误或事件，而程序中通常就以常数定义作为判断，一旦 OnComm 事件发生，连带地会引入 CommEvent 参数，用户可以在每一个相关的 Case 陈述式之后编写程序代码来处理特定的错误或事件。

以下是一个 MScomm 通信控件的事件程序子程序，只要把每一个事件发生时所希望的动作程序写入，就可以使通信控件在必要时产生一定的特定动作。

```
'引发通信或错误事件时的子程序
'Private Sub MsComm1_OnComm()

'通过取代底下每一个 Case 陈述式来处理每个事件与错误
Select Case MsComm1.CommEvent
    Case comEventBreak          '收到中断信号
    Case comEventCDTO           '载波检测逾时
    Case comEventCTSTO          'CTS 信号逾时
    Case comEventDSRTO          'DSR 信号逾时
    Case comEventFrame          '传送框架发生错误
    Case comEventOverrun        '数据遗失
    Case comEventRxOver         '接收暂存区满溢
    Case comEventRxParity       '极性错误
    Case comEventTxFull         '传送暂存区已满
    Case comEventDCB            '从连接接口接收设备控制区块时,发生非预期的错误事件
    Case comEventEvCD           'CD 线的状态发生变化
    Case comEventEvCTS          'CTS 线的状态发生变化
Case comEventEvDSR              'DSR 线的状态发生变化
    Case comEventEvRing         'Ring Indicator 变化
    Case comEventEvReceive      '收到 RThreshold # of chars
    Case comEventEvSend         '传输暂存区有 Sthreshold 个字符
    Case comEventEvEof          '输入数据流中发现 EOF 字符
End Select
End Sub
```

4. MSComm 方法

所谓的方法，基本上有两种方式：一种是组件本身所提供的子程序，另一种则是由

8051 单片机 USB 接口 Visual Basic 程序设计

用户所编写的子程序。这些都可作为 MSComm 方法。在这些子程序中,用户可以接收数据进来(使用 MSComm1.Input),也可将数据传送出去(使用 MSComm1.Output)。

而通过 Visual Basic 所提供的通信盒的串行通信对象,用户即可很快地编写相关的串行通信程序。

22.11.3 通信测试

以下针对通信盒的控件来编写简单的程序,以验证上述各个特性。下面列出相关的步骤:

① 引用通信对象:MSComm 对象。
② 设置通信端口代码:Commport 属性。
③ 设置传输速度等参数:Settings 属性。
④ 开启通信端口:即 PortOpen 属性设成 True。
⑤ 送出字符串或读入字符串:使用 Input 及 Output 属性。
⑥ 使用完 MSComm 通信对象后,将通信端口关闭:即 PortOpen 属性设成 False。
若是,则关闭 Visual basic 应用程序执行时,也同样有这样的效果。

在此,为了测试 MSComm 的基本特性,运用两台计算机之间的串行传输来加以说明。但须注意,在执行两台计算机之间的串行传输实验时,应注意一般的 RS‐232 缆线是无法达到这个需求的。用户必须将一端的 9 Pin 串行连接头的 TXD 与 RXD 对调才可以,或直接购买有跳线的 RS‐232 缆线。

下面列出相关的应用程序范例:

```
'对象名称:Command1            事件名称:Click
'单击"数据传送"按钮

Private Sub Command1_Click()

MSComm1.Output = Text1.Text    '传送数据
'将文字传送出去
End Sub


'对象名称:Command2            事件名称:Click
'单击"数据接收"按钮

Private Sub Command2_Click()
```

```
Dim st As String

st = MSComm1.Input          '接收数据
Text2.Text = st
End Sub
```

'对象名称:Form   事件名称:Load
'程序开始执行时,即产生此事件
'将 Comm1.PortOpen 设置 True 打开所要使用的通信串行端口

```
Private Sub Form_Load()
MSComm1.PortOpen = True
End Sub
```

在这个程序中,必须在 Form 对象的 Load 事件(Form_Load)里设置 MSComm1.PortOpen = True 来打开所要使用的通信串行端口。该程序采用手动的方式,分别在 Command1_Click()与 Command2_Click()子程序中,执行传送与接收的工作。如图 22.19 所示,为应用程序所执行的界面。

除了用手动的方式来传送与接收,用户也可以利用串行接口的事件 MSComm1_OnComm()来加以设计成自动传送与接收的工作。如果 MSComm1.InBufferCount 大于 0,则表示有数据接收进来,就可以自动地加以显示出来。代码如下:

图 22.19　RS-232 串行传输
通过手动按键的测试界面

'对象名称:Form   事件名称:Load
'程序开始执行时,即产生此事件
'将 Comm1.PortOpen 设置 True 打开所要使用的通信串行端口

```
Private Sub Form_Load()
MSComm1.PortOpen = True
'将 Comm1 设置 T
End Sub
```

'对象名称:MSComm1   事件名称:OnComm
'程序开始执行时,即产生此事件
'判断是否有数据传送进来

```
Private Sub MSComm1_OnComm()
Dim st As String

If MSComm1.InBufferCount > 0 Then
    st = MSComm1.Input
    Text2.Text = st
End If
End Sub
```

对象名称:Timer1　　　　　事件名称:Timer
设置自动传送的间隔,100 ms

```
Private Sub Timer1_Timer()
MSComm1.Output = Text1.Text
End Sub
```

图 22.20 为自动测试界面。
这样,即可利用串行端口执行两台计算机之间简单的传输与接收工作。

图 22.20　RS-232 串行传输自动测试界面

22.12　USB 转换 RS-232 串行通信

有了上述在 Visual Basic 中引用"通信盒"工具来执行串行接口的基本认识后,紧接着将整合 USB 应用程序。这样的设计方式将可使每一台 PC 主机都可同时执行该应用程序,以达到 USB 转换 RS-232 串行端口的功能。以下列出该应用程序的范例代码。

```
Option Explicit
Dim Timeout As Boolean
Dim bRead As Boolean

'设置 VID/PID 码以符和设备固件程序代码与 INF 安装文件
Public hid As New USB_HID
Const MyVendorID = &H1234
Const MyProductID = &HA
```

对象名称:bRS232　　　　　事件名称:Click

´RS232 传送端, RS232 控制按钮
´可以设置"RS232 停止"与"RS232 写入"两种操作模式

```vb
Private Sub bRS232_Click()

If bRS232.Caption = "RS232 写入"
Then bRS232.Caption = "RS232 停止"
    ´使能定时器去读取与写入到设备每秒一次
    RS232.Enabled = True
    Call ReadAndWriteToDevice
    bRead = True    ´RS232 传送, USB 接收, 所以将 bRead 设为 True
Else
    ´更改命令按钮来"Continuous"
    bRS232.Caption = "RS232 写入"
    ´禁止定时器去读取与写入到设备每秒一次
    RS232.Enabled = False
    bRead = False   ´RS232 接收, USB 传送, 所以将 bRead 设为 False
End If

End Sub
```

´对象名称:cmdContinous   事件名称:Click
´传送端, USB 控制按钮
´可以设置"USB 连续写入"与"USB 停止写入"两种操作模式

```vb
Private Sub cmdContinuous_Click()
If cmdContinuous.Caption = "USB 连续写入" Then
    ´更改命令按钮去删除"Continuous"
    cmdContinuous.Caption = "USB 停止写入"
    ´使能定时器去读取与写入到设备每秒一次
    tmrContinuousDataCollect.Enabled = True
    Call ReadAndWriteToDevice
Else
    ´更改命令按钮来"Continuous"
    cmdContinuous.Caption = "USB 连续写入"
    ´禁止定时器去读取与写入到设备每秒一次
    tmrContinuousDataCollect.Enabled = False
End If
```

End Sub

´对象名称:Form   事件名称:Load
´程序开始执行时,即产生此事件
´设置对象,变量初始状态

```
Private Sub Form_Load()
    MSC.PortOpen = True           ´开启串行接口
    bRead = False
    tmrDelay.Enabled = False                      ´禁止 tmrDelay Timer 对象
    tmrContinuousDataCollect.Enabled = False      ´禁止 tmrContinuousDataCollect Timer 对象
    tmrContinuousDataCollect.Interval = 1000      ´设置时间间隔为 1 s

End Sub
```

´对象名称:Form   事件名称:Unload
´程序结束执行时,即产生此事件

```
Private Sub Form_Unload(Cancel As Integer)
    MSC.PortOpen = False          ´关闭串行接口
End Sub
```

´子程序:ReadAndWriteToDevice
´开启一个所设置 VID/PID 码的 HID 设备

```
Private Sub ReadAndWriteToDevice()
Dim hiddevice As Boolean
Dim send(7) As Byte
Dim recevice() As String

hiddevice = hid.opendevice(MyVendorID, MyProductID)   ´激活符合 PIDVID 码的 USB 设备

If Len(Trim(txtBytesSend.Text)) < 2 Then              ´设置文字格式
    txtBytesSend.Text = "0" & txtBytesSend.Text       ´若不满两位数则前面补 0

ElseIf Len(Trim(txtBytesSend.Text)) > 2 Then
    txtBytesSend.Text = Right(txtBytesSend.Text, 2)   ´若超过两位数取右边两位
End If
```

```
txtBytesSend.Text = UCase(txtBytesSend.Text)        '将值变大写
send(0) = CInt("&h" & txtBytesSend.Text)            '将输出值转成十六进制

If hiddevice = True Then
    hid.Writedevice send()

    If bRead Then                                   '若以 USB 读取才执行读取的动作
        recevice() = hid.Readdevice                 '从设备读取值到 recevice 数组
        txtBytesReceived.Text = recevice(0)
    End If
    hid.closedevice  '关闭 USB 设备
End If

End Sub


'对象名称:MSC            事件名称:OnComm
'若 RS232 有事件发生则执行此子程序

Private Sub MSC_OnComm()
Dim data() As Byte

data() = MSC.Input                                  '将接收缓冲区的值放入 data

Select Case MSC.CommEvent                           '选择串行接口所发生的事件

Case comEvReceive                                   '接收的事件
If MSC.InBufferCount > 0 Then                       '输入缓冲区大于 0
If Len(Hex(data(0))) < 2 Then
    txtReceive.Text = "0" & Hex(data(0))            '若数据位小于 2 前面补 0
Else
    txtReceive.Text = Hex(data(0))                  '转换为十六进制
End If
    MSC.InBufferCount = 0
End If

End Select
End Sub

'对象名称:RS232          事件名称:Timer
```

8051 单片机 USB 接口 Visual Basic 程序设计

```
'设置每隔 500 ms 激活定时器
'调用 ReadAndWriteToDevice 子程序

Private Sub RS232_Timer()
Dim data(0) As Byte

If Len(Trim(txtSend.Text)) < 2 Then
    txtSend.Text = "0" & txtSend.Text              '若不满两位数则前面补 0
Else
    txtSend.Text = Right(txtSend.Text, 2)          '若超过两位数取右边两位
End If

txtSend.Text = UCase(txtSend.Text)                 '将值转变成大写
data(0) = CInt("&h" & txtSend.Text)                '转换为十六进制
MSC.Output = data()                                '从 RS232 输出
Call ReadAndWriteToDevice
End Sub

'对象名称:tmrContinuousDataCollect        事件名称:Timer
'调用 ReadAndWriteToDevice 子程序

Private Sub tmrContinuousDataCollect_Timer()
Call ReadAndWriteToDevice
End Sub

Private Sub tmrDelay_Timer()
Timeout = True
tmrDelay.Enabled = False
End Sub

'对象名称:txtBytesSend         事件名称:KeyPress
'USB 传送端,USB 写入位之文本框
'限制文字方块输入范围   a~f, A~F, 0~9

Private Sub txtBytesSend_KeyPress(KeyAscii As Integer)
If Chr$(KeyAscii) Like "[!A-Fa-f0-9]" Then
    KeyAscii = 0
End If
End Sub
```

USB 与 RS-232 串行通信

```
Private Sub txtReceive_Change()

End Sub

'对象名称:txtSend              事件名称:KeyPress
'RS232 传送端,RS232 传送位之文本框
'限制文字方块输入范围   a~f, A~F, 0~9

Private Sub txtSend_KeyPress(KeyAscii As Integer)
If Chr$(KeyAscii) Like "[!A-Fa-f0-9]" Then
    KeyAscii = 0
End If
End Sub
```

如图 22.21 所示为此应用程序执行的情况。当然,用户可在同一台计算机执行该程序。也即是,可以通过从 USB 输出/RS-232 输入,或 RS-232 输出/USB 输入的方式来测试。

图 22.21　USB 转换 RS-232 输入/输出实验测试界面

在图 22.21 中,可以通过 USB 传送 0xAA 数值,在经过本 USB 设备转换后,利用 RS-232 再传送到另一台计算机的 RS-232 串行接口,依然可以接收到 0xAA 数值。相同的,也可通过远端的计算机 RS-22 串行接口传送 0x55 数值,然后再通过 USB 接口接收进来相同的数值。

在做这个实验时,用户须确定串行接口或 USB 接口要连接正确,才能正常运行。

22.13 问题与讨论

1. 请用户分别执行 B2(或 B6)格式以及 B0(或 B4)格式的固件程序代码的下载方式。

2. 请自定义一个新的 VID/PID 码,并同时更改 VB 应用程序代码,使其能通过终端机程序测试,来达到 USB 与 RS-232 串行转换输出的目的。

3. 请修改 INF 文件,并于 Windows 98/ME 操作系统下的设备管理器中显示"USB HID 测试设备"的项目。

4. 同上一题,请于 Windows 2000/XP 操作系统下操作,并观察设备管理器的项目。

第 23 章

Visual Basic 集成应用程序设计

本章将稍前所有的 Virtual Basic 应用程序,加以整合后设计一个完整的应用程序。此外,也引用 NI Measurement Studio 来改善应用程序的人机接口部分。

23.1 NI Measurement Studio

首先,介绍 NI Measurement Studio 控制组件。NI Measurement Studio 具有如下特点:

- 高级的科学可视化效果。
- 多功能的硬件整合。
- 功能强大的分析理论。
- 易于使用的网络架构。
- 可在熟悉的程序语言中开发,如 Visual Basic,Visual C++,Visual Studio.NET。

为了构建出介于标准的软件开发工具与所需的虚拟仪器之间的桥梁,National Instrument 公司推出了 Measurement Studio 开发工具。

这些标准的开发工具,例如 Microsoft Visual Basic,Visual C++ 与 Visual Studio.NET 等,用户可以根据每一种语言来分别加以选择,并使用特定的工具来开启应用程序。

有了 Measurement Studio 的支持,可以很快地编写程序,并且也很容易修改用户要做的图标变化。这样,所编写的应用程序除了可立即降低开发费用外,也可减少市场的开发时间。如图 23.1 所示,为 NI Measurement Studio 的范例界面。

8051 单片机 USB 接口 Visual Basic 程序设计

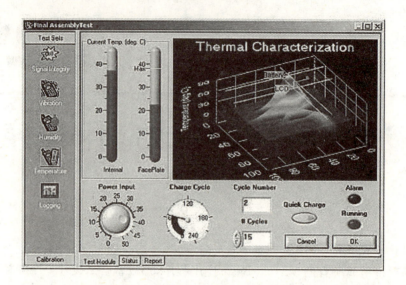

图 23.1 NI Measurement Studio 的范例界面（引自 National Instruments）

以下介绍 NI Measurement Studio Development Systems 的特性：
- 具备 3 种开发系统可供选择：企业版、专业版以及标准版。
- 用户接口控制。
- 数据采集。
- 3D 可视化。
- 网络与信号分析工具。

对于 Microsoft Visual Basic、Visual C++ 与 Visual Studio.NET 等软件来说，National Instruments Measurement Studio 包含了数种工具可以用来作为数据采集、数据分析与可视化工具组。这样，用户可以很快速、轻易地开启更强大的测量应用。

以下，紧接着介绍 Measurement Studio for Visual Basic 的特性。

在 1996 年，National Instruments 推出了 Component Works 的基本概念。它们是一组 ActiveX 控制组件，可以用来简化测量开发以及自动化的应用。

而在今天，对于 Visual Basic 用户来说，Measurement Studio 特定地设计了整合的 ActiveX 控制组件，以持续确保这种便利性。因此，这些控制组件扩展了 Visual Basic 功能。其中，还包含仪器与数据采集板的硬件接口、科学分析、高级的可视化效果以及简化网站的链接。

这种内含在 Measurement Studio 中的丰富 ActiveX 控制组件，除了加以完整地整合至 Visual Basic 快速应用的开发(Rapid Application Development, RAD)环境里外，更进而通过用户所要预期的特性使得开发测量上的应用变得较为容易。

Visual Basic 集成应用程序设计

此外,针对配置和拖曳设计,所有的控制组件提供了直观式的相互作用的属性页,使得用户接口的开启变得容易许多。再者,直观式的 API 中,具备了属性、方法以及事件的方式。因此,用户可以使用 Visual Basic 来制作测试、测量以及控制应用的开发。而有了 Measurement Studio 所增添至 Visual Basic 上的特性,将使得用户在设计许多具备丰富特性的测量应用时,几乎不需花费太多的时间,即可立即完成。下面列出其所具备的特性:

- 网络连接。
- 数据采集。
- 仪器控制。
- 分析。
- 视觉与影像处理。
- 移动控制。
- 自动化。

图 23.2 为 Measurement Studio for Visual Basic 的范例界面。

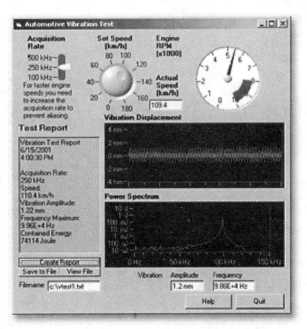

图 23.2　Measurement Studio for Visual Basic 的范例界面(引用自 National Instruments)

23.2 Measurement Studio for Visual Basic 的引用

为了引用 Measurement Studio for Visual Basic，用户必须先安装 National Instruments 所推出的 LabVIEW 图控软件。

在安装完毕后，用户即可引用 Measurement Studio for Visual Basic 控制组件。如图 23.3 所示，在 Visual Basic 的菜单中，选择"项目(P)"，然后再选择"设置使用元件"，即可显示相关所要引用的控件。其中包含下列几个项目：

- National Instruments CW 3D Graph 6.0。
- National Instruments CW DataSocket 4.0。
- National Instruments CW UI 6.0。

在勾选后，即可在工具箱中发现许多新增的控制组件，如图 23.4 所示。

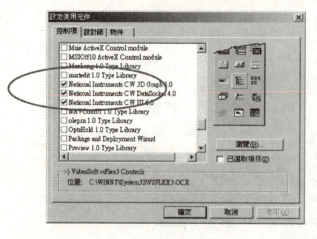

图 23.3　Measurement Studio for Visual Basic 所需引用的控件

图 23.4　Measurement Studio for Visual Basic 所新增的控制组件

有了这些新增的组件，即可在 Visual Basic 下引用 National Instruments 所提供的各种用户接口控制，以及数据采集、仪器控制与分析等强大功能。

23.3 整合应用程序的编写

有了前面几章的介绍，用户可以将所有的功能整合成一个应用程序，如图 23.5 所示。其中包含 3 个部分：操作方式、数据传送与接收以及 RS-232 串行传输。

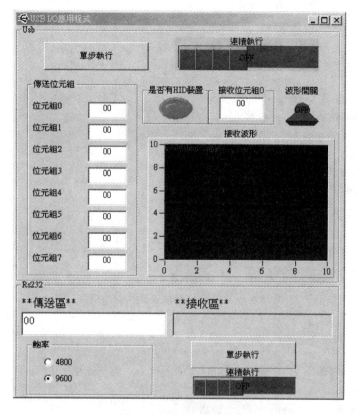

图 23.5 整合应用程序执行画面

- 操作方式：可设置单步执行与连续执行两种。
- 数据传送与接收：在传送部分，提供 8 个输入框让用户输入所要传送的数值；而接收部分，提供一个文本框以及一个显示 A/D 读取的绘图窗口。用户可以针对所要实验的单元来加以选择。
- RS-232 串行传输：提供用户设置 USB 转换 RS-232 串行传输的功能。其中，包含了波特率设置的功能(9 600 与 4 800)，以及连续执行或单步执行等操作模式。此外，分别包含传送区与接收区两部分。因此，这个应用程序可以同时适合两台 PC 主机分别通过 RS-232 与 USB 转换。

以下列出完整的应用程序范例代码：

```
Option Explicit

'USB HID 测试程序
'HIDUSB.DLL 有 4 个调用函数
```

8051 单片机 USB 接口 Visual Basic 程序设计

'opendevice：开始与 HID 设备通信
'Writedevice：传送数据到 HID 设备
'Readdevice：从 HID 设备接收数据
'closedevice：结束与 HID 设备通信

```
Public hid As New hidusb
Const MyVendorID = &H1234
Const MyProductID = &H5678
Dim stepornot As Integer
Dim stepornot1 As Integer
Dim timeout As Boolean
Dim timeout1 As Boolean
Dim j
Dim baud
```

'对象名称:CmdSend   事件名称:Click
'为传送按钮的子程序,用来设置单步执行或连续执行的模式

```
Private Sub CmdSend_Click()

    If stepornot1 = 0 Then          'stepornot1 为 0 停止连续执行
    stepornot1 = 1
    CmdSend.Caption = "停止连续执行"
    timeout1 = False
    Timer3.Enabled = True           '禁止 Timer3
    Timer3.Interval = 50            'Timer3 执行间隔为 50ms
    ElseIf stepornot1 = 1 Then      'stepornot1 为 1 连续执行
    stepornot1 = 0
    CmdSend.Caption = "连续执行"
    Timer3.Enabled = False          '禁止 Timer3
    End If
End Sub
```

'对象名称:Comm1   事件名称:OnComm
'RS232 控件事件响应子程序
'当 RS232 检测到事件时会激活此子程序

```
Private Sub Comm1_OnComm()
Dim byIn() As Byte
```

```
    Dim byin1(10000)
    Dim i%, Buf$
    Dim a
    Select Case Comm1.CommEvent        ´判断控件事件

    Case comEvCD                       ´CD 线的状态发生变化
    Case comEvCTS                      ´CTS 线的状态发生变化
    Case comEvRing                     ´Ring Indicator 变化
    Case comEvReceive                  ´收到 RThreshold 所设置的字符数
      Buf = ""
      byIn = Comm1.Input               ´接收串行端口内的数据至动态数组中
                                       ´取得所接收数据数组的最大及最小索引值
      For i = LBound(byIn) To UBound(byIn)
        byin1(i) = Str(byIn(i))
        a = Hex$(byin1(i))
        Buf = Buf & " " & a
        ´将每个数组的内容组合起来
      Next i
      lblReceive.Caption = Buf         ´显示出字节数据
    Case comEvSend                     ´传送暂存区字符数等于
                                       ´SThreshold 设置字符数
    End Select
End Sub

´对象名称:Command2             事件名称:Click
´为 RS-232 串行端口传输按钮的子程序,用来设置单步执行或连续执行的模式。调用 RS232SEN
´子程序

Private Sub Command2_Click()
  Call RS232SEN
End Sub

´对象名称:CWButton2            事件名称:ValueChanged
´USB 连续执行按钮的子程序,用来设置连续执行模式是 ON 或 OFF
´若是 ON,则使用 Timer2.Interval = 50 的设置值
´在此引用 Measurement Studio for Visual Basic 控制组件

Private Sub CWButton2_ValueChanged(ByVal Value As Boolean)
  If CWButton2.Value = True Then      ´值为 True 是使能 Timer2,间隔为 50 ms
```

```
            timeout = False
            Timer2.Enabled = True
            Timer2.Interval = 50
        Else

            Timer2.Enabled = False        '值为 False 禁止 Timer2
        End If
End Sub


'对象名称:CWButton3            事件名称:ValueChanged
'RS-232 连续执行按钮的子程序,用来设置连续执行模式是 ON 或 OFF
'若是 ON,则使用 Timer3.Interval = 50 的设置值
'在此引用 Measurement Studio for Visual Basic 控制组件

Private Sub CWButton3_ValueChanged(ByVal Value As Boolean)
If CWButton3.Value = True Then       '值为 True 是使能 Timer3,间隔为 50ms
            timeout1 = False
            Timer3.Enabled = True
            Timer3.Interval = 50
    Else
            Timer3.Enabled = False        '值为 False 禁止 Timer3
    End If
End Sub


'对象名称:Form              事件名称:Load
'程序开始执行时,即产生此事件

Private Sub Form_Load()
    Dim i
    On Error Resume Next           '发生错误时 执行下一个指令
    j = "00"
    Comm1.CommPort = 1             '设置使用 COM1
    If Comm1.PortOpen Then         '如果串行端口已被开启 出现信息窗口
        MsgBox "串行接口 2 已被其他设备所使用,请选择 Com1", vbExclamation + vbOKOnly, "
范列一信息"
        Exit Sub
    Else
        Comm1.PortOpen = True      '开启串行接口
```

```
    End If
    For i = 0 To 1
      If Option1(i).Value = True Then '若选项按钮被选取将值放入 baud(设置波特率值)
        baud = Option1(i).Caption
        Comm1.Settings = baud & ",n,8,1" '设置波特率值,同位校验,数据位,位参数
      End If
    Next i
End Sub
```

'对象名称:Form　　　　　　　事件名称:Unload
'程序结束执行时,即产生此事件

```
Private Sub Form_Unload(Cancel As Integer)
  hid.closedevice          '关闭所打开的人工接口设备
End Sub
```

'对象名称:Option11　　　　　事件名称:Click
'设置不同的波特率值,9 600 或 4 800

```
Private Sub Option1_Click(Index As Integer) '选项按钮值变换时调用之子程序
Dim i
  For i = 0 To 1
    If Option1(i).Value = True Then       '若选项按钮被选取将值放入 baud(设置波特率值)
      baud = Option1(i).Caption
      Comm1.Settings = baud & ",n,8,1" '设置波特率,同位校验,数据位,位参数
    End If
  Next i
End Sub
```

'对象名称:Timer3　　　　　　事件名称:Timer
'每当定时时间(Timer3)到时,即执行此子程序(RS232EN)

```
Private Sub Timer3_Timer()
  Call RS232SEN
End Sub
```

'对象名称:txtSend　　　　　　事件名称:KeyPress
'设置 RS-232 串行接口所要传送的数值,并判断输入值的范围。
```
Private Sub txtSend_KeyPress(KeyAscii As Integer)
  If (Chr$(KeyAscii) Like "[!A-Fa-f0-9]") Then '判断输入值范围。超出范围则不显
```

示

```
        KeyAscii = 0
        End If

End Sub


'对象名称:Command1           事件名称:Click
'设置 USB 传输的执行方式

Private Sub Command1_Click(Index As Integer)


'使用命令按钮控件
'清空接收区的显示内容

    If Index = 1 And stepornot = 0 Then
     Call usbrun       '执行 USB 传输
    ElseIf Index = 0 And stepornot = 0 Then '若 stepornot 为 0 则 USB 传输停止连续执行
     stepornot = 1
     Command1(0).Caption = "停止连续执行"
       timeout = False
       Timer2.Enabled = True
       Timer2.Interval = 50
    ElseIf Index = 0 And stepornot = 1 Then '若 stepornot 为 1，则 USB 传输连续执行
     stepornot = 0
     Command1(0).Caption = "连续执行"
     Timer2.Enabled = False
    End If
    hid.closedevice
End Sub


'对象名称:text2            事件名称:KeyPress
'设置 USB 所要传送的数值，并判断输入值的范围

Private Sub text2_KeyPress(KeyAscii As Integer, Index As Integer)
    If (Chr$(KeyAscii) Like "[!A-Fa-f0-9]") Then  '判断输入值范围，超出范围则不显示
    KeyAscii = 0
      End If
End Sub
```

```
'对象名称:Timer1              事件名称:Timer
'每当定时时间(Timer1)到时,即执行此子程序

Private Sub timer1_Timer()
    timeout = True
    Timer1.Enabled = False
End Sub


'USB 接口传送接收子程序


Public Sub usbrun()
Dim hiddevice As Boolean
Dim send(7) As Byte
Dim recevice() As String
Dim i, p
    hiddevice = hid.opendevice(MyVendorID, MyProductID)  '开启 HID 设备
    If hiddevice = False Then                            '若无 HID 设备
        Text1.Text = hiddevice                           '将值显示于 Text1
        hid.closedevice
    Else                                                 '若有 HID 设备
        CWButton1.Value = hiddevice                      '改变 CWBtton1 的值
        Text1.Text = hiddevice                           '将值显示于 Text1
    End If
        If hiddevice = True Then                         '若有 HID 设备
            For i = 0 To 7
                send(i) = Val("&H" + Text2(i).Text)      '将值放入 send 数组
            Next i
        hid.Writedevice send()                           '送出 send 数组到 HID 设备
        Call delay                                       '调用延迟子程序
        recevice() = hid.Readdevice                      '从 HID 设备接收值
        p = recevice(0)                                  '取出数组中第 0 个元素
         If j = p Then                                   '若值与前一次相等才显示于 Text3
          Text3.Text = p
          If watch.Value = True Then
            CWGraph1.Plots(1).ChartY Val("&H" + Text3.Text)   '画波形
          End If
         End If
        End If
```

```
        j = p

End Sub

'RS232 输出子程序

Public Sub RS232SEN()
    Dim byOut(0) As Byte
    Dim byout1 As String
    Dim Buf $ , i% , j% , Buf1 $
    Dim a
    Buf = Trim(txtSend.Text)           '将欲传送之值放入 Buf 的变量中
    If Len(Buf) < 2 Then               '若长度小于2,将 Buf 设为"00 "
    Buf = "00 "
    End If
    If Buf = Empty Then                '若 Buf 为空字符串,将 Buf 设为"00 "
    Buf = "00 "
    End If
    j = 0

    i = InStr(1, Buf, " ")             '找出空白的位置
    If i = 0 Then
     i = Len(Buf) + 1
    End If
    byout1 = Trim(((Left(Buf, i - 1))))
    byOut(j) = ("&H" & CStr(byout1))   '将输出转成十六进制
    Buf = byout1
    Buf = Comm1.Input                  '将 RS232 之值取入 Buf 的变量中

    Comm1.Output = byOut               '将 byOut 自 RS232 输出
End Sub

'延迟子程序,延迟时间为 50 ms

Public Sub delay()
    timeout = False
    Timer1.Enabled = True
    Timer1.Interval = 50
        Do
```

```
            DoEvents
        Loop Until timeout = True
End Sub
```

```
'对象名称:Timer2                       事件名称:Timer
'每当定时时间(Timer2)到时,即执行此子程序(USBRUN)

Private Sub Timer2_Timer()              '计数器对象,时间到执行以下程序
    Call usbrun                         '调用 USB 传送接收子程序
End Sub
```

这个范例程序放在光盘目录\CH23\中。用户可以将其复制至硬盘中来加以执行。

23.4 应用程序的执行

在执行整合的应用程序之前,用户必须要先安装 National Instruments 公司所推出的 LabVIEW 图控程序语言。此外,在用户一开始直接执行该应用程序时,可能会出现如图 23.6 所示的界面。

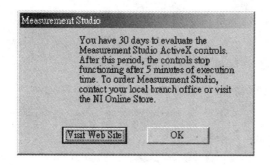

图 23.6 Measurement Studio 的警告界面

该信息是提醒用户,可以有 30 天的试用期,若超过,过了 5 min 则会关闭所有的控制组件,就会呈现如图 23.7 所示的界面。

此时,用户也就无法再使用了。当然,用户就要向 LabVIEW 的经销商来购买合法版权,才可继续应用。

再者,根据所要执行的实验单元,如 LED 输出实验、LCG 输出实验以及 A/D 或 D/A 输入/输出实验等,用户必须修改相对的 VID/PID 码,才可正确地执行。因此,虽然在上述的程序范例中使用 0x1234/5678 数值,但是,若要真正应用该程序来执行测

8051 单片机 USB 接口 Visual Basic 程序设计

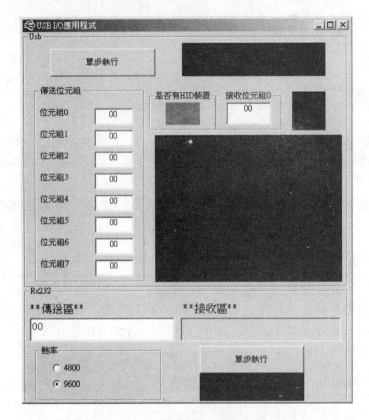

图 23.7　关闭所有的 Measurement Studio 控制组件的情形

试,用户就必须根据不同的实验单元来修改。

23.5　问题与讨论

1. 请用户首先安装 LabVIEW 软件后,执行本章所提供的范例程序代码。
2. 根据不同的实验单元,请用户修改相对的 VID/PID 码来加以测试。
3. 请用户尝试使用不同的 Measurement Studio for Visual Basic 控制组件,制作更生动的人机接口。

附 录

附录 A　EZ-USB 2100 系列

在 EZ-USB 2100 系列中可以使用不同的引脚数与功能,以满足不同系统的请求。在许多外接设备不同的系统中,是有其必要条件及价值的。如表 A.1 中,显示出各种 EZ-USB 2100 系列的相关特性比较表。表 A.2 则为 EZ-USB FX 系列的相关特性比较表。

表 A.1　EZ-USB 2100 系列相关特性比较表

系列编号	RAM 大小	关键特性					封装	最高 UART（异步）速度（Kbaud）	节省电源的选择	IBN/STOP
		等时支持	端点	数据总线或提供端口 B	I/O 速率最高 byte/s	可编程引脚				
AN2121S	4K	Y	32	端口 B	600K	16	S=44 PQFP	115.2	N	N
AN2122S	4K	N	13	端口 B	600K	16	S=44 PQFP	230.4	N	Y
AN2122T	4K	N	13	端口 B	600K	19	S=48 PQFP	230.4	Y	Y
AN2125S	4K	Y	32	数据总线	2M	8	S=44 PQFP	115.2	N	N
AN2126S	4K	N	13	数据总线	2M	8	S=44 PQFP	230.4	N	Y
AN2126T	4K	N	13	数据总线	2M	11	S=48 PQFP	230.4	Y	Y
AN2131Q	8K	Y	32	两者皆有	2M	24	S=80 PQFP	115.2	N	N
AN2131S	8K	Y	32	端口 B	600K	16	S=44 PQFP	115.2	N	N
AN2135S	8K	Y	32	数据总线	2M	8	S=44 PQFP	115.2	N	N
AN2126S	8K	N	16	数据总线	2M	8	S=44 PQFP	115.2	N	N

8051 单片机 USB 接口 Visual Basic 程序设计

表 A.2　EZ-USB FX 系列的相关特性比较表

系列编号	封装	RAM	支持 ISO	I/O	FIFO 宽度	地址/数据总线
CY7C64601-52NC	52 Pin PQFP	4K	N	16	8 位	N
CY7C64603-52NC	52 Pin PQFP	8K	N	18	8 位	N
CY7C64613-52NC	52 Pin PQFP	8K	Y	18	8 位	N
CY7C64603-80NC	80 Pin PQFP	8K	N	32	16 位	N
CY7C64613-80NC	80 Pin PQFP	8K	Y	32	16 位	N
CY7C64603-128NC	128 Pin PQFP	8K	N	40	16 位	Y
CY7C64613-128NC	128 Pin PQFP	8K	Y	40	16 位	Y

图 A.1～A.8 为封装型号的引脚描述。

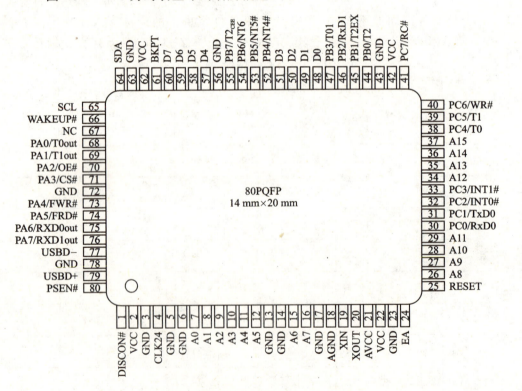

图 A.1　80 Pin PQFP 封装（AN2131Q）

附 录

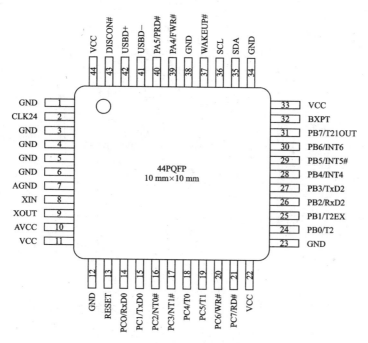

图 A.2 具有端口 B 的 44 Pin PQFP 封装（AN2121S、AN2122S 与 AN2131S）

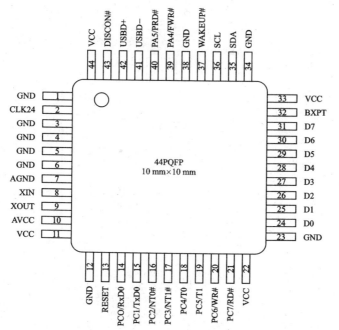

图 A.3 具有数据总线的 44 Pin 封装（AN2125S、AN2126S、AN2135S 与 AN2136）

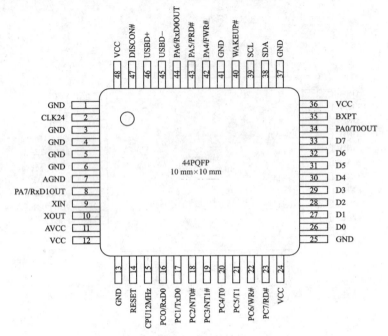

图 A.4　48 Pin TQFP 封装（AN2126T）

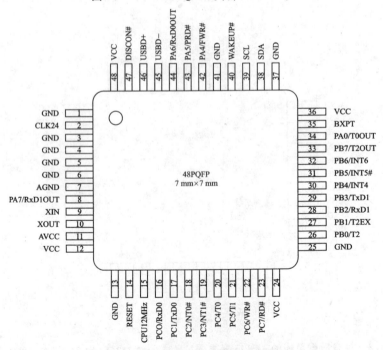

图 A.5　48 Pin TQFP 封装（AN2122T）

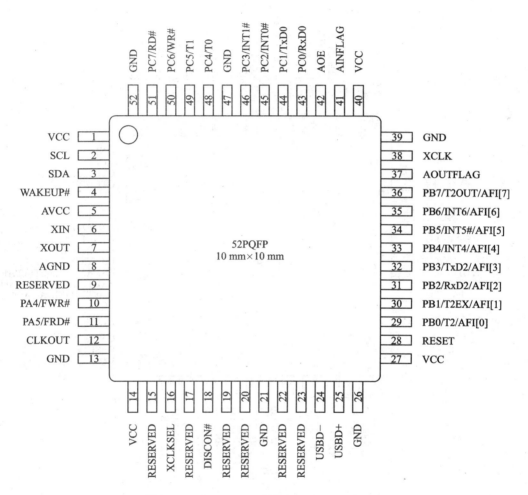

图 A.6　52 Pin TQFP 封装（CY7C64603/613）

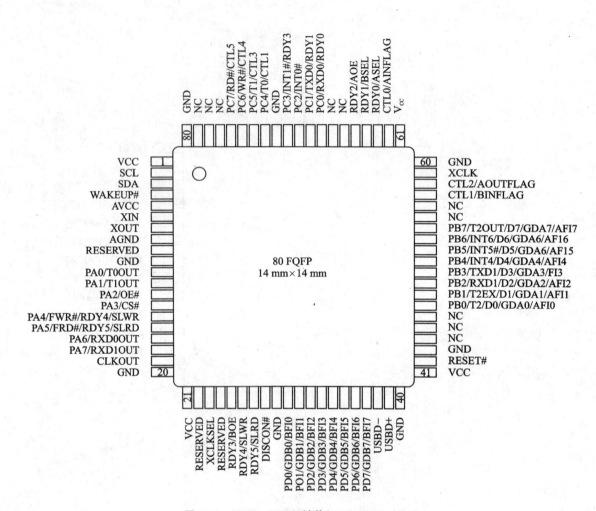

图 A.7　52 Pin TQFP 封装（CY7C64603/613）

附 录

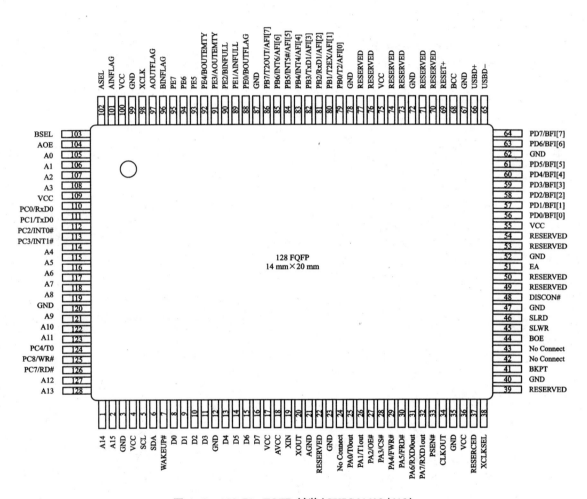

图 A.8 128 Pin TQFP 封装(CY7C64603/613)

附录 B EZ – USB W2K.INF 安装信息文件的内容

[Version]
Signature = " $ CHICAGO $ "
Class = USB
provider = % Cypress %
LayoutFile = layout.inf

[Manufacturer]
% Cypress % = Cypress

[Cypress]
;
; This is the VID/PID for the EZ – USB development board.   This device
; is bound to a version of the general purpose driver that will
; automatically download the Keil 8051 monitor to external RAM.
; Do not use this VID/PID for your own device or the monitor will
; wipe out your firmware.
;
% USB\VID_0547&PID_0080.DeviceDesc % = EZUSBDEV.Dev, USB\VID_0547&PID_0080
% USB\VID_04B4&PID_0081.DeviceDesc % = EZUSBDEV.Dev, USB\VID_04B4&PID_0081
;
; This VID/PID is used by several of the EZ – USB development kit
; samples.   This device is bound to the general purpose driver.
;
% USB\VID_0547&PID_1002.DeviceDesc % = EZUSB.Dev, USB\VID_0547&PID_1002
;
; The folowing PIDs are for all of the devices in the EZ – USB family.
; These are the hardcoded PIDs that will be reported by an EZ – USB
; device with no external EEPROM. Bound to the general purpose driver.
;
% USB\VID_0547&PID_2131.DeviceDesc % = EZUSB.Dev, USB\VID_0547&PID_2131
% USB\VID_0547&PID_2126.DeviceDesc % = EZUSB.Dev, USB\VID_0547&PID_2126
% USB\VID_0547&PID_2125.DeviceDesc % = EZUSB.Dev, USB\VID_0547&PID_2125
% USB\VID_0547&PID_2136.DeviceDesc % = EZUSB.Dev, USB\VID_0547&PID_2136
% USB\VID_0547&PID_2122.DeviceDesc % = EZUSB.Dev, USB\VID_0547&PID_2122

; EZ – USB FX

%USB\VID_0547&PID_2235.DeviceDesc% = EZUSB.Dev, USB\VID_0547&PID_2235
%USB\VID_0547&PID_2236.DeviceDesc% = EZUSB.Dev, USB\VID_0547&PID_2236
%USB\VID_0547&PID_2225.DeviceDesc% = EZUSB.Dev, USB\VID_0547&PID_2225
%USB\VID_0547&PID_2226.DeviceDesc% = EZUSB.Dev, USB\VID_0547&PID_2226

; EZ - USB FX2
%USB\VID_04B4&PID_8613.DeviceDesc% = EZUSB.Dev, USB\VID_04B4&PID_8613
%USB\VID_04B4&PID_1002.DeviceDesc% = EZUSB.Dev, USB\VID_04B4&PID_1002

[PreCopySection]
HKR,,NoSetupUI,,1

[DestinationDirs]
EZUSB.Files.Ext = 10,System32\Drivers
EZUSB.Files.Inf = 10,INF
EZUSBDEV.Files.Ext = 10,System32\Drivers
EZUSBDEV.Files.Inf = 10,INF

[EZUSB.Dev]
CopyFiles = EZUSB.Files.Ext, EZUSB.Files.Inf
AddReg = EZUSB.AddReg

[EZUSB.Dev.NT]
; copyfiles commented out for Win2K to avoid user intervention during install
; CopyFiles = EZUSB.Files.Ext, EZUSB.Files.Inf
AddReg = EZUSB.AddReg

[EZUSB.Dev.NT.Services]
Addservice = EZUSB, 0x00000002, EZUSB.AddService

[EZUSB.AddService]
DisplayName   = %EZUSB.SvcDesc%
ServiceType   = 1   ; SERVICE_KERNEL_DRIVER
StartType   = 2   ; SERVICE_AUTO_START
ErrorControl   = 1   ; SERVICE_ERROR_NORMAL
ServiceBinary   = %10%\System32\Drivers\ezusb.sys
LoadOrderGroup   = Base

[EZUSB.AddReg]

8051 单片机 USB 接口 Visual Basic 程序设计

```
HKR,,DevLoader,,*ntkern
HKR,,NTMPDriver,,ezusb.sys

[EZUSB.Files.Ext]
ezusb.sys

[EZUSB.Files.Inf]
ezusbw2k.Inf

[EZUSBDEV.Dev]
CopyFiles = EZUSBDEV.Files.Ext, EZUSBDEV.Files.Inf
AddReg = EZUSBDEV.AddReg

[EZUSBDEV.Dev.NT]
; copyfiles commented out for Win2K to avoid user intervention during install
; CopyFiles = EZUSBDEV.Files.Ext, EZUSBDEV.Files.Inf
AddReg = EZUSBDEV.AddReg

[EZUSBDEV.Dev.NT.Services]
Addservice = EZUSBDEV, 0x00000002, EZUSBDEV.AddService

[EZUSBDEV.AddService]
DisplayName     = %EZUSBDEV.SvcDesc%
ServiceType     = 1                 ; SERVICE_KERNEL_DRIVER
StartType       = 2                 ; SERVICE_AUTO_START
ErrorControl    = 1                 ; SERVICE_ERROR_NORMAL
ServiceBinary   = %10%\System32\Drivers\ezmon.sys
LoadOrderGroup  = Base

[EZUSBDEV.AddReg]
HKR,,DevLoader,,*ntkern
HKR,,NTMPDriver,,ezmon.sys

[EZUSBDEV.Files.Ext]
ezmon.sys

[EZUSBDEV.Files.Inf]
ezusbw2k.Inf
```

```
;---------------------------------------------------------;

[Strings]
Cypress = "Cypress Semiconductor"
USB\VID_0547&PID_0080.DeviceDesc = "Cypress EZ-USB Development Board"
USB\VID_04B4&PID_0081.DeviceDesc = "Cypress EZ-USB FX2 Development Board"
USB\VID_0547&PID_1002.DeviceDesc = "Cypress EZ-USB Sample Device"
USB\VID_04B4&PID_1002.DeviceDesc = "Cypress EZ-USB Sample Device"
USB\VID_0547&PID_2131.DeviceDesc = "Cypress EZ-USB (2131Q/2131S/2135S) - EEPROM missing"
USB\VID_0547&PID_2126.DeviceDesc = "Cypress EZ-USB (2126S) - EEPROM missing"
USB\VID_0547&PID_2125.DeviceDesc = "Cypress EZ-USB (2121S/2125S) - EEPROM missing"
USB\VID_0547&PID_2136.DeviceDesc = "Cypress EZ-USB (2136S) - EEPROM missing"
USB\VID_0547&PID_2122.DeviceDesc = "Cypress EZ-USB (2122S) - EEPROM missing"

USB\VID_0547&PID_2235.DeviceDesc = "Cypress EZ-USB (2235) - EEPROM missing"
USB\VID_0547&PID_2236.DeviceDesc = "Cypress EZ-USB (2236) - EEPROM missing"
USB\VID_0547&PID_2225.DeviceDesc = "Cypress EZ-USB (2225) - EEPROM missing"
USB\VID_0547&PID_2226.DeviceDesc = "Cypress EZ-USB (2226) - EEPROM missing"

USB\VID_04B4&PID_8613.DeviceDesc = "Cypress EZ-USB FX2 (68613) - EEPROM missing"

EZUSB.SvcDesc = "Cypress General Purpose USB Driver (ezusb.sys)"
EZUSBDEV.SvcDesc = "Cypress General Purpose USB Driver w/ Keil Monitor (ezmon.sys)"
```

北京航空航天大学出版社 单片机与嵌入式系统 图书推荐
（2006年7月后出版图书）

嵌入式系统教材

书名	作者	定价	出版日期
ARM9嵌入式系统设计技术——基于S3C2410和Linux	徐英慧	36.0	2007.08
嵌入式操作系统原理及应用开发	吴国伟	25.0	2007.03
嵌入式系统原理	李庆诚	29.5	2007.03
汇编语言程序设计——基于ARM体系结构（含光盘）	文全刚	35.0	2007.03
计算机组成与嵌入式系统	何为民	20.0	2007.01
Nios II 嵌入式软核SOPC设计原理及应用	李兰英	45.0	2006.11
SOPC嵌入式系统基础教程	周立功	29.5	2006.11
SOPC嵌入式系统实验教程（一）	周立功	29.0	2006.11
ARM7嵌入式开发基础实验	刘天时	28.0	2007.03
ARM7 μClinux开发实验与实践（含光盘）	田泽	28.0	2006.11
ARM9嵌入式Linux开发实验与实践（含光盘）	田泽	29.5	2006.11
ARM7嵌入式开发实验与实践（含光盘）	田泽	29.5	2006.10
ARM9嵌入式开发实验与实践（含光盘）	田泽	42.0	2006.10
嵌入式原理与应用——基于XScale处理器与Linux操作系统	石秀民	36.0	2007.08
ARM嵌入式技术原理与应用——基于XScale处理器及VxWorks操作系统	刘尚军	39.0	2007.09
嵌入式系统设计与开发实验——基于XScale平台	石秀民	26.0	2006.10
嵌入式系统基础 μC/OS-II 及 Linux	任哲	35.0	2006.08
Windows CE 嵌入式系统	何宗键	32.0	2006.08

ARM、SoC设计、IC设计及其他嵌入式系统综合类

书名	作者	定价	出版日期
面向对象的嵌入式系统开发	朱成果	28.0	2007.09
NiosII 系统开发设计与应用实例	孔恺	32.0	2007.08
ARM & WinCE 实验与实践——基于S3C2410	周立功	32.0	2007.07
嵌入式系统硬件体系设计	怯肇乾	58.0	2007.06
ARM嵌入式处理器结构与应用基础（第2版）（含光盘）	马忠梅	34.0	2007.03
ARM & Linux 嵌入式系统开发详解	锐极电子	33.0	2007.03
ARM嵌入式系统基础与实践	胡伟	32.0	2007.03
基于PROTEUS的ARM虚拟开发技术（含光盘）	周润景	29.0	2007.01
基于嵌入式实时操作系统的程序设计技术	周航慈	19.5	2006.11
SRT71x系列ARM微控制器原理与实践	沈建华	42.0	2006.09
C++GUI Qt3 编程	齐亮译	49.0	2006.08
嵌入式系统中的模拟设计	李喻奎译	32.0	2006.08
ARM嵌入式软件开发实例（二）	周立功	53.0	2006.08
ARM 9 嵌入式Linux系统构建与应用	潘巨龙	29.5	2006.08
ARM SoC设计的软硬件协同验证（含光盘）	周立功	25.0	2006.07

DSP

书名	作者	定价	出版日期
TMS320C54x DSP 结构、原理及应用（第2版）	戴明帧	28.0	2007.09
TMS320X240x DSP 原理及开发指南	赵世廉	38.0	2007.07
DSP 原理及电机控制系统应用	冬雷	36.0	2007.06
dsPIC通用数字信号控制器原理及应用——基于dsPIC30F系列（含光盘）	刘和平	49.0	2007.07
TMS320F281x DSP 原理及应用实例	万山明	29.0	2007.07
dsPIC30F 电机与电源系列数字信号控制器原理与应用	何礼高	56.0	2007.03
DSP基础知识及系列芯片	曾义芳	76.0	2006.11
DSP原理及电机控制应用——基于TMS320LF240x系列（含光盘）	刘和平	42.0	2006.11
DSP原理与开发应用	支长义	36.0	2006.08
TMS320X281x DSP 原理与应用	徐科军	45.0	2006.08

单片机

教材与教辅

书名	作者	定价	出版日期
单片机原理与应用设计	蒋辉平	23.0	2007.09
单片机基础（第3版）	李广弟	24.0	2007.06
SoC单片机原理与应用——基于C8051F系列	张俊谟	32.0	2007.05
单片机的C语言应用程序设计（第4版）	马忠梅	29.0	2007.02
单片机认识与实践	邵贝贝	32.0	2006.08
MC68单片机入门与实践（含光盘）	熊慧	27.0	2006.08
标准80C51单片机基础教程——原理篇	李学海	29.0	2006.08
高职高专通用教材——凌阳单片机理论与实践	彭传正	22.0	2006.12
高职高专通用教材——单片机原理与应用教程	袁秀英	28.0	2006.08
高职高专通用教材——单片机实训教程	李雅轩	14.0	2006.08
高职高专规划教材——单片机测控技术	童一帆	16.0	2007.08
高职高专通用教材——单片机习题与实验教程	李珍	15.0	2006.08
高职高专规划教材——单片机原理与接口技术	刘焕平	26.0	2007.07
单片机高级教程——应用与设计（第2版）	何立民	29.0	2007.01
单片机中级教程——原理与应用（第2版）	张俊谟	24.0	2006.10
单片机初级教程——单片机基础（第2版）	张迎新	26.0	2006.09
练中学单片机教程	李刚	28.0	2006.07

书　名	作者	定价	出版日期
51 系列单片机其他图书			
手把手教你学单片机 C 程序设计（含光盘）	周兴华	36.0	2007.09
单片机基础与最小系统实践	刘同法	32.0	2007.06
电动机的单片机控制（第 2 版）	王晓明	26.0	2007.08
单片机课程设计指导（含光盘）	楼然苗	39.0	2007.07
手把手教你学单片机（第 2 版）（含光盘）	周兴华	29.0	2007.06
单片机与 PC 机网络通信技术	李朝青	26.0	2007.03
单片机轻松入门（第 2 版）（含光盘）	周 坚	28.0	2007.02
单片机控制实习与专题制作	蔡朝洋	59.0	2006.11
单片机 C 语言轻松入门（含光盘）	周 坚	29.0	2006.07
PIC 单片机			
PIC 系列单片机程序设计与开发应用（含光盘）	陈新建	46.0	2007.05
单片机 C 语言编译器及其应用——基于 PIC18F 系列	刘和平	32.0	2007.01
PIC 单片机原理及应用（第 3 版）	李荣正	29.5	2006.10
PIC 单片机实用教程——提高篇（第 2 版）	李学海	35.0	2007.02
PIC 单片机实用教程——基础篇（第 2 版）	李学海	29.5	2007.02
其他公司单片机			
MSP430 单片机 C 语言程序设计与实践	曹 磊	29.0	2007.07
凌阳 16 位电机控制单片机——SPMC75 系列原理与开发	凌阳科技	25.0	2007.07
凌阳单片机课程设计指导	黄智伟	26.0	2007.06
凌阳 16 位单片机 C 语言开发（含光盘）	李晓白	35.0	2006.09
16 位单片机原理与应用	彭宣戈	25.0	2006.09
总线技术			
现场总线 CAN 原理与应用技术（第 2 版）	饶运涛	42.0	2007.08
8051 单片机 USB 接口 VB 程序设计	许永和	49.0	2007.09
iCAN 现场总线原理与应用	周立功	38.0	2007.05
其 它			
EDA 实验与实践	周立功	34.0	2007.09
高职高专规则教材——传感器与测试技术	李 娟	22.0	2007.08
EDA 技术与可编程器件的应用	包 明		2007.09
传感器技术大全（上）、（中）、（下）	张洪润		2007.09
基于 MCU/FPGA/RTOS 的电子系统设计方法与实例	欧伟明	39.0	2007.07
无线发射与接收电路设计（第 2 版）	黄智伟	68.0	2007.07
学做智能车——挑战"飞思卡尔"杯	卓 晴	34.0	2007.03

书　名	作者	定价	出版日期
单片机与 PC 机网络通信技术	李朝青	26.0	2007.02
数字系统与逻辑设计	马金明	39.0	2007.02
电子技术动手实践	崔瑞雪	29.0	2007.06
数字电子技术	靳孝峰	38.0	2007.09
应用型本科教材——模拟电子技术基础与应用实例	戈素贞	28.0	2007.02
电子系统设计——基础篇	林凡强	32.0	2007.03
无线单片机技术丛书——CC1010 无线 SoC 高级应用	李文仲	41.0	2007.07
无线单片机技术丛书——ZigBece 无线网络技术入门与实战	李文仲	25.0	2007.04
无线单片机技术丛书——C8051F 系列单片机与短距离无线数据通信	李文仲	27.0	2007.03
无线单片机技术丛书——短距离无线数据通信入门与实战（含光盘）	李文仲	30.0	2006.12
Q2406 无线 CPU 嵌入式技术	洪 利	25.0	2007.01
智能技术——系统设计与开发	张洪润	48.0	2007.02
自动控制原理考研试题分析与解答技巧	张苏英	22.0	2006.12
电子设计竞赛实训教程	张华林	33.0	2007.07
电工电子实习教程	陈世和	20.0	2007.08
全国大学生电子设计竞赛制作实训	黄智伟	25.0	2007.02
全国大学生电子设计竞赛技能训练	黄智伟	36.0	2007.02
全国大学生电子设计竞赛电路设计	黄智伟	33.0	2006.12
全国大学生电子设计竞赛系统设计	黄智伟	32.0	2006.12
计算机硬件类课程设计难点辅导	张 瑜	25.0	2006.08
单片机应用设计 200 例（上册）	张洪润	60.0	2006.07
单片机应用设计 200 例（下册）	张洪润	55.0	2006.07
零起点学单片机与 CPID/FPGA	杨 恒	32.0	2007.04
SystemVerilog 验证方法学	夏宇闻译	58.0	2007.05
基于 Proteus 的单片机可视化软硬件仿真（含光盘）	林志琦	25.0	2006.09
基于 PROTEUS 的 AVR 单片机设计与仿真（含光盘）	周润景	55.0	2007.07
2006 年上海市嵌入式系统创新设计竞赛获奖作品论文集	竞赛评审委员会	27.0	2006.10
第五届全国高校嵌入式系统教学研讨会论文集 第三届博创杯全国大学生嵌入式设计大赛（《单片机与嵌入式系统应用》杂志 2007 年增刊）	嵌入式专委会	50.0	2007.07
全国第七届嵌入式系统与单片机学术交流会论文集（《单片机与嵌入式系统应用》杂志 2007 年增刊）	微机专委会	60.0	2007.09

注：表中加底纹者为 2007 年出版的图书。

以上图书可在各地书店选购，或直接向北航出版社书店邮购（另加 3 元挂号费）邮购电话：010-82315213
地　址：北京市海淀区学院路 37 号北航出版社书店 5 分箱　　邮购部收　　邮编：100083　　邮购 Email：bhcbssd@126.com
投稿联系电话：010-82317022，82317035，82317044　　传真：010-82317022　　投稿 Email：bhpress@mesnet.com.cn